Kohlhammer

Frank Görgen

Versicherungs-marketing

Strategien, Instrumente und Controlling

2., aktualisierte und überarbeitete Auflage

Verlag W. Kohlhammer

2., aktualisierte und überarbeitete Auflage 2007

Umschlag: Gestaltungskonzept Peter Horlacher
Gesamtherstellung:
W. Kohlhammer Druckerei GmbH + Co. KG, Stuttgart
Printed in Germany

ISBN 978-3-17-019735-0

Vorwort zur zweiten Auflage

Seit Erscheinen der ersten Auflage dieses Buches haben sich die Rahmenbedingungen für das Versicherungsmarketing stark verändert. Eine weitere Verschärfung der Wettbewerbssituation und Konsolidierungsprozesse haben in den letzten Jahren Forderungen nach einem effizienteren Marketing-Management lauter werden lassen. Ein neues Buchkapitel greift daher – motiviert durch Anregungen von Herrn Dr. Frank Kersten vom Assekuranz Marketing Circle (AMC) – einige Ansätze und Instrumente der ertragsorientierten Steuerung marketing- und vertriebsbezogener Entscheidungen auf.

Die hohe Bedeutung von Marketingstrategien hat sich abermals erhöht. Häufiger als in früheren Jahren formulieren Versicherungsunternehmen ambitionierte Marktpositions- und Imageziele. Internationalisierungsstrategien nehmen nicht mehr nur auf kontinentaler Ebene einen hohen Stellenwert ein, sondern auch in den Anfang 2000 noch wenig beachteten Märkten Osteuropas und China.

Nicht zuletzt kam es im Bereich des Einsatzes marketingpolitischer Instrumente zu einer erheblichen Professionalisierung. Fortschritte in der Informationstechnologie und in der Deregulierung des europäischen Finanzmarktes – wie die Umsetzung der EU-Vermittlerrichtlinie – forcierten diese Professionalisierung.

Wertvolle Anregungen der Leserinnen und Leser haben zu einigen didaktischen Verbesserungen im Vergleich zur Erstauflage geführt. So enthält das Buch zu größeren Kapiteln Fallbeispiele und Abbildungen zu wichtigen Trendentwicklungen. Mein besonderer Dank gilt meinem wissenschaftlichen Mitarbeiterteam: Robert Engel, Katia Giudice, Kai Neuberger und Martin Schulz.

Wiesbaden, 30. April 2007

Prof. Dr. Frank Görgen

Vorwort zur ersten Auflage

Vielfältige und tiefgreifende Veränderungen in den rechtlichen, ökonomischen und technologischen Rahmenbedingungen erzeugen auch in der Versicherungsbranche einen zunehmenden Druck, Marketing nicht weiter als bloßes Lippenbekenntnis zu sehen, sondern es differenzierter und systematischer als in der Vergangenheit einzusetzen. Seit Mitte der 1990er Jahre verfolgt eine ständig größer werdende Gruppe von Versicherungsunternehmen und Vermittlerbetrieben eine gezielte Marktbearbeitung und Positionierungsstrategie. Immer weniger erweist sich die klassische Vorgehensweise der undifferenzierten Marktbearbeitung als profitabel. Seit der Deregulierung des europäischen Versicherungsmarktes sind Marketingprogramme in bisher noch nicht praktiziertem Umfang durch das einzelne Unternehmen proaktiv gestaltbar.

Das vorliegende Buch zeigt Marketingstrategien und -instrumente auf, die Unternehmen der Versicherungsbranche einsetzen können, um sich im nationalen und internationalen Wettbewerb erfolgreich zu behaupten.

Basis für dieses Buch sind zum einen Vorlesungen im Fachgebiet Marketing & Vertrieb des Studienganges Versicherungsmanagement/Financial Services an der Fachhochschule Wiesbaden. Viele Studierende lieferten dabei durch ihre Anregungen und neugierige Fragen wertvolle Beiträge. Mein besonderer Dank gilt allen, die mir bei der inhaltlichen Erstellung, Recherchen und bei den Korrekturen geholfen haben: Mein Kollege, Prof. Dr. Matthias Müller-Reichart, meine wissenschaftlichen Mitarbeiter Herr Michael Lauwe, Herr Oliver Neuhäuser sowie Herr Rudolf Görgen. Zu großem Dank bin ich auch Praktikern aus Versicherungs- und Maklerunternehmen verpflichtet, die dieses Buchprojekt durch ihre Anmerkungen in Diskussionen über aktuelle Entwicklungen auf dem Versicherungsmarkt unterstützten.

Wiesbaden, im November 2001

Prof. Dr. Frank Görgen

Inhaltsverzeichnis

**1 Marketing als Unternehmensphilosophie
in der Versicherungswirtschaft** **13**

  1.1 Einführung **13**
    1.1.1   Märkte, Marktteilnehmer und Marketing 13
    1.1.2   Bedeutungsgewinn des Versicherungsmarketings. 16

  1.2 Verhaltenswissenschaftliche Grundlagen **23**
    1.2.1   Kultur und Versicherung 23
    1.2.2   Risikowahrnehmung 26
    1.2.3   Emotionen im Versicherungsgeschäft 28
    1.2.4   Sicherheitsbezogene Bedürfnisse und Motive 29
    1.2.5   Versicherungsbezogene Einstellungen 32
    1.2.6   Kognitive Dissonanz 34
    1.2.7   Lebensstile 35

**2 Strategisches Marketing
in der Versicherungswirtschaft** **37**

  2.1 Strategische Marketingplanung **37**
    2.1.1   Strategisches Denken 37
    2.1.2   Vision, Business Mission und strategische Ziele 38
    2.1.3   Corporate Identity 41
        2.1.3.1   Bedeutung der Identitätsgestaltung 41
        2.1.3.2   Instrumente der Identitätsgestaltung 42
    2.1.4   Abgrenzung strategischer Geschäftsfelder 44

  2.2 Marktsegmentierung **46**
    2.2.1   Bedeutung von Segmentierungsansätzen 46
    2.2.2   Anforderungen an die Marktsegmentierung 47
    2.2.3   Alternativen der Marktsegmentierung 48
        2.2.3.1   Personenversicherungsmärkte 48
        2.2.3.2   Gewerbe- und Industrieversicherungsmärkte. 54

2.3 Positionierung **55**
    2.3.1   Relevanz der Positionierung in
            Versicherungsmärkten 55
    2.3.2   Weg zu einer erfolgreichen Positionierung 56

2.4 Analysemethoden **58**
    2.4.1   Key Issue Analyse, Benchmarking und Competitive
            Intelligence 58
    2.4.2   Lebenszyklusanalyse 64
    2.4.3   Portfolioanalyse 69
    2.4.4   Wertkettenanalyse 75

2.5 Generische Marketingstrategien **77**
    2.5.1   Wachstumsstrategien 77
            2.5.1.1 Strategische Lückenplanung 77
            2.5.1.2 Intensives Wachstum 79
            2.5.1.3 Wachstum durch Diversifikation 81
            2.5.1.4 Integratives Wachstum 82
    2.5.2   Marktteilnehmerstrategien im Wettbewerb 88
            2.5.2.1 Kundengerichtete Marketingstrategien 88
            2.5.2.2 Konkurrenzgerichtete Marketingstrategien . . 92
            2.5.2.3 Vermittlergerichtete Marketingstrategien . . . 94
    2.5.3   Wettbewerbsstrategien in Anlehnung an Porter 98
            2.5.3.1 Triebkräfte des Wettbewerbs 98
            2.5.3.2 Qualitäts- versus kostenorientierte
                     Strategien 100
            2.5.3.3 Gesamt- versus Teilmarktbearbeitung 101
            2.5.3.4 Polarisierung des Versicherungsmarktes 102

2.6 Strategien der Markenführung **106**
    2.6.1   Geschichte der Versicherungsmarke 106
    2.6.2   Markenstrategien im horizontalen Wettbewerb 107
    2.6.3   Markenstrategien im vertikalen Wettbewerb 110

2.7 Strategien im internationalen Versicherungsmarketing . . **110**
    2.7.1   Internationalisierung der Versicherungswirtschaft . . . 110
    2.7.2   Chancen und Risiken des Auslandsengagements 112
    2.7.3   Entscheidungsfaktoren bei der Standortwahl 118
    2.7.4   Marktentrittsalternativen 123
            2.7.4.1 Eigenaufbau 123

2.7.4.2 Kooperation 125
2.7.4.3 Unternehmensakquisitionen und -fusionen . . 127
2.7.5 Führungskonzepte 127
2.7.6 Standardisierungsmöglichkeiten 131

3 Marketinginstrumente in der Versicherungswirtschaft **135**

3.1 Marketingforschung **135**
3.1.1 Gegenstand. 135
3.1.2 Phasen. 136

3.2 Gestaltung von Produkten und Produktprogrammen **139**
3.2.1 Zum Produktverständnis im Versicherungswesen 139
3.2.2 Produktinnovation und Neuproduktentwicklung 143
3.2.3 Produktvariation und -differenzierung. 149
3.2.3.1 Grundlegende Optionen 149
3.2.3.2 Bausteinprinzip 150
3.2.3.3 All-Risks-Deckungen 152
3.2.4 Produktprogramm und Allfinanz 153

3.3 Prämiengestaltung **157**
3.3.1 Bedeutung der Bestimmung von Prämien 157
3.3.2 Formen der Prämiengestaltung 159
3.3.2.1 Tarifierung 159
3.3.2.2 Erstmalige und spätere Prämiengestaltung. . 160
3.3.2.3 Adaptive versus aktive Prämiengestaltung. . 160
3.3.2.4 Prämiendifferenzierung 163

3.4 Marketingkommunikation **165**
3.4.1 Gestaltung der Botschaft 165
3.4.1.1 Erlebnisorientierte Appelle 165
3.4.1.2 Furchtinduzierende Appelle 167
3.4.1.3 Humoristische Appelle 168
3.4.1.4 Testwerbung und vergleichende Werbung . 169
3.4.2 Formen der Marketingkommunikation 172
3.4.2.1 Werbung 172
3.4.2.1.1 Klassische Werbung 172
3.4.2.1.2 Direktwerbung 175
3.4.2.2 Sponsoring 178
3.4.2.3 Verkaufsförderung 180

3.4.2.4   Öffentlichkeitsarbeit   182
3.4.2.5   Integrierte Marketing-Kommunikation   185

3.5   Vertrieb **187**
3.5.1   Bewertung und Auswahl des Vertriebswegs   187
        3.5.1.1   Unternehmenseigene Absatzorgane   187
        3.5.1.2   Unternehmensgebundene Absatzorgane . . .   187
        3.5.1.3   Unabhängige Absatzorgane   189
                  3.5.1.3.1 Mehrfirmenvertreter   189
                  3.5.1.3.2 Versicherungsmakler   190
        3.5.1.4   Strukturvertrieb   194
        3.5.1.5   E-Commerce   195
3.5.2   Instrumente der Vertriebssteuerung   203
        3.5.2.1   Anreizsysteme   203
                  3.5.2.1.1 Arten von Anreizen   203
                  3.5.2.1.2 Anforderungen an Anreizsysteme   204
                  3.5.2.1.3 Provisionssysteme   206
                  3.5.2.1.4 Beratungshonorare   209
                  3.5.2.1.5 Bonussysteme   210
3.5.3   Vertragliche Vertriebssysteme   211
        3.5.3.1   Agentursystem   211
        3.5.3.2   Franchisesysteme   212
3.5.4   Vertriebswege im deregulierten europäischen
        Versicherungsmarkt   213
        3.5.4.1   Umsetzung der EU-Vermittlerrichtlinie . . .   213
        3.5.4.2   Entwicklung der Vertriebswege im Zuge der
                  Umsetzung der EU-Vermittlerrichtlinie   217

**4   Implementierung des Marketing-Managements
in Unternehmen der Versicherungsbranche** **223**

4.1   Voraussetzungen der Strategieimplementierung **223**

4.2   Marketing-Organisation **224**
4.2.1   Neue Anforderungen an die Struktur
        des Versicherungsunternehmens   224
4.2.2   Produktmanagement   226
4.2.3   Kundenorientierte Organisationsformen und
        Key-Account Management   228

4.3 Unternehmenskultur **229**

4.4 Agentur-Informationssysteme **232**

5 Marketing-Controlling **235**

**5.1 Bedeutung und Besonderheiten des Controllings
in der Versicherungsbranche** **235**

5.2 Instrumente des Marketing-Controlling **239**
    5.2.1   Systematisierung 239
    5.2.2   Gesamtunternehmensbezogenes Controlling 241
            5.2.2.1 Image und Reputation 241
            5.2.2.2 Dienstleistungsqualität 246
            5.2.2.3 Kundenorientierung von Mitarbeitern 249
            5.2.2.4 Balanced Scorecard 252
    5.2.3   Kundenbezogenes Controlling 256
            5.2.3.1 Kundenpotenzial 256
                    5.2.3.1.1 Einflussfaktoren 256
                    5.2.3.1.2 Kundenportfolios 260
            5.2.3.2 Prozessebene 264
                    5.2.3.2.1 Kundenzufriedenheit, Kunden-
                              loyalität und Kundenbindung 264
                    5.2.3.2.2 Kundenbindungsinstrumente..... 267
                    5.2.3.2.3 Beschwerdemanagement 269
                    5.2.3.2.4 Kundenabwanderung und
                              Kundenrückgewinnung 278
            5.2.3.3 Ergebnisebene: Kundenwert. 281
    5.2.4   Vermittlerbezogenes Controlling 288
            5.2.4.1 Vermittlerpotenzial 288
                      5.2.4.1.1 Einflussfaktoren. 288
                    5.2.4.1.2 Vermittlerportfolios 290
            5.2.4.2 Prozessebene 293
                    5.2.4.2.1 Personalcontrolling 293
                    5.2.4.2.2 Vergütungsmodelle 297
                    5.2.4.2.3 In- versus Outsourcing 299
            5.2.4.3 Ergebnisebene 304
                    5.2.4.3.1 Vertriebsergebnisrechnung 304
                    5.2.4.3.2 Kennzahlen im Vertrieb 310

Literaturverzeichnis 313

Stichwortverzeichnis 331

Firmenverzeichnis 335

1 Marketing als Unternehmensphilosophie in der Versicherungswirtschaft

1.1 Einführung

1.1.1 Märkte, Marktteilnehmer und Marketing

Versicherungsmärkte sind Orte, an denen Anbieter und Nachfrager Versicherungsleistungen gegen eine Prämie austauschen. Die Marktteilnehmer werden meist als Versicherungsnehmer, Versicherungsunternehmen und Versicherungsvermittler bezeichnet.

Die *Versicherungsnehmer* sind Nachfrager und Verwender des Versicherungsschutzes. In den meisten Fällen haben sie wenig konkrete Vorstellungen über den Nutzen des Versicherungsprodukts. Sie lassen sich bei der Suche nach Informationen und bei ihrer Kaufentscheidung häufig von Emotionen, sozialen Einflüssen, der Markenstärke und den Werbeaktivitäten der Versicherungsunternehmen leiten. Die selteneren professionellen Kundentypen können dagegen ihren Versicherungsbedarf gut selbst einschätzen. Sie sind aktive Nachfrager und überwiegend rationale Entscheider. Ein klassisches Beispiel sind Industriekunden (Lach 1995, S. 25ff.).

Die *Versicherungsunternehmen* sind die Produzenten des Versicherungsschutzes. In diesem Buch wird nicht zwischen den Begriffen Versicherungsunternehmen und Versicherungsorganisationen unterschieden, da die Versicherungsvereine auf Gegenseitigkeit und die öffentlich-rechtlichen Anstalten ähnlich am Markt agieren wie die Aktiengesellschaften (Schwake 1987, S. 24f.). 341 Aktiengesellschaften, 272 Versicherungsvereine auf Gegenseitigkeit und 19 öffentlich-rechtliche Versicherungsunternehmen waren in Deutschland im Jahre 2005 ansässig. Neben 169.700 Innen- und 48.700 Außendienstbeschäftigten waren etwa 78.000 hauptberufliche Handelsvertreter für die einzelnen Versicherungsgesellschaften tätig (GDV 2006, Tab. 1-4). Hieraus ist die starke Gewichtung der vertriebsorientierten Tätigkeiten in der Versicherungswirtschaft ersichtlich.

Das *Versicherungsprodukt* besteht im Kern aus der Tragung von Risiken des Versicherungsnehmers. Typisch für alle Versicherungsgeschäfte ist die Ungewissheit hinsichtlich des Eintritts und Umfangs des zu versichernden Ereignisses. Für den Versicherungsnehmer besteht der Nutzen von Versicherungsprodukten hauptsächlich in der Befriedigung seines Sicherheitsbedürfnisses.

Häufig wirken bei der Anbahnung und Abwicklung von Versicherungsgeschäften die *Versicherungsvermittler* mit. Das Versicherungsunternehmen gewährt als Risikoträger dem Kunden das Versicherungsschutzversprechen gegen Zahlung einer Prämie. Kommt das Versicherungsgeschäft zu Stande, erhält der Versicherungsvermittler eine Vergütung, d.h. in der Regel eine Provision.

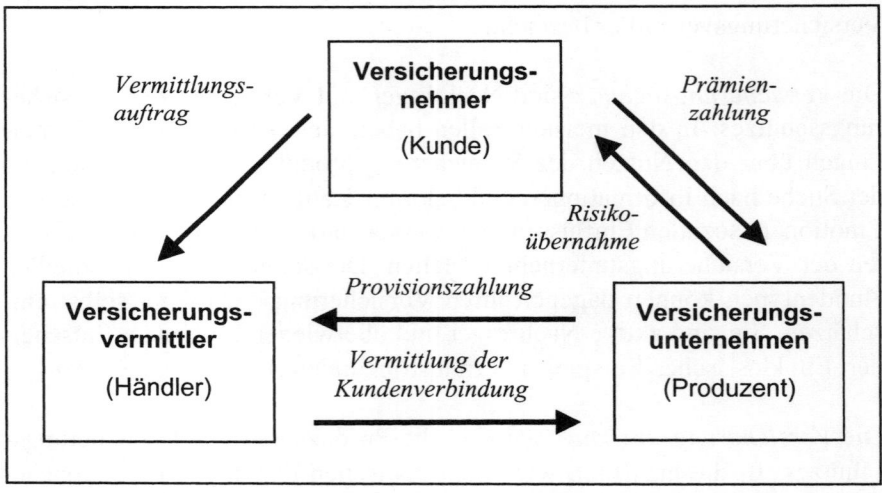

Abb. 1-1: Beteiligte am Versicherungsmarkt und deren Aufgaben

Vermittler, die ausschließlich mit einer Versicherungsgesellschaft zusammenarbeiten, werden *Ausschließlichkeits- oder Einfirmenvertreter* genannt. Sie kennen die Versicherungslösungen dieser Gesellschaft sehr gut und können Kunden in vielen Fällen eine bedarfsgerechte Lösung anbieten. *Unabhängige Versicherungsvermittler, d.h. Versicherungsmakler,* sind dagegen nicht in die Organisation eines Versicherungsunternehmens eingebunden. Sie suchen im Auftrag des Kunden den bestmöglichen Versicherungsschutz unter Berücksichtigung des breiten Spektrums entsprechender Anbieter auf dem Versicherungsmarkt. Von der objektiven Beratung des Versicherungsmaklers profitieren seine Kunden vor allem in wettbewerbsintensiven Märkten, in denen Versicherungslösungen mit einem sehr unterschiedlichen Preis-/Leistungsverhältnis existieren.

Die beschriebene Geschäftsbeziehung zwischen Versicherungsnehmer, Versicherungsunternehmen und Versicherungsvermittler ist eine Besonderheit der Branche, die mit dem so genannten *Prinzipal-Agenten-Problem* einhergeht. Sowohl gegenüber dem Versicherungsunternehmen als auch gegenüber dem Kunden verfügt der Versicherungsvermittler über die besseren Informationen. Er hat in seiner Agentenrolle einen Informationsvorsprung gegenüber dem Versicherungsunternehmen als Prinzipal, weil er die Bedarfssituation des Versicherungsnehmers besser kennt und gegenüber dem Versicherungsnehmer als Prinzipal, weil er den Überblick bezogen auf das Produktangebot hat. Unseriöse Vermittler könnten aus eigennützigen Erwägungen ihren Informationsvorsprung nutzen, indem sie nicht alle risikorelevanten Daten an die Versicherungsgesellschaft weitergeben oder den Kunden bei seinem Ziel, Risiken bestmöglich zu managen, nicht angemessen unterstützen (Neeb/Riedel 2004, S. 405f.).

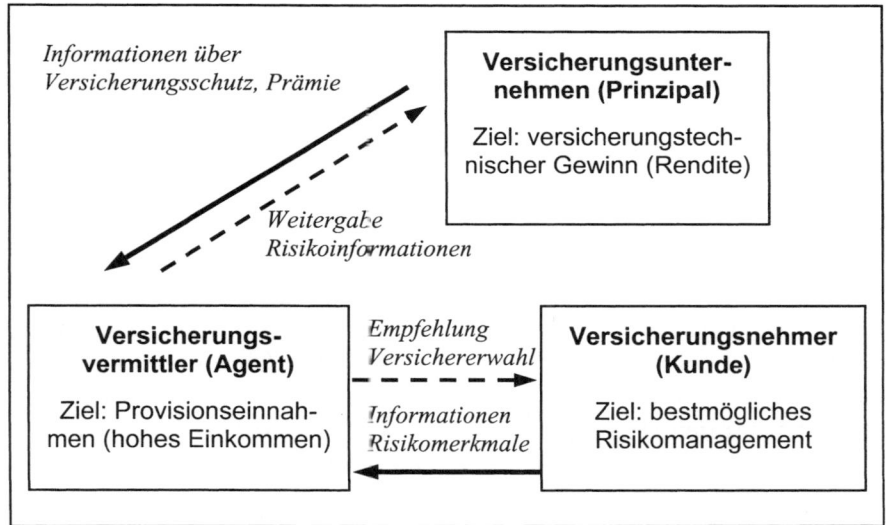

Abb. 1-2: Prinzipal-Agenten-Problem Versicherungsvermittlungsmarkt
(Quelle: in Anlehnung an Neeb/Riedel 2004)

Das *Marketing der Versicherungsunternehmen* setzt an der Befriedigung der Sicherheitsbedürfnisse von Versicherungsnehmern an. Die reine Existenz eines für die Bedürfnisse des Versicherungsnehmers treffenden Produkts zu einer akzeptablen Prämie führt nicht automatisch zu einem geschäftlichen Erfolg des Versicherungsunternehmens. Selbst Anbieter von normierten Produkten wie gesetzliche Krankenversicherer sind auf weitere Marketingaktivitäten wie Werbemaßnahmen, Broschürendruck und die Einrichtung von Servicestellen für den Kunden angewiesen. Die Gestaltung der einzelnen Marketinginstrumente wird im dritten Kapitel dieses Buches behandelt.

Auf den inzwischen wettbewerbsintensiven Versicherungsmärkten ist zudem die Analyse der Marktattraktivität und die langfristige Planung des Ressourceneinsatzes sehr wichtig geworden. Die geeigneten Entscheidungen und Optionen im Marketingmanagement zur Festigung und zum Ausbau der bestehenden Wettbewerbsposition sind Gegenstand des zweiten Kapitels „Strategisches Marketing".

Der Erfolg der Marketingstrategien und -instrumente ist in hohem Maße von der Kultur des Versicherungsunternehmens, seiner Organisation und seinen internen Systemen abhängig. Mit diesen Problembereichen der Marketing-Implementierung befasst sich das vierte Kapitel.

Mit einer zunehmenden Renditeorientierung der Versicherungsunternehmen stehen Marketingentscheidungen auf dem Prüfstand betriebswirtschaftlicher Effizienzüberlegungen. Die Diskussion denkbarer Ansätze des Marketing-Controllings erfolgt im fünften Kapitel.

1.1.2 Bedeutungsgewinn des Versicherungsmarketings

Lange Zeit haben Marketingansätze in der Versicherungswirtschaft keine Anerkennung gefunden. Noch Anfang der 1990er Jahre waren umfassende Marketing-Konzeptionen und professionelle Marketing-Aktivitäten selten anzutreffen (Harbrücker 1992, S. 37). Die *Gründe für den Bedeutungszuwachs des Versicherungsmarketings* sind vielfältig:

(1) Wirtschaftliches Umfeld: Die Wachstumsraten der Versicherungsprämien lagen bisher durchschnittlich um 2-3 Prozentpunkte über dem jeweiligen Wachstum des Bruttosozialprodukts. Auch in anderen europäischen Ländern war die Versicherungswirtschaft über viele Jahrzehnte hinweg eine gut geschützte und gewinnträchtige „Geldmaschine" (Muth 1994, S. 288). Den ersten Anstoß für eine intensive Beschäftigung mit Marketingansätzen gab die *zunehmende Enge der Märkte*.

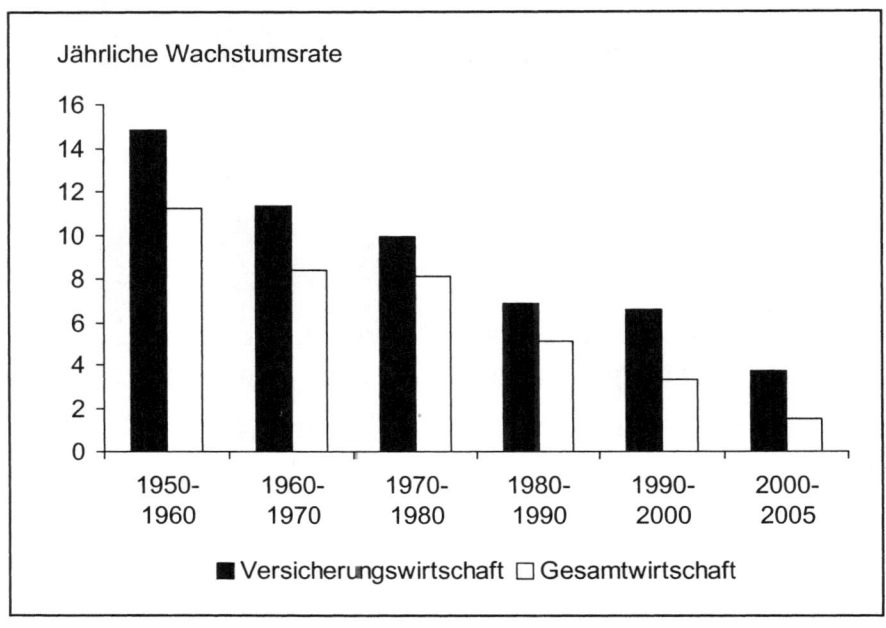

Abb. 1-3: Wachstum der deutschen Versicherungswirtschaft
(Quelle: GDV 2006)

(2) Wandel des Kundenverhaltens. Mit dem *Bildungsniveau* der Versicherungsnehmer stiegen deren *Ansprüche* und die Fähigkeit, Vertragskonditionen kritisch zu prüfen. Hierdurch – und durch den verstärkten Wettbewerb in der Branche – hat die *Bindung an einen Versicherer stark abgenommen* (Köcher 1993, S. 24). Gleichzeitig fragen die Haushalte mehr Versicherungsleistungen nach. Gewichtige Gründe hierfür liegen in den *hohen privaten Geldreserven* und dem *enormen Vererbungsvolumen* (Nieraad 1994, S. 5).

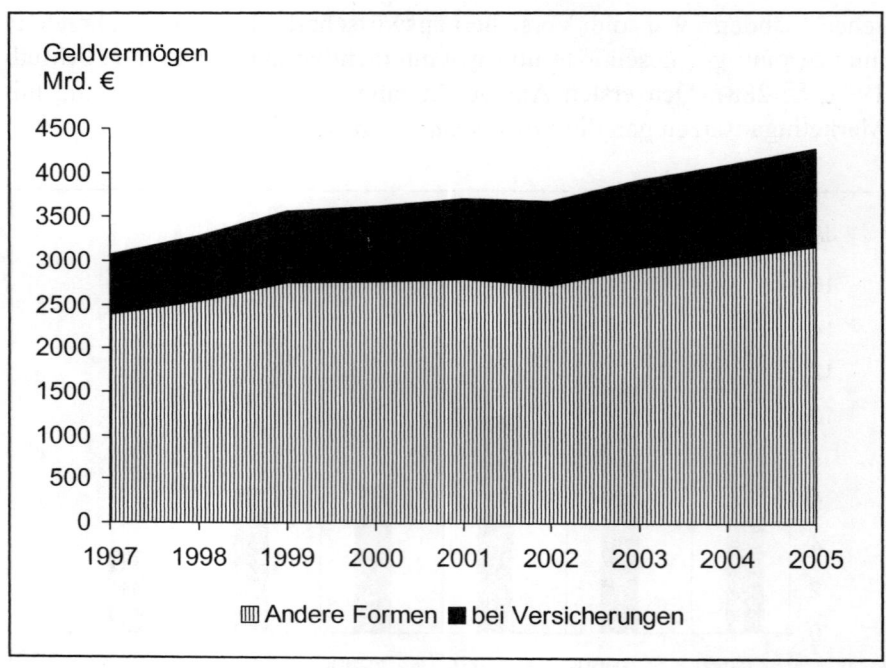

Abb. 1-4: Geldvermögen privater Haushalte in Deutschland
(Quelle: GDV 2006)

(3) Veränderte politische Rahmenbedingungen. Private Versicherungsunternehmen entlasten die Sozialpolitik des Staates. Auf eine zunehmend
größere Zahl von Bürgern im Rentenalter entfällt von Jahr zu Jahr eine
geringere Anzahl von Beitragszahlern. Zudem drohen durch den größer
werdenden Anteil älterer Menschen an der Gesamtbevölkerung die Ge-
sundheitskosten zu explodieren. Die schwierige finanzielle Situation der
gesetzlichen Sozialversicherung und der Rückzug der gesetzlichen Krankenkassen aus vielen Leistungsbereichen eröffnet privaten Versicherungs-
trägern neue Marktchancen (Popp 1997, S. 134). Immer mehr Deutsche
beschäftigen sich mit dem Thema der Eigenvorsorge. Schon Ende der
1980er Jahre hielten 22 % der Deutschen die staatliche Altersversorgung
aus dem Generationenvertrag für unzureichend (Köcher 1989, S. 1273).

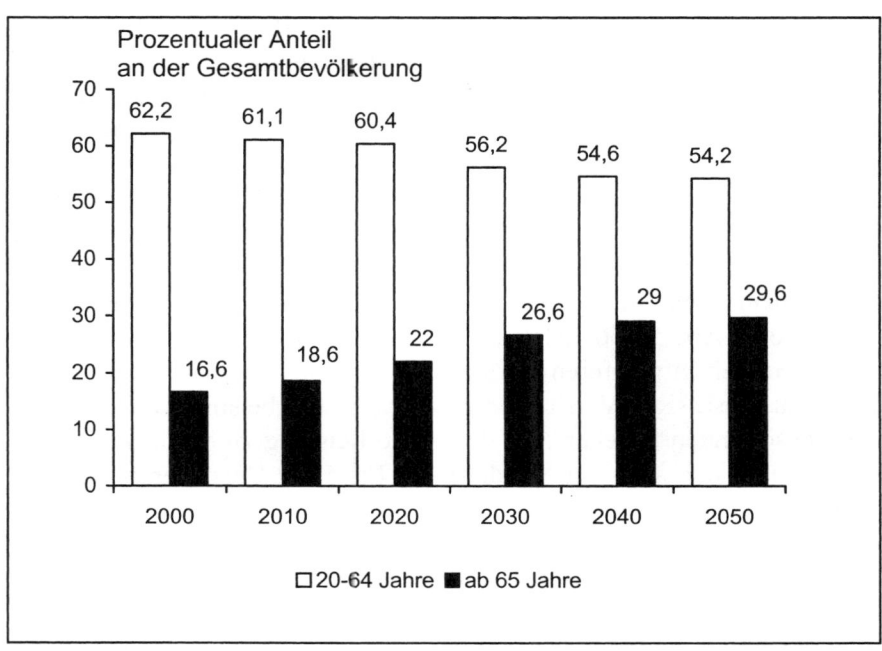

Abb. 1-5: Voraussichtliche Entwicklung der Altersstruktur in Deutschland
(Quelle: GDV 2006)

(4) Beschränkung der staatlichen Produkt- und Tarifkontrolle. Zum
großen Teil verhinderte in Deutschland das *System der materiellen Auf-*
sicht über das Bundesaufsichtsamt für das Versicherungswesen (BAV)
einen harten Wettbewerb. Sinn und Zweck der materiellen Aufsicht war
vor allem die so genannte Missbrauchsabwehr, welche u.a. die Genehmigung von Bedingungen und Tarifen umfasste (Miersch 1996, S. 5f.). Neue
Produkte dürfen seit der Deregulierung innerhalb der Europäischen Union
grundsätzlich ohne vorherige rechtliche Prüfung und Genehmigung von
Tarifen und Versicherungsbedingungen vermarktet werden (Büchner
1993, S. 16). Zahlreiche *Produktinnovationen* zum Beispiel im Altersvorsorgemarkt oder in der privaten Krankenversicherung führten zu einer
größeren *Intransparenz* der Märkte und einer Verunsicherung der Kunden
(Protz 1996, S. 95). Für den Kunden hat das Risiko einer falschen Kaufentscheidung ebenso zugenommen wie die Chance, ein Produkt zu erwerben, das seinen Versicherungsbedürfnissen besser gerecht wird. Der
Verbraucher kann für seine Kaufentscheidung jedoch nach wie vor auf
Musterbedingungen von Versicherungsverbänden zurückgreifen.

(5) Niederlassungs- und Dienstleistungsfreiheit. Die Niederlassungsfreiheit bezieht sich auf die dauerhafte Präsenz eines Versicherungsunternehmens in einem anderen EU-Mitgliedsland in der Form einer Agentur, Niederlassung, Tochtergesellschaft, Zweigstelle oder eines einfachen Büros (Präve 2005, S. 416). Nach der erfolgten Zulassung können Versicherungsgesellschaften mit Sitz in einem Mitgliedsland auf dem gesamten Territorium der Europäischen Union Versicherungsgeschäfte abschließen (Müller-Lutz 1995, S. 38).

Die grenzüberschreitende Tätigkeit von Versicherungsunternehmen ist durch die in Art. 59-66 EGV normierte Dienstleistungsfreiheit geregelt. Sie äußert sich in mehreren Varianten. So könnte sich das in einem Mitgliedstaat ansässige Versicherungsunternehmen beispielsweise in das Land des Kunden begeben, um dort seine Leistung zu erbringen. Umgekehrt könnte sich auch der Kunde in das Land des Versicherers begeben, um eine Leistung entgegenzunehmen. Zudem kann die Leistung ohne eine Ortsveränderung beider Seiten erfolgen. Nicht zuletzt können Kunde und Versicherer sich zur Erbringung oder Entgegennahme der Leistung in einem anderen Mitgliedsstaat treffen (Miersch 1996, S. 16ff., 45).

Die erweiterten vertrieblichen Möglichkeiten haben bisher weniger Versicherungsunternehmen genutzt als vom europäischen Gesetzgeber erhofft. Vor allem von der Dienstleistungsfreiheit machten nur relativ wenige Gesellschaften bzw. Versicherungsnehmer Gebrauch. Vermutlich würde die Einrichtung einer einheitlichen europäischen Aufsichtsbehörde zu geschäftsfördernden Vereinfachungen führen (Präve 2005, S. 416ff.). Farny erwähnt jedoch zu Recht branchenbezogene Besonderheiten, die sich als hinderlich für die Nutzung der Dienstleistungsfreiheit erweisen. Insbesondere ist der Export eines Versicherungsproduktes meist nicht so leicht möglich wie bei einem typischen Sachgut. Risiken können zwar aus verschiedenen Ländern des europäischen Binnenmarktes in ein übernationales Kollektiv eingebracht werden, aber dennoch sind die meisten Risiken von nationalen Gegebenheiten bestimmt. Deshalb müssen Versicherungsgesellschaften letztendlich die Risikoprämie national kalkulieren (Farny 2006, S. 165).

(6) Veränderung der Wettbewerbssituation. Der Europäische Binnenmarkt wurde im Zuge der Deregulierung zum größten Versicherungsmarkt der Welt. Dennoch waren die Märkte der europäischen Nachbarn wegen lokaler Besonderheiten in der Versicherungskultur und in den Kundenbedürfnissen für expansionswillige Versicherungsunternehmen teilweise schwer zugänglich. Marktsättigungserscheinungen zwangen zudem die Versicherungsunternehmen dazu, Kostensenkungspotenziale auszuloten. Es kam daher zu vielen und teilweise spektakulären Unternehmensübernahmen wie von AGF durch Allianz, Aachener-Münchener durch Generali sowie zu Fusionen wie AXA und UAP (Warth 1999, S. 122). Gesamtmarktbezogen zeichnen sich seit Anfang der 1990er Jahre im Bereich der Schaden- und Unfallversicherung *Konzentrationstendenzen* ab.

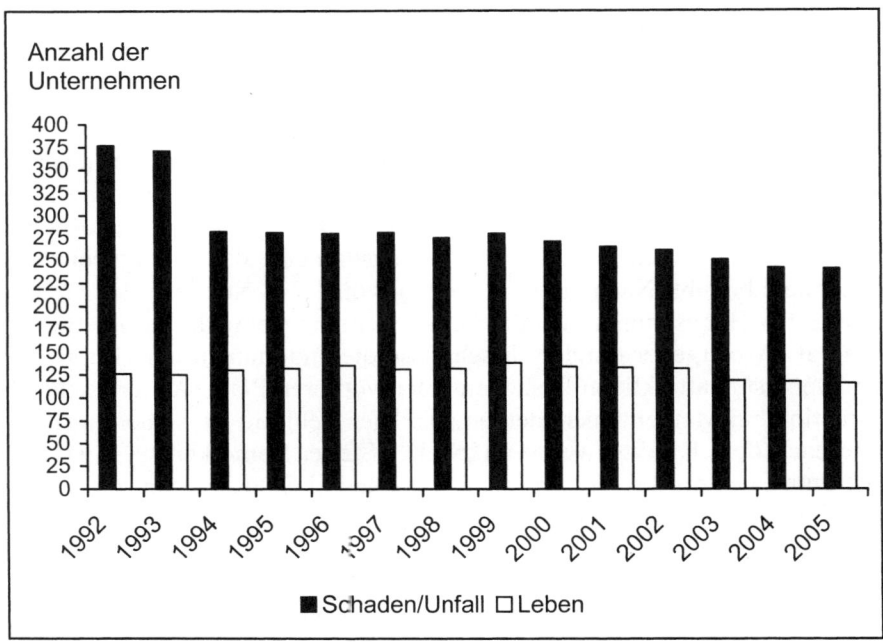

Abb. 1-6: Anzahl von Versicherungsunternehmen in Deutschland
(Quelle: GDV 2006, Tab. 2; GDV 2001, Tab. 24)

Hierdurch veränderte sich spürbar das Spektrum und vor allem die Intensität der eingesetzten Marketinginstrumente. Traditionell in der Branche ungewohnt aggressive Prämienofferten, Direktmarketingaktivitäten sowie große Werbekampagnen sind seit Ende der 1990er Jahre zu beobachten.

(7) Imageprobleme der Branche. Die ersten Imageprobleme der Versicherungswirtschaft liegen über hundert Jahre zurück. In der Zeit davor lag dem Versicherungswesen die Idee einer gemeinnützigen Initiative für eine kleine Gruppe von Kunden mit einem höheren Einkommen zugrunde. Versicherungen wurden zunächst ausschließlich durch Angehörige privilegierter Berufsstände wie Anwälte vertrieben. Ende des 19. Jahrhunderts löste das *Prinzip des Gewinnstrebens* das *Prinzip des Gemeinnützigkeit* ab. Vermehrt sahen wenig seriöse und kapitalschwache Unternehmen eine Möglichkeit, schnell Geld zu verdienen. Die Einführung der *Abschlussprovision*, d.h. der Provisionszahlung an Versicherungsvermittler in Abhängigkeit des vermittelten Neugeschäftsvolumens, brachte zwar weitere Absatzsteigerungen und eine große Verbreitung der Versicherungsidee, aber keinen guten Ruf der Branche mit sich (Surminski, A. 1987, S. 3ff.; Nickel-Waninger 1987, S. 164ff.). Das so entstandene schlechte Image in der Gesellschaft wirkt sich bis heute auf das *Image der Versicherungswirtschaft als Arbeitgeber* aus. Trotz der relativ guten wirtschaftlichen Rahmenbedingungen ist die Versicherungsbranche als Arbeitgeber nicht besonders beliebt. Nach einer Befragung von 1.744 Studierenden an ausgewählten Hochschulen belegte die Versicherungsbranche in der Bewertung als Arbeitgeber durch Wirtschaftsstudierende nur in der Gruppe der am wenigsten attraktiven Branchen einen vorderen Platz. Anders sieht die Situation bei Mathematikstudenten aus. Hier steht die Versicherungsbranche nach dem Kreditgewerbe an zweiter Stelle. Bemerkenswert ist auch die gute Position der Versicherungsbranche bei Studierenden, die bereits über besondere berufspraktische Erfahrungen in der Branche oder andere Affinitäten zum Versicherungsgeschäft verfügten (Geil/Twelsiek/Willmes 2003, S. 1782-1785).

Neben den selbstverschuldeten Imageproblemen haben Versicherungsunternehmen mit Einflüssen zu kämpfen, die nicht direkt steuerbar sind. Hierzu gehört beispielsweise der *Einfluss von Medien*. Die Tendenz im Journalismus, negative Meldungen im Verhältnis zu positiven deutlich überzugewichten, trifft solche Branchen hart, die bereits größere Imageprobleme haben. Versicherungsgesellschaften fallen öfters investigativen Journalisten zum Opfer, die bedauerliche Einzelfälle zum Beispiel einer Anspruchsablehnung oder schlechten Schadenregulierungspraxis in Erlebnisberichten dramatisieren. Neben dem Medieneinfluss ist der *Einfluss von Bezugspersonen* des Versicherungsnehmers auf die Imagebewertung der Versicherungsunternehmen beachtlich. Etwa 80 % aller potenziellen Finanzdienstleistungskunden sollen ihre Kaufentscheidung erst nach Konsultation einer Vertrauensperson treffen (Bittl 1998, S. 664f.).

1.2 Verhaltenswissenschaftliche Grundlagen

1.2.1 Kultur und Versicherung

Alle Menschen befinden sich in Kulturen. Sie bewegen sich im Umfeld einer Umgebung, die eine eigene *Geschichte und typische Lebensformen* aufweist. Kulturelle Faktoren haben einen maßgeblichen und nachhaltigen Einfluss auf Wünsche und Verhaltensweisen der Versicherungsnehmer. Dabei finden sich kulturprägende Merkmale sowohl bei allen am Versicherungsgeschäft Beteiligten als auch bei dem Versicherungsgeschäft selbst. Die Versicherungskultur eines Landes ist historisch gewachsen und lässt sich in der Regel nur über einen längeren Zeitraum hinweg verändern. Ein typisches Beispiel ist die deutsche Versicherungskultur. Bedingt durch schlechte Erfahrungen aus den beiden Weltkriegen einerseits und durch (bisher) gute Erfahrungen mit umfassenden staatlichen Systemen der sozialen Sicherung andererseits, gelten Deutsche im internationalen Vergleich als eher risikoscheu und stark sicherheitsbedürftig. Versuche, staatlich organisierte Sozialversicherungsleistungen zugunsten privatwirtschaftlicher Vorsoge zu ersetzen, sind nur auf lange Sicht umsetzbar (Farny 2006, S. 106f.).

Wie bedeutsam einzelne Versicherungsprodukte aus der Sicht des Kunden sind, hängt stark von den jeweiligen kulturellen, wirtschaftlichen und politisch-rechtlichen Gegebenheiten ab. Als Maße für die Verbreitung von Versicherungen sind die so genannte Versicherungsdurchdringung und die Versicherungsdichte gebräuchlich. Die *Versicherungsdurchdringung* ergibt sich als das Verhältnis der Beitragseinnahmen zu dem Bruttoinlandsprodukt eines Landes. Sie ist in Japan, Großbritannien und in der Schweiz sehr hoch (im Jahr 2005 wurden von der Schweizer Rückversicherung Werte von 10.54, 12.45 bzw. 11.19 errechnet). Für Entwicklungsländer ergeben sich meist niedrigere Werte (z.B. Mexiko: 1.66, Indien: 3.14). Die *Versicherungsdichte* misst die Höhe der Versicherungsbeiträge pro Kopf (GDV 2006, s. Tab. 74).

Die *Entstehung der Versicherungswirtschaft in einem Kulturkreis* durchläuft grundsätzlich drei Entwicklungsstadien (Krause 1996, S. 587ff.):

> **Familienwirtschaft**. Da alle Güter in der familiären Gemeinschaft frei nutzbar sind und der Eigentumsbegriff noch nicht ausgeprägt ist, haben Versicherungen noch keine Bedeutung.

> **Bildung versicherungsähnlicher Institutionen**. Obgleich die gesellschaftliche Arbeitsteilung bereits fortgeschritten, der Eigentumsbegriff bekannt ist und die Wissenschaft neue Erkenntnisse liefert, werden Gefahren häufig religiös gedeutet. Die Kultur zwingt die noch fest in die Gemeinschaft eingebundenen Menschen, mit einer höheren Eigenverantwortung zu handeln und sich gegen Gefahren abzusichern. Es bilden sich versicherungsähnliche Institutionen, die von der Kirche (z.B. karitative Einrichtungen), dem Staat oder Wirtschaftsunternehmen ins Leben gerufen werden.

> **Gründung von Versicherungsunternehmen**. Auf der letzten Stufe der Kulturentwicklung sichern die Bürger ihre versicherungsfähigen Objekte eigenverantwortlich ab und wenden sich an spezielle Unternehmen, d.h. an die Versicherungsunternehmen.

In einer vergleichenden Betrachtung von *Kulturzonen* kommt Krause zu dem Ergebnis, dass die christlich-abendländische Kultur in Europa und Nordamerika besonders günstige Bedingungen zur Entwicklung von Versicherungen bot. Im Gegensatz hierzu ist der Vertrieb von Versicherungen zumindest nach konventioneller Praxis im islamischen Kulturkreis mit erheblichen Problemen verbunden. Versicherungsprodukte müssen dort den besonderen religiösen Anforderungen des islamischen Rechts (Sharia) gerecht werden. Zu nennen sind in diesem Zusammenhang das Zinsverbot (riba), Glückspielverbot (maysir) und Geschäfte mit der Unsicherheit allgemein (gharar). In islamischen Kulturkreisen entwickelte sich eine spezielle Versicherung, die mit den religiösen Anforderungen vereinbar ist (Takaful). Selbst wenn ein Versicherer sharia-konforme Produkte anbietet, ist das Interesse an Versicherungsprodukten derzeit noch gering (Wackerbeck 2006, S. 452).

Der Vergleich zwischen den Kulturen im abendländischen Christentum und der arabischen Kulturzone zeigt sehr signifikante Unterschiede in der Bedeutung der Versicherungswirtschaft (s. Tab. 1-1). International tätige Versicherungsunternehmen sollten sich der unterschiedlichen Kulturzonen bewusst sein.

Kulturzone	Anteile in %		
	des Kulturkreises an der Weltbevölkerung	des Kulturkreises am Weltprämien- aufkommen	der Prämien am BIP
Abendl. Christentum	13,59	72,07	7,03
Israel	0,09	0,26	5,20
Arabien	6,44	5,32	0,54

Tab. 1-1: Versicherungswirtschaft in verschiedenen Kulturzonen
(Quelle Krause 1996, S. 609)

Die in einem Kulturkreis bestehenden Lebensformen bedingen eine andere Wahrnehmung von Gefahren (Zweifel/Eisen 2000, S. 41). Marketing-
konzeptionen müssen – wenn sie Wirkung zeigen sollen – im Einklang
mit ethnologischen Besonderheiten stehen. Dieses so genannte *Ethno-
Marketing* gewinnt im Zuge der multikulturellen Orientierung gerade in
Ballungsräumen der wichtigen Versicherungsmärkte Nordamerikas und
Europas an Bedeutung. So leben in der Bundesrepublik Deutschland beispielsweise etwa 2,5 Millionen Bürgerinnen und Bürger türkischer Herkunft. Einige Versicherungsunternehmen haben inzwischen spezielle
Produkte für diese Zielgruppe entwickelt und ihre Vertriebsstrukturen den
Besonderheiten der fremden Kultur angepasst. Auch Fernsehkampagnen
zum Beispiel in Sendern mit entsprechender Sprache und Programmaus-
richtung auf die fremde Kultur, Anzeigen, Broschüren, Internetauftritte,
Werbebriefe und spezielle Veranstaltungen gehören zu den sehr wichtigen
Instrumenten des Ethno-Marketings, wenn die Versicherungsgesellschaft
glaubwürdig bei der Zielgruppe wirken will (Rinas 2005, S. 109ff.).

Ein zweites Beispiel für die Bedeutung des Ethno-Marketings ist die
Vermarktung von Lebensversicherungen in Hongkong. Dort schließen
Menschen mit einem Alter von über 50 Jahren selten Lebensversicherungen ab, da im chinesischen Kulturkreis hierin ein Omen für Unglück gesehen wird. Das Vermarktungskonzept von Lebensversicherungen musste
daher neu überdacht werden. Anstelle einer direkten Ansprache der Senio-

ren wandten sich die Versicherungsgesellschaften an die Zielgruppe der jungen Generation und versuchten diese zu überzeugen, Prämien für ihre Eltern zu zahlen. Dieser Ansatz war erfolgreicher als die Direktansprache der älteren Generation (Meidan 1996, S. 26).

1.2.2 Risikowahrnehmung

Menschen sind auf die Wahrnehmung angewiesen, um zu überleben und sich in ihrer Umwelt zu orientieren, um andere Lebewesen oder Objekte in ihrem Handlungsbereich zu entdecken, zu lokalisieren und ihre Bedeutung zu erkennen (Zimbardo 1992, S.137f.). Für die Versicherungsbranche ist vor allem die *Wahrnehmung des Risikos*, d.h. die Aufnahme und Verarbeitung von Risikoinformationen interessant. Das Denkschema „Risiko" ist dabei sehr persönlich und subjektiv (Riege 1993, S. 585).

Potenzielle Versicherungsnehmer verarbeiten die aufgenommenen Risikoinformationen individuell sehr verschieden. Je nach Risikoeinstellung und -wahrnehmung ergeben sich spezielle Absicherungsbedürfnisse, die sich in Abhängigkeit von weiteren Faktoren wie dem verfügbaren Einkommen in einem individuellen Absicherungsbedarf konkretisieren. Die subjektive Wahrnehmung richtet sich nun auf die Marketingmaßnahmen der Versicherungsunternehmen (s. Abb. 1-7).

Menschen können bei der Wahrnehmung von Risiken erheblichen Täuschungen unterliegen. Für Profis ist ein Risiko durch die Merkmale „Schadenhöhe" und „Schadeneintrittswahrscheinlichkeit" objektiv erfassbar, während Laien zum Beispiel die maximal mögliche Höhe eines Schadens bei einem einzelnen Schadeneintritt oft nicht zutreffend einschätzen (Riege 1993, S. 585). Wie Erfahrungen aus der Praxis zeigen, kann die *objektive Erfassung von Risiken* sich deutlich von ihrer subjektiven Wahrnehmung unterscheiden. Die Gründe hierfür liegen außer in dem bereits geschilderten kulturellen Umfeld im Bereich persönlicher Erfahrungen, in der Einschätzung einer Person, ob sie Risiken durch Verhaltensänderungen selbst beeinflussen kann oder nicht (Zweifel/Eisen 2000, S. 40f.).

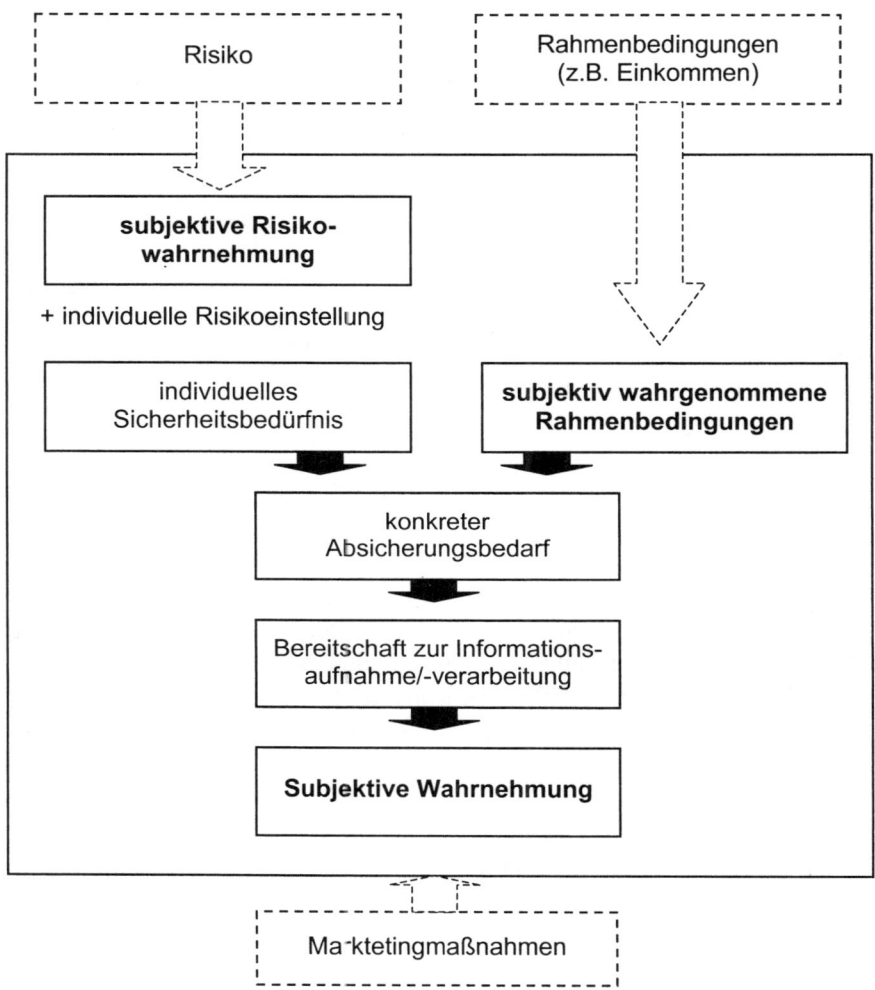

Abb. 1-7: Individuelle Wahrnehmung und Versicherungsnachfrage
(Quelle: Bittl/Vielreicher 1994, S. 197)

Die Vertrautheit mit einer Gefahr erleichtert die Risikobewertung und baut Ängste ab. Wenn viele Menschen gleichzeitig bei Eintritt einer Katastrophe sterben, erscheint das Risiko schlimmer als im Falle tödlicher Verkehrsunfälle im Verlauf eines Jahres. Die Schadenhöhe wirkt auf viele Menschen bedrohlicher als die Häufigkeit der Schäden. Geringwahrscheinliche aber spektakuläre und über die Medien thematisierte, schlecht kontrollierbare Risiken wie Tornados, Kernenergie und Überschwemmungen induzieren häufig weit mehr Angst als vermeintlich kontrollierbare und höherwahrscheinlichere Risiken wie Krankheiten oder Unfälle (Müller-Reichart 1993, S. 77f., Riege 1993, S. 585f.).

Die Besonderheiten in der Wahrnehmung von versicherungsrelevanten Risiken bringen Werbegestalter und Verkäufer in ein gewisses Dilemma. Einerseits beachtet der potenzielle Kunde Werbebotschaften, die den „ganz normalen Schadenfall" thematisieren, kaum, da das Risiko ihm gering bzw. gut kalkulierbar erscheint. Andererseits würden ihn zwar Horrorszenarien wie Kriege oder gentechnische Risiken stark aktivieren, jedoch wäre er enttäuscht zu hören, dass diese Risiken in aller Regel vom Versicherungsschutz ausgenommen sind.

1.2.3 Emotionen im Versicherungsgeschäft

Bei Emotionen handelt es sich um äußerst komplexe Vorgänge. Sie sind mit einer Erregung verbunden und gehen mit einem bewussten Erleben angenehmer oder unangenehmer Empfindungen einher. Aufgrund der biologischen Programmierung des emotionalen Verhaltens reagieren viele Menschen zumindest auf lebensbedrohende Gefahrensituationen überwiegend automatisch, spontan und einheitlich (Kroeber-Riel 1992, S. 53, 99ff.).

Emotionen spielen im Versicherungsmarketing eine große Rolle. Vor allem Emotionen wie Angst, Trauer, Aufregung und Überraschung sowie Erleichterung beschäftigen Versicherungsnehmer. Ängste zeigen sich in vielfältigen Formen. Existenzängste äußern sich in einer subjektiv erlebten Bedrohung der körperlichen und materiellen Unversehrtheit. Der Abschluss einer geeigneten Versicherung wie einer Krankenversicherung bzw. Sachversicherung kann die Ängste reduzieren helfen. Bestimmte Versicherungen wie die Unfall- und Lebensversicherung erfordern beim Verkauf eine besondere Sensibilität, da dramatische Emotionen wie die Trauer und unliebsame Überraschungen betroffen sind. Ebenso wie die genannten negativen Emotionen gehen mit dem Versicherungsgeschäft viele positive Emotionen einher. So erleben Versicherungsnehmer bereits durch klassische Versicherungsprodukte, die auf der reinen finanziellen Kompensation eines eingetretenen Sachschadens basieren, Gefühle der Erleichterung und Zufriedenheit. Dies gilt beispielsweise für kleinere Diebstahlschäden, die relativ problemlos finanziell kompensiert werden können. Sind die Folgen für den Kunden schwerwiegender, vermag die reine finanzielle Kompensation in Form einer Schadenzahlung alleine häufig nicht Erleichterung und Zufriedenheit auf der Kundenseite herzustellen. In diesem Zusammenhang liegt das Angebot von Assistanceleistungen nahe, die dem Kunden eine nützliche Unterstützung in der belastenden Situation des Versicherungsfalls bieten. So fühlen sich viele Kunden nach einem dramatisch verlaufenen Autounfall besser, wenn die Versicherungsgesellschaft rund um die Uhr telefonisch verfügbar ist und die schnelle Beschaffung eines Ersatzwagens arrangieren kann. Auch kleine Gesten wie Genesungswünsche nach einem Krankenhausaufenthalt haben Einfluss auf die emotionale Befindlichkeit des Kunden.

1.2.4 Sicherheitsbezogene Bedürfnisse und Motive

Marketing setzt primär an menschlichen Bedürfnissen an. Es gilt, den Kunden davon zu überzeugen, wie und in welchem Umfang ein bestimmtes Gut diese Bedürfnisse befriedigen könnte.
Die Frage nach der Entstehung und Rangfolge von Bedürfnissen und Bedürfniskategorien beschäftigte vor allem humanistisch orientierte Persönlichkeitsforscher. Große Bedeutung erlangte die *Bedürfnishierarchie von Abraham Maslow* (s. Abb. 1-8). Auf der untersten Hierarchieebene sind die biologischen Bedürfnisse wie Hunger und Durst angesiedelt. Erst wenn diese in angemessener Weise berücksichtigt sind, verlieren sie bis auf weiteres ihre motivierende Wirkung. Stattdessen rücken die Bedürfnisse der nächsten Hierarchiestufe, die Sicherheitsbedürfnisse, in den Vordergrund. Diese Bedürfniskategorie, zu der Bedürfnisse nach Ruhe, Freiheit von Angst, Erhaltung der Erwerbsfähigkeit und Alterssicherung gehören, verdeutlicht, dass Versicherungen selbst an grundlegenden Bedürfnissen ansetzen (Nickel-Waninger 1987, S. 182).
Das *Sicherheitsbedürfnis* als eines der fundamentalen Merkmale menschlicher Präferenzen beinhaltet mehrere Aspekte (Haller 1986, S. 11ff. zitiert nach Müller-Reichart 1993, S. 96). Zunächst versuchen Menschen, sich vor Ereignissen zu schützen, die ihre physische und wirtschaftliche Existenz bedrohen könnten. Neben diesem Bedürfnis nach der *„äußeren Sicherheit"* bestehen ein Bedürfnis nach innerer Ordnung und Orientierung (*innere Sicherheit*) sowie ein Bedürfnis nach Sicherheit im Bezug auf den Mitmenschen (*Sicherheit für andere*).

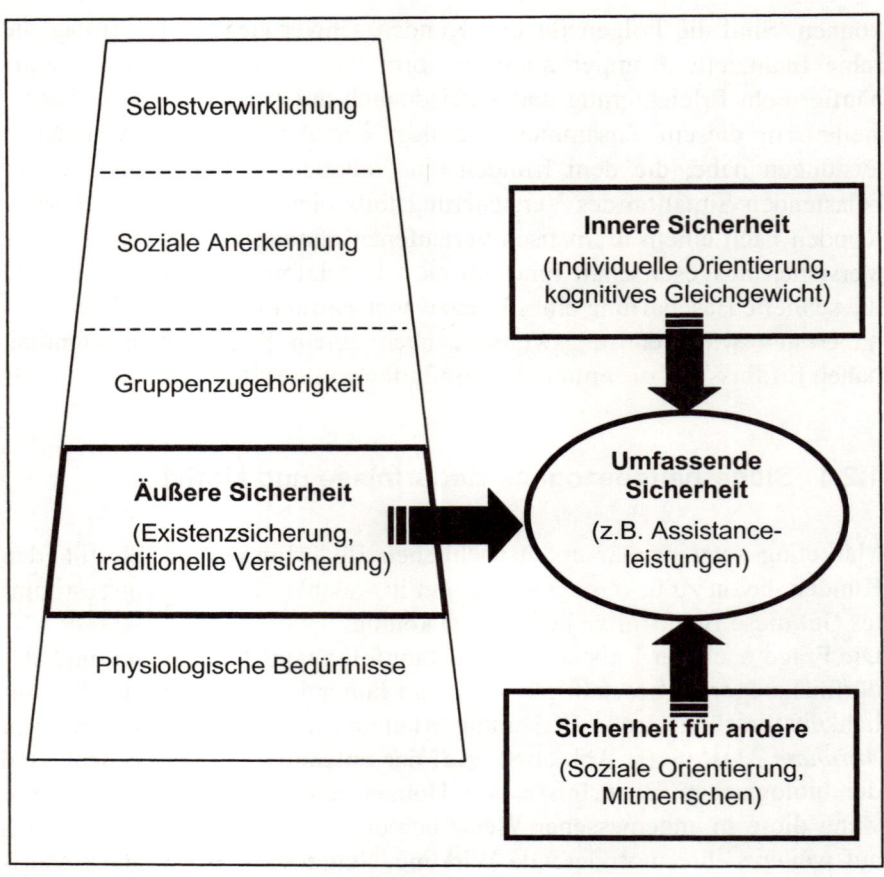

Abb. 1-8: Maslows Bedürfnishierarchie und Hallers Sicherheitskonzept

Charakteristisch für das optimistische Denkmodell humanistischer Psychologen ist das Streben nach Selbstverwirklichung. Menschen, die sich selbst verwirklichen, sind selbstaufmerksam, akzeptieren sich selbst und sind kreativ, spontan sowie offen für Veränderungen. Maslow sieht das angeborene Bedürfnis, das eigene Potenzial so weit wie möglich auszuschöpfen, als eine zentrale motivationale Kraft.

Maslows Theorie kann Ansatzpunkt für eine Einordnung verschiedener Produkte in die Pläne, Ziele und das Leben eines potenziellen Kunden sein (Kotler/Bliemel 1999, S. 327). Versicherungslösungen lassen sich im Zusammenhang mit allen Bedürfnisklassen beispielsweise im Beratungsgespräch und in der Werbung thematisieren. Häufig gehen Versicherungsverkäufer in einem Beratungsgespräch nach einer modularen Verkaufstechnik vor, indem sie sich bei der Bedarfsanalyse von der untersten Stufe der Bedürfnishierarchie Schritt für Schritt nach oben bewegen. Sie sprechen zunächst Versicherungsprodukte an, die der Existenzsicherung des Kunden dienen. Hierzu gehört beispielsweise die Krankenversicherung. Typische Versicherungslösungen auf der zweiten Hierarchieebene sind Sachversicherungen wie eine Hausratversicherung. Soziale Bedürfnisse wie die Sicherheit der Familie sind wichtige Beweggründe für den Abschluss von Unfallversicherungen. Kapitalbildende Versicherungsprodukte liegen als Empfehlung nahe, wenn die grundlegenden Sicherheitsbedürfnisse des Kunden bereits abgedeckt sind. Sie sind eine Alternative, um den erreichten oder angestrebten sozialen Status zu festigen. Auch die letzte Stufe der Bedürfnishierarchie, das Streben nach Selbstverwirklichung, ist für das Versicherungsmarketing interessant. Versicherungen sind eine mögliche Grundlage, um neue, bisher nicht in Betracht gezogene Chancen und Wachstumsmöglichkeiten zu nutzen. So kann ein Unternehmer durch den Abschluss einer Kreditversicherung seine Träume, z.B. in einem bestimmten Auslandsmarkt Geschäfte zu entwickeln, mit größerer Planungssicherheit realisieren.

In der Versicherungswirtschaft sind nicht nur auf Wachstumsbedürfnisse zurückgehende positive Motivationsarten, sondern auch fehlgeleitete Motivationen zu beobachten. In diesem Zusammenhang hat vor allem das *moralische Risiko (Moral Hazard)* eine hohe Bedeutung. Personen, die eine Versicherung abschließen, zeigen unter Umständen eine geringere Motivation zu Risikoverminderungsmaßnahmen, da sie mit Kompensationszahlungen im Schadenfall rechnen können. Versicherungsunternehmen versuchen dem Moral-Hazard-Phänomen durch Selbstbeteiligungs-, Regress- und Bonus-Malus-Konzepte entgegenzuwirken (Müller-Reichart 1993, S. 106ff.).
Zum Teil ist die fehlgeleitete Motivation auf Mängel in der Öffentlichkeitsarbeit und in der Marketingkommunikation der Versicherungsunternehmen zurückzuführen. Versicherungsunternehmen könnten sicher über Gemeinschaftsanzeigen oder Informationsbroschüren Kunden das Prinzip der Gefahrengemeinschaft erläutern und auf die schädlichen Wirkungen des moralischen Risikos für Versicherte hinweisen. Des weiteren erwecken viele Werbeanzeigen den Eindruck eines „Rundum-Sorglos-Pakets", das einige Kunden zu wörtlich nehmen und – zumindest bei Kunden mit geringen Produktkenntnissen – zu Fehlleitungen in der Motivation einlädt.

1.2.5 Versicherungsbezogene Einstellungen

Einstellungen sind *relativ stabile Haltungen gegenüber einem Objekt oder Thema* (Fishbein/Ajzen 1975, S. 6). Seit Anfang der 1980er Jahre ist eine kritischere Haltung der Gesellschaft gegenüber der Versicherungswirtschaft festzustellen (Köcher 1993, S. 96).

Versicherungsbezogene negative Einstellungen haben Einfluss auf die Neigung zum *Versicherungsbetrug*. Delikte gegen große anonyme Organisationen werden zunehmend als Kavaliersdelikte empfunden. Im Bereich der Schadenmeldung nahm die Tendenz zu, wissentlich falsche Angaben zu machen. Vor allem jüngere Kunden neigten in Versicherungsfällen dazu, nicht berechtigte Ansprüche geltend zu machen, indem sie z.B. bei Wohnungseinbruch einen Spiegel in die Schadenmeldung aufnahmen, der schon vor Eintritt des Schadenfalls defekt war. Als „psychologische Begründung" für dieses Verhalten kann die so genannte Equity-Theorie herangezogen werden. Sie besagt, dass Individuen Beziehungen nur dann als harmonisch empfinden, wenn die Investition, die sie vornehmen, dem entspricht, was sie von der anderen Seite erhalten. Dieses Austauschverhältnis wird analog in der Versicherungsbranche durch den Vertrag zwischen dem Versicherungsnehmer und dem Versicherer hergestellt. Da das dauernde Schutzversprechen vom Versicherten vor allem bei langer Schadenfreiheit nicht wahrgenommen wird, neigt er dazu, die Entschädigungszahlungen im Vergleich zu den vereinbarten regelmäßigen Beitragszahlungen als unangemessen zu betrachten und diesen Spannungszustand durch einen fingierten Schadenfall oder unzutreffende Angaben bei der Schadenmeldung abzubauen (Popp 1997, S. 185ff.; Müller-Reichart 1993, S. 112f.). An der Einstellung zum Versicherungsbetrug hat sich jüngeren Studien zufolge wenig verändert. In einer Erhebung des Marktforschungsinstituts Emnid aus dem Jahre 2002 sehen 17 % der Deutschen im Versicherungsbetrug keine Straftat bzw. ein Kavaliersdelikt. In der Altergruppe bis 30 Jahre sieht das sogar jeder Dritte so. Vor allem „kleine Mitnahmeeffekte" werden von dieser Gruppe unkritisch gesehen. Experten schätzen den Schaden durch Versicherungsbetrug in Deutschland auf mindestens vier Mrd. € (s. vom Bundeskriminalamt erfasste Fälle in Tab 1-2, die einen leichten Anstieg der Betrugsfälle zum Nachteil von Versicherungen über die letzten fünf Jahre zeigen).

Jahr	Erfasste Fälle	Häufigkeitszahl (Fälle pro 100.000 Einwohner)
2001	7.782	9,5
2002	8.876	10,8
2003	8.605	10,4
2004	11.743	14,2
2005	9.746	11,8

Tab. 1-2: Betrug zum Nachteil von Versicherungen
(Quelle: BKA 2005, Polizeiliche Kriminalstatistik, Grundtabelle Deutschland)

Die Akzeptanz des Versicherungsbetrugs sinkt deutlich, wenn die Beziehung zwischen Versicherer und Versicherten vertrauensvoller wird und den Versicherten die schädlichen Wirkungen des Versicherungsbetrugs bekannt sind. Nach der Studie von Emnid wären sechs von zehn Personen aus der Gruppe der „locker" zum Versicherungsbetrug eingestellten bereit ihre Einstellung zu ändern, wenn durch eine schärfere Betrugsbekämpfung eine Beitragsersparnis von 10 % „herausspringen" würde (Knospe 2003, S. 1958).

Versicherungsgesellschaften können die Neigung zum Versicherungsbetrug zu einem gewissen Teil auch steuern. Vor allem zufriedene Kunden neigen wenig zum Versicherungsbetrug. Hinsichtlich der Anfälligkeit zum Versicherungsbetrug bestehen große versicherungsspartenspezifische Unterschiede. Gefährdet sind nach dem Ergebnis einer vom Gesamtverband der Deutschen Versicherungswirtschaft (GDV) initiierten Befragung vor allem die Hausratversicherung und die private Haftpflichtversicherung, während die Betrugsneigung im Bereich der Krankenversicherung kaum eine Rolle spielt. Konform mit der Equity-Theorie ist der Anteil der Versicherungsbetrüger bei den wechselfreudigen Kunden höher als bei treuen Kunden (Neininger 2003, S. 37). Treue Kunden haben mit höherer Wahrscheinlichkeit die Leistungen einer Versicherungsgesellschaft positiv erlebt als Kunden, die in kurzen zeitlichen Abständen den Anbieter gewechselt haben. Meist haben die loyalen Kunden im Laufe der Vertragsjahre beispielsweise im Gegensatz zu den „Versicherungshoppern" von einer guten Beratung wegen einer veränderten Lebenssituation oder einer guten Schadenregulierung profitiert.

1.2.6 Kognitive Dissonanz

Menschliche Verhaltensweisen erfolgen häufig nicht als direkte Reaktion auf Informationen aus der Umwelt. Auch vor und nach einer Handlung kommt es zu einer aktiven Suche nach Informationen. Dabei können Spannungen durch widersprüchliche Informationen auftreten, die unangenehme Empfindungen auslösen. Derartige Dissonanzen können in allen Phasen des Kaufentscheidungsprozesses auftreten. Dissonanz entsteht vor allem nach der Aufnahme von Informationen, wenn diese den bisherigen Erfahrungen widersprechen.

In der Versicherungsbranche verbinden Kunden mit dem Abschluss eines Vertrages häufig die Erwartung, dass im Laufe der Zeit ein Schaden eintritt. Bleibt der Versicherungsnehmer schadenfrei, gelangt er dann zu der irrigen Annahme, das gekaufte Produkt habe für ihn keinen Nutzen gestiftet. Versicherungsverträge, die mit selteneren Schadenfällen einhergehen wie beispielsweise die Rechtschutzversicherung, werden daher oft nach einer gewissen Anzahl von Jahren seit dem Vertragsabschluss gekündigt. Der Produktnutzen bestand allerdings über den gesamten Zeitraum, so dass die Prämienzahlungen des Kunden stets „fair" waren. Kognitive Dissonanz kann bei Kunden, die sich wenig mit Versicherungen auskennen, dennoch entstehen, weil sie bei Produktkäufen in anderen Branchen die Form der Gegenleistung anders erlebt haben, d.h. vor allem als sofortiges angenehmes Erlebnis nach dem Produktkauf.

Kognitive Dissonanzen treten zudem bei hohen Schadeneintrittswahrscheinlichkeiten auf. Versicherungsnehmer empfinden eine solche Situation als unangenehm und sind geneigt, den Spannungszustand durch eine Überbewertung positiver Risikoinformationen und eine Verdrängung negativer Risikoinformationen abzubauen (Müller-Reichart 1993, S. 83).

Marketingmaßnahmen können dazu beitragen, den unangenehmen Spannungszustand zu beseitigen. Sie können aber auch das Gegenteil bewirken. So sollte Werbung keine zu hohen Erwartungen an ein Produkt wecken. Gerade die Versicherungswerbung enthält häufig Übertreibungen, die suggerieren, alles sei abgesichert. Ein Versicherungsunternehmen kann den Eintritt des Schadens nur bedingt beeinflussen. Es leistet in der Regel lediglich eine finanzielle Kompensation für die Folgen der eingetretenen Schäden und kann im Vorfeld nützliche Empfehlungen zur Schadenvermeidung oder -reduzierung kommunizieren. Um Konsonanz zu fördern, sollten Versicherungsgesellschaften trotz des Einsatzes wirkungsvoller Sozialtechniken der Werbung auf die fachliche Korrektheit der Botschaft achten. In der Praxis des Vertriebs wird oft die Nachkaufbetreuung des Kunden vernachlässigt. Solange ein Großteil der Kunden nach wichtigen Kaufentscheidungen Dissonanz verspürt, darf der Informationsfluss nicht mit dem Abschluss des Versicherungsvertrages enden, da aus der Dissonanz Unzufriedenheit entstehen kann. Dies ist in der Versicherungsbranche deshalb sehr wichtig, weil viele Kunden nicht täglich, sondern häufig erst im Schadenfall mit ihrer Versicherung Kontakt aufnehmen. Erfahrene Berater melden sich vorher bei ihren Kunden.

1.2.7 Lebensstile

Lebensstile als Beschreibung des Kaufverhaltens sind nicht aus der Theorie, sondern aus der Praxis heraus entwickelt worden. Sie lassen sich als eine *Menge miteinander verbundener Einstellungen* und *Aktivitäten* auffassen, die mit einem spezifischen *Verhaltensmuster* einher gehen. Eine kontinuierliche Beobachtung von Lebensstilen soll Trends und richtungsweisende Veränderungen im Kundenverhalten aufzeigen (Kroeber-Riel 1992, S. 444, 582).

Einen für die Versicherungswirtschaft interessanten Ansatz stellt die Allensbacher Markt-Analyse dar, die anhand verschiedener psychographischer Merkmale die Gruppen der Taps (technically advanced persons), Young Dinks (double income no kids), Ultra Consumers und Yuppies (Young urban professionals) unterscheidet. Alle vier Personengruppen, d.h. Experten auf technischem Gebiet, kinderlose Doppelverdiener-Familien, spontane und extravertierte Konsumenten sowie leistungsorientierte, aufstrebende junge Menschen, die auf Status- und Prestigegewinn großen Wert legen, verfügen über einen signifikant höheren Versicherungsschutz als der Bevölkerungsdurchschnitt (Geiger 1989, S. 162ff.).

Zwei *Trends in der Entwicklung von Lebensstilen* sind für die Versicherungswirtschaft von besonderer Bedeutung:

(1) Der gesellschaftliche Individualisierungsprozess
Historische Sozialformen und -bindungen wie die Familie und Kirche verlieren an Bedeutung. Besonders deutlich zeigt sich diese Entwicklung in der kontinuierlich geringer werdenden Haushaltsgröße (s. Abb. 1-9). Der fehlende Halt des Einzelnen in einer Gesellschaft führt zu einer verstärkten Nachfrage nach institutionellem Versicherungsschutz, mit dessen Hilfe der Verlust des persönlichen Sicherheitskonzepts ausgeglichen werden

soll. Versicherer sind somit Nutznießer und Beschleuniger des Individua-
lisierungsprozesses zugleich (Popp 1997, S. 131).

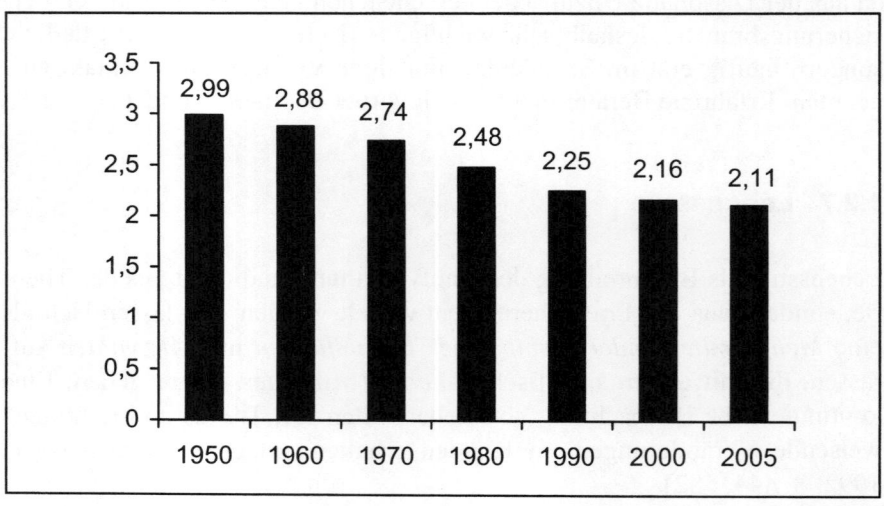

Abb. 1-9: Durchschnittliche Zahl der Personen je Haushalt in Deutschland
(Quelle: GDV 2006, Tab. 87)

(2) Pluralisierung von Lebensstilen
Lebensstile werden zunehmend einzigartiger. Bei vorhandenen Lebensstilen kommt es zu einer immer stärkeren Differenzierung

In Anbetracht der aufgezeigten Trends muss sich das Versicherungsmarketing neuen Herausforderungen stellen. Einerseits können sich einzelne
Versicherungsunternehmen von ihren Wettbewerbern differenzieren,
wenn sie ihr Produktangebot und ihre Kommunikation den individuellen
Lebensstilen ihrer Kunden anpassen. Versicherer verwenden heute zudem
Lebensstile als Grundlage für eine risikogerechtere individuelle Tarifierung (Popp 1997, S. 148, 153ff.). Andererseits besteht die Gefahr einer
Entwicklung, in der das klassische Prinzip des Versicherungswesens, d.h.
der Risikoausgleich durch ein großes Kollektiv von Versicherungsnehmern, sukzessive aufgelöst wird.

2 Strategisches Marketing in der Versicherungsbranche

2.1 Strategische Marketingplanung

2.1.1 Strategisches Denken

Strategen sind Menschen, die *langfristig, in einem größeren, ganzheitlichen Zusammenhang* denken und sich im Hinblick auf das Endziel nicht von vordergründigen Dringlichkeiten der Situation ablenken lassen. Dabei bedienen sie sich sowohl eines *analytischen* als auch *heuristischen* und *kreativen Instrumentariums*. Ihr Denken ist von der *Outside-In-Sichtweise* und nicht von einer auf die eigene Organisation ausgerichteten Inside-Out-Perspektive geprägt.

In der Versicherungswirtschaft ist traditionell die Unternehmenspolitik sehr stark vom produktverhafteten Denken in den einzelnen Versicherungssparten geprägt, d.h. eher intern orientiert. Allerdings hat gerade für Versicherungsunternehmen die Outside-In-Perspektive eine zentrale Bedeutung, da die Geschäftsentwicklung in hohem Maße von Impulsen aus dem gesellschaftlichen, politischen, technologischen und rechtlichen Umfeld abhängt. Angesichts dieser plausiblen Erklärung überrascht die Praxis des strategischen Versicherungsmarketings. Anfang der 1980er Jahre gaben nur 40 % in einer Befragung von 65 Versicherungsunternehmen an, eine strategische Planung durchzuführen. Anfang der 1990er Jahre erhöhte sich zwar dieser Anteil auf 68,8 %, doch planten nur weniger als die Hälfte dieser Unternehmen für einen Zeitraum, der fünf Jahre und länger in der Zukunft liegt. Die Versicherungsunternehmen begründeten ihr Vorgehen mit einem geringen Nutzen der strategischen Planung, Informationsdefiziten und Mängeln im Methodenwissen (Lange 1995, S. 65).

2.1.2 Vision, Business Mission und strategische Ziele

Visionen haben richtungsweisenden Charakter. Sie entstehen auf der Basis von Intuition und sind nicht auf den rationalen oder direkt greifbaren Bereich begrenzt. Sie sind aber dennoch keine Utopien, sondern haben einen klaren Realitätsbezug (Scholz 1994, S. 112ff.). Eine Vision lässt sich durch drei Komponenten beschreiben (Aaker 1998, S. 27ff.):

(1) Unternehmenszweck (Business Mission). Der Grund für die Existenz des Unternehmens am Markt legt fest, welche Arten von Leistungen das Unternehmen erbringen soll und ist mit Vorsicht zu formulieren. Während eine zu enge Festlegung den Bestand des Unternehmens gefährden könnte, birgt eine zu breite Bestimmung die Gefahr einer Verwässerung der Unternehmensidentität in sich (Meffert 1998, S. 67f.). Tabelle 2-1 zeigt die Business Mission einiger Gesellschaften.

	Business Mission
Aviva	Our overriding goal is to provide prosperity and peace of mind for our customers. To achieve this goal, wo need to be a clear leader in helping our customers grow their wealth and protect their assets and their health.
AXA	Help our clients be life confident. This is how we see our business and how it should be done.
Generali	Become the leading insurance company group in terms of profitability in the major European countries in which the group operates and play an important role in high potential markets. Grow in the retail and SME sectors by implementing a distribution strategy based primarily on agents networks and focused on a multi-brand approach.
Hiscox	Hiscox is a specialist insurer, underwriting a particular range of personal and commercial risks. We believe that by specialising we can deliver real value to our customers in our chosen areas. We do not deal in "commodity" insurance, but concentrate on insurance, where brains make a difference to each transaction.
Zürich	Our core business is insurance. We help customers manage their risks and savings to protect the present and plan for the future.

Tab. 2-1: Business Mission ausgewählter Versicherungsunternehmen
(Quelle: Aviva 2007, AXA 2007, Generali 2007, Hiscox 2007, Zürich 2007b)

Typisch für Versicherungsunternehmen, die den Schwerpunkt ihrer Geschäftstätigkeit auf dem Kranken- und Lebensversicherungsmarkt sehen, ist die besondere Betonung der Unterstützung des Kunden bei seiner erfolgreichen Bewältigung der Lebenssituationen. Unternehmen, die traditionell einen sehr großen Anteil ihres Geschäftsvolumens im Schaden- und Unfallversicherungsgeschäft verbuchen, stellen Aspekte des Risikomanagements besonders heraus. Eine Sonderstellung nimmt die Hiscox Versicherungsgruppe ein, die ihren Auftrag klar auf spezielle und ausgesuchte Geschäftsfelder (Nischen) bezieht.

(2) Zentrale Werte (Core Values). In der Regel verfügen Unternehmen über drei bis fünf zeitlose Grundsätze, die essentielle Werte repräsentieren. Sie kommen aus dem „Innenleben" der Organisation, muten aber auf den ersten Blick häufig wenig unternehmensspezifisch an (s. Tab. 2-2).

Allianz	Aviva	AXA	Generali	Zürich
Performance Culture	Performance	Pragmatism		Excellence
Develop our employees		Professionalism	Professionalism	Employee contribution
Focus on our customers			Passion for clients	Customer dedication
Build on mutual trust, feedback	Integrity, Teamwork	Integrity, Team spirit	Responsibility, Respect	Integrity
Align strategy and communication			Integration, Transparency	
	Progressiveness	Innovation	Pioneering spirit,Flexibility	Pioneering

Tab. 2-2: Zentrale Werte führender Versicherungskonzerne im Vergleich
(Quelle: Aviva 2007, AXA 2007, Generali 2007, Hiscox 2007, Zürich 2007b)

Insbesondere Integrität, Teamwork und Innovationen stehen typischerweise auf der Liste der drei bis fünf zentralen Werte. Die hohe Ähnlichkeit der Werte ergibt sich aus der Sicht von Außenstehenden. Ein in der Formulierung gleicher Wert kann durch die Kultur des Unternehmens anders verstanden und gelebt werden als bei einem Wettbewerber.

(3) Ziele mit Meilensteincharakter (Milestones). Ehrgeizige Ziele stellen klare und große Herausforderungen dar. Typische Meilensteinziele sind langfristige Umsatz- und Finanzziele sowie Marktstellungsziele. Ein gutes Beispiel ist das „3+Eins"-Zielsystem der Allianz Versicherungsgruppe. Im Dezember 2003 stellte der weltgrößte Versicherungskonzern ein Zielsystem vor, um nachhaltiges, profitables Wachstum zu erreichen. Die drei Ziele „Schaffen und Schützen einer Kapitalbasis", „Erhöhung der operativen Profitabilität" und „Reduzierung der Komplexität in der Gruppe" sollen zu dem weiteren Ziel der höheren Wettbewerbsfähigkeit und nachhaltigen Wertsteigerung führen. Der Konzern misst selbstkritisch jedes Jahr den Grad der Realisierung dieser Meilensteinziele (Allianz Geschäftsberichte 2004, 2005). Der Meilensteincharakter ergibt sich nicht so sehr durch den Zielbereich, sondern durch die Höhe des angestrebten Zielerreichungsgrades, der stets in Relation insbesondere zu rentabilitätsstarken Wettbewerbern gesehen wird.

Visionäres Denken ist nicht nur ein wichtiger Ausgangspunkt für die strategische Planung auf der Ebene der Konzernzentrale eines großen Versicherungsunternehmens. Auch Agenturen können von visionärem Denken profitieren. Viele eher rational orientierte Agenten können zunächst mit dem Visionskonzept nicht viel anfangen. Bei genauerer Betrachtung verfolgen jedoch häufig auch diese Agenten eine Vision, selbst wenn sie eine solche nicht klar formuliert oder in der Agentur explizit kommuniziert haben (Ritter 2003, S. 44f.).

Die Formulierung *strategischer Ziele* baut auf der Vision und der Business Mission auf. Zu den oberen Zielen gehören im Versicherungsunternehmen vor allem folgende Zielbereiche:

(1) Bedarfsdeckungsziel sowie Erhaltungs- und Sicherheitsziele
Ob Versicherungsunternehmen kostendeckend arbeiten, hängt stark davon ab, wie sich der größte Teil der Gesamtkosten, d.h. die Schadenkosten als Zufallsvariable, entwickeln. Eine operationale Formulierung des Kostendeckungsziels ist nur möglich, wenn Prämien nachträglich an die tatsäch-

lich entstandenen Schadenkosten angepasst werden können (Farny 2006, S. 319ff.).

(2) Gewinnziele
Im Zuge einer verstärkten Bedeutung der Unternehmenswertsteigerung bzw. der Shareholder-Value-Diskussion müssen Presseabteilungen das Gewinnstreben ihres Versicherungsunternehmens gegenüber Kunden und Verbraucherverbänden legitimieren. Mögliche emotionale Reaktionen vor allem bei privaten Kunden ('An Not und Elend soll niemand verdienen') legen dabei ein sensibles Vorgehen nahe (Schradin 1994, S. 35ff.).

(3) Psychographische Ziele
Psychographische Ziele spielen wegen des Vertrauensgutcharakters in der Versicherungswirtschaft eine zentrale Rolle. Bestimmende Einflussgrößen der Kundenbindung sind vor allem das Image des Unternehmens, die Präferenzbildung und die Zufriedenheit des Kunden. Die Kundenbindung wirkt ihrerseits positiv auf die Gewinnziele des Versicherungsunternehmens.

2.1.3 Corporate Identity

2.1.3.1 Bedeutung der Identitätsgestaltung

Die Identität eines Versicherungsunternehmens lässt sich als sein Selbstbild interpretieren. Eine solche Corporate Identity ist gleichzeitig die Basis für seine Selbstdarstellung und Verhaltensweise nach innen und außen (Birgikt/Stadler 1986, S. 23). Dem Selbstbild einer Versicherungsgesellschaft steht als Fremdbild ihr Image gegenüber. Selbst- und Fremdbild sollten miteinander gut vereinbar sein, um stabile Geschäftsbeziehungen zu fördern (Meffert 1991, S. 819). Das Potenzial für Spannungen zwischen Eigen- und Fremdbild ist in der Versicherungsbranche offensichtlich. So haben Versicherer unternehmensintern von ihrer Innovationskraft, Arbeitgeberattraktivität und vom Verhalten ihres Außendienstes häufig ein völlig anderes Bild als die Öffentlichkeit.

Die Corporate Identity entwickelt sich in einem Langzeitprozess und soll ein schlüssiges, widerspruchsfreies Auftreten des Unternehmens sichern.

Hieraus kann ein einheitliches Bewusstsein („Wir-Gefühl") und eine Differenzierungsmöglichkeit zu Wettbewerbern entstehen. Aus der Sicht vieler privater Versicherungskunden dient die Unternehmensidentität häufig als Surrogat für eine schwer zu beurteilende Produktleistung (Harbrücker 1992, S. 178ff.).

2.1.3.2 Instrumente der Identitätsgestaltung

Die Identität des Versicherungsunternehmens äußert sich in drei Komponenten, durch die es seine Persönlichkeit im sozialen Feld vermittelt.

(1) Unternehmensverhalten (corporate behavior)
Das Unternehmensverhalten bezieht sich auf das Unternehmen als Ganzes in allen betrieblichen Funktionsbereichen gegenüber allen Anspruchsgruppen wie Kunden, Vermittlern, Mitarbeitern und Aktionären. In der Versicherungspraxis ist die Gestaltung eines einheitlichen Unternehmensverhaltens schwierig, da sich die üblichen Organisationsformen oft durch eine starke Spezialisierung auszeichnen und auch heute noch in einem ausgeprägten Spartendenken zum Ausdruck kommen. Einer einheitlichen Wertorientierung stehen auch unterschiedliche Ausbildungshintergründe und berufsspezifische Prägungen (z.B. Juristen in der Schadenbearbeitung, Kaufleute im Außendienst und Ingenieure als Brandschutzexperten) entgegen (Harbrücker 1992, S. 208ff.). Nicht zuletzt erschwert die hohe Bedeutung des menschlichen Faktors vor allem bei beratungsintensiven Leistungsfeldern ein einheitliches Unternehmensverhalten. Während Werbeaussagen einheitlich ein Versprechen kommunizieren, kann sich ein Versicherungskunde in der Regel nicht auf ein einheitliches Verhalten des Unternehmens verlassen. Anders als bei Konsumgütern kann das Leistungsergebnis in der Versicherungswirtschaft nicht von Robotern erbracht werden, sondern von Menschen mit unterschiedlicher Qualifikation, Erfahrung sowie emotionaler und tageszeitlich bedingter Verfassung.

(2) Unternehmenserscheinungsbild (corporate design)
Das Erscheinungsbild des Unternehmens stellt die Gesamtheit seiner Maßnahmen zur Gestaltung seiner nonverbalen Kommunikation dar. Es hat wegen eingeschränkter Möglichkeiten einer visuellen Präsentation des Produkts in der Versicherungsbranche eine große Bedeutung. Da die gesellschaftlichen und die medialen Rahmenbindungen über die Jahrzehnte sich stark veränderten, gestalteten einige Versicherungsunternehmen ihr

Firmenzeichen neu (Harbrücker 1992, S. 212f.). So ersetzte die Allianz Versicherungsgruppe das typische deutsche Wappentier, den Adler, bereits Anfang der 1920er Jahre durch ein einfacheres und für den Verbraucher eingängigeres Symbol, das jedoch den Adler noch deutlich erkennen ließ. 1977 wurde der weiter vereinfachte Adler zusätzlich mit einem Kreis umrahmt. Die Traditionsmarke wurde so im Umfeld einer starken Reizüberflutung besser erkannt. Noch etwas klarer, aber auch abstrakter ist das seit Ende der 1990er Jahre verwendete Bildzeichen. Es ist für eine weltweite Verwendung besser geeignet als die zuvor verwendeten Zeichen.

1923   1977   1999

Abb. 2-1: Vereinfachung und Modernisierung des Allianz-Logos
Quelle: Deinhammer (1999), S. 37

(3) Unternehmenskommunikation (corporate communication)

Die Unternehmenskommunikation fasst die unterschiedlichen Kommunikationsmaßnahmen unter einem Dach zusammen und vermittelt die Identität des Unternehmens nach innen und außen (Harbrücker 1992, S. 217).

Bei der Gestaltung der Unternehmensidentität sollte das Versicherungsunternehmen auf eine angemessene Berücksichtigung sämtlicher Komponenten des Identitätsmixes achten.

Eine zu enge Sicht der Unternehmenspersönlichkeit, die sich nur auf das (äußere) Erscheinungsbild und die Entwicklung von Image-Kampagnen bezieht, negiert die hohe Bedeutung des Unternehmensverhaltens. Sie degradiert das Corporate-Identity-Konzept zu „kommunikationspolitischer Schönfärberei" (Wiedmann/Jugel 1987, S. 187f.). In der Vergangenheit machten Versicherungsunternehmen häufig diesen Kardinalfehler. Nach einer Einschätzung von Hattemer neigten Versicherer dazu, die Gestaltung der Corporate Identity ihrer Marketingabteilung zu überlassen, die den „schwarzen Peter" wiederum ihrer Werbeagentur zuschob (Hattemer 2005, S. 169). Gerade in der Versicherungsbranche ist die Reduzierung der Corporate Identity auf Fragen der Außendarstellung jedoch sehr kritisch zu beurteilen. Die Verhaltenskomponente der CI ist in der Branche von zentraler Bedeutung, da es aus der Sicht des Kunden um sehr sensible

Bereiche geht. Bereits bei der Analyse des Kundenbedarfs werden unter Umständen persönliche und belastende Themen wie schwere Krankheiten, Vermögensverhältnisse und Lebenssituationen angesprochen, auf deren Basis eine korrekte Erfassung der Risikosituation und eine angemessene Beratung überhaupt erst möglich ist. Auch bei der Regulierung von Schäden ist die Bedeutung des Corporate Behavior offensichtlich. Die Versuchung, das einheitliche Erscheinungsbild und die Werbekommunikation sehr positiv darzustellen, mag kurzfristig beim Kunden den Eindruck eines interessanten Unternehmens im Wettbewerbervergleich vermitteln. Jedoch könnten sich fatale Auswirkungen für das Unternehmensimage ergeben, wenn sich die Selbstdarstellung des Unternehmens im Vergleich zu seinem Verhalten gegenüber dem Kunden als übertrieben positiv herausstellt.

2.1.4 Abgrenzung strategischer Geschäftsfelder

Wenn ein Unternehmen viele unterschiedliche Segmente innerhalb eines breit abgegrenzten Marktes systematisch bearbeiten will, ist eine Abgrenzung der einzelnen Geschäftsfelder erforderlich, die langfristigen Bestand hat. Die hieraus hervorgehenden einzelnen strategischen Geschäftsfelder sind gekennzeichnet durch

➢ eine *eigenständige Marktaufgabe,*
➢ ein *langfristiges Erfolgspotenzial,*
➢ und eine von anderen strategischen Geschäftsfeldern *unabhängige Zielformulierung und Planung* (Benkenstein 2002, S. 28).

Traditionelle Geschäftsfeldabgrenzungen nach Versicherungszweigen erfüllen das Merkmal der eigenständigen Marktaufgabe nicht. Die häufig anzutreffende Geschäftsfeldabgrenzung nach den verfügbaren Produkten ist ebenfalls nicht sinnvoll, da Versicherungsprodukte zum Beispiel durch eine Veränderung der Gesetzeslage schnell überholt sein können. Im Sinne des strategischen Managements sollten Unternehmen daher ihre Tätigkeitsbereiche nach Märkten und länger anhaltenden Marktbedürfnissen definieren (Kotler/Bliemel 1999, S. 101). Nach einer empirischen Studie, an der sich 65 Versicherungsunternehmen beteiligten, sahen noch Anfang der 1990er Jahre mehr als 65 % der befragten Unternehmen die Versicherungssparten als geeignetes Kriterium für eine Geschäftsfeldabgrenzung an (Lange 1995, S. 65). Lediglich typische Vertriebsorganisationen verwirklichten seit längerer Zeit spartenübergreifende und kundenorientierte

Geschäftsfeldabgrenzungen (Puschmann 2003, S. 11). Versicherungsunternehmen können analog der Überlegungen von Abell bei der Definition ihrer Geschäftsfelder drei Dimensionen Berücksichtigungen: die Nachfrager oder Kundengruppen, die Kundenbedürfnisse oder Sicherheitsfunktion und die Technologie, d.h. die Sicherheitstechnologie (Abell 1980; s. Abb. 2-2).

Die Abgrenzung von Geschäftsfeldern ist aufgrund der Produktionsbesonderheiten in der Versicherungswirtschaft mit erheblichen Schwierigkeiten verbunden. Es sind vor allem die potenziellen Erfolgswirkungen von Kapitalanlagegeschäften und der Rückversicherungsnahme zu beachten. Diese geschäftspolitischen Entscheidungsfelder beinhalten ein sehr großes Erfolgspotenzial, lassen sich jedoch nicht eindeutig strategischen Geschäftsfeldern eines Versicherungsunternehmens zuordnen. Dennoch sollten derartige für die Steuerung der Erfolgspotenziale zentralen Managementfelder in die Betrachtung strategischer Geschäftsfelder angemessen einbezogen werden (Schradin 1994, S. 87ff.).

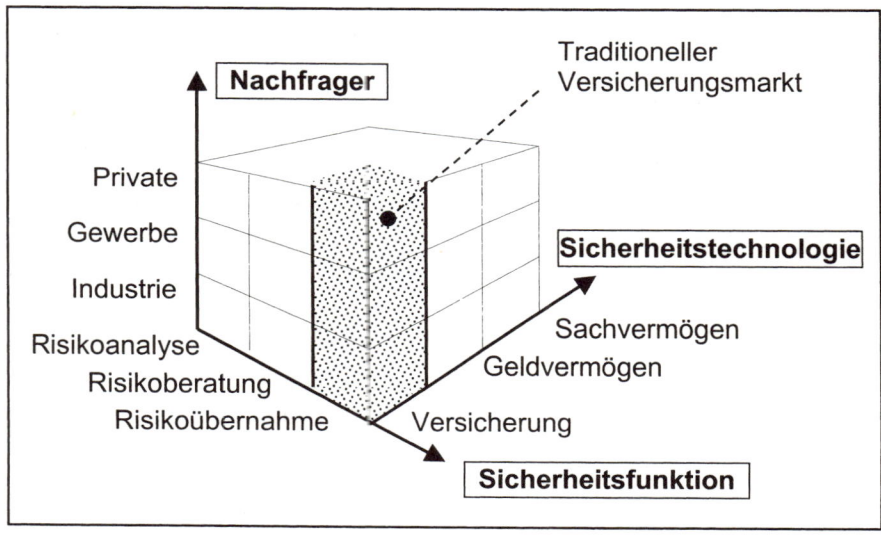

Abb.: 2-2: Strategische Geschäftsfelder in der Versicherungswirtschaft
(Quelle: Birkelbach 1988, S. 234)

2.2 Marktsegmentierung

2.2.1 Bedeutung von Segmentierungsansätzen

Marktsegmentierung ist sowohl ein Ergebnis, d.h. eine bestimmte Aufteilung des Versicherungsmarktes, als auch ein Prozess, durch den sich der Einsatz von Marketinginstrumenten effizienter planen und steuern lässt. Marktsegmentierung betrifft also die Informations- und Aktionsseite.

Der Bedeutungszuwachs der Marktsegmentierung in der Versicherungsbranche ist auf mehrere Gründe zurückzuführen:

(1) *Veränderungen im Verhalten der Versicherungsnehmer.* Die vielfältigen Lebensstile und der Wandel von Einstellungen gegenüber der Versicherungswirtschaft legen es nahe, relevante Zielgruppen systematisch zu identifizieren und mit Marketinginstrumenten individuell anzusprechen (Popp 1997, S. 215).

(2) *Notwendigkeit einer aktiven Risikosteuerung.* Versicherungsnehmer sind nicht allein unter dem Gesichtspunkt der Prämieneinnahmen ein mehr oder weniger attraktives Segment, sondern auch potenzielle Schadenproduzenten. Infolge der verstärkten Forderung nach einem ertragsorientierten Versicherungsmanagement gewinnt das Schadencontrolling an Bedeutung. Es erscheint daher notwendig, eine Risikobetrachtung einzelner Segmente vorzunehmen.

(3) *Differenzierung im wettbewerbsintensiven Versicherungsmarkt.* Im Zuge der Deregulierung verschärft sich der Preis- und Qualitätswettbewerb. Mit einer geeigneten Marktsegmentierung ist ein wirkungsvoller Einsatz der Marketinginstrumente im Umfeld eines intensiven Wettbewerbs möglich (Telschow 1997, S. 45).

Viele Versicherungsunternehmen haben inzwischen die Notwendigkeit der Marktsegmentierung erkannt. Sie verfeinern ihre Segmentierungskonzepte und unterscheiden Marktsegmente beispielsweise nach den Kriterien Berufsgruppen, Lebensphasen, Wertvorstellungen, Konsumverhalten und Risikogruppen (z.B. Monien 1998, S. 30ff.).

2.2.2 Anforderungen an die Marktsegmentierung

In ihrer konsequentesten Ausgestaltung würde eine Marktsegmentierung die individuelle Analyse jedes einzelnen Nachfragers bedeuten. Auch wenn sich theoretisch völlig homogene Marktsegmente bilden lassen, steht der damit verbundene Aufwand in keinem sinnvollen Verhältnis zum Nutzen einer solchen Segmentierung. Ein zentrales Problem besteht daher in der Auswahl von geeigneten Variablen zur Abgrenzung der einzelnen Kundengruppen. Eine Marktsegmentierung ist meist dann effizient, wenn die folgenden Kriterien erfüllt sind (s. Kotler/Bliemel 1999, S. 456):

➤ Beziehung der Segmentierung zum Nachfragerverhalten *(Kaufverhaltensrelevanz)*,
➤ Eignung der Segmentierung zur Marktbearbeitung, d.h. für den gezielten Einsatz aller absatzpolitischen Instrumente *(Handlungsfähigkeit)*,
➤ Gewährleistung einer für die langfristige Marketingplanung erforderlichen zeitlichen Stabilität der Segmentierung *(zeitliche Stabilität)*,
➤ Messbarkeit und Anwendbarkeit der Segmentierung *(Operationalisierbarkeit)*,
➤ Die Realisierung einer hinreichenden Größe des Marktsegments für eine differenzierte Marktbearbeitung *(Wirtschaftlichkeit)*.

Neben diesen generellen Anforderungen gelten *für die Versicherungsbranche weitere spezielle Anforderungen.*
Eine besondere Problematik betrifft zunächst die Berücksichtigung der mit einem Marktsegment verbundenen versicherungswirtschaftlichen Risiken. Telschow empfiehlt bei der Bildung von Marktsegmenten nicht nur die Perspektive der Kundenbedürfnisse, sondern gleichzeitig Risikogesichtspunkte zu berücksichtigen. Hierbei sollte die *Bestandsorganisation* des Versicherungsunternehmens, d.h. die *Produktpolitik, Risikoprämienpolitik, Annahmepolitik* und *Rückversicherungspolitik* sowie die *Sicherheitskapitalpolitik* Beachtung finden (Telschow 1997, S. 3ff., 110,).
Harbrücker plädiert zur Berücksichtigung risikospezifischer Aspekte bei der Marktsegmentierung für ein *mehrstufiges Vorgehen*. Dabei sollte zunächst eine Entscheidung über den zu bearbeitenden Gesamtmarkt getroffen werden. In einem zweiten Schritt sollten Segmente bestimmt werden, deren Bearbeitung aus einer marktorientierten Sicht attraktiv erscheint. Schließlich liegt es nahe, in einem dritten Schritt eine Teilung von Segmenten unter risikospezifischen Überlegungen vorzunehmen (Harbrücker 1992, S. 174f.).

In der Versicherungspraxis erfolgt nach Einschätzung des Beratungsunternehmens Mercer Oliver Wyman eine solche von der Wissenschaft vorgeschlagene Vernetzung von Marketing- und Risikomanagement häufig nicht. Marketingmanager sind oft ebenso wenig in die Prozesse des Risikomanagements involviert wie Risikomanagement-Spezialisten in das Design von Produkten (Trapp 2003, S. 1486).

Im Rahmen der Diskussion über Marktsegmentierungsansätze bleibt zudem häufig die Perspektive des Versicherungsvermittlers ohne Berücksichtigung. Vermittler können und werden in den meisten Fällen ihrerseits ebenfalls Marktsegmentierungsansätze anwenden. Auch wenn Versicherungsunternehmen theoretisch eine Marktsegmentierung unabhängig von Vermittlern vornehmen können, ist ein solches Vorgehen für Versicherungsunternehmen mit Ausnahme der Direktversicherer nicht sinnvoll. Es besteht nämlich dann die Gefahr, dass die Kundengruppen des Versicherungsunternehmens nicht mit denen des Versicherungsvermittlers übereinstimmen. Das Versicherungsunternehmen würde daher dem Vermittler Marketinginstrumente zur Verfügung stellen, welche mit seinem Segmentierungsansatz nicht vereinbar sind. Es erscheint sinnvoll, die Versicherungsvermittler in die Entwicklung des Marktsegmentierungsansatzes einzubinden. Eine Einigung zwischen Versicherer und Vermittler ist erstrebenswert, aber auch schwierig, da die Interessenlage verschieden ist. Während der Vermittler aus Gründen des Provisions- und Absatzpotenzials an einer weitgehenden Übereinstimmung der neuen Zielgruppen mit seinen bestehenden Kunden interessiert ist, kann es Ziel des Versicherungsunternehmens sein, Kundengruppen mit einem ungünstigen Risiko-Ertragspotenzial zu „sanieren" (Eurich/Häusele 1996, S. 1019ff.).

2.2.3 Alternativen der Marktsegmentierung

2.2.3.1 Personenversicherungsmärkte

In Marketinglehrbüchern werden Alternativen zur Marktsegmentierung vorgeschlagen, die vor allem für Versicherungsunternehmen im Schaden- und Unfallversicherungsgeschäft mit Privatpersonen sowie in der Lebens- und Krankenversicherung praktikabel erscheinen (s. Abb. 2-3).

Marktsegmentierung			
geographisch	**soziodemo-graphisch**	**psycho-graphisch**	**nutzen-orientiert**
➢ makro-geographisch ➢ mikro-geographisch	➢ Geschlecht ➢ Alter ➢ Einkommen ➢ Ausbildung	➢ Einstellungen ➢ Persönlichkeit	➢ Produktspezifische Einstellungen
	Lebensstil		

Abb. 2-3: Segmentierungsansätze im Personenversicherungsgeschäft
(Quelle: in Anlehnung an Meffert 1998, S. 180)

Die *geographische Marktsegmentierung* ist nahe liegend, wenn das Versicherungsunternehmen in einzelnen Regionen Kunden betreut, die sich stark vom Gesamtmarkt unterscheiden (Anders 1995, S. 235). Auf der Basis makrogeographischer Segmentierungskriterien wie Stadt und Land oder Küsten- und Bergregionen lassen sich Erfolgspotenziale in einzelnen Regionen gut erkennen. Allerdings ist es hierbei kaum möglich, Bedarfs- und Verhaltensunterschiede zu erklären (Eurich/Häusele 1996, S. 1019). Besser geeignet sind mikrogeographische Segmentierungsverfahren, die Marktsegmente auf der Basis von Ortsgrößenklassen, Bebauungsstrukturen und Wohnumfeldern differenzieren (s. Jänsch 1995). Allerdings führt die seit einiger Zeit hohe Mobilitätsquote von knapp 20 Prozent zu größeren Veränderungen im Zusammenleben von Familien sowie im beruflichen Bereich. Eine zeitlich stabile mikrogeographische Segmentierung ist daher kaum möglich (Benölken 1995b, S. 229).

Zu den *demographischen und sozio-ökonomischen Merkmalen* gehören neben Geschlecht und Alter zum Beispiel das Einkommen und die Kaufkraft der potenziellen Kunden. Eine besondere Relevanz haben in der Versicherungswirtschaft Berufsgruppen, da diese mit speziellen Risiken wie Haftungsfragen einhergehen (Popp 1997, S. 225f.). Für die Verwendung sozio-ökonomischer und demographischer Merkmale spricht deren hohe Bedeutung für die Entwicklung der Bedürfnisse in den einzelnen Lebensphasen. Im Alter wächst das Bedürfnis, Vorsorge für eine Beendigung der Berufstätigkeit zu treffen und die Zukunft der Familie langfristig abzusichern. Sozio-ökonomische Kriterien sind nützlich, wenn es um die Identifizierung von Kunden geht, die grundsätzlich Versicherungen benötigen könnten. Sie helfen, das Marktpotenzial und das Cross-Selling-Potenzial zu erkennen, sind kostengünstig erfassbar, zeitlich relativ stabil und gut prognostizierbar. Jedoch sind sozio-ökonomische Variablen für eine Erklärung bezüglich der Markenwahl sowie produktspezifischen Präferenzen der Versicherungskunden weniger geeignet (Telschow 1997, S. 60f.). Beispielsweise ist das Alter in zunehmendem Maße kein zuverlässiges Kriterium für die Kundenbedürfnisse mehr. So werden viele Angehörige der „Senioren-Zielgruppe" häufig falsch angesprochen, da die ältere Generation sich nicht als alt empfindet und mitunter Lebensstile jugendlicher Zielgruppen übernimmt. Neben die biologische Alterdimension ist vor allem die psychologische Altersdimension getreten. Im Hinblick auf dieses subjektive Alter lässt sich beispielsweise das gefühlte Alter (Feel-Age), das Aussehen (Look-Age), die Ähnlichkeit der Interessenlage zu anderen Altersgruppen (Interest-Age) und die Teilnahme an Aktivitäten im Freizeitbereich (Do-Age) unterscheiden. Nur in seltenen Fällen entspricht das psychologische Alter dem kalendarischen Alter (Reitzler 2001, S. 15).

Fallbeispiel - Der Seniorenmarkt

Die Entwicklung des Seniorenmarktes infolge der demographischen Entwicklung in den westlichen Industrienationen ist seit vielen Jahren bekannt. Die Gruppe der über 50-Jährigen wird im Jahre 2030 die Gesellschaft prägen, während die bisher wichtigste Zielgruppe für Versicherungsvermittler, d.h. die bis zu 35-Jährigen, im gleichen Zeitraum zahlenmäßig deutlich zurückgeht. Eine Einteilung des Marktes nach dem Alter scheint fragwürdig, denn das Alter ist kein fest definierter Lebensabschnitt, sondern ein Prozess, d.h. „Altern" statt „Alter". Versuche einer Typologisierung haben häufig eher Unterhaltungswert als einen Nutzen für die Marketingplanung, da sie mehr dem jeweiligen Zeitgeist entsprechen, jedoch selten zeitlich stabil sind. So wurden Senioren beispielsweise in die Typen „Verärgerte Skeptiker", „Preissensible Experten", „Beratungssuchende", „Passive" und „Unsichere" eingeteilt. Einige Gemeinsamkeiten innerhalb der Seniorentypen gibt es dennoch. Für die Mehrheit der Senioren ist es wichtig, von einem Vertreter persönlich beraten zu werden. Im Vergleich zu der jüngeren Zielgruppe verfügen die Senioren über deutlich mehr Geldvermögen und Haushaltseinkommen. Auch die Sorgen sind ganz andere als bei (kalendarisch) jüngeren Zielgruppen: Einsamkeit, Krankheit, Angst vor dem Verlust der Eigenständigkeit, Abschiebung durch die Kinder, neue „Freizeit" und Leere, Pflegepersonal-Mangel. Wirkliche Spezialprodukte und Spezialvertriebe für den Seniorenmarkt waren anfangs trotz der doch stark unterschiedlichen Bedarfslage im Vergleich zu den „Jungen" kaum anzutreffen. Ideen aus dem Ausland als Anregung für maßgeschneiderte Senioren-Produkte gab es genug. So kann beispielsweise ein Kunde in angelsächsischen Ländern eine Immobilie gegen ein lebenslanges Wohnrecht und Zahlung einer lebenslangen Rente an eine Versicherungsgesellschaft übertragen. Auch denkbar ist die finanzielle Beteiligung an einer hochwertigen Altenwohnanlage mit dem Abschluss eines Versicherungsproduktes (Retirement Villages). In Großbritannien wurde der Produktabsatz wegen der stark steigenden Immobilienpreise und der hohen Wohneigentumsquote von 70 % begünstigt. Ein weiteres Produkt erschien ebenfalls auf den ersten Blick für den deutschen Markt plausibel – wenn auch gewöhnungsbedürftig. So erhalten Kunden mit geringerer Lebenserwartung in Großbritannien höhere Rentenzahlungen. Kettenraucher und Übergewichtige erhalten ebenso höhere monatliche Renten wie die durchschnittlich ärmeren und ungesunder lebenden Bürger im Norden des Königreiches.

Jedoch ist die Marktsituation und der kulturelle Hintergrund nicht mit dem deutschsprachigen Raum vergleichbar. Erste Versuche, diese Produkte zu vermarkten, scheiterten. Das größte Erfolgspotenzial haben in Deutschland Produkte mit zusätzlichen Serviceleistungen im Bereich Assistance. In jüngster Zeit wurden auf dem deutschen Markt erste spezielle „Kombi-Produkte" für Senioren entwickelt, die beispielsweise eine lebenslange Pflegeleistungen, Rehabilitationsberatungen, Umbauten von Wohnungen sowie Umrüstungen von Autos enthalten.

Eine neue Erfahrung ist für viele Gesellschaften das große Marktsegment nicht zuletzt von der vertrieblichen Seite. Die bei der Ansprache traditioneller Marktsegmente bekannten Methoden funktionieren nicht so richtig. Sowie erfolgreiche Vertriebe im Bereich der Akademiker und Existenzgründer sollten die Gesellschaften dort selbst oder über Kooperationspartner vertreten sein, wo sich die Senioren-Zielgruppe auch aufhält, d.h. in Sanitätshäusern, bei Spezialreiseveranstaltern wie organisierte Kreuzfahrten und Studiosus, in Wandervereinen, Altenorganisationen, Massagepraxen. Die „segmentspezifische" Gestaltung des Marketings bleibt eine Herausforderung. Das fängt schon bei dem Namen Senioren an. Aus der Erfahrung heraus meiden die meisten Anbieter diese Bezeichnung und ersetzen sie mit „50Plus", „Best-Agers" oder

„Golden Eagles". Broschüren und Anträge für Senioren beispielsweise mit einer größeren Schrift zu drucken, leistet Assoziationen von einem „schleichenden Rassismus der Gesellschaft" Vorschub, da die älteren Generationen mit Print-Medien aufgewachsen sind, also in der Regel besser lesen können als jüngere Generationen. Insgesamt erfordert der Vermarktungsansatz einen radikalen Bruch mit althergebrachten Traditionen. Offensichtlich spielt das Marketing eine entscheidende Rolle, nicht die Versicherungsmathematik.

Quellen: Surminski 2004, S. 371ff.; Hattemer 2004, S. 497f.; Breiting/Sattler 2003, S. 458ff.

Die Marktsegmentierung nach *Einstellungen* liefert umfassende Basisinformationen über den Kunden und lässt wichtige kaufverhaltensrelevante Zusammenhänge erkennen. Sie bietet relativ konkrete Anhaltspunkte für den Einsatz von Marketinginstrumenten wie Werbekampagnen. Problematisch ist allerdings, einzelne Personen in den jeweiligen Segmenten zu identifizieren. Äußerliche Erkennungskriterien fehlen und erschweren beispielsweise dem Außendienst die Zugänglichkeit (Popp 1997, S. 236). Für die Versicherungsbranche sind Einstellungen zudem unter Risikosegmentierungsaspekten interessant. Ist die Einstellung bestimmter Kundengruppen zum Versicherungsbetrug bekannt, ließe sich diese Information für die Zielmarktbestimmung vorteilhaft verwenden. Wie soziodemographische Merkmale sind auch Einstellungen im allgemeinen zeitlich stabil. Vor allem die Segmentierung nach leistungsangebotsspezifischen Einstellungen ist allerdings mit erheblichen Kosten verbunden, zumal wiederholte Marktanalysen erforderlich sind und Paneldaten im Allgemeinen nicht zur Verfügung stehen.

Bei der Segmentierung unter *Lebensstil*-Aspekten finden neben Einstellungen Interessen und Meinungen sowie beobachtbare Verhaltensweisen als Segmentierungsmerkmale Berücksichtigung. Sie erscheint plausibel, da klassische sozio-ökonomische Segmentierungskriterien wie Alter und Berufskategorien alleine für das wahrscheinliche Verhalten der Kundengruppe zunehmend an Aussagekraft verlieren. Life-Style-Konzepten wird als Segmentierungskriterium für die Versicherungswirtschaft die größte Eignung zugesprochen (z.B. Müller 1994, S. 254ff., Protz 1996, S. 92).

Fallsbeispiel – Life-Style-Segmentation

Mit der Erstellung einer Life-Style-Studie hatte die Allianz Versicherungs-AG zwei Marktforschungsinstitute beauftragt. Die Erhebung erfasste 27 Lebensstilbereiche zu den übergeordneten Themen Arbeit, Freizeit, Familie, Interessen, Stilpräferenzen, Outfit, Konsum, Grundorientierung und Politik. Im nächsten Schritt wurden die individuellen Persönlichkeitsbilder zu exemplarischen Zielgruppen verdichtet. Die sich ergebenden zwölf Lebensstile ließen sich in die Kategorien traditionell, gehoben und modern unterteilen.

Zu der Typologie der *traditionellen Lebensstile* gehörten über-50 jährige Aufgeschlossen-Häusliche, die an traditionellen Werten wie Fleiß und Ordnung festhielten, einen Volks- bzw. Hauptschulabschluss hatten und deren Nettoeinkommen meist unter 1.000 EUR lag. Für diesen Typ ergab die Untersuchung, dass i.d.R. lediglich eine Privat-Haftpflicht und eine Sterbegeldversicherung häufiger als üblich vorhanden war, und die Entscheidungen über den Abschluss von Versicherungsverträgen von den Ehemännern getroffen wurde.

Der Typ der bis zu 30jährigen jungen Individualisten mit starkem Autonomiestreben, geringer Bereitschaft zur Übernahme von Verantwortung, hohem Bildungsstand und auffälliger Kleidung repräsentierte den *gehobenen Lebensstil*. Er ging mit einem überdurchschnittlichen Abschlusspotenzial einher. Kfz-Vollkasko-, Privat-Unfall- und private Krankenversicherungen sowie Risikolebensversicherungen waren hier überdurchschnittlich häufig anzutreffen. Entscheidungen wurden auf der Basis eines differenzierten Prämien- und Leistungsvergleichs getroffen. Die jungen Individualisten bevorzugten Verträge mit kurzer Laufzeit und beurteilten Zusatzversicherungen positiv.

Zu der Typologie der *modernen Lebensstile* gehörten aufstiegsorientierte Menschen zwischen 20 und 50 Jahren mit durchschnittlicher Schulbildung und gehobenem Einkommen, ausgeprägtem Streben nach Selbstverwirklichung im Beruf, Prestige, sozialem Status und hohem Einkommen. Die Aufstiegsorientierten hatten meist einen umfassenden Versicherungsschutz und holten bei der Prüfung von Versicherungsverträgen weniger Vergleichsangebote ein als die jungen Individualisten. Sie übertrugen diese Aufgabe oft an einen Vermittler und neigten zum Abschluss von Paketpolicen und Baukastensystemen. Guter Service

schien ihnen wichtiger zu sein als niedrige Prämien. Dennoch war das
Abschlusspotenzial nicht besonders hoch, da bereits ein umfangreicher
Versicherungsschutz bestand und die Aufstiegsorientierten diesen meist
automatisch verlängern ließen.

Quelle: Müller 1994, S. 228 ff.

Versicherungsgesellschaften nutzen vermehrt *Data-Mining-Anwendungen*
für die Zwecke der Kundensegmentierung. Hierbei werden Zusammenhänge zwischen einzelnen Merkmalen von Kunden entdeckt ohne a priori
zu wissen, auf welche Merkmale und Kombinationen von Merkmalen es
ankommt. So ließe sich über Data-Mining herausfinden, welche Produkte
im Verbund gekauft werden, welche Eigenschaften profitable Kundenbeziehungen auszeichnen oder bei welchen Ereignissen und Situationen mit
einer baldigen Kündigung von Versicherungsnehmern zu rechnen ist
(Koenemann 2003, S. 277). Dabei kommt es mit jedem Auswertungs-
schritt zu einer Verfeinerung der Ergebnisse. In einem lernenden Prozess
kristallisiert sich so die Zielgruppe zunehmend klarer heraus (Braas 2003,
S. 592).

2.2.3.2 Gewerbe- und Industrieversicherungsmärkte

Viele der vorangegangenen Ausführungen beziehen sich stark auf Perso-
nenversicherungsmärkte. Auch im gewerblichen und industriellen Versicherungsbereich sollte eine Marktsegmentierung nach dem Kundenbedarf
erfolgen. Die in der Praxis verwendeten Kriterien der Komplexität des
Risikos, des Schadenpotenzials, des Prämienvolumens und der Unternehmensgröße genügen den beschriebenen Anforderungen für eine effiziente
Marktsegmentierung in der Regel nicht. Eine Segmentierung nach der Ri-
sikokomplexität und dem Risikopotenzial scheitert an der schlechten Be-
obachtbarkeit. Risikopotenzial und Unternehmensgröße haben zwar eine
relativ hohe zeitliche Stabilität, sind aber kaum kaufverhaltensrelevant.
Eine *Segmentierung nach Branchen* wird besser als die genannten Kriterien der Anforderung einer differenzierten Ansprechbarkeit des Segments
gerecht (Hertel/Sartorius 1994, S. 91ff.).

Für die Zielgruppe der Industriekunden konkretisiert sich der Kundenbedarf vor allem in *Anforderungen hinsichtlich der Fachkompetenz, des*

54

Schadenmanagements, bedarfsorientierter Deckungskonzepte, in *preislichen Anforderungen* wie Selbstbehaltsgestaltung und Verwaltungsaufwand sowie in *persönlicher Anforderungen*. In der Regel zeigen sich dabei zwischen Vorständen der Industriekunden und Geschäftsführern firmenverbundener Vermittler große Bedarfsunterschiede. So haben für die Vorstände von Industrieunternehmen der Gesamtpreis, Selbstbehaltsrabatte und ein geringer Verwaltungsaufwand eine größere Bedeutung als für die Geschäftsführer firmenverbundener Vermittler. Für Letztere ist jedoch die Qualität der persönlichen Beziehungen wichtiger als für die Vorstände der Industrieunternehmen. Entscheidende Aspekte des Bedarfs mittelständischer Unternehmen sind persönliche Beziehungen und das Vertrauen in den Berater (Hertel/Sartorius 1994, S. 110ff., 124f.).

Marktsegmentierung im Industrie-/Gewerbeversicherungsgeschäft		
Branchenorientiert	**anforderungsorientiert**	**betriebstyporientiert**
➤ Automotive	➤ Fachkompetenz	➤ Multis
➤ Nahrungs-/ Genussmittel	➤ Schadenmanagement	➤ Großunternehmen
➤ Krankenhäuser	➤ Preis	➤ Captive Broker
➤		➤ Mittelstand

Abb. 2-4: Segmentierung im Industrie-/Gewerbeversicherungsgeschäft
(Quelle: Hertel/Sartorius 1994, S. 110ff., 124f.)

2.3 Positionierung

2.3.1 Relevanz der Positionierung in Versicherungsmärkten

Vor dem Hintergrund der Verschärfung des Wettbewerbs versuchen sich Versicherungsunternehmen vom durchschnittlichen Anbieter zu unterscheiden. Das grundlegende strategische Konzept hierzu ist die so genannte Positionierung. Im Ergebnis ist eine Position die Wahrnehmung einer Marke oder eines Produktes im Umfeld der Wettbewerber aus der

Sicht des Kunden. Entscheidend ist dabei die Gedankenwelt des Kunden. Neben der Bewertung von Produkteigenschaften können vor allem Werbekampagnen einen starken Einfluss auf die Gedanken der Kunden haben. Auch wenn die Leistungsangebote der Versicherungsunternehmen austauschbar erscheinen, könnten Kunden im Image der Anbieter Unterschiede wahrnehmen (Kotler/Bliemel 1999, S. 496).

In der Vergangenheit schien die Notwendigkeit einer Positionierung in der Versicherungsbranche aufgrund aufsichtsrechtlicher Bestimmungen, einer stabilen Wettbewerbssituation und überdurchschnittlichen Wachstumsraten nicht notwendig oder nicht möglich zu sein (Farny 1994, S. 251). Da die Gestaltungsspielräume in der Produktpolitik größer geworden sind und die Versicherungsunternehmen Unterschiede zu ihren Wettbewerbern in Werbekampagnen klarer herausstellen können, hat sich der Nutzen der Positionierung spürbar erhöht.

Die Anwendungen einer Positionierung sind vielfältig:

➢ Planung und Kontrolle der *Unternehmensposition im Vergleich zu den Hauptwettbewerbern* hinsichtlich zentraler Beurteilungskriterien.

➢ Herausarbeiten von *Ansatzpunkten für eine Differenzierung* von Wettbewerbern bzw. für eine *Umpositionierung.*

➢ Finden von *Positionierungslücken*, d.h. Positionen, die bisher noch von keinem Unternehmen besetzt wurden.

2.3.2 Weg zu einer erfolgreichen Positionierung

Im Zuge einer Verschärfung der Wettbewerbssituation versuchen die Versicherungsunternehmen zunehmend *Möglichkeiten einer Differenzierung* ihrer Marke oder ihres Angebots im Marktumfeld auszuloten. Versicherungsunternehmen können sich nach Ansicht von Farny hauptsächlich durch die Unternehmensgröße, Ressourcen, Aufbauorganisation, Corporate Identity sowie durch das Leistungsangebot, Prämien, Absatzverfahren und eine professionelle Geschäftsabwicklung von ihren Wettbewerbern abheben (Farny 1994, S. 253ff.).

Eine Differenzierung und Abhebung eines Unternehmens von seinen Wettbewerbern ist allerdings nur erfolgversprechend, wenn eine Reihe von *Voraussetzungen* erfüllt sind, d.h. (s. Kotler/Bliemel 1999, S. 474)

➢ der wahrgenommene Unterschied einer hinreichenden Anzahl von potenziellen Kunden einen Zusatznutzen bringt (*Substantialität*),
➢ der Unterschied von anderen nicht angeboten oder vom eigenen Unternehmen in besonderer Form dargeboten wird (*Hervorhebbarkeit*),
➢ der Unterschied von den Wettbewerbern nur unter erheblichen Anstrengungen nachgeahmt werden kann (*Vorsprungssicherung*),
➢ die Kunden zur Zahlung eines Aufpreises für den Unterschied bereit sind (*Bezahlbarkeit*),
➢ der Unterschied anderen Mitteln, die zum gleichen Vorteil führen, überlegen ist (*Überlegenheit*),
➢ der Unterschied klar erkennbar und kommunizierbar ist (*Kommunizierbarkeit*),
➢ das Unternehmen durch den Unterschied eine gute Chance sieht, zusätzliche Gewinne zu realisieren (*Gewinnbeitragspotenzial*).

In der Versicherungswirtschaft erweisen sich vor allem die Kriterien der Vorsprungssicherung und Kommunizierbarkeit als vergleichsweise problematisch. Die fehlende Möglichkeit des Patentschutzes kann Wettbewerber dazu verleiten, ein Produkt unter Einsatz nur geringer Anstrengungen nachzuahmen. Das Versicherungsunternehmen kann sich vor allem durch die Markenpolitik sowie den Aufbau personeller und technischer Ressourcen vorübergehend einen Vorsprung gegenüber imitierenden Wettbewerbern sichern. Das Kriterium der Kommunizierbarkeit stellt aufgrund der Immaterialität und Schwierigkeiten der Kunden bei der Qualitätsbeurteilung von Versicherungsprodukten eine besondere Herausforderung dar. Dennoch kann das Versicherungsunternehmen Unterschiede zur Konkurrenz kommunizieren. Sofern es wirklich dauerhaft einen Vorsprung in der Substanz gibt, d.h. die Produkte in der Leistung Konkurrenzangeboten überlegen sind, ist der Hinweis auf Testurteile, Ratings unabhängiger Institutionen und Expertenmeinungen nahe liegend. Meist weniger glaubwürdig – jedoch auch einsetzbar, wenn das Unternehmen seinen Wettbewerbern leistungsmäßig nicht überlegen ist – sind Verweise auf zufriedene typische Kunden. Generell hat das Empfehlungsmarketing aufgrund der eingeschränkten Kommunizierbarkeit des Unterschiedes in der Versicherungsbranche eine besondere Bedeutung. So spielt die Meinung von Bekannten sowohl beim Abschluss als auch bei der Kündigung eines Versicherungsvertrages eine große Rolle.

Die Bereitschaft zur Aufpreiszahlung dürfte in der Praxis des Versicherungsgeschäfts häufig sehr gering sein, da der Versicherungsschutz auch für größere Versicherungszweige (z.B. die Kfz-Haftpflichtversicherung) durch gesetzliche Bestimmungen normiert ist. Dennoch werden auch in der Versicherungswirtschaft für gut positionierte Marken Preisaufschläge bezahlt. Allerdings liegt deren Höhe deutlich unter der vieler Konsumgütermarken. Bei Sachversicherungen wurden bis zu 15 % und bei Lebensversicherungen sogar bis zu 20 % des Prämienvolumens für die Stärke einer Marke bezahlt (Esser/Bäte 2001, S. B3).

2.4 Analysemethoden

2.4.1 Key-Issue-Analyse, Benchmarking und Competitive Intelligence

Um die Komplexität in der Entwicklung des Versicherungsunternehmens auf einer strategischen Ebene zu handhaben, liegt es nahe, das Marktumfeld zu strukturieren. Ein weit verbreiteter Ansatzpunkt hierfür ist die SWOT-Analyse. Der Begriff SWOT steht für Strengths, Weaknesses, Opportunities, Threats. Im Sinne des strategischen Denkens betrachtet die SWOT-Analyse nicht sämtliche Einflussfaktoren auf den langfristigen Erfolg eines strategischen Geschäftsfeldes, sondern nur Schlüsselfaktoren. Eine Ausrichtung strategischer Maßnahmen an diesen wenigen aber kritischen Faktoren soll den Aufbau, die Sicherung und die Nutzung der Erfolgspotenziale ermöglichen. Deshalb wird die SWOT-Analyse auch Key-Issue-Analyse genannt. Die kritischen Erfolgsfaktoren sind allerdings stets in einem unternehmensindividuellen Zusammenhang zu verstehen und nicht ohne Vorbehalt auf andere Unternehmen übertragbar (Schradin 1994b, S. 532f.).

Die Analyse der Schlüsselfaktoren beinhaltet zwei Bereiche: Die Analyse der externen – aus Unternehmenssicht nicht direkt beeinflussbaren Faktoren – und die Analyse der internen Faktoren, die das Unternehmen gezielt steuern kann.

Hinter den *externen Faktoren* verbergen sich die *Chancen und Risiken (die Unternehmensumwelt)*, die das Unternehmen in Zukunft betreffen.

Ziel einer Analyse der Unternehmensumwelt ist es, strategische *Diskontinuitäten*, d.h. instabile und schwer vorhersehbare Umweltzustände, rechtzeitig aufzudecken. Meist können Unternehmen hierbei nicht auf übliche Prognosemodelle, z.B. zeitreihenanalytische Verfahren, zurückgreifen, da die relevanten Daten zum Teil qualitativen Charakter haben. Die rechtzeitige Erkennung und Verarbeitung *schwacher Signale* soll die Grundlage schaffen, über ein alleiniges Reagieren hinaus zielgerichtet Aktivitäten und Konsequenzen frühzeitig zu planen (Benkenstein 2002, S. 45).

Die *Chancen-/Risiken-Analyse* hat für Versicherungsunternehmen erhebliche Relevanz, da die Planung und die Bereitstellung von Versicherungsschutz in hohem Maße umweltbeeinflusst ist (Reisner 1996, S. 41f.). Wichtige Makroumfelder betreffen vor allem politisch-rechtliche, wirtschaftliche und sozio-kulturelle Entwicklungen. Das Mikroumfeld beschreibt die Situation des Unternehmens auf seinen Beschaffungs- und Absatzmärkten (s. Abb. 2-5). Veränderungen in den Lebensverhältnissen sowie der Wandel gesellschaftlicher Werte beeinflussen den Bedarf an Sicherungs- und Vorsorgeprodukten und den Bedarf an Kapital. Außerdem können Entwicklungen auf der Kundenseite die technische Erfolgs- und Risikolage maßgeblich und nachhaltig verändern. Hierzu gehören die wirtschaftliche Leistungsfähigkeit, die Schutzbedürfnisse und die Vermittlerloyalität der Kunden (Schradin 1994, S. 103f.).
Risiken sind z.B. der zunehmende internationale Wettbewerb, die sinkende Loyalität der Kunden, die Konkurrenz durch branchenfremde Anbieter und gesetzliche Regeln wie Haftungsverschärfungen.
In der Unternehmenspraxis ist es nicht möglich, eine Entwicklungsmöglichkeit eindeutig als Chance oder Risiko einzuordnen. Problematisch ist zudem die Dynamik in der Entwicklung der politisch-rechtlichen, soziokulturellen, wirtschaftlichen und technischen Umwelt von Versicherungsunternehmen. Die Umweltbereiche entwickeln sich häufig völlig anders als bisher und sind stark miteinander vernetzt. Eine Prognostizierbarkeit der Umwelt erscheint in der Versicherungsbranche zunehmend schwieriger (Harbrücker 1992, S. 55, Schradin 1994, S. 98).
Aufgrund des qualitativen Charakters vieler Daten und des Unsicherheitsgrades dieser Informationen sind *Szenariotechniken* nützlich. Es gilt hierbei zu analysieren, wie sich die Unternehmensumwelt unter Einbeziehung bereits erkennbarer Entwicklungen, aber auch unter Berücksichtigung kaum absehbarer Diskontinuitäten, künftig darstellt. Typischerweise werden dabei alternative Zukunftsbilder, so genannte Szenarien, erarbeitet. Die Fortschreibung der bisherigen Entwicklung, welche frei von Diskon-

tinuitäten ist, wird auch Nullvariante bezeichnet. Alle anderen Zukunftsbilder berücksichtigen Diskontinuitäten und beruhen entweder auf opti-
mistischen bzw. pessimistischen Erwartungshaltungen. Obgleich viele
Versicherungsunternehmen die Notwendigkeit einer strategischen Früh-
aufklärung erkennen, sieht deren Realisierung in der Praxis oft bescheiden
aus. Das Dilemma besteht darin, dass Praktiker einerseits schwache Signale als Entscheidungsgrundlage ablehnen und andererseits ein Warten
auf eine bessere Informationslage den Handlungsspielraum zwangsläufig
einschränkt (Harbrücker 1992, S. 59).

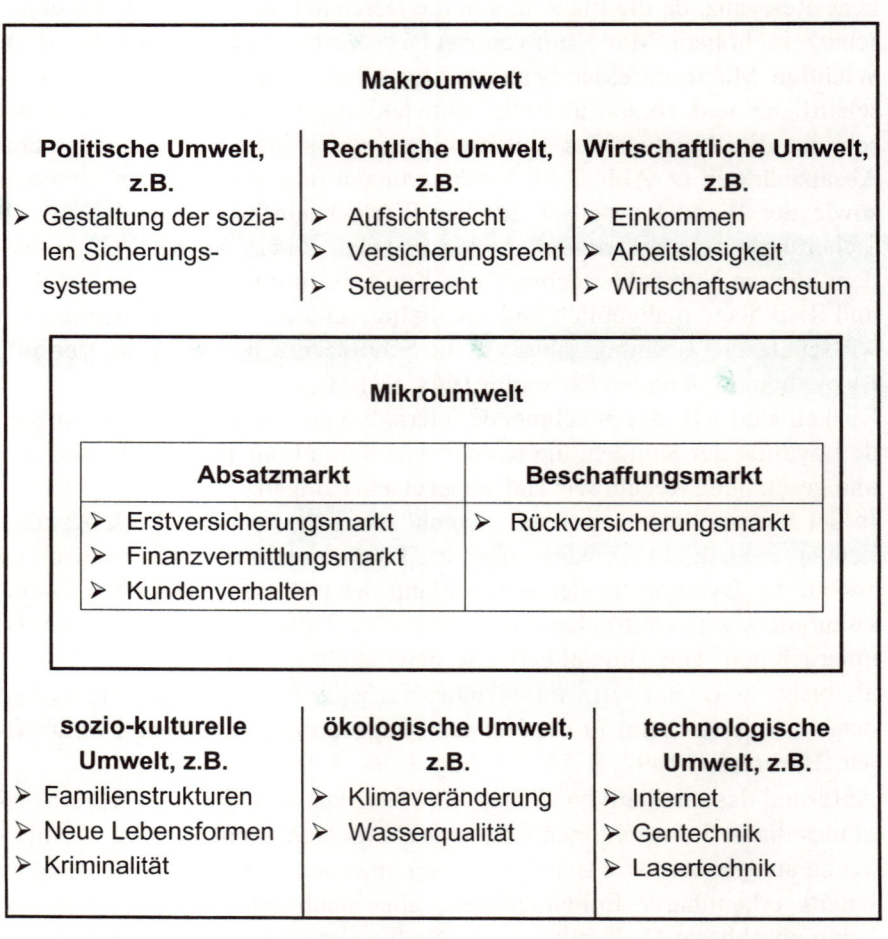

Abb. 2-5: Chancen-/Risiken-Analyse in der Versicherungswirtschaft

Parallel zur Analyse der Unternehmensumwelt sollte eine *interne Analyse der Stärken und Schwächen*, d.h. der gegenwärtigen und zukünftigen Ressourcen des Unternehmens in Relation zu den Hauptwettbewerbern, erfolgen. Zunächst sind dabei die Potenziale des eigenen Unternehmens zu bewerten und in einem *Ressourcenprofil* abzubilden (s. Abb. 2-6). Durch eine Gegenüberstellung der Ressourcenprofile wichtiger Wettbewerber ist es möglich, die Unternehmenssituation hinsichtlich ihrer Stärken und Schwächen realistisch zu beurteilen (Benkenstein 2002, S. 38).

Als relevante Größen für ein Ressourcenprofil im Versicherungsbereich schlägt Schradin den *Marktanteil*, das *Mitarbeiterpotenzial*, das *Rationalisierungspotenzial*, die *EDV-Ausstattung*, die *Innovationskraft*, das *Prämienniveau*, die *Serviceintensität* und das *Anlagepotenzial* vor (Schradin 1994, S. 116f.). Als Erfolgsfaktoren für Industrieversicherer gelten die Betreuungskompetenz, Internationalität, Solvabilität, Risk-Management-Dienstleistungen, Zeichnungskapazität und die Schadenregulierung (Reisner 1996, S. 41).

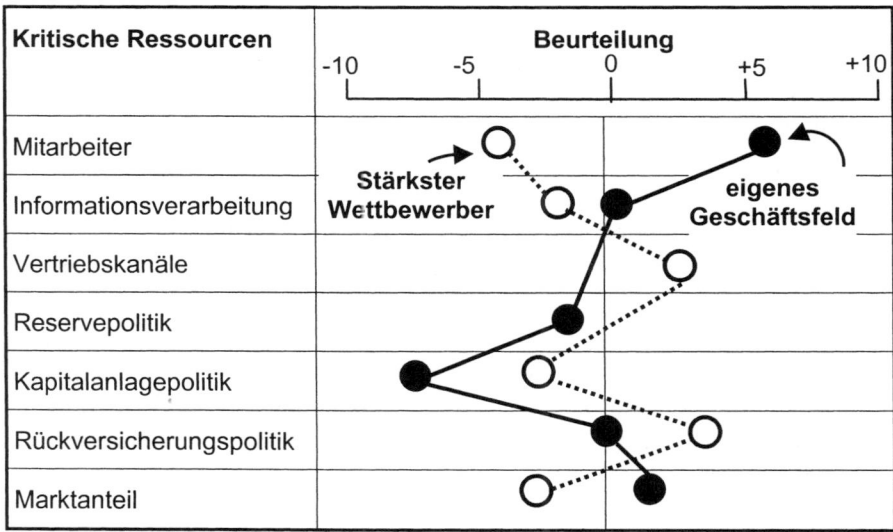

Abb. 2-6: Stärken-Schwächen-Analyse im Versicherungsbereich
(Quelle: in Anlehnung an Benkenstein 2002, S. 38; Schradin 1994, S. 116f.)

61

Im Zusammenhang mit der Stärken-Schwächen-Analyse fällt oft der *Benchmarking*-Begriff. Dieses ursprünglich aus dem produzierenden Gewerbe in den USA und Japan stammende Konzept findet inzwischen auch in der Versicherungsbranche Verwendung. Im Sinne eines Strebens nach Verbesserung erfolgt hier ein systematischer Vergleich mit den Leistungen der besten Unternehmen am Markt oder eine Orientierung an anderen Referenzleistungen (Gruhn/Koch 2004, S. 231). Die gewonnenen Erkenntnisse sollen zur Beseitigung von Fehlerquellen beitragen und durch kontinuierliche Verbesserungsprozesse dem Unternehmen langfristig zu einer Spitzenposition im Umfeld der Wettbewerber verhelfen. Kurz gesagt geht es beim Benchmarking um eine Orientierung an Bestmarken (den bench marks). Benchmarking bedeutet, auf Basis des Vergleichs von anderen Unternehmen zu lernen. Hierbei ist es völlig legitim, von anderen abzuschauen und Entwicklungen nachzuvollziehen. In deutschen Gesellschaften ist diese Art des Erfahrungsaustauschs aufgrund historischer und unternehmenskultureller Hintergründe vergleichsweise schwer zu implementieren (Töpfer 1997, S. 8f.).

Der Benchmarking-Prozess beinhaltet eine systematische Abarbeitung bestimmter Schritte (Etzel 1995, S. 772ff).

(1) Festlegung des zu analysierenden Bereichs
Hierbei geht es um sämtliche organisatorische Einheiten des Ablaufs in einem Versicherungsunternehmen wie Vertrieb, Antragsbearbeitung, Policierung, Schadenbearbeitung, Vermögensverwaltung, etc.

(2) Bewertung eigener Stärken/Schwächen im Wettbewerbervergleich
Nach ihrer Erfassung werden die Bereiche anhand bestimmter Kriterien, z.B. der benötigten Zeit, Kosten und Produktivitätsdaten bewertet. Um die Bestmarke (Benchmark) zu finden, sollte das Versicherungsunternehmen seine eigene Leistung entweder mit Wettbewerbern in einer ähnlichen Marktstellung oder mit Best Practice Unternehmen aus anderen Branchen vergleichen (z.B. Banken im Zahlungsverkehr oder Versandhäuser bei Zustelldiensten).

(3) Analyse der Wettbewerber
Die Analyse der Wettbewerber sollte gemeinsam mit einem Berater durchgeführt werden, da sie besondere Kenntnisse erfordert. Es geht darum, vor allem führende Unternehmen zu verstehen, indem deren Stärken und Schwächen untersucht werden.

(4) Optimierung der eigenen Geschäftsprozesse

Am Ende des Benchmarking-Prozesses erfolgt eine Optimierung der Tätigkeitsbereiche unter Berücksichtigung der vom „Klassenbesten" vorgegebenen Daten. Das Gelernte wird nach Möglichkeit auf das eigene Unternehmen übertragen. Selbst wenn eine Implementierung der Bestmarken aus geschäftspolitischer Sicht zum gegebenen Zeitpunkt nicht möglich oder sinnvoll erscheint, sind Informationen über Bestmarken interessant. Aus einer Kontaktaufnahme zu Wettbewerbern oder branchenfremden Unternehmen können sich zudem Kooperationsmöglichkeiten ergeben.

In der Versicherungswirtschaft war und ist die Nutzung von Benchmarkstudien verbesserungsbedürftig. So waren traditionell lediglich Vergleiche auf der Basis quantitativer und vergangenheitsorientierter Daten üblich (Lohse 2001, S. 92). Nach Einschätzung von Gruhn & Koch erstreckt sich das Benchmarking der Versicherungsgesellschaften auch heute nur unzureichend auf die versicherungsfachlichen Bereiche und den Vertrieb, sondern eher auf die Informationstechnologie. Versicherungsgesellschaften schöpfen damit im Grunde die Möglichkeiten des Benchmarking kaum aus, da sie die Geschäftsprozesse mit einem direkten Bezug zum Kunden und der Wertschöpfung nicht mit dem gebotenen Gewicht in die Analyse einbeziehen (Gruhn & Koch 2004, S. 232f.).

Die Anwendung des Benchmarking-Konzepts ist in der Versicherungswirtschaft mit einigen *Problemen* verbunden. Zunächst ist das Verfahren schwer bei komplexen Zusammenhängen umsetzbar. Leicht ist es dagegen einsetzbar, um Vorgänge zur Erhöhung der Arbeitsgeschwindigkeit zu erlernen oder Verwaltungstätigkeiten wie die Erstellung von Policen zu optimieren (Etzel 1995, S. 776). Eine Möglichkeit, komplexere Geschäftsbereiche einem Benchmarking zugänglich zu machen besteht darin, die Vielzahl von Strukturelementen und Geschäftsprozessen durch eine Landschaftsbeschreibung (Process Landscaping) in eine systematische Ordnung zu bringen, d.h. mit ihren Abhängigkeiten und Beziehungen aufzuzeigen. Wichtige Voraussetzung für eine korrekte Modellierung und eine erfolgreiche spätere Umsetzung ist dabei, sämtliche Systemelemente bis zum einzelnen Geschäftsprozess genau zu beschreiben und voneinander abzugrenzen (Gruhn/Koch 2004, S. 233).

Mit fortschreitender Entwicklung der Informationstechnologie und vor allem des Data-Mining bestehen heute beste Voraussetzungen für die Verfeinerung der Analysen. Versicherungsunternehmen verfügen über große Datenmengen und vielfältige Informationen aus der Schadenbearbeitung, der versicherungsmathematischen Prämienkalkulation, dem Vertriebsbereich und Call-Centern. Gesellschaften, die solche Informationen systematisch sammeln, analysieren, entscheidungsrelevant aufbereiten und an die Entscheidungsträger kommunizieren, sind auf dem besten Weg, das Konzept der Business oder *Competitive Intelligence* umzusetzen. Wenn die verantwortlichen Personen zum Beispiel im Vertrieb den Nutzen dieser Informationen für ihre tägliche Arbeit erkennen, sind sie meist auch sehr motiviert, zur Gewinnung dieser Informationen aktiv beizutragen. Diese Verhaltensweise ist auch verständlich, da die Weitergabe von Informationen an eine zentrale Stelle für die Versicherungsvermittler mit einem zeitlichen Aufwand verbunden ist.

„Intelligente" Gesellschaften bewerten Strategien bzw. Kennzahlen von Wettbewerbern und geben ihren Vermittlern Argumentationshilfen für ihren Dialog mit dem Kunden (Hartwig 2004, S. 660).

2.4.2 Lebenszyklusanalyse

Um Wachstumspotenziale von Versicherungsmärkten zu analysieren, liegt es nahe, die Verwendung des aus der allgemeinen Managementlehre bekannten Produktlebenszykluskonzeptes zu prüfen. Der *Produktlebenszyklus* ist als eine Abbildung z.B. des Produktumsatzes von der Entwicklung des Produktes bis zu dessen Ausscheiden aus dem Markt zu verstehen. Vielfach ist ein s-förmiger Kurvenverlauf zu beobachten, der sich durch die Veränderungen der Umwelt ergibt. Die Analyse des Produktlebenszyklus soll eine Prognose des Marktwachstums und eine zielgerichtete Planung und Kontrolle von Marketingaktivitäten ermöglichen.

Bei der Betrachtung des Produktlebenszyklus für Versicherungen sind einige Besonderheiten zu beachten.
Farny schlägt vor, hierbei u.a. die Entwicklung des Neugeschäfts und der Prämieneinnahmen sowie den Abgang des Versicherungsbestandes und die Risiko-/Betriebskosten im Zeitablauf zu betrachten. Im Gegensatz zu vielen Konsumgütern sind Lebenszyklusanalysen für Versicherungsprodukte *langfristig* anzusetzen. Dies liegt zu einem großen Teil darin begründet, dass Geschäfte im Versicherungsbestand meist feste Laufzeiten aufweisen. Wenn die Entwicklung des Versicherungsbestandes im Zeitablauf betrachtet wird, spiegelt der Produktlebenszyklus sowohl die Ent-

wicklung des Neugeschäftes als auch der Stornos wieder. Für langfristig angelegte Versicherungsprodukte erscheint es sinnvoll, Neugeschäfte und Stornos isoliert voneinander darzustellen. In Anlehnung an Farny könnte der Lebenszyklus für ein Versicherungsprodukt wie folgt aussehen (Farny 2006, S. 404f.):

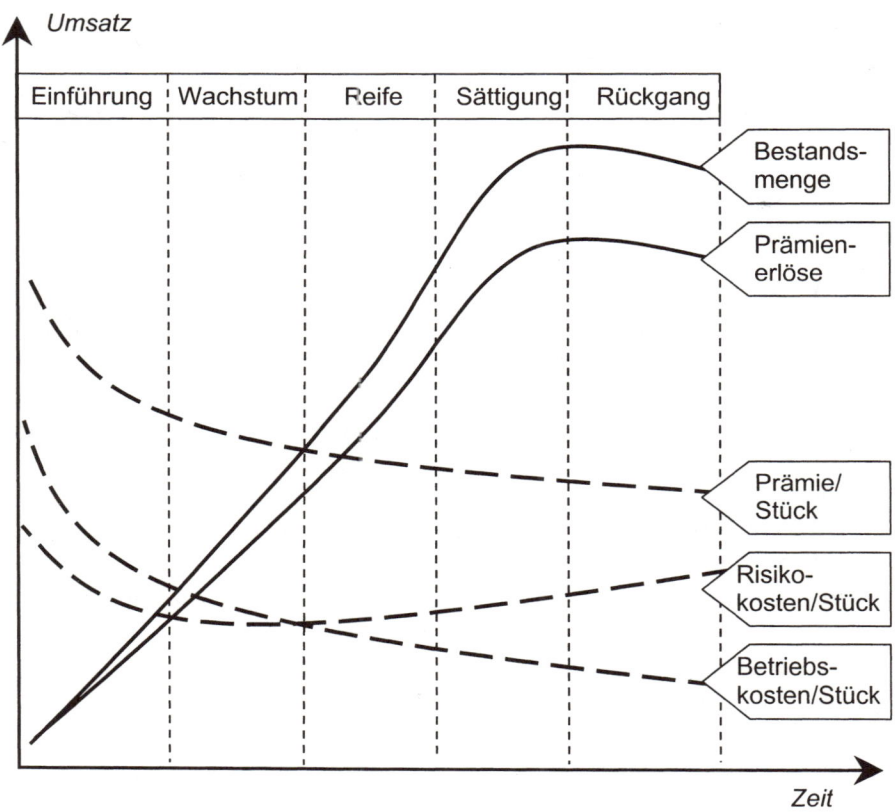

Abb. 2-7: Idealtypisches Lebenszyklusmodell für ein Versicherungsprodukt
(Quelle Farny 2006, S. 405)

(1) Einführungsphase
In der Einführungsphase tätigen Versicherungsunternehmen im Vergleich zu Unternehmen anderer Branchen eher geringe Investitionen. Dennoch sind Risikokosten infolge eines meist erhöhten Rückversicherungsbedarfs sowie höhere Betriebskosten für die Markterschließung einzuplanen. Da

das Versicherungsunternehmen eventuell nicht auf bestehende Schadenstatistiken zurückgreifen kann und eher geneigt ist, Prämien vorsichtig zu kalkulieren, wird das Prämienniveau in dieser Phase hoch sein.

Erhöhte Marketing- und Vertriebskosten fallen zum Beispiel für die Schulung des Innen- und Außendienstes, Veranstaltungen, Programmierarbeiten und den Druck von Verkaufsförderungsmaterialien an. Vor allem bei Versicherungsgesellschaften mit einer großen eigenen Vertriebsorganisation können diese Einführungskosten erheblich sein. Die Schulungskosten sind deshalb hoch, weil die Kenntnis der Versicherungsbedingungen für eine qualifizierte Beratung nicht ausreicht, sondern Vermittler auch relevante steuerliche Aspekte aus der Kundensicht kennen sollten. In der Einführungsphase wird bei erfolgreichen Maßnahmen der Markterschließung das Neugeschäft und die Prämieneinnahmen steigen. Die Zahl von Bestandsabgängen wird dagegen gering sein.

(2) Wachstumsphase

Mit fortschreitender Verbreitung des Produkts wachsen die Prämieneinnahmen und der Versicherungsbestand. Wie stark dieses Wachstum ist, hängt neben dem Erfolg der eigenen Marketingbemühungen und den Risikoeinstellungen der Kunden auch von den Marketingaktivitäten der Wettbewerber ab. Gerade Versicherungsunternehmen müssen wegen der leichten Nachahmbarkeit von neuen Produkten und des kaum möglichen rechtlichen Schutzes neuer Produktideen mit schnellen Reaktionen von Wettbewerbern rechnen. Zudem ist das Produkt spätestens in dieser Phase auch bei vielen unabhängigen Versicherungsvermittlern bekannt, die ihrerseits die Konkurrenten des Pionierunternehmens zu der Entwicklung ähnlicher oder gar überlegener Produkte anregen können. Daher ist bereits in der Wachstumsphase oft von einem rückläufigen Prämienniveau auszugehen. Dennoch können Versicherungsgesellschaften eine vorübergehende Alleinstellung erreichen, indem sie durch Werbekampagnen und den Aufbau eines produktbezogenen Markenimage hohe Markteintrittsbarrieren für potenzielle Wettbewerber schaffen. Besonders günstig sind die Chancen für eine solche Alleinstellung dann, wenn das Pionierunternehmen über einen deutlichen Erfahrungsvorsprung zum Beispiel durch frühere Produktentwicklungen im Ausland verfügt. So konnten die US-amerikanischen Versicherer AIG und Chubb bei der Einführung der Vermögensschaden-Haftpflichtversicherung (Directors & Officers Liability) auf dem deutschen Markt bereits eine jahrzehntelange Erfahrung in der Risikoanalyse, Prämienkalkulation und in der Schadenregulierung einbringen, die den deutschen Anbietern weitgehend fehlte. Die Betriebskosten für das neue Produkt sind wegen der verbesserten Auslastung von Ressourcen und der inzwischen vorhandenen Produkterfahrung in der Regel stets geringer. Wegen eines sinkenden Rückversicherungsbedarfs verringern sich die Risikokosten.

(3) Reife- und Sättigungsphase

Wenn das Volumen des Neugeschäfts stagniert oder rückläufig ist, geht zunächst das Wachstum des Gesamtbestandes an Versicherungsverträgen zurück. Zu einem Rückgang des gesamten Vertragsbestandes kommt es nur, wenn die Stornierung der Altverträge die Zugänge infolge des Neugeschäfts übersteigen. Eine solche Situation kann beispielsweise auf Veränderungen im Kundenverhalten oder Marktanteilsverlusten durch eine aggressive Prämienpolitik von Wettbewerbern beruhen.

(4) Degenerationsphase

Eine Degeneration, d.h. ein Rückgang des Umsatzes bis zum völligen Ausscheiden des Produktes aus dem Markt, ist für Versicherungsprodukte untypisch. Zudem kann eine solche Auslaufphase Jahrzehnte dauern. Zu den häufigsten Gründen für stark rückläufige Prämieneinnahmen gehört die Änderung der Gesetzeslage. So führte die Einführung einer Steuer für die bis dahin steuerfreien Kapitallebensversicherungen mit einer Laufzeit von mehr als zwölf Jahren in Deutschland zu einem drastischen Rückgang der Nachfrage nach diesen Versicherungen.

Die Anwendung des Lebenszykluskonzeptes für die Marketingplanung ist in mehrfacher Hinsicht *kritisch* zu sehen (s. z.B. Meffert 1998, S. 333; Benkenstein 2002, S. 47ff.):

➤ Generell ist der *s-förmige idealtypische* Verlauf meistens praxisfern. Bedingt durch kaum vorhersehbare Trendänderungen beispielsweise im wirtschaftlichen Umfeld – kommt es häufig zu Seitwärtsbewegungen und „Wiederbelegungen" in der Umsatzentwicklung.

➤ Es existieren keine eindeutigen Kriterien für die *Phasenabgrenzung*.

➤ Die Messung von Umsatz- und Kostengrößen ist schwierig, weil sich *Markt- und Geschäftsfelddefinitionen im Laufe der Zeit verändern* können.

➤ Es ist kaum möglich, den *Beitrag der eigenen Marketingaktivitäten* auf die Entwicklung von Umsätzen von den genannten äußeren Einflüssen zu isolieren.

Neben dieser allgemeinen Kritik am Konzept des Produktlebenszyklus ergeben sich für die Versicherungswirtschaft weitere Problembereiche (Schradin 1994, S. 117ff.):

➤ Die *Festlegung der Bezugsgrößendefinitionen* „Produkte" bzw. „Geschäftsfelder" und der Phasenkennzeichnung wie Umsatz, Cash-Flow oder Gewinn ist noch problematischer als in anderen Branchen.

➤ Der Zyklusverlauf hängt stark von anderen Versicherungsprodukten ab. Oft fragen Versicherungsnehmer nicht einzelne Produkte, sondern ganze *Produktbündel* nach (z.B. die „Familienpolice" als kombiniertes Produkt von Hausrat-, Unfall-, Haftpflicht-, Rechtschutzversicherung).

➤ Das Versicherungsprodukt ist ein *Dauerschutzversprechen.* Serviceverpflichtungen und Haftungen, die mit den am Markt nicht mehr erhältlichen Produkten verbunden sind, finden keine Beachtung. Jedoch bestehen die Umsätze und Entschädigungszahlungen weiterhin fort, auch wenn in dem betreffenden Markt keine Neugeschäfte mehr erfolgen.

➤ Die Kenntnis einzelner Produktlebenszyklusphasen ist *für Entscheidungen im Marketingmanagement häufig von geringem Nutzen.* Der s-förmige Kurvenverlauf vermag nicht zu erklären, warum wachsende Versicherungsmärkte teilweise hohe Cash-Überschüsse liefern bzw. warum etablierte Versicherungsmärkte nachhaltig einen Cash-Bedarf verursachen. Versicherungsunternehmen passen Produkte ständig an sich verändernde Bedürfnisse ihrer Kunden an. Die Produkte erleiden hierdurch meist keinen Identitätsverlust.

➤ Eine *Degeneration ist für viele Versicherungsprodukte nicht feststellbar.*

Zur Beurteilung strategischer Marktwachstumschancen in der Versicherungswirtschaft liegt eher eine Betrachtung von Kundengruppen nahe. An die Stelle des Produktlebenszyklus sollte der verhaltens- und bedürfnisorientierte Kunden- bzw. Kundengruppenlebenszyklus treten. Denkbar wäre zum Beispiel für private Haushalte ein Lebenszyklusmodell, nach dem die Phasen Gründung, Aufbauphase (ohne und mit Kindern oder Nest I), Konsolidierungsphase (ohne und mit älteren Kindern oder Nest II), Abbauphase und Auslaufphase unterschieden werden (Farny 2006, S. 410).

2.4.3 Portfolioanalyse

Die Portfolioanalyse beruht auf der Überlegung, die Chancen und Risiken (externe Dimension) einerseits sowie die Stärken und Schwächen (interne Dimension) von strategischen Geschäftsfeldern andererseits durch ein System von Bestimmungsfaktoren auszudrücken. Während die interne Dimension der Matrix meist vom Unternehmen direkt beeinflusst werden kann, kann das Unternehmen auf die externe Dimension nur mittelbar Einfluss ausüben (Meffert 1998, S. 238). Portfolioanalysen sind aus der Finanzwirtschaft, d.h. der Wertpapieranlage, bekannt. Dabei zeichnet sich eine ideale Anlagestrategie durch eine Mischung von Wertpapieren aus, bei der ein Anleger einen bestimmten Ertrag mit minimalem Risiko oder ein bestimmtes Risiko mit einem maximalen Ertrag realisieren kann (Benkenstein 2002, S. 71).

Ende der 1960er Jahre stellte der Unternehmensberater B. Henderson bzw. sein Beratungsunternehmen Boston-Consulting-Group ein Portfoliomodell vor, das strategische Managemententscheidungen in Großunternehmen stark beeinflusste. Es baut auf der so genannten *Erfahrungskurve* auf. Hiernach können Unternehmen mit zunehmender Produktion Erfahrungen sammeln und ihre inflationsbereinigten Stückkosten verringern. Kostensenkungspotenziale ergeben sich infolge von

> ➤ Lerneffekten durch Wiederholung von Arbeitsgängen und Fehlervermeidung,
> ➤ Verfahrensinnovationen (z.B. neues Antragsprüfungsverfahren),
> ➤ Rationalisierungsmaßnahmen (z.B. Robotereinsatz in der Fertigung oder EDV-Einsatz in der Verwaltung).

Für das Entstehen von Kostensenkungspotenzialen ist vor allem das Marktwachstum und der (relative) Marktanteil verantwortlich. In diesem Portfoliomodell ist der relative Marktanteil gleichbedeutend mit dem Verhältnis zwischen dem eigenen Marktanteil des Unternehmens und dem

Marktanteil des größten Wettbewerbers oder den drei größten Wettbewerbern (Benkenstein 2002, S. 73). Die Unterscheidung des Marktwachstums bzw. relativen Marktanteils in die Ausprägungen „hoch" und „niedrig" führt zu einer Matrix mit vier Feldern (s. Abb. 2-8).

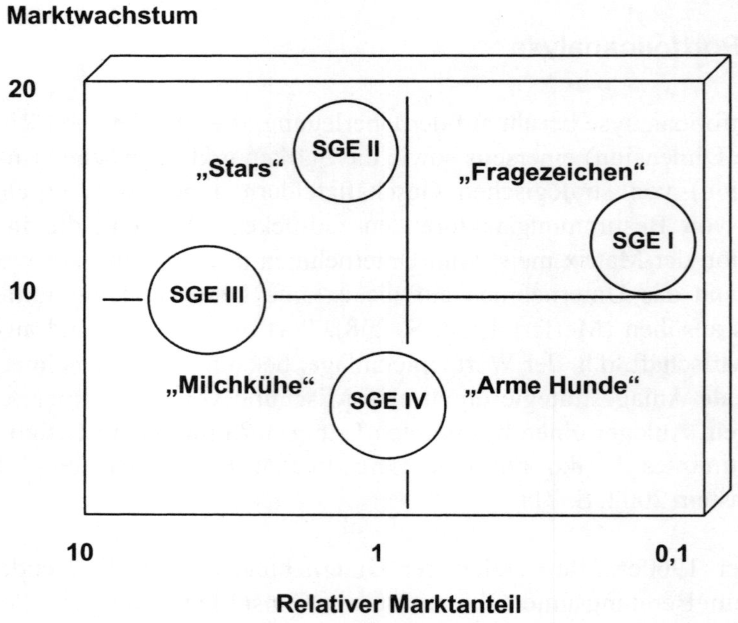

Marktwachstum

Abb. 2-8: Marktwachstums-/Marktanteilsportfolio
(Quelle: Kotler/Bliemel 1999, S. 103)

Diese Felder repräsentieren vier Typen strategischer Geschäftsfelder, denen sich gleichzeitig bestimmte Phasen des *Lebenszyklus* zuordnen lassen (Kotler/Bliemel 1999, S. 104):

(1) Fragezeichen (Question Marks)
Bei den „Fragezeichen" handelt es sich um Geschäftsfelder, die sich in Wachstumsmärkten befinden. Der relative Marktanteil ist gering und der Bedarf an Finanzmitteln sehr groß. Nur durch eine ständige Ausweitung von Investitionen kann das Unternehmen sich dem Marktführer annähern.

(2) Stars

Aus einem erfolgreichen Fragezeichen wird ein „Star", d.h. ein Marktführer im Wachstumsmarkt. „Stars" erfordern erhebliche Finanzmittel, um gegen Angriffe der Wettbewerber – die in diesem Wachstumsmarkt ebenfalls ein großes Potenzial sehen – gewappnet zu sein. In der Regel werfen sie jedoch bereits Gewinne ab. Investitionen in solche Geschäftsfelder sind daher weit weniger riskant als Investitionen in „Fragezeichen".

(3) Milchkühe (Cash Cows)

Sinkt die jährliche Wachstumsrate eines Marktes unter 10 % und hält der ehemalige „Star" immer noch den größten relativen Marktanteil, entsteht eine „Milchkuh", die durch Größenvorteile hohe Gewinne erwirtschaftet und erhebliche Finanzmittel liefert. Diese können zur Subventionierung von „Fragezeichen", „Stars" und notleidenden Geschäftsfeldern, d.h. so genannten „Armen Hunden", eingesetzt werden.

(4) Arme Hunde (Poor Dogs)

Als „Arme Hunde" werden langsam wachsende oder stagnierende Geschäftsfelder mit einem geringen relativen Marktanteil bezeichnet. Sie erwirtschaften bestenfalls sehr geringe Erträge. In der Regel ist hier der Rückzug aus dem Markt empfehlenswert.

Für die Versicherungswirtschaft ist die Verwendung einer solchen Portfolio-Analyse aus mehreren Gründen schwierig:

➢ *Geringere Investitionsnotwendigkeiten.* Das Portfolio unterstellt eine für die industrielle Produktion typische Notwendigkeit hoher Investitionen in der Entwicklungsphase eines Geschäftsfeldes. In der Versicherungswirtschaft fallen deutlich geringere Investitionsnotwendigkeiten an. Diese beschränken sich meist auf den Auf- und Ausbau der Innen- und Außendienstorganisation.

➢ *Normstrategien bieten keine sinnvolle Empfehlung.* Im Kern ist das Managementproblem eines Versicherungsunternehmens weniger die Bereitstellung ausreichender liquider Mittel für bestimmte geschäftsfeldbezogene Aktivitäten, sondern mehr die marktgerechte Prämiengestaltung und eine profitable Anlage vorhandener liquider Mittel aus den vereinnahmten Versicherungsprämien. Auch wenn strategische Geschäftsfelder existieren können, welche vorübergehend liquide Mittel erfordern bzw. erzielen, sind die Geschäftsfelder nicht eindeutig

„cash-liefernde Milchkühe" oder automatisch vom Markt verschwindende „Arme Hunde" (Schradin 1994, S. 165ff.).

➤ Wegen des bereits erwähnten *Dauerschutzversprechens* können Versicherungsunternehmen ihre Investitions- bzw. Desinvestitionsentscheidungen nicht so flexibel treffen wie dies nach dem Portfoliomodell geboten wäre (Puschmann 2003, S. 50).

➤ *Theoretische Basis.* Das Portfolio-Modell beruht auf den Konzepten des Produktlebenszyklus und der Erfahrungskurve. Im Hinblick auf typische Betriebskosten wie Einsparungen in der Verwaltung sind Erfahrungsvorteile mit Unternehmen anderer Branchen vergleichbar. Die Hauptkostenkomponente der Versicherungsunternehmen sind aber die Schadenkosten. Einer Erfahrung zugänglich sind betriebliche Tätigkeiten der Schadenprüfung und -regulierung. Demgegenüber können der Eintritt des Schadens und dessen Höhe nicht über Erfahrungsvorteile beeinflusst werden. Um Erfahrungsvorteile zu ermitteln, sollten die Schadenkosten eines einzelnen Vertrages auf kollektiver und periodenübergreifender Basis von Einflüssen des Zufalls bereinigt werden. Erfahrungsvorteile sind dann z.B. in Form einer sinnvollen Gestaltung von Risikoausschlüssen, Selbstbeteiligungen und einer differenzierten Annahmepolitik denkbar. Betriebsgrößenvorteile auf der Basis von Kostendegressionseffekten konnten bisher empirisch nicht eindeutig nachgewiesen werden. Betriebsgrößenvorteile existieren jedoch aus leistungs- und risikotheoretischer Sicht. Interessant ist, dass es nicht zu einer größenabhängigen Senkung der Stückkosten, sondern eher zu einer möglichen Verbesserung des periodenbezogenen Zufallsausgleichs kommt (Schradin 1994, S. 131ff., 143).

Ein zweites im Marketing-Management weit verbreitetes Portfolio-Modell ist das *Marktattraktivitäts-/Wettbewerbsvorteils-Portfolio* der Unternehmensberatung McKinsey & Company. Im Gegensatz zum Portfolio der Boston-Consulting-Group erfolgt bei dieser Portfolio-Analyse eine Einbeziehung mehrerer Erfolgsfaktoren, die durch einen bestimmten Bewertungsprozess zu einer externen und internen Dimension verdichtet werden (Benkenstein 2002, S. 78). Bei der Verwendung des Marktattraktivitäts-/ Wettbewerbsvorteilsportfolios fließen außer dem Marktwachstum und dem relativen Marktanteil weitere Faktoren in die externe bzw. interne Dimension des Portfolios ein. Daher wird das Modell auch als *Multifaktorenmethode* bezeichnet. Die Faktoren der externen und der internen Beurteilungsdimensionen sind je nach Branche und Unternehmenssituation festzulegen und zu gewichten (s. Abb. 2-9). Als Determinanten der Marktattraktivität für Versicherungsunternehmen sollte neben dem Marktwachstum und dem Marktvolumen die Kundenloyalität und das technische Ertragspotenzial Berücksichtigung finden. Zur Einschätzung der geschäftsfeldbezogenen relativen Wettbewerbsvorteile wäre es sinnvoll, die Größe des Geschäftsfeldes, die versicherungstechnische Kompetenz in den Bereichen Risikotransfer und Risikotransformation, das betriebliche Rationalisierungspotenzial, die Vertriebsstärke sowie das Anlagepotenzial zu berücksichtigen (Schradin 1994, S. 167f.).

Attraktive strategische Geschäftsfelder sollte das Versicherungsunternehmen ausbauen. Sind die Märkte zum Beispiel wegen eines hohen Sättigungsgrades und geringen versicherungstechnischen Ergebnispotenzialen unattraktiv, ist ein Rückzug sinnvoll. Wegen der Besonderheiten des Versicherungsproduktes als Dauerschutzversprechen und der häufig starken Zusammenhänge zwischen den Erfolgspotenzialen der einzelnen strategischen Geschäftsfelder innerhalb des Geschäftsfeldportfolios eines Versicherungsunternehmens ist der „geordnete" Rückzug naheliegend. Die Strategie des selektiven Handelns kommt daher in der Versicherungswirtschaft häufig vor. In einer solchen Lage ist die Konstellation von Marktattraktivität und der relativen Wettbewerbsposition nicht eindeutig. Gerade diese Unschärfe in der Strategiewahl schränkt die Tauglichkeit des Modells für die Versicherungspraxis stark ein.

Im Vergleich zum Marktwachstums-/Marktanteils-Portfolio weist das Wettbewerbsvorteils-/Marktattraktivitäts-Portfolio vor allem den Vorzug auf, dass es eine Vielzahl von qualitativen Erfolgsfaktoren in die Geschäftsfeldbewertung einbezieht. Jedoch hat das Modell auch einige Nachteile (Benkenstein 2002, S. 85):

➢ Die *Quantifizierung qualitativer Daten* ist gefährlich. Je nach angewandter Skalierungsmethode und Gewichtung des Faktors kann die Position eines Geschäftsfeldes sich stark unterscheiden. Üblicherweise kommen Befragungen von Branchenexperten zum Einsatz, um die wichtigen Faktoren für die Marktattraktivität und für die Wettbewerbsvorteile zu finden und angemessen zu gewichten. Dennoch ist die Gefahr einer subjektiven Beurteilung und Manipulation deutlich höher als im Falle des Marktwachstums-/Marktanteilsportfolio.

> Das Modell ist *komplex*. Die differenzierte Betrachtung auf der Basis vieler Einflussfaktoren ist zwar realitätsnäher, jedoch auch sehr viel aufwendiger. So ist die Bestimmung des Kapitalanlagepotenzials und der Vertriebsstärke einer Versicherungsgesellschaft erheblich schwieriger als die Ermittlung seines relativen Marktanteils.

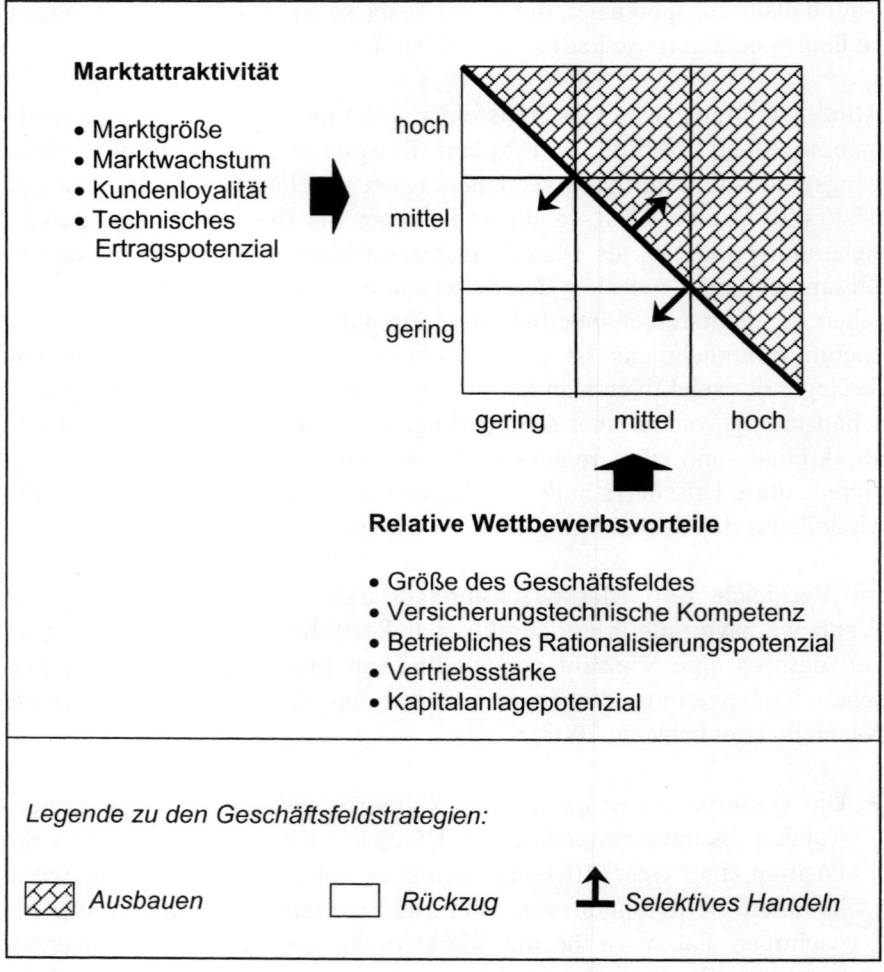

Abb. 2-9: Multifaktorenmethode im Versicherungswesen
(Quelle: in Anlehnung an Benkenstein 2002, S. 84; Schradin 1994, S. 167f.)

2.4.4 Wertkettenanalyse

Im Rahmen der Identifikation von Wettbewerbsvorteilen sowie zur Ableitung von strategischen Stoßrichtungen zum Auf- bzw. Ausbau von Wettbewerbsvorteilen schlägt Porter die Bestimmung so genannter Wertketten vor. Ein Wettbewerbsvorteil kommt hiernach in einem höheren Wert der Leistung des Unternehmens für den Kunden zum Ausdruck. Für den Kunden entspricht der Wert dem Geldbetrag, den er zu zahlen bereit ist, während der Wert für das Unternehmen die Differenz zwischen den durch die Wertaktivitäten erzielten Preisen abzüglich der durch sie verursachten Kosten darstellt (Porter 2000, S. 68). Die Wertkettenanalyse ist deshalb sowohl ein Instrument der *Abnehmernutzwertanalyse* als auch der *Kostenanalyse*. Um zu bestimmen, in welcher Wertaktivität Wettbewerbsvorteile entstehen, ist es notwendig, über die eigene Wertkette hinausgehend auch die Wertketten der Wettbewerber zu bestimmen.

Porter unterscheidet *primäre* und *unterstützende Aktivitäten*. Gegenstand primärer Aktivitäten ist die eigentliche Leistungserstellung sowie der Absatz und Kundendienst. In Dienstleistungsunternehmen sind dies Aktivitäten zum Aufbau einer Geschäftsbeziehung, d.h. die Risikoanalyse, die Kundenberatung sowie der Versicherungsverkauf, und die eigentliche Leistungserbringung. Die Leistungserbringung beinhaltet den Prozess der Bereitstellung des Versicherungsschutzes einschließlich der Vertrags- und Schadenbearbeitung. Aufgabe der unterstützenden Aktivitäten ist es, das Funktionieren der primären Aktivitäten sicherzustellen. Innerhalb der unterstützenden Aktivitäten kommt der Produktentwicklung, der Zeichnungs- und Anlagepolitik sowie der Entwicklung von Softwarelösungen eine besondere Bedeutung zu (Attiger 1994, S. 47).

Im Sinne der Wertkettenanalyse erfolgt eine abteilungsübergreifende Zusammenfassung aller Aktivitäten, die in Zusammenhang mit einer betrieblichen Grundfunktion anfallen. Bei Beschaffungsaktivitäten handelt es sich beispielsweise um Tätigkeiten, die mit der Einstellung von Personal und der Gewinnung von Marktinformationen verbunden sind (Benkenstein 2002, S. 96ff.).

Eine *Wertkette* ist Ausdruck der Ansammlung von Tätigkeiten, durch welche ein Produkt entwickelt, erstellt, vertrieben und unterstützt wird. Sie muss jeweils unternehmensspezifisch definiert werden (Porter 2000, S. 67).

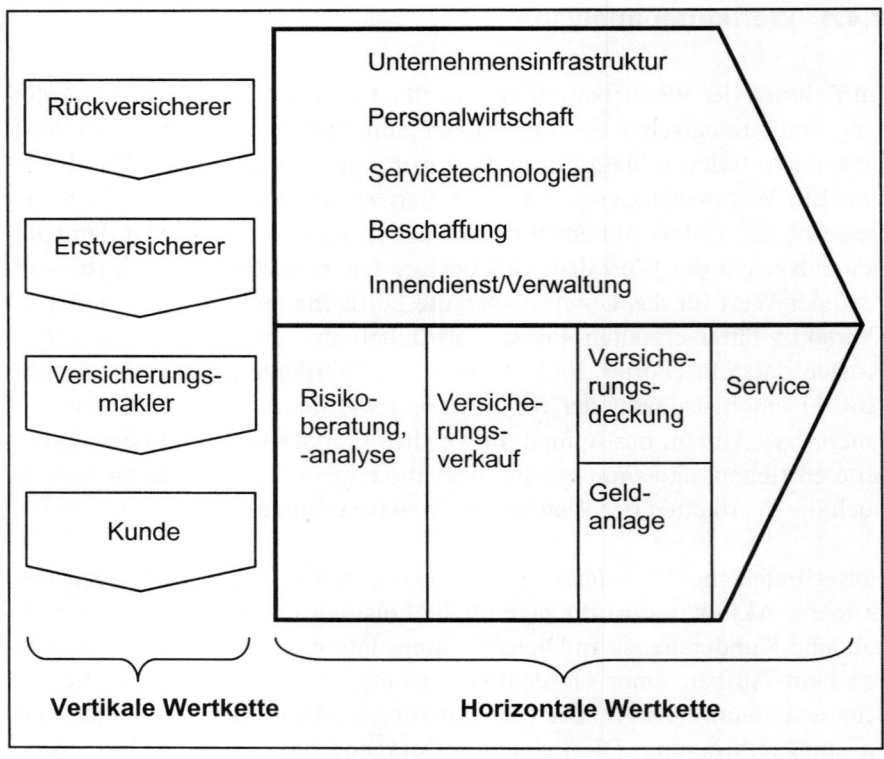

Abb. 2-10: Wertkettenanalyse bei Versicherungsunternehmen
(Quelle: Benkenstein 2002, S. 103; Meffert/Bruhn 1995, S. 138)

Jülichs & Pfeuffer weisen darauf hin, dass in Versicherungsunternehmen nach wie vor viele Prozesse ohne eine Wertschöpfung stattfinden. So dauerten in den meisten Versicherungsunternehmen 70 bis 85 % der Geschäftsvorfälle mindestens 10 Tage, 35 bis 70 % der Geschäftsvorfälle erforderten Rückfragen und in 25 bis 35 % der Fälle erfolgten Doppelarbeiten (Jülichs/Pfeuffer 1998, S. 103).

Da alle betrieblichen Funktionen zur Schaffung des Wertes beitragen, beinhaltet die Wertkettenanalyse eine *Identifizierung von Interdependenzen*, die zwischen Tätigkeiten einer Wertkette und den Wertketten verschiedener Geschäftsfelder bestehen. Auch Wertketten vor- oder nachgelagerter Stufen eines vertikalen Systems werden in diese Analyse einbezogen. Zudem sind bei diversifizierten Unternehmen Verflechtungen zwischen den

Wertaktivitäten der Wertketten der einzelnen Unternehmen zu berücksichtigen. Solche Verflechtungen können materieller Natur (z.B. Technologie) oder immaterieller Art (Transfer von Management-Know-How) sein (Benkenstein 2002, S. 98f.).

Insgesamt betrachtet stellt die Wertkettenanalyse ein *ganzheitliches Analyseinstrument* dar, welches ex post eine umfassende und systematische Darstellung und Bewertung der Unternehmensstruktur sowie einzelner Wertaktivitäten ermöglicht. Zudem lässt sich die Wertkettenanalyse als internes *Kommunikationsinstrument* nutzen, indem sie die Funktionen und Tätigkeiten innerhalb des Unternehmens und die mit ihnen einhergehenden Wettbewerbsvor- und -nachteile aufzeigt.

Problematisch ist in der Praxis jedoch die Ermittlung von Kosteninformationen, d.h. die Verrechnung der Kosten auf die einzelnen Wertaktivitäten sowie die Bestimmung des Wertes, der durch die einzelnen Aktivitäten geschaffen wird. Dies trifft insbesondere für die Einbeziehung entsprechender Informationen der Hauptwettbewerber zu, da diese nur mit erheblichem Aufwand zu beschaffen sind und gute Kenntnisse über die internen Strukturen der Wettbewerber voraussetzen (Benkenstein 2002, S. 105f.).

2.5 Generische Marketingstrategien

2.5.1 Wachstumsstrategien

2.5.1.1 Strategische Lückenplanung

Hat ein Versicherungsunternehmen seine Planung für die bestehenden strategischen Geschäftsfelder abgeschlossen, kann es künftige Prämieneinnahmen ungefähr abschätzen. Häufig sind die langfristigen Geschäftsziele jedoch ambitionierter als die zu erwartenden Prämieneinnahmen aus bestehenden Geschäftsfeldern. Eine Planungslücke (GAP) entsteht. Um diese Lücke zu schließen, sind neue Geschäftsfelder zu entwickeln oder käuflich von Wettbewerbern zu erwerben (s. Abb. 2-11).
Im ersten Schritt liegt es nahe, die Möglichkeiten des intensiven oder organischen Wachstums auszuschöpfen. Das Wachstum geht dabei von der rechtlichen Einheit eines Versicherungsunternehmens selbst aus. Fast alle

Versicherungsgesellschaften sehen hierin die wichtigste Wachstumsquelle (Jahn 2005, S. 417). Der nächste Schritt wird häufig in einer Diversifikation, d.h. der Ausweitung des Produktangebots bei gleichzeitiger Ausweitung der bearbeiteten Märkte, bestehen.

Sind die Möglichkeiten des internen Wachstums ausgeschöpft, liegt der Kauf von Unternehmen bzw. Unternehmensteilen oder eine Fusion als Wachstumsmöglichkeit nahe. Denkbar ist aber auch, dass der Diversifikationsstrategie Unternehmensübernahmen vorausgehen oder beide Wachstumsmöglichkeiten gleichzeitig genutzt werden.

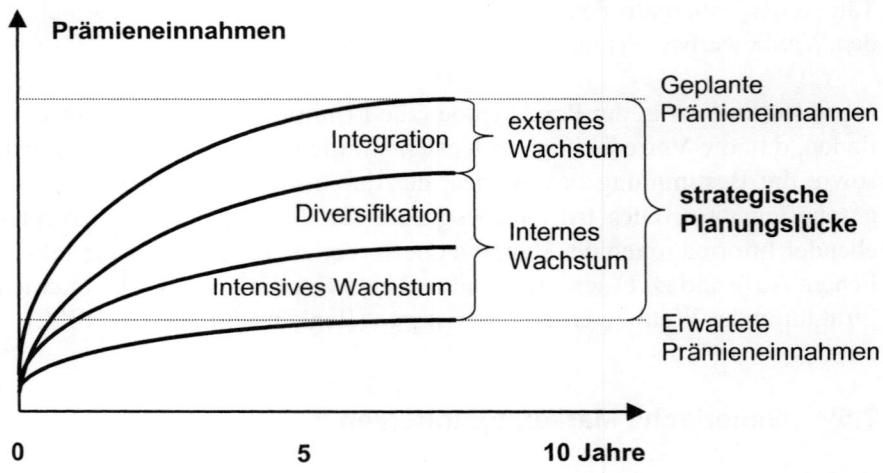

Abb. 2-11: GAP-Analyse

Unter Berücksichtigung der bearbeiteten Märkte und angebotenen Produkte lassen sich Wachstumsziele grundsätzlich durch vier unterschiedliche Strategien erreichen. Das Wachstum auf bisherigen Märkten mit dem bisherigen Produktangebot, d.h. das Wachstum in Kerngeschäftsfeldern des Unternehmens, wird als Marktdurchdringungsstrategie bezeichnet.

Bei der Marktentwicklungs- und Produktentwicklungsstrategie verändert sich die strategische Ausrichtung nur im Hinblick auf eine Dimension (Markt oder Produkt). Wird sowohl die Produkt- als auch die Marktdimension verändert, liegt eine Diversifikationsstrategie vor (s. Abb. 2-12).

Alle genannten Wachstumsalternativen sind für die Versicherungswirtschaft grundsätzlich denkbar, jedoch sind Branchenbesonderheiten zu berücksichtigen. Die Wachstumsstrategien werden im Folgenden dargestellt.

Märkte Produkte	Bisherige	Neue
Bisherige	Marktdurchdringungs- strategie	Marktentwicklungs- Strategie
Neue	Produktentwicklungs- strategie	Diversifikations- Strategie

Abb. 2-12: Produkt-/Markt-Matrix
(Quelle: Kotler/Bliemel 1999, S. 112)

2.5.1.2 Intensives Wachstum

Unternehmen stehen grundsätzlich drei produkt- und marktbezogene Optionen für die Realisierung intensiven Wachstums zur Verfügung:

(1) Marktdurchdringungsstrategie
Die Strategie der Marktdurchdringung bezweckt eine Absatzsteigerung vorhandener Produkte auf bekannten Märkten. Sie führt zu einer Gewinnung neuer Kunden oder einer Intensivierung der Geschäftsbeziehungen mit bisherigen Kunden. Ihre Übertragbarkeit auf die Versicherungswirtschaft erscheint grundsätzlich unproblematisch (Schradin 1994, S. 147f.). Von größter Bedeutung sind als Wachstumstreiber sowohl im Neu- als auch im Bestandskundengeschäft die Vertriebseffizienz- und -kompetenz, Provisionsstrukturen, Verkäuferwettbewerbe und die Akzeptanz dieser Maßnahmen in der Vertriebsorganisation (Jahn 2005, S. 418f.). Versicherungsunternehmen müssen bei der Anwendung intensiver Verkaufs- und Werbemethoden die Regelungen des Wettbewerbsrechts und zusätzlich noch des Versicherungsrechts beachten. Die Ausweitung der Vertriebskanäle auf elektronische Medien wie das Internet ist derzeit mit einigen versicherungsrechtlichen Problemen verbunden, die noch erläutert werden.

(2) Produktentwicklungsstrategie

Ändern sich die gesellschaftlichen, wirtschaftlichen, rechtlichen und technologischen Rahmenbedingungen, müssen sich auch Versicherungsunternehmen auf neue Kundenbedürfnisse einstellen, die mit dem bisherigen Produktangebot nicht oder weniger gut zu befriedigen sind. Es sollten dann neue Produkte entwickelt werden, die den veränderten Kundenbedürfnissen Rechnung tragen. So entstanden in den letzten Jahren wegen der stark alternden Bevölkerung in westlichen Industrienationen sowie den hiermit einhergehenden Problemen des Staates, eine gesetzliche Rente auf dem bisher gewohnten Niveau zu garantieren, viele Neuproduktentwicklungen auf dem Altersvorsorgemarkt.

Der Produktentwicklungsstrategie sind in der Versicherungsbranche aufgrund rechtlicher Gegebenheiten Grenzen gesetzt. Obwohl sich durch den Wegfall der materiellen Staatsaufsicht in Deutschland neue Möglichkeiten einer Produktentwicklung für die Versicherungsunternehmen ergeben, bleiben diese Möglichkeiten auf branchennahe Produkte, d.h. Versicherungsgeschäfte und Geschäfte, die mit diesen in unmittelbarem Zusammenhang stehen, beschränkt (Schradin 1994, S. 148). Werden die den Versicherungsgesellschaften noch verbleibenden Wachstumsmöglichkeiten betrachtet, stellt sich die Frage, welche Rolle die Produktpolitik im Rahmen der Wachstumspolitik spielt. Nach einer im Jahre 2003 durchgeführten Studie des Beratungsunternehmens Accenture gehört die Produkt- und Tarifgestaltung sowie das Cross-Selling von Produkten tatsächlich zu den wichtigsten Hebeln für die Erzielung von Wachstum – vor allem im Neugeschäft der Versicherungsgesellschaften. Im Bestandskundengeschäft wird dem Kundenservice eine besondere Bedeutung eingeräumt (Jahn 2005, S. 418f.).

(3) Marktentwicklungsstrategie

Die Anwendung der Marktentwicklungsstrategie ist im Zusammenhang mit dem versicherungstechnischen Produktverständnis zu sehen. Versicherungstechnisch stellt das Produkt nicht nur ein Deckungskonzept dar. Es enthält auch Erläuterungen zu Art und Umfang der transferierten Risiken. Sofern sich die Faktoren, welche das Risiko auf den neuen Märkten bestimmen, von den bisherigen Märkten unterscheiden, bringt ein Vorstoß in neue Märkte auch die Entwicklung neuer Produkte mit sich. Eine Marktentwicklung in dem von Ansoff beschriebenen Sinne würde daher nur vorliegen, wenn das Versicherungsunternehmen seine bisherigen Risikobeschreibungs- und -erklärungsmodelle auf die neuen regionalen oder kundenbezogenen Märkte übertragen könnte (Schradin 1994, S. 148).

80

2.5.1.3 Wachstum durch Diversifikation

Eine Realisierung von Wachstum durch Diversifizierung ist naheliegend, wenn das Versicherungsunternehmen außerhalb seiner Tätigkeitsfelder auf große Chancen am Markt stößt. Die Option einer *lateralen Diversifikation,* d.h. eines Vordringens in völlig neue Produktbereiche, ist Versicherungsgesellschaften wegen aufsichtsrechtlicher Gründe verschlossen. Die beiden anderen Formen der Diversifikation – die horizontale und die vertikale Diversifikation – erscheinen jedoch im Hinblick auf das Risikostreuungs- und -ausgleichskalkül der Versicherer relevant (Schradin 1994, S. 149).

Erfolgreiche Wachstumsstrategien beruhen häufig auf der so genannten *horizontalen Diversifizierung,* bei der es zu einem Angebot neuer Produkte in neuen Märkten innerhalb der Finanzdienstleistungsbranche kommt. Ein gutes Beispiel ist der kontinuierliche und langfristig angelegte Ausbau des Leistungsangebotes der Debeka. Etwa 40 Jahre nach seiner Gründung im Jahre 1905 entschloss sich der Versicherungsverein auf Gegenseitigkeit neben dem bisherigen Krankenversicherungsgeschäft Lebensversicherungsgeschäfte zu betreiben. Anfang der 1980er Jahre zeichnete die Debeka erstmals Verträge im Schaden- und Unfallversicherungsgeschäft. Spezielle Sparten wie die Rechtschutz- und die Kfz-Versicherung kamen seit Anfang der 1990er Jahre hinzu (Debeka 2007). Die maximale Diversifikation stellt der Allfinanzkonzern dar, d.h. ein Unternehmen, das sämtliche Finanzdienstleistungen anbietet (s. Fallbeispiel Allianz).

Denkbar und vor allem im Industrieversicherungsbereich praktiziert ist die *vertikale Diversifikation* durch eine Vorwärts- oder Rückwärtsintegration in der Wertschöpfungskette. Ein typisches Beispiel ist die Übernahme des Erstversicherungsgeschäftes einer Gesellschaft durch ein Rückversicherungsunternehmen.

Beispiele aus der Unternehmenspraxis zeigen den starken Zusammenhang von Wachstumsstrategien auf dem Wege der Integration und Diversifikation. Noch stärker als in vielen anderen Branchen ist der Aufbau des produkt- und marktbezogenen Wissens jenseits des Kerngeschäftes in der Versicherungsbranche ausgesprochen schwierig und langwierig. Aus diesem Grund ist der Kauf von Unternehmen bzw. Unternehmensteilen und hiermit der gleichzeitige Erwerb einer eingespielten Organisation mit entsprechenden Ressourcen, Marktkontakten und Kundenverbindungen naheliegend.

> **Fallbeispiel Allianz**
>
> Ein Jahr nach ihrer Gründung begann die Allianz ihre Geschäftstätig-
> keit zunächst in Deutschland. Heute ist die Allianz in etwa 70 Ländern
> tätig. Etwa die Hälfte der 170.000 Mitarbeiter arbeitet im Ausland.
> Die Allianz-Gruppe ist vor allem in den Kerngeschäftsfeldern Versi-
> cherung (Schaden- und Unfallversicherung), Vorsorge (Lebens- und
> Krankenversicherung) und Vermögen (Asset Management, Banking)
> tätig. Das Geschäftsfeld der Vorsorge ist aufgrund mehrerer Zukäufe
> auch im Ausland deutlich gestärkt worden. Durch die Übernahme der
> Assurances Générales de France (AGF) stieg die Allianz zu einem der
> weltweit größten Anbieter von Lebensversicherungen und zum größten
> Krankenversicherer Europas auf. Ein Meilenstein in der Diversifizie-
> rungsstrategie des Allianz-Konzerns ist die Übernahme der Dresdner
> Bank im Laufe des Geschäftsjahres 2001. Nach der Übernahme der
> deutschen Großbank bietet die Allianz ein umfassendes Portfolio an
> Versicherungs-, Vermögensanlage- und Bankprodukten an. Der dop-
> pelgleisige Vertrieb über das Agentursystem der Allianz und das Filial-
> netz der Dresdner Bank erhöht die Vertriebsstärke und Produktvielfalt
> an den jeweiligen Kundenkontaktpunkten. Der neue Finanzdienstleister
> hat nach der Übernahme alleine in Deutschland mehr als 20 Millionen
> Kunden. Durch die Zusammenfassung des Asset-Managements der Al-
> lianz Gruppe und der Dresdner Bank unter einem Dach entstand einer
> der weltgrößten Vermögensverwalter.
>
> Quelle: Allianz (2007); Allianz Geschäftsberichte 2001, 2005

2.5.1.4 Integratives Wachstum

Bei dem auch als externes Wachstum bezeichneten möglichen Expansi-
onspfad wächst das Versicherungsunternehmen durch eine Verbindung
mit einem anderen bisher wirtschaftlich und rechtlich selbstständigen Unternehmen. Grundsätzlich denkbar sind eine horizontale Integration, Vor-
wärts- oder Rückwärtsintegration.

Der einfachste Fall der *horizontalen Integration* wäre, einfach Versicherungsbestände eines anderen Versicherungsunternehmens zu kaufen ohne
das Unternehmen selbst als Ganzes oder in Teilen zu übernehmen. Ein
typisches Beispiel ist die Übernahme der deutschen Kundenverbindungen

des US-amerikanischen Versicherungsunternehmens Allstate Direct durch die zum schottischen Finanzkonzern RBOS gehörende Direct Line.

Mit erheblich größerem finanziellen und organisatorischem Aufwand sind in der Regel die *Akquisition* eines Konkurrenzunternehmens und die Gründung eines neuen Versicherungsunternehmens durch eine Fusion verbunden. Bei der Übernahme eines Unternehmens ist der Einfluss des Managements der übernehmenden Gesellschaft in der Regel deutlich stärker als der übernommenen Gesellschaft. In der Versicherungsbranche gibt es viele Beispiele für solche Übernahmen. Auf dem deutschen Markt gehören die Übernahme der Colonia Versicherung durch den französischen AXA-Konzern und der Aachener & Münchener Versicherung durch den italienischen Generali-Konzern hierzu. Bei der *Fusion* verschmelzen zwei oder mehr Unternehmen zu einer Wirtschaftseinheit. Es entsteht ein neues Versicherungsunternehmen bzw. ein neuer Versicherungskonzern. Ein Beispiel ist die Wüstenrot & Württembergische AG.

Seit Anfang der 1990er Jahre erfolgen in der Versicherungsbranche weltweit vermehrt große Unternehmensübernahmen und -fusionen. Die Finanzdienstleistungsbranche gehört zu den aggressivsten Protagonisten von Mergers & Acquisitions. Die Hauptgründe hierfür liegen im zunehmenden Wettbewerbsdruck infolge der Deregulierung und in der Globalisierung der Märkte (Prigge/Böbel/Kleine 2001; Friese/Heuerding/Schulenberg 2005, S. 352). Oft rechtfertigen Manager Unternehmensakquisitionen und -fusionen mit einer *Verbesserung der Wettbewerbsposition* infolge der Ausnutzung verschiedener Arten von Synergieeffekten:

➢ *Erlössynergien*. Die Abrundung, Ergänzung oder Erweiterung des Produktprogramms durch die Produkte und Fähigkeiten des Partners geht mit zusätzlichen Erlöspotenzialen für das Gesamtunternehmen einher. Es entstehen neue Kundengruppen und Vertriebswege. Die Kundenorientierung lässt sich durch eine „Umwidmung" von Kapazitäten mit bisher eher unternehmensinterner Ausrichtung für marktnähere Aufgaben steigern (Benölken 1995, S. 1556). Vor allem M&A-Aktivitäten von Partnern aus dem Bank- und Versicherungsgewerbe erscheinen im Hinblick auf die Nutzung von Erlössynergien sinnvoll, da die hohe Fragmentierung sowohl im Banken- als auch Versicherungssektor in der Regel mit geringen Überschneidungen im Kundenstamm verbunden ist. Hierdurch entstehen Cross-Selling-Potenziale.

➤ *Kostensynergien.* Zunächst erscheinen Kosteneinsparungen durch Größenvorteile in der Versicherungswirtschaft nicht offensichtlich, da die weitaus größten Kostenblöcke, die Schadenkosten und Vertriebsprovisionen, zufälligen bzw. variablen Charakter haben. Einsparungen sind daher hauptsächlich über eine Zusammenführung von Organisationseinheiten in der Verwaltung und in der Informationstechnik möglich. In der Praxis wird von Einsparungspotenzialen in Höhe von 20-25 % für den Bereich Betrieb/Schaden und in Höhe von 10 % aufgrund einer verbesserten Auslastung von Betrieben in einzelnen Standorten ausgegangen. Ebenfalls von Bedeutung sind Kosteneinsparungspotenziale in Höhe von 5-10 % durch Spezialisierungseffekte. Alle Kosteneinsparungspotenziale sind allerdings im unternehmensspezifischen Kontext zu sehen und können erheblich von den genannten Größenordnungen abweichen (Venohr/Naujoks(Zinke 1998, S. 1121f.).

➤ *Synergien durch verbesserte Fähigkeiten.* Hierzu gehört zum Beispiel die Nutzung eines größeren Datenbestandes über gezeichnete Risiken. Die größere Fülle von Informationen geht mit einer Verbesserung des Wissens im Tarifierungs- und Betriebsbereich einher und erlaubt eventuell eine Anwendung moderner Auswertungsverfahren. Zudem ist die Nutzung dieses Datenbestandes für Direktmarketingaktionen möglich (Venohr/Naujoks/Zinke 1998, S. 1121f.).

Unternehmensübernahmen und -zusammenschlüsse sind in vielen Fällen die *schnellste und profitabelste Alternative im Rahmen einer externen Diversifikationsstrategie* (s. z.B. Schönacher/Schneider 1999, S. 344). Hohe Wachstumsraten lassen sich in gesättigten Märkten in der Regel nur noch über diese Wachstumsstrategie realisieren. Die Gewinnung von Kunden, die noch keinen Versicherungsschutz haben, dürfte in westlichen Industrienationen zunehmend schwieriger werden. Ebenfalls ist das Abwerben eines Kunden von Konkurrenzunternehmen wegen der Langfristigkeit vieler Verträge in einigen Versicherungszweigen (z.B. im Altersvorsorgegeschäft) problematisch, da dies für den Kunden mit sehr hohen finanziellen Einbußen verbunden wäre. Eine „Gewinnung" dieser Kunden auf dem Wege der Übernahme oder Fusion wäre dagegen unproblematischer. Die Kunden müssen im Zuge der Transaktion nicht mit finanziellen und sonstigen vertraglichen Nachteilen rechnen, da der neue Vertragspartner in der Regel sämtliche Rechte und Pflichten des Vorgängers übernimmt.

Besonders naheliegend sind Unternehmensübernahmen, wenn sie gleichzeitig mit einem Einstieg in völlig neue strategische Geschäftsfelder und Märkte einhergehen (s. Fallbeispiel ACE).

Fallbeispiel ACE

Das Unternehmen ACE wurde im Jahre 1985 von 34 Gesellschaften der „Fortune 500" gegründet, um Excedentenhaftpflicht- und D&O-Versicherungen im multinationalen Bereich zu zeichnen. Im März 1993 wird das junge Unternehmen, welches 1986 noch sechs Mitarbeiter beschäftigte, an der New York Stock Exchange gelistet. Durch Akquisitionen von Erst- und Rückversicherungsunternehmen in den 1990er Jahren stärkte ACE die Position auf dem Weltmarkt.

Im Jahre 1999 übernimmt ACE das internationale und heimische, d.h. US-amerikanische, Kompositversicherungsgeschäft der CIGNA Corporation. Diese strategisch bedeutsame Akquisition des internationalen Geschäftsbereichs des traditionsreichen amerikanischen Versicherers, dessen Unternehmensgeschichte 1792 mit der Gründung der Insurance Company of North America in Philadelphia begann, eröffnete der ACE Group einen schnellen und unmittelbaren Zugang zu allen wichtigen Versicherungsmarktplätzen der Welt. Aufgrund der stark unterschiedlichen Unternehmensgrößen der beiden Gesellschaften erschien die geplante Wachstumsstrategie und Stabilisierung der Ertragskraft durch die Diversifikation im Hinblick auf Produkte und Tätigkeitsländer zunächst als eine Mammutaufgabe. Die strategischen Geschäftsfelder beider Unternehmen ergänzten sich andererseits hervorragend. Beide Gesellschaften zeichneten primär Industrieversicherungsrisiken. Während CIGNA zu der kleinen Gruppe der etablierten weltweit tätigen Versicherer mit einem globalen Netzwerk in traditionellen Industrieversicherungsmärkten gehörte, hatte die ACE Group eine führende Position auf dem Lloyd's Markt, auf dem Heimatmarkt Bermuda sowie im ursprünglichen Kerngeschäftsfeld spezieller Excedentenhaftpflicht- und D&O-Versicherungen. Nach den erfolgreichen Akquisitionstätigkeiten ist die ACE Group in weltweit etwa 50 Ländern mit eigenen Niederlassungen vertreten.

Quelle: Görgen/Müller-Reichart/Lünzer/Neumann 2003

Trotz der genannten und plausibel erscheinenden Vorteile sind Unternehmensakquisitionen und -fusionen im Versicherungswesen nicht unproblematisch. Unternehmensberater weisen immer wieder darauf hin, dass Fusionen im Versicherungssektor aus einer Vielzahl von Gründen sogar schwieriger als in anderen Branchen sind. Fatalerweise übernahmen Versicherungsgesellschaften in der Vergangenheit die aus anderen Branchen bekannte Praxis, ausschließlich Verantwortliche der Betriebsorganisation, des Personalbereichs und der Datenverarbeitung in die Klärung wichtiger Sachfragen einzubeziehen. Jedoch erfordert das Versicherungsgeschäft insbesondere eine starke Berücksichtigung der versicherungstechnischen und vertrieblichen Aspekte. Wenn den speziellen Einwänden und Sonderwünschen dieser Unternehmensbereiche mit dem „Primat der Vereinheitlichung" begegnet wird, ist das Ergebnis des Vorhabens meist zum Scheitern verurteilt (Kluge 2003, S. 238).

Besonders brisant ist die Umsetzung von Übernahmen und Fusionen mit dem Ziel der Bildung eines Allfinanzkonzerns. So ergeben sich aufgrund der großen Heterogenität von Vertriebsformen oft Doppelgleisigkeiten. Die Organisationsformen der Versicherungsunternehmen unterschieden sich meist stark von denen des Bankengewerbes. Nicht zuletzt sind im Vertriebsbereich Unterschiede in Vergütungssystemen typisch. Einerseits ist eine Vereinheitlichung der Vertriebssysteme oft nicht möglich und andererseits verursacht ein Nebeneinander-Bestehen unterschiedlicher Systeme hohe Kosten und Effizienzverluste (Benölken 1995, S. 1555f.).

Die Prüfung des Vertriebs spielt bei Übernahmen in der Versicherungsbranche bisher eine eher untergeordnete Rolle. Das Hauptaugenmerk im Rahmen der *Due Diligence*, d.h. der sorgfältigen und umfassenden Prüfung des Wertes der geplanten Unternehmung, gilt dabei traditionell dem Wert der Versicherungsbestände. Das Neugeschäftspotenzial des neuen Unternehmens nach der erfolgten Transaktion findet dagegen wenig Beachtung. Auch wenn die Bewertung des Vertriebspotenzials mit einiger Unsicherheit verbunden ist, sollte sie keinesfalls außer Acht gelassen werden. Einen hilfreichen Ansatz stellt das Bewertungsmodell der Unternehmensberatung Tillinghast-Towers Perrin dar. Die Unternehmensberater schlagen vor, zumindest Umfang und Qualität der Beratungs- und Verkaufsleistung, eigene Produkte und Markennamen in die Bewertung mit aufzunehmen. Für den schwer zu ermittelnden Bereich der Beratungs- und Verkaufsleistung können verschiedene Indikatoren herangezogen werden (s. Abb. 2-13).

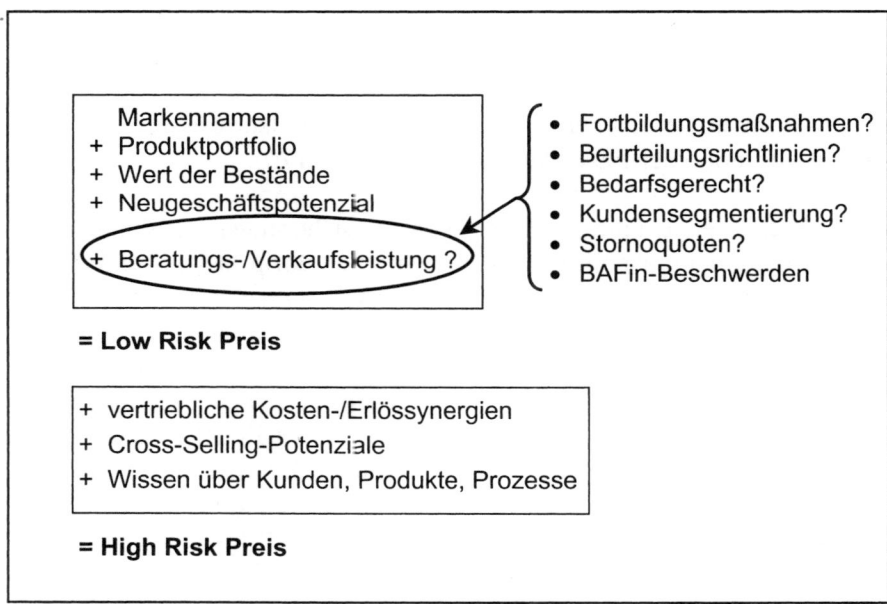

Abb. 2-13: Mögliche Indikatoren zur Beurteilung der Beratungs- und Verkaufsleistung bei einer Due Diligence in der Versicherungsbranche (Quelle: in Anlehnung an Breiting/Hoffmann 2004, S. 309)

Vorsichtige Käufer klammern alle weiteren Erfolgsfaktoren des Vertriebs bei der Bewertung aus und betrachten nur den aus den vorgenannten Faktoren sich ergebenden Low-Risk-Preis. Realistisch gesehen führen natürlich auch vertriebliche Kosten- und Ertragssynergien, Cross-Selling-Potenziale und das erworbene Wissen zu einem Wertzuwachs. Jedoch nutzen Versicherungsunternehmen in der Praxis meist nur einen Teil dieser Potenziale. Die Annahme einer vollen Nutzung aller Vertriebspotenziale ist daher riskant und mit einem High-Risk-Preis gleichzusetzen. Im Normalfall wird der „faire Wert" des Vertriebs zwischen den beiden Preisen liegen (Breitung/Hoffmann 2004, S. 308).

Wesentliche Erfolgsfaktoren für ein *Integrationsmanagement* sind:

➢ die Formulierung einer klaren Strategie,
➢ die straffe Steuerung des M&A-Projekts,
➢ die Vereinheitlichung des Marktauftritts,
➢ eine umfassende Informations- und Kommunikationspolitik,

> hohe Sozialkompetenz,
> ein professionelles Personalmanagement,
> die Neuausrichtung der Vertriebswege,
> die Harmonisierung der Strukturen und Geschäftsprozesse,
> die Migration der EDV (Meyer, R. 1999, S. 1170).

Nach bisherigen Erfahrungen verlieren Versicherungsgesellschaften, deren Kommunikationspolitik stark zu wünschen übrig lässt, nach erfolgter Transaktion viele Vertriebsmitarbeiter, die von ihrer Persönlichkeit her in der Regel hochgradig mobil und flexibel sind (Breiting/Hoffmann 2004, S. 309). Die schnellsten Integrationen sind meist auch die erfolgreichsten. Nach einer Faustregel sollen mit 20 % der erforderlichen Aktivitäten 80 % der potenziellen Synergien realisiert werden. In der Regel entscheiden die ersten 100 Tage des Integrationsprozesses über dessen Erfolg oder Misserfolg (Prigge/Böbel/Kleine 2001). Bleibt oder verstärkt sich die in den Anfangsmonaten einer Akquisition bzw. Fusion entstandene Unsicherheit in der Belegschaft, ist in der Praxis häufig eine Kündigungswelle guter Mitarbeiter/-innen zu beobachten (Schönacher/Schneider 1999, S. 346).

In einer empirischen Analyse kommen Führer & Köhler zu einer ernüchternden Bilanz des Erfolgs von Fusionen in der Versicherungswirtschaft. Die Wissenschaftler untersuchten alle zwischen 1972 und 2002 erfolgten Fusionen auf dem deutschen Versicherungsmarkt in der Form von Verschmelzungen oder Bestands- bzw. Vermögensübertragungen mit Ausnahme der Fusionen sehr kleiner mit relativ großen Versicherern. In den meisten der 64 Fusionsfälle traten in den ersten Jahren Marktanteilsverluste auf, die erst nach ca. 4-6 Jahren verschwanden. Große Probleme bereitete oft die Zusammenführung der Vertriebsaktivitäten. Über viele Jahre hinweg gelang es nur etwa der Hälfte aller Unternehmen, die auf Fusionen zurückblicken, eine im Vergleich zum Marktdurchschnitt bessere Kostenposition aufzubauen (Führer/Köhler 2006, S. 372, 388)

2.5.2 Marktteilnehmerstrategien im Wettbewerb

2.5.2.1 Kundengerichtete Marketingstrategien

Der langfristige Verhaltensplan des Versicherungs- bzw. Versicherungsvermittlungsunternehmens gegenüber den Versicherungsnehmern beinhaltet zwei grundsätzliche Optionen. Das Versicherungsunternehmen bzw. der Versicherungsvermittler kann sich für ein undifferenziertes oder für ein differenziertes Marketing entscheiden. Die zweite Dimension kundengerichteter Marketingstrategien betrifft den Grad der Marktabdeckung, d.h. die Bearbeitung eines Gesamt- oder Teilmarktes. Hieraus ergeben sich vier strategische Optionen (s. Abb. 2-14).

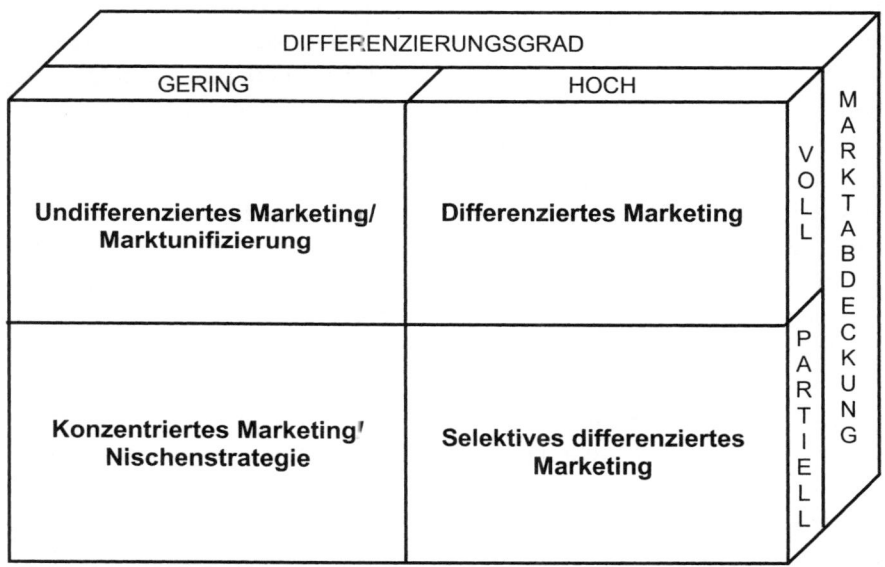

Abb. 2-14: Kundengerichtete Marktbearbeitungsstrategien
(Quelle: Meffert 1998, S. 209)

(1) Undifferenziertes Marketing oder Marktunifizierung

Versicherungsunternehmen bzw. Versicherungsvermittler können mit einem Marketingprogramm den gesamten Markt bearbeiten. Das Angebot besteht dann nur aus Standardprodukten. Ein Anbieter hebt hierbei Gemeinsamkeiten und nicht Bedürfnisunterschiede seiner angesprochenen Kundengruppe hervor. Zielsetzung des undifferenzierten Marketing ist es vor allem, dem Produkt im Kundenbewusstsein ein überlegenes Image zu verleihen sowie durch Standardisierung eine Kostendegression und eine

Vereinheitlichung des Qualitätsniveaus zu erreichen. In der Vergangenheit gingen viele Versicherungsunternehmen diesen Weg (Müller 1994, S. 12ff.). Im Zuge der Deregulierung des Versicherungsmarktes und den hiermit einhergehenden Möglichkeiten einer Differenzierung in der Produkt- und Prämienpolitik wurde diese auch als Marktunifizierung bezeichnete Strategie zunehmend problematisch (Lach 1995, S. 65f.).

(2) Differenziertes Marketing

In vielen Fällen ist es sinnvoll, ausgewählte Marktsegmente durch einen zielgruppenspezifischen Einsatz von Marketinginstrumenten zu bearbeiten. Versicherungsunternehmen können sich vor allem durch Produkt- und Serviceleistungen sowie durch ihre Mitarbeiter und ihr Image von Wettbewerbern abheben. Aus der Sicht der Kunden sind bei der Beurteilung der Mitarbeiter deren Fachkompetenz, Höflichkeit, Vertrauenswürdigkeit, geistige Beweglichkeit und Kommunikationsfähigkeit von großer Relevanz. Je größer der Differenzierungsgrad der Marketingaktivitäten ist, um so größer ist der Bedarf an finanziellen, technischen und verwaltungsbezogenen Ressourcen. Vor allem Versicherungskonzerne und große Vermittlerorganisationen verfolgen diese Strategie.

(3) Konzentriertes Marketing oder Nischenstrategie

Um eine starke Marktstellung zu erreichen, kann ein Versicherungsunternehmen versuchen, mit seinem Marketingprogramm auf einem Teilgebiet des gesamten Versicherungsmarktes die Kundenbedürfnisse optimal zu erfüllen. Es spezialisiert sich auf ein bestimmtes Marktsegment und kann so Informationen für eine erfolgreiche Erarbeitung von Marketingprogrammen leichter beschaffen. Dieser strategische Ansatz ist insbesondere für kleine und mittelgroße Versicherungsunternehmen und -vermittler empfehlenswert, da deren Ressourceneinsatz meist beschränkt ist. Dennoch muss diese Marktbearbeitungsstrategie gut überlegt sein, da der Erfolg des Unternehmens stark von der Entwicklung der Nachfrage des ausgewählten Marktsegments abhängt. Das ausgewählte Segment sollte sich durch ein hohes Wachstumspotenzial und eine möglichst geringe Anzahl von Wettbewerbern auszeichnen (Meffert 1998, S. 208f.). Typische Beispiele für Nischenversicherer sind die Gartenbauversicherung sowie der britische Spezialversicherer Hiscox (s. Fallbeispiel).

Fallbeispiel – Hiscox

Eine sehr konsequente Nischenstrategie verfolgt der britische Versiche-rer Hiscox. Die Versicherungsgruppe möchte sich ausdrücklich nicht im standardisierten Versicherungsgeschäft engagieren, sondern sich auf klar definierte spezielle Zielgruppen spezialisieren („Who we insure is more important than what we insure"). Das Konzept geht auf. Kunden wie Besitzer von Antiquitäten, Kunstgegenständen, Oldtimern, Yachten oder Rennpferden sind zumeist Liebhaber, die sehr vorsichtig mit ihren Vermögenswerten umgehen. Sie sind für die im standardisierten Versi-cherungsgeschäft üblichen Probleme des Moral Hazard wenig anfällig und für aktive Schadenverhütungsmaßnahmen leicht zu überzeugen. Andererseits legen die anspruchsvollen und bestens informierten Kun-den größten Wert auf einen ungewöhnlichen Deckungsumfang und ex-zellenten Service. Das erfordert eine sehr starke Identifikation der Mitarbeiter mit der Welt ihrer Kunden. Robert Hiscox, Chairman der Versicherungsgruppe, geht mit gutem Beispiel voran und ist selbst Kunstfanatiker. Die Gesellschaft erhielt Auszeichnungen für ihr hervor-ragendes Betriebsklima. Gezielte Sponsoring-Maßnahmen und Marke-ting-Programme erhöhen die Bekanntheit der Gesellschaft bei ihren speziellen Zielgruppen.

Quelle: Hiscox (2007b)

(4) Selektives differenziertes Marketing (Segment of One-Approach)
Die starke Differenzierung bei gleichzeitiger Konzentration auf einen Teilmarkt führt zu einer sehr individuellen Lösung für den Kunden. Vor allem für beratungsintensive und komplexe Versicherungszweige ist die-ser Marktbearbeitungsansatz typisch. Die Erarbeitung individueller Lö-sungen ist vor allem im Industrieversicherungsgeschäft traditionell sehr verbreitet. So schuf bereits der Gründer des gleichnamigen deutschen In-dustrieversicherers Robert Gerling ein System, bei dem sich Industrieun-ternehmen sogar an seiner Gesellschaft beteiligten (Surminski, A. 2004, S. 251).

2.5.2.2 Konkurrenzgerichtete Marketingstrategien

Grundsätzlich können sich Versicherungsunternehmen im Wettbewerb innovativ oder imitativ bzw. defensiv oder offensiv verhalten. Defensiv agierende Unternehmen passen sich den Verhaltensweisen ihrer Wettbewerber an. Offensiv agierende Unternehmens warten dagegen nicht ab, bis ihre Konkurrenten Marketingaktivitäten initiieren, sondern sie beobachten Veränderungen in ihrer Umwelt sehr gewissenhaft und handeln vorausschauend. Grundsätzlich lassen sich vier Verhaltensweisen gegenüber den Wettbewerbern unterscheiden (s. Abb. 2-15).

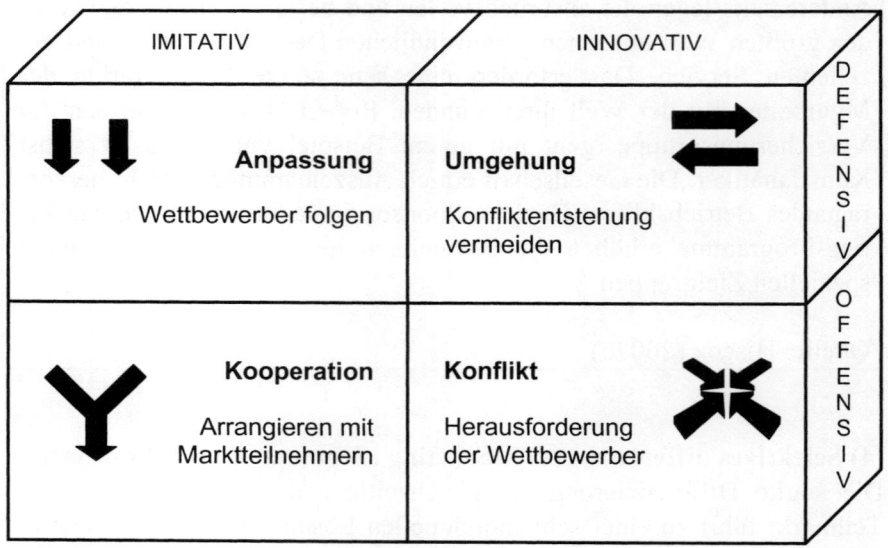

Abb. 2-15: Konkurrenzgerichtete Verhaltensstrategien
(Quelle: Meffert/Bruhn 1995, S. 192)

(1) Anpassungsstrategien
Um die erreichte Position auf den Markt- und Produktfeldern zu erhalten, können Unternehmen ihr eigenes Verhalten auf die Reaktionen der Wettbewerber abstimmen. Allerdings kann eine solche Anpassung mit erheblichen Nachteilen verbunden sein. Meist ist das versicherungstechnische Ergebnis schlechter, wenn der aggressiven Preispolitik eines Wettbewer-

bers gefolgt wird. Anpassungsstrategien wie das „Warten auf die Reaktion des Marktführers" hatten vor der Deregulierung der Versicherungsmärkte eine besondere Bedeutung.

(2) Kooperationen

Wenn deutliche Wettbewerbsvorteile oder umfangreiche Ressourcen nicht vorhanden sind, liegt eine Kooperationsstrategie nahe (Meffert/Bruhn 1995, S. 191f.). Die Anlässe für Kooperationen sind in der Versicherungswirtschaft sehr vielfältig. Alleine schon die Höhe und Komplexität des Risikos kann die Ressourcen eines einzelnen Unternehmens deutlich übersteigen. So ist im Industrieversicherungsgeschäft die gemeinsame Zeichnung großer Risiken üblich. Möglicherweise sind zwar finanzielle Ressourcen vorhanden, jedoch Risiken aufgrund der fehlenden Marktkenntnisse für eine einzelne Gesellschaft zu hoch. Diese Situation ist vor allem bei einem Eintritt in internationale Versicherungsmärkte offensichtlich. Hier kooperieren Versicherungsunternehmen häufig mit lokalen Finanzdienstleistern in dem betreffenden Auslandsmarkt (z.B. Gründung von Gemeinschaftsunternehmen, d.h. so genannten Joint Ventures, durch führende europäische oder US-amerikanische Versicherer mit indischen Versicherungsunternehmen).

(3) Konfliktstrategien

In gesättigten oder schrumpfenden Märkten sind Konflikte zwischen konkurrierenden Unternehmen kaum vermeidbar. Eine Positionsverbesserung des eigenen Unternehmens ist – wenn der Gesamtmarkt nicht mehr wächst – nur noch bei einer gleichzeitigen Positionsverschlechterung von Wettbewerbern möglich. Beispiele sind die primär über „Kampfprämien" ausgetragenen Wettbewerbsstrategien im Kfz-Haftpflichtgeschäft und in der industriellen Feuerversicherung seit Anfang der 1990er Jahre. Allerdings erfordert die Konfliktstrategie in der Regel einen hohen Ressourceneinsatz. Eine Verstärkung der vertrieblichen Aktivitäten und/oder hohe Werbeaufwendungen sind ebenso einzukalkulieren wie eine strikte Kontrolle der Verwaltungs- und Vertriebskosten.

(4) Umgehungsstrategien

In Situationen mit hohem Wettbewerbsdruck kann es sinnvoll sein, Konfrontationen zu vermeiden und dem Wettbewerb gezielt auszuweichen. Hierbei sollten Leistungsangebote im Vergleich zu Wettbewerbern möglichst konkurrenzlos sein. Eine besondere Innovationsstärke soll Angriffe der Wettbewerber vermeiden. Umgehungsstrategien werden vor allem von kleineren Versicherern bzw. Spezialversicherern verfolgt (z.B. die im Bereich von speziellen Versicherungen für ethnische Zielgruppen wie Muslime und Buddhisten sehr innovative Ideal-Versicherung).

2.5.2.3 Vermittlergerichtete Marketingstrategien

Gerade in der Versicherungsbranche spielen vermittlergerichtete Marketingstrategien eine wichtige Rolle. Gegenstand dieser so genannten vertikalen Marketingstrategien ist die Auswahl, Gewinnung und Bindung des Versicherungsvermittlers sowie die Koordination des Marketings zwischen beiden Partnern (Lach 1995, S. 112). Von besonderer Relevanz ist dabei die *Frage der vertikalen Macht*, d.h. der Fähigkeit, den Partner zu einer bestimmten Verhaltensweise zu bewegen. Die vertikale Macht ist umso größer, je

➢ mehr vertragliche Vereinbarungen zu wichtigen Marketingentscheidungen existieren (z.B. über Absatzgebiete, Annahmerichtlinien),

➢ stärker Anreize mit besonderem Steuerungscharakter eingesetzt werden (z.B. Provisionen),

➢ geringer die Zahl von konkurrierenden Unternehmen im betreffenden Marktsegment ist (z.B. Nischenversicherer, Industrieversicherer mit hoher Zeichnungskapazität),

➢ geringer die Zahl von Kunden in dem betreffenden Marktsegment ist (z.B. im großindustriellen Versicherungsgeschäft),

➢ einzigartiger die Wissensbasis ist (z.B. über Kundenbedürfnisse, spezielle Deckungskonzepte, Schadenregulierungspraxis, Branchen),

➢ höher die Markenbekanntheit und je stärker das Firmenimage sind.

Oft ist nicht einmal die tatsächliche Machtausübung erforderlich, um die vom Marktpartner gewünschte Verhaltensweise zu erreichen, sondern nur eine asymmetrische Machtverteilung. Ein Machtüberschuss beim Vermittler oder Versicherer führt zu einer Marketingführerschaft (s. Abb. 2-16).

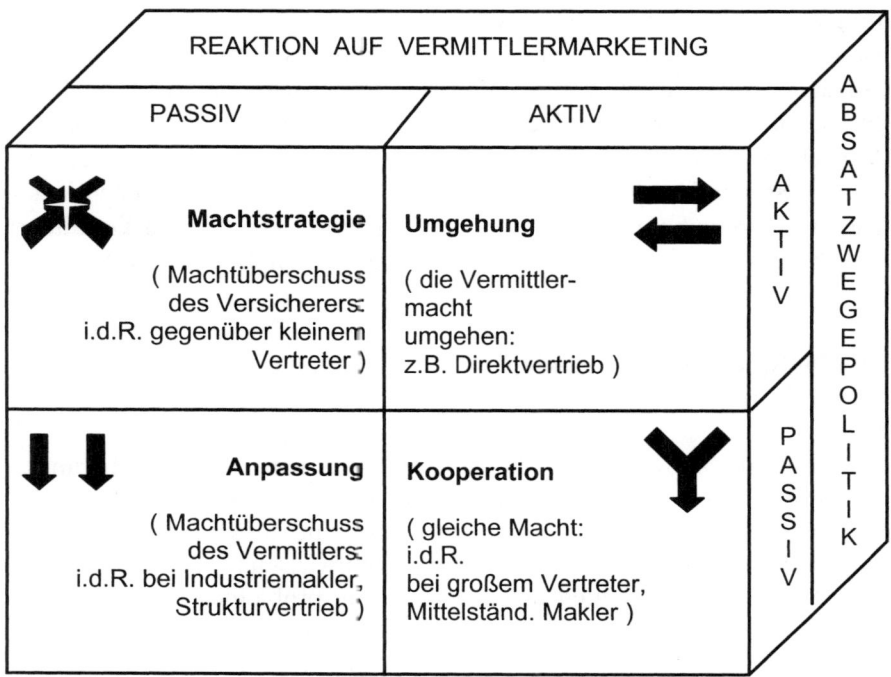

Abb. 2-16: Vermittlergerichtete Verhaltensstrategien
(Quelle: in Anlehnung an Meffert/Bruhn 1995, S. 193; Lach 1995, S. 167)

(1) Machtstrategie
Weniger aus marktstrukturbedingten, sondern aus rechtlichen Gründen, d.h. aufgrund des Agenturvertrags, besitzen Versicherungsunternehmen vor allem gegenüber kleinen Versicherungsvertretern Machtüberschüsse. Überlegene Versicherungsunternehmen verfolgen in diesem Fall in der Regel eine Machtstrategie, indem sie starken Einfluss auf die Gestaltung des Marketings der Vermittler ausüben und ihre eigenen Vorstellungen aufgrund ihrer Machtüberschüsse durchsetzen können.

(2) Kooperationsstrategie
Obwohl auch der große Versicherungsvertreter rechtlich an ein einziges Unternehmen als Produktgeber gebunden ist, sind aufgrund seines hohen Anteils am Bestandsgeschäft die Machtverhältnisse zwischen ihm und dem Versicherungsunternehmen in etwa gleich verteilt. Auch die Macht eines einzelnen mittelständischen Maklers gegenüber einem Versiche-

rungsunternehmen ist weder besonders groß, noch besonders gering. Dies ist auf eine Verteilung seines Bestandes und des Vermittlungsvolumens auf eine große Anzahl von Versicherungsgesellschaften zurückzuführen. In vielen Fällen werden Versicherungsunternehmen gegenüber großen Vertretern und mittelständischen Maklern eine Kooperationsstrategie verfolgen. Seit einiger Zeit sind auch Kooperationsmodelle zwischen Versicherungsunternehmen und branchenfremden Versicherungsvermittlern üblich (s. nachfolgendes Fallbeispiel aus der Automobilwirtschaft).

Fallbeispiel – Kooperationen zwischen Versicherungs- und Autowirtschaft

Nahezu alle Automobilhersteller bieten heute über ihre Versicherungsdienste neben Finanzierungs- und Leasingangeboten klassische Produkte der Erstversicherer an. Finanzprodukte sind fester Bestandteil der Kundenbindungsstrategie in der Automobilwirtschaft. Nach anfänglichen Startschwierigkeiten und Überzeugungsproblemen bei den Autohändlern lief das Geschäft mit Versicherungen über die Jahre immer besser. So hat Volkswagen Financial Services bereits im Jahre 2002 ca. 275.000 Versicherungspolicen über VW-Händler verkauft. Hinter diesem Erfolg steckt ein ausgereiftes Kooperationsmodell. Die Automobilhersteller treten dabei meist als reine Vermittler auf. Sie sind Ansprechpartner bei anfallenden Reparaturen und auch bei der weiteren Schadenregulierung. Für seine vertrieblichen Aktivitäten erhält der Versicherungsdienst vom kooperierenden Versicherungsunternehmen eine Provision, die teilweise an die Autohändler weitergegeben wird. Die Rolle des Versicherungsunternehmens besteht in der Risikoübernahme, Kalkulation der Tarife, Gestaltung der Versicherungsbedingungen sowie in der Gewährleistung einer einfachen, schnellen und effizienten Abwicklung. Ein neues Potenzial liegt im Unfallreparaturmarkt. Sofern die Versicherungsgesellschaft durch eine kritische Masse von Kundenreparaturen Partnerwerkstätten gewinnen kann und über branchenspezifisches Know How sowie Erfahrungen im Lieferantenmanagement verfügt, könnten signifikante Einsparungen im Bereich der Reparaturkosten erzielt werden.
Inzwischen ist der Markt für derartige Kooperationen ziemlich verteilt. Vor allem große, international agierende Versicherungskonzerne kooperieren mit der Automobilwirtschaft. So arbeitet die Allianz Versicherung auf diese Art und Weise mit der GMAC Bank, der PSA Finance, der Fiat Bank, der Volkswagen Bank und der Nissan/Renault

Bank zusammen. Die Wachstumsziele der Autohersteller bleiben weiterhin ehrgeizig. Vor allem im Neuwagenmarkt spielt das Kooperationsmodell eine zunehmend große Rolle, da die Autohändler ja hier den Fuß bereits in der Tür des Kunden haben. Die Autohersteller planen, mit jedem zweiten Neuwagen auch eine Versicherung zu verkaufen. Mit intensiven Marketing- und Schulungsaktivitäten sowie einem speziellen Provisionssystem rücken diese Ziele immer mehr in greifbare Nähe.

Die Versicherungsgesellschaften haben naturgemäß ein besonders großes Interesse an einer Kooperation mit Werkstätten und Werkstattketten wie Bosch, A.T.U. oder Pit Stop. Durch Einflussnahme auf die Beschaffung von Ersatz- und Reparaturteilen, Fahrzeuglacken und Lohnleistungen, die gut 45 Prozent des Regulierungsumfangs ausmachen, ließe sich das Schadenmanagement effizienter gestalten.

Quelle: Pulcher (2003), S. 1692ff., Rieger (2003), S. 71f.

(3) Anpassungsstrategie

Industrieversicherungsmakler besitzen – wenn nicht gerade der Versicherungsschutz durch nur wenige Versicherer angeboten wird – in der Regel Machtüberschüsse gegenüber den Versicherungsgesellschaften. Dies ist auf die Größe der vermittelten Versicherungsgeschäfte zurückzuführen. Da große Geschäfte einen starken Einfluss auf die Erfüllung der Marketingziele des Versicherers haben, geht das „Umdecken", d.h. das Plazieren des Versicherungsschutzes bei einem Wettbewerber, mit einer hohen Bestrafungsmacht des Vermittlers einher. Außerdem können die Industrieversicherungsmakler ihre Machtüberschüsse zur Durchsetzung spezieller Deckungsvarianten, niedriger Prämien und einer bestimmten Schadenregulierungspraxis einsetzen. Um im ihre Kunden zu binden, werden diese Versicherungsgesellschaften häufig eine Anpassungsstrategie verfolgen müssen (Lach 1995, S. 152ff., 162ff.).

(4) Umgehungsstrategie

Im Rahmen der Umgehungsstrategie vermeidet das Versicherungsunternehmen eine Machtausübung des Vermittlers. Denkbar wäre zum Beispiel die Ausarbeitung einer Direktvertriebsstrategie. Durch diese Umgehung des Versicherungsvermittlers hätte das Versicherungsunternehmen zwar die vollständige Kontrolle über den Vertriebsweg, andererseits müsste es die vom Vermittler erledigten Aufgaben und eingegangenen Absatzrisiken dann selbst übernehmen (Meffert 1994, S. 182). Vor der Einführung eines

Direktvertriebskonzepts zur Umsetzung einer Umgehungsstrategie sollten jedoch Chancen und Risiken sorgfältig abgewogen werden. Hierbei spielt die Akzeptanz durch den Kunden eine wichtige Rolle. Nach bisherigen Erfahrungen sind vor allem einfache und wenig beratungsintensive Produkte für eine Direktvertriebsstrategie geeignet. Für viele Versicherungsprodukte stellt eine Umgehung traditioneller Versicherungsvermittler eine nur theoretische Möglichkeit dar. Wegen der hohen Komplexität und des hohen Transaktionsvolumens bei etlichen Versicherungsprodukten bleibt eine persönliche Beratung und Betreuung auch in Zukunft wichtig.

2.5.3 Wettbewerbsstrategien in Anlehnung an Porter

2.5.3.1 Triebkräfte des Wettbewerbs

Um sich in einem Markt erfolgreich gegenüber Wettbewerbern zu behaupten, müssen in Anlehnung an Porter zunächst die *Bestimmungsfaktoren des Wettbewerbs* genau analysiert werden (s. Porter 2000, S. 28ff.). Hierzu gehören:

(1) Potenzielle neue Wettbewerber
Eine hohe Rivalität der Anbieter auf dem Versicherungsmarkt geht häufig mit einem harten Preiswettbewerb, Werbeschlachten, neuen Produktkonzepten und verbesserten Serviceleistungen einher. Der *Eintritt neuer Anbieter von Finanzdienstleistungen* verschärfte insbesondere aufgrund der Niederlassungsfreiheit den Wettbewerb auf dem europäischen Versicherungsmarkt (Hertel/Sartorius 1994, S. 195f.). Heute warten – neben Banken – zusätzlich *branchenfremde Wettbewerber* wie Handelsunternehmen und Autohersteller mit lukrativen Angeboten im Versicherungsbereich auf.

(2) Verhandlungsmacht der Versicherungsnehmer
Je wettbewerbsintensiver eine Branche ist, um so stärker ist in der Regel die Macht des Verbrauchers. Im Zuge der Deregulierung haben sich einige Rahmenbedingungen im Hinblick auf die Verhandlungsmacht der Versicherungsnehmer verändert. Der Versicherungskunde konnte sich in Deutschland vor allem wegen der vom Bundesaufsichtsamt für das Versicherungswesen zu genehmigenden Versicherungsbedingungen und der präventiven Tarifkontrolle auf die Wahrung seiner Interessen verlassen. Mit der Deregulierung sind einige Instrumente der Aufsicht zum Schutz

der Interessen der Versicherten weggefallen. Eine stärkere Eigeninitiative des Versicherungskunden ist gefragt. Allerdings hat sich andererseits die Basis für eine Machtausübung des Kunden verbessert. Neben der Anfang der 1990er Jahre in Deutschland herausgegebenen Zeitschrift Finanztest, die zur staatlich geförderten Institution der Stiftung Warentest gehört, bewerten viele andere unabhängige Titel der Wirtschaftsfachpresse und Fernsehsendungen Versicherungsprodukte. Die Wissensbasis hat sich auch durch den Internet-Zugriff der Haushalte verbessert. Nicht zuletzt leisten die Verbraucherschutzorganisationen einen starken Beitrag zur Erhöhung der Markttransparenz und der Durchsetzung von Kundeninteressen.

(3) Verhandlungsmacht der Rückversicherer

Auch die Verhandlungsmacht der Lieferanten hat einen starken Einfluss auf die Wettbewerbssituation in einer Branche. Im Versicherungsmarkt können Rückversicherer als Lieferanten verstanden werden, da sie über die Bereitstellung von Rückversicherungskapazitäten Einfluss auf die Geschäftspolitik der Erstversicherer nehmen können (Hertel/Sartorius 1994, S. 29f.). Lieferanten in der Versicherungsbranche spielen im Rahmen der Beschaffung von Informationen über das Verbraucherverhalten und risikobezogene Aspekte eine wichtige Rolle. Hierdurch erfahren Marktforschungsunternehmen und Rückversicherer sowie der interdisziplinäre Wissenstransfer, z.B. zwischen den Wirtschaftswissenschaften und der Mathematik, einen Bedeutungszuwachs (Reich/Radtke/Niggemeyer 1995, S. 238f.).

(4) Bedrohung durch Ersatzprodukte

Die zunehmende Deregulierung der Versicherungsmärkte führt zu einem vermehrten Angebot an Ersatzprodukten für typische Versicherungsprodukte. In gut entwickelten Märkten sind zunehmend Substitutionsprozesse z.B. zwischen Versicherern, Banken, Unternehmensberatern und der Sicherheitsindustrie zu beobachten. Substitutionsprodukte der klassischen Versicherungsprodukte entstehen. Die Markteintrittsbarrieren für solche Anbieter von Ersatzprodukten sind vor allem dann niedrig, wenn die Versicherer homogene Produkte mit einem geringen Differenzierungsgrad vermarkten. Eine starke Bedrohung durch Ersatzprodukte besteht beispielsweise im Altersvorsorgemarkt.

2.5.3.2 Qualitäts- versus kostenorientierte Strategien

Herrschen intensive Wettbewerbskräfte, sollten nach Ansicht von Porter Unternehmen in einer Branche sich nicht allen Zielgruppen mit allen Leistungsangeboten öffnen. Ein solches Vorgehen führe zu „strategischer Mittelmäßigkeit und „unterdurchschnittlichen Leistungen". Unternehmen, die langfristig besonders erfolgreich sein wollen, müssen Wettbewerbsvorteile aufbauen, „die sich behaupten lassen" (Porter 2000, S. 37f.). Im Kern sind dies niedrige Kosten oder Differenzierung. Da die Wettbewerbsintensität in der Versicherungsbranche heute hoch ist, müssten Porters Überlegungen auch für die Versicherungswirtschaft zutreffen. Porter empfiehlt bei der Verwirklichung der grundlegenden Strategietypen durch konkrete Maßnahmen branchenspezifische Gegebenheiten zu beachten.

Mit der *Kostenführerschaftsstrategie* strebt ein Unternehmen an, *der* kostengünstigste Anbieter in der Branche zu werden. Um einen solchen Kostenvorsprung zu erreichen, muss sich dieses Unternehmen zunächst mit den vielschichtigen Ursachen für Kostenvorteile und mit der Wettbewerbsstruktur in seiner Branche dezidiert auseinandersetzen. Eine bloße Realisierung einer vorteilhaften Kostenstruktur reicht allerdings für einen überdurchschnittlichen Erfolg des Unternehmens nicht aus. Gleichzeitig sollte der Kostenführer ähnliche Preise als die durchschnittlichen Anbieter in einer Branche für eine vergleichbare Leistung durchsetzen können. Ist die Produktqualität niedriger als im Branchendurchschnitt, muss das Unternehmen den Preis deutlich senken. Porter betont ausdrücklich die Alleinstellung des Kostenführers. Würden mehrere Unternehmen dem Ziel der Kostenführerschaft nahe kommen, entstünde höchstwahrscheinlich eine starke Rivalität, die sich sehr ungünstig auf die Rentabilität auswirkt (Porter 2000, S. 39f.). Die Kostenführerschaftsstrategie erscheint für solche Versicherungsunternehmen sinnvoll einsetzbar zu sein, die über schlanke Organisationsstrukturen und kostengünstige Vertriebswege verfügen. Die Umsetzbarkeit einer solchen Strategie findet ihre Grenze dort, wo sie zu Beeinträchtigungen in der Qualität des Versicherungsschutzversprechens und in der Gewährleistung einer hinreichend sicheren Schadenzahlung führt. Sind diese Mindestanforderungen nicht erfüllt, werden die Versicherungsaufsicht und Verbraucherschutzverbände auf den Plan gerufen (Schradin 1994, S. 151f.).

Über die *Differenzierungsstrategie* versucht ein Unternehmen, in den aus Kundensicht sehr wichtigen Qualitätsdimensionen innerhalb der Branche eine einmalige Position einzunehmen. Wegen dieser einmaligen Position sind die Kunden bereit, einen höheren Preis als für das Angebot der durchschnittlichen Branchenanbieter zu zahlen. Ebenso wie im Falle der Kostenführerschaftsstrategie sind die Mittel der Differenzierungsstrategie von Branche zu Branche verschieden. Bessere Leistungen als die Konkurrenten aus der Sicht des Kunden anzubieten, genügt alleine nicht, um eine überdurchschnittliche Rentabilität in der Branche zu erzielen. Eine befriedigende Rentabilität ist nur möglich, wenn die hohen Preise die Kostenposition einschließlich der für die Gestaltung des einzigartigen Angebots einzukalkulierenden Zusatzkosten übersteigen. Nebenziel der Differenzierungsstrategie ist stets, Kostensenkungen in allen Bereichen zu realisieren, die nicht die Differenzierung beeinträchtigen, d.h. sich auf Bereiche erstrecken, die für den Kunden keine Bedeutung haben. Im Idealfall ist die Kostenposition mit durchschnittlichen Wettbewerbern vergleichbar (Porter 2000, S. 41).

Eine Differenzierungsstrategie bezieht sich im Versicherungswesen auf eine kunden- und kundengruppenbezogene Serviceorientierung, die weit über die versicherungstechnische Qualität des Schutzversprechens hinausgeht. Sie umfasst im wesentlichen eine individuelle und bedarfsgerechte Betreuung des Kunden von der Beratung über den Abschluss eines Versicherungsvertrages bis hin zu der laufenden Information des Kunden über Risiko- und Bedarfsveränderungen sowie eine besondere Professionalität bei der Schadenregulierung (Schradin 1994, S. 153).

2.5.3.3 Gesamt- versus Teilmarktbearbeitung

Oft gelingt es Unternehmen nicht, eine einzigartige Position im Hinblick auf Kosten- oder Differenzierungsvorteile auf einem sehr weiten Wettbewerbsfeld zu erreichen. Viele Unternehmen wählen daher ein spezielles Marktsegment innerhalb ihrer Branche aus und versuchen, sich innerhalb dieses Segments einen Wettbewerbsvorteil zu verschaffen. Ein Unternehmen kann dieses enge Wettbewerbsfeld mit einem Kostenschwerpunkt oder einem Differenzierungsschwerpunkt bearbeiten. Auch Unternehmen, die sich in einem weiten Wettbewerbsfeld engagieren, können qualitativ hochwertige oder kostengünstige Leistungen erbringen. Jedoch müssen diese Unternehmen in der Regel im ersten Fall höhere Kosten und im zweiten Fall unterlegene Leistungen im Vergleich zu dem Unternehmen in Kauf nehmen, das nur auf dem Teilmarkt tätig ist. Die Einzigartigkeit der Leistungsqualität oder der Kostenposition auf dem Teilmarkt führt allerdings nur dann zum Erfolg, wenn der Teilmarkt strukturell attraktiv ist (Porter 2000, S. 41f.).

In der Geschichte aller Versicherungsunternehmen hat eine bestimmte Versicherungssparte oder eine bestimmte Kundengruppe häufig für eine sehr lange Zeit eine dominierende Rolle gespielt (z.B. Industrieversicherungen für Gerling und Beamte für die DBV Winterthur). Ein wesentlicher Grund hierfür ist der Risikocharakter von Versicherungsgeschäften. Die Erfahrung in der Risikoanalyse, Kundenberatung und in der Regulierung von Schäden lässt sich selten über einen kürzeren Zeitraum hinreichend gewinnen, wenn das Versicherungsgeschäft profitabel sein soll.

Einige Versicherungsunternehmen entscheiden sich aus diesem Grund dafür, nur einen Teilmarkt oder eine Nische zu bearbeiten. Eine solche Strategie hat einige Vorteile: Sie bietet eine einfache und kostengünstige Infrastruktur, nutzt die Motivationskraft der spezialisierten Mitarbeiter aus und optimiert die Fähigkeiten des Versicherungsunternehmens im Hinblick auf die Risikoauswahl, die Vertragsbearbeitung und die Prämiengestaltung. Nicht zuletzt wird eine größere Kundennähe erreicht (Muth 1994, S. 294).

2.5.3.4 Polarisierung des Versicherungsmarktes

Die Überlegungen Porters sind mit den von Experten aus der Versicherungspraxis abgegebenen Prognosen einer Polarisierung der Anbieter durchaus vereinbar. Um in sehr wettbewerbsintensiven Versicherungsmärkten erfolgreich zu sein, sind sowohl Polarisierungserscheinungen auf der Marktbearbeitungsseite als auch auf der Marktfeldseite zu beobachten.

Im Hinblick auf die Marktbearbeitungsseite entscheiden sich Versicherungsunternehmen zunehmend für eine deutlich prämien- bzw. serviceorientierte Wettbewerbsstrategie (s. Abb. 2-17). Bei unveränderter Qualität der Produkte können Versicherungsunternehmen nur bei unzureichender Markttransparenz Prämienerhöhungen noch durchsetzen. Obgleich das Marktangebot im Zuge der Deregulierung aus Sicht vieler Kunden unübersichtlicher geworden ist, wird die Erfolgswahrscheinlichkeit einer solchen Strategie aufgrund der zunehmenden Bedeutung unabhängiger Versicherungsvermittler und des Einflusses der Medien langfristig gering sein. Eine Strategie der Prämiensenkung bei gleicher Qualität der Produkte führt zu geringeren Gewinnen, wenn keine gleichzeitige Senkung der Kosten möglich ist. Ebenso führt eine Erhöhung der Produktqualität bei unveränderten Prämien meist zu geringeren Gewinnen, da Risiko- und Betriebskosten bei der Realisierung dieser Strategie steigen. Am Ende bleiben realistisch gesehen zwei mögliche Strategien erfolgreich. Einerseits überleben im intensiven Wettbewerb qualitätsorientierte Anbieter mit hohem Prämienniveau und andererseits Anbieter mit einer deutlich unter dem Marktdurchschnitt liegenden Prämie bei allerdings geringerer Qualität des Versicherungsschutzes (Farny 2006, S. 508f.).

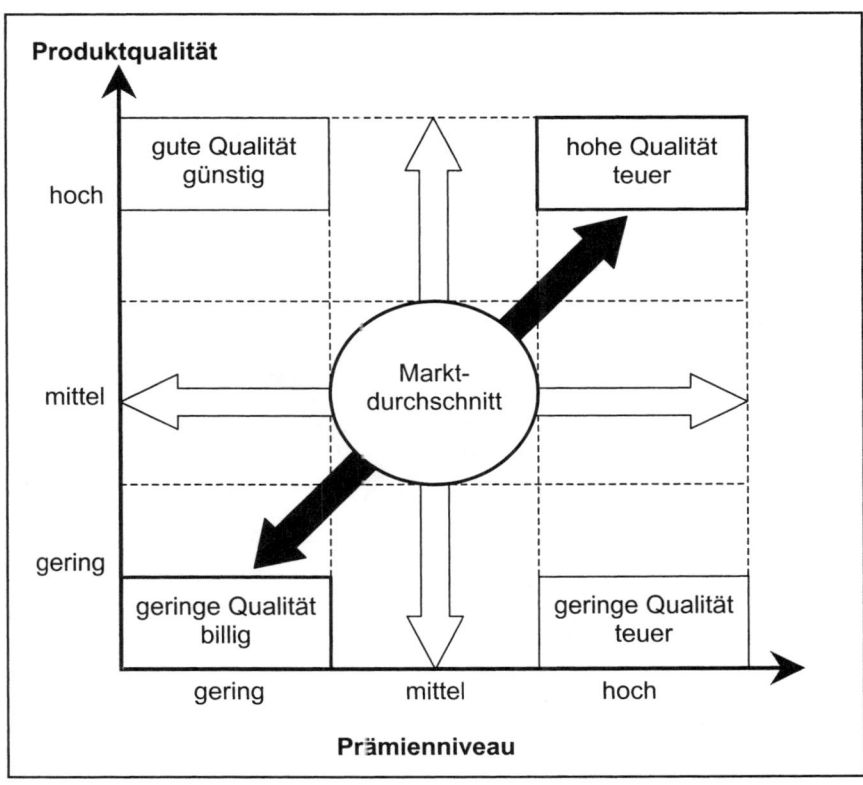

Abb. 2-17: Polarisierung der Marktbearbeitungsstrategien
(Quelle: Vgl. Farny 2006, S. 510)

Mit zunehmendem Wettbewerb ist auch eine Polarisierungstendenz hinsichtlich der Marktfeldstrategien zu beobachten (s. Abb. 2-18). In der Vergangenheit hatten viele Versicherungsunternehmen eine mittlere Betriebsgröße. Ihr Produktprogramm war weder besonders spezialisiert noch besonders generalisiert. Hinsichtlich des Produktprogramms zeichnen sich einerseits Trends zu einer Generalisierung, d.h. einer breiten Angebotspalette, und andererseits zu einer Spezialisierung durch die Aufgabe von Geschäftsfeldern ab. Die Strategien des „großen Generalisten" und der Nischenbesetzung scheinen in einer Situation des intensiven Wettbewerbs die größten Erfolgspotenziale zu haben. Weniger erfolgversprechend sind die Strategietypen des „kleinen Generalisten" und des „großen Spezialisten". Problematisch sind beim erstgenannten Strategietyp die hohen Fixkosten und beim letztgenannten Strategietyp ein nachlassendes Wachstum (Farny 2006, S. 511f.).

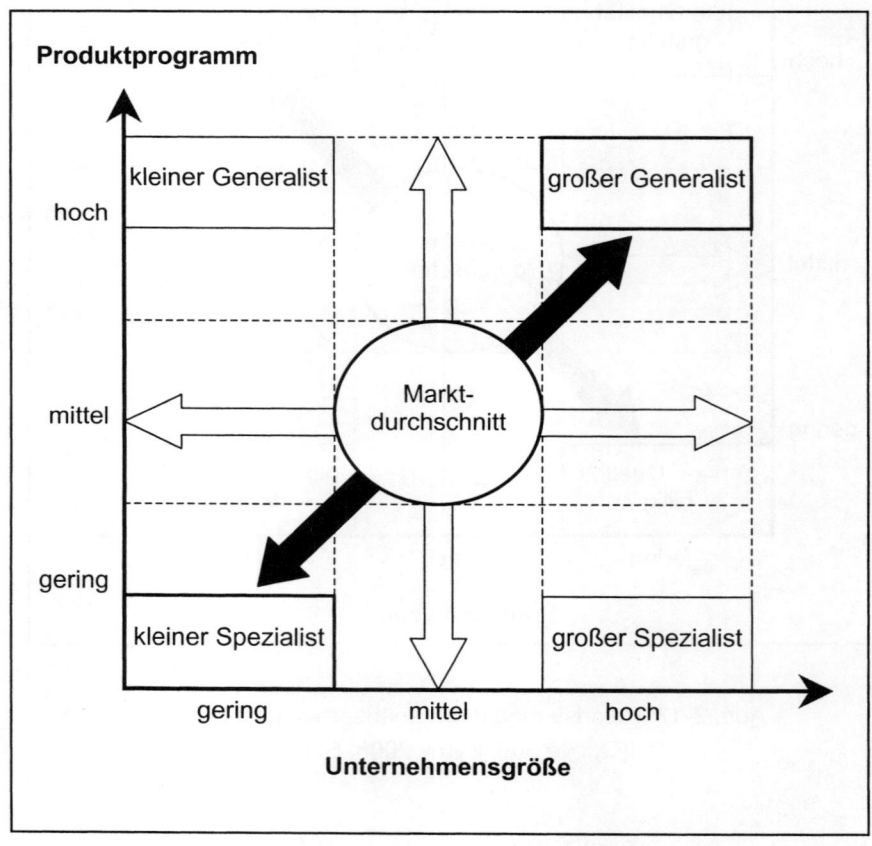

Abb. 2-18: Polarisierung der Marktfeldstrategien von Versicherern
(Quelle: Vgl. Farny 2006, S. 511)

Interessant ist die Frage möglicher Kombinationsstrategien. Porter steht einer solchen Kombination von Differenzierungs- und Kostenvorteilen skeptisch gegenüber (s. Porter 2000, S. 45ff.). Der Versuch, auf Versicherungsmärkten beide Wettbewerbsstrategien gleichzeitig zu verfolgen, galt bisher ebenfalls als kaum realisierbar. Jedoch sind Kostenreduzierungen und Qualitätssteigerungen nicht in jedem Fall Zielkonflikte. So ist gegen eine maschinelle Erfassung der Eingangspost durch eine Scannersoftware oder die Prüfung von Rechnungen durch Prüfprogramme auch bei Krankenversicherungsunternehmen, die ein hohes Qualitätsniveau anstreben, nichts einzuwenden (Schumacher 2003, S. 347). Über die Gestaltung von Versicherungsprodukten nach dem Bausteinprinzip sind hohe Produktqualität und Preisgünstigkeit gut miteinander vereinbar (Wagner 2001a). Einer Befragung der 100 größten Versicherungsgesellschaften in Deutschland zufolge, ist die große Mehrheit ohnehin sehr qualitätsorientiert (Völlmecke 2003, S. 2002).

In deregulierten Versicherungsmärkten sind insbesondere die in Abb. 2-19 aufgeführte konzentrierte Single-Marktsegment-Bearbeitung (Nischenstrategie) oder die Multi-Marktsegment-Bearbeitung denkbar. In der Praxis ist von einer Koexistenz der differenzierten und undifferenzierten Marktbearbeitung auszugehen. Dies liegt neben produktprogrammpolitischen Entscheidungen auch an begrenzten Ressourcen für eine Implementierung der differenzierten Marktbearbeitung (Telschow 1997, S. 50f.).

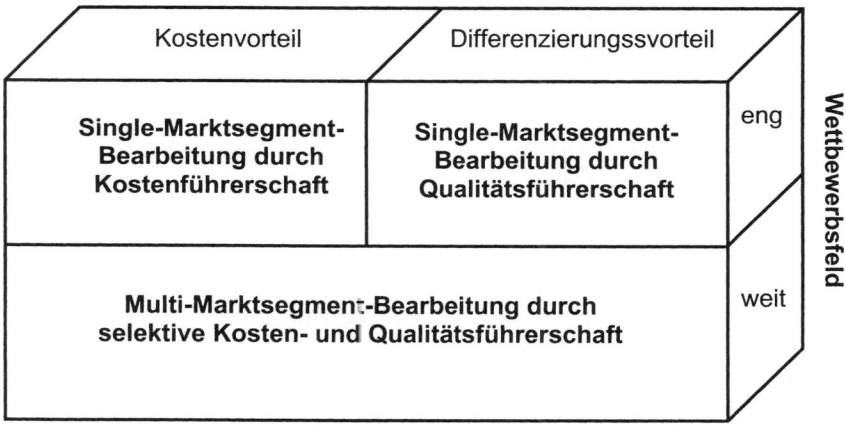

Abb. 2-19: Wettbewerbsstrategien von Versicherungsunternehmen
(Quelle: Telschow 1997, S. 50)

2.6 Strategien der Markenführung

2.6.1 Geschichte der Versicherungsmarke

Im Zuge der dynamischen Entwicklung der Märkte hat sich das Markenverständnis grundlegend verändert. Traditionell galt die Markierung dem optischen Erscheinungsbild. In der Versicherungswirtschaft war die Verwendung von Markensymbolen bisher allerdings wenig spektakulär. Nur einige Unternehmen verwenden eine besondere Bildmarke. Der Löwe von Generali und das Schutzschild der HUK Coburg sind solche Beispiele. Viele Versicherungsunternehmen grenzen sich von ihren Wettbewerbern lediglich durch eine Wortmarke und eine spezielle Farbgebung ab. Wortmarken sind wie in anderen Branchen Namen

➢ mit einer *Verbindung zum Produkt* (z.B. „Allianz" in Anlehnung an das dem Kernprodukt immanente Prinzip der Gefahrengemeinschaft),
➢ mit einem *Bezug zu einer Region* (z.B. Winterthur, Zürich),
➢ mit einem *Traditionsbezug* (z.B. R+V-Versicherung),
➢ mit einem Bezug zu *Gründern* (z.B. Gerling, Chubb),
➢ die *Abkürzungen* sind (z.B. AIG für American International Group),
➢ die *„Kunstnamen"* darstellen (z.B. AXA).

Auch waren bisher Elemente wie Slogans oder Schlüsselbild-Konzepte in der Werbung, die den Aufbau eines klaren Markenbildes unterstützten, selten in der Branche anzutreffen. Die Kampagnen der R+V-Versicherung sowie der Wüstenrot & Württembergischen Versicherung gehören auf dem deutschen Versicherungsmarkt zu solchen Ausnahmeerscheinungen. Die Marke als Ergebnis von Werbung, Design, Logo und Präsentation stellt nur ein Sechstel des Eisbergs dar. Der wichtigere, d.h. der unter dem Wasser liegende Teil des Markeneisbergs, ist das Ergebnis systematischer strategischer Marketingarbeit. Ist diese erfolgreich, verbinden Kunden mit Marken Assoziationen, Erlebnisse und Geschichten, die sich in den Köpfen von Kunden verankern sowie Orientierung und Sicherheit geben (Meyer/Davidson 2001, S. 437; Esch/Andresen 1999, S. 1012f.).
Der Aufbau und die Pflege von Marken spielt in der Versicherungsbranche eine zunehmend wichtigere Rolle. Gründe hierfür sind vor allem der verstärkte Wettbewerb sowie die vermehrten Unternehmensakquisitionen in der Branche seit Anfang der 1990er Jahre (Kuzmany 2004, S. 750). In den letzten Jahren haben sich die Bemühungen der Versicherungsunternehmen, ein klareres Markenbild zu schaffen, spürbar verstärkt.

2.6.2 Markenstrategien im horizontalen Wettbewerb

Zu markenpolitischen Optionen im horizontalen Wettbewerb, d.h. dem Wettbewerb zwischen den Versicherungsunternehmen, ist wie in anderen Branchen die Verwendung von Einzel-, Familien- und Dachmarken denkbar.

Im Rahmen des *Einzelmarken*-Konzepts wird jedes Produkt des Versicherungsunternehmens unter einer eigenen Marke angeboten. Dieses Konzept wird beispielsweise von der Mannheimer Versicherung im gewerblichen Geschäft mit speziellen Zielgruppen der mittelständischen Wirtschaft verfolgt. So existieren für Musiker und Augenoptiker maßgeschneiderte Produkte mit eigenen Markennamen.
Die Vorteile von Einzelmarken liegen in der Möglichkeit, für jede Marke eine eigene und unverwechselbare Persönlichkeit sowie ein eigenes Image aufzubauen. Ausstrahlungseffekte eines negativen Images von einer Marke auf eine andere Marke sind nicht zu befürchten. Die Bedürfnisse der Kunden und die Kernkompetenz der Marke lassen sich leicht aufeinander abstimmen. Bedingt durch die Autonomie der Einzelmarke ist auch die Koordination der Marketingaktivitäten einfacher, da zeitintensive Abstimmungsprozesse mit Verantwortlichen für andere Marken entfallen.
Nachteilig sind die relativ hohen Kosten bei der Markeneinführung und beim Markenaufbau, die Gefahr einer ungenügenden Amortisation der getätigten Investitionen bei einer kurzen Lebensdauer der Marke sowie die fehlende Unterstützung der Marke über Imagetransfers durch andere Marken. Sicher hinkt der Vergleich einer Einzelmarke in der Versicherungsbranche mit den Einzelmarken der Konsumgüterbranche. Dort sind Produktmanager für eine einzelne Marke verantwortlich und planen zum Teil viele Millionen € für die Bewerbung nur eines einzigen Produktes im Fernsehen ein.

Ein *Mehrmarken*-Konzept liegt vor, wenn ein Unternehmen mindestens zwei auf dem Gesamtmarkt ausgerichtete Marken in einem Produktbereich parallel führt. Die Marken zeichnen sich dabei durch unterschiedliche Produkteigenschaften, Preise und Werbeauftritte aus. Im Zuge der Deregulierung der Versicherungsmärkte sowie vor dem Hintergrund einer abnehmenden Kundenloyalität ist dieses Konzept interessant, um potenzielle Markenwechsler zu einer Entscheidung für eine andere Marke des eigenen Markensortiments anstelle eines Wechsels zur Konkurrenzmarke zu bewegen. In der Praxis finden Mehrmarken Verwendung, um unter-

schiedliche Preislagen, Zielgruppenbedürfnisse und Vertriebskanäle ab-
zudecken sowie auf länderspezifische Besonderheiten einzugehen (Esch
2005, S. 381). Von besonderer Bedeutung ist in der Versicherungswirtschaft die Positionierung von Direktvertriebsmarken. Erstreckt sich das
Leistungsprogramm der Direktversicherung nicht auf alle Versicherungssparten, liegt es nahe, einen völlig eigenständigen Markennamen zu wählen (z.B. die zur Zürich-Versicherungsgruppe gehörende DA-Direkt,
deren Schwerpunkt im Kfz-Versicherungsbereich liegt). Schwieriger ist
die Situation, wenn viele Produkte aus mehreren Sparten auf dem Wege
eines Multikanalvertriebs angeboten werden sollen und die hohe Markenbekanntheit der Gesellschaft für den Internet-Vertrieb eine wichtige Voraussetzung darstellt. Der so genannte „Kannibalisierungseffekt" ist dann
kaum vermeidbar: Sind die Produkte beider Marken sehr ähnlich, nehmen
sich die beiden Marken gegenseitig Marktanteile ab (s. Fallbeispiel HUK-
Coburg).

Fallbeispiel HUK – Coburg

Der „Kannibalisierungseffekt" kann ein gewollter Effekt im Sinne des
kleineren Übels sein. Den Marketingstrategen erschien es besser, durch
eine Mehrmarkenstrategie bisherige Kunden zu halten und vielleicht
noch einige neue hinzugewinnen, als Kunden an konkurrierende Versicherungsgruppen zu verlieren. Verbraucher können beispielsweise Kfz-
Versicherungen einerseits über die Stamm-Marke HUK-Coburg und
andererseits über den – je nach Tarifmerkmalen bis zu sieben Prozent
preisgünstigeren – Online Anbieter HUK24 abschließen. Die HUK-
Gruppe konnte sich als führender Anbieter von Kfz-Versicherungen in
Deutschland nach der Allianz-Gruppe durch die Aktivitäten des Online-
Anbieters vom allgemeinen Markttrend rückläufiger Prämieneinnahmen im Geschäftsjahr 2005 abkoppeln. Allerdings ging das kräftige
Wachstum von über 40 % der Online-Marke im Vergleich zum Vorjahr
zu Lasten der Stamm-Marke. Die HUK24 hat den Konzernschwestern
schätzungsweise fast jeden fünften Kunden „ausgespannt". Dennoch
verloren die meisten Anbieter prozentual deutlich mehr Prämieneinnahmen, so dass die HUK-Gruppe insgesamt ihren Marktanteil von
10,8 auf 11 % leicht ausbauen konnte. Die HUK-Gruppe verlor insgesamt Prämieneinnahmen von 0,2 %, während die Gesamtmarktprämie
im gleichen Geschäftsjahr um fast 2 % zurückging.

Quelle: Knospe 2006, S. 16, 20

Die Ansprache unterschiedlicher Zielgruppenbedürfnisse spielt ebenfalls eine Rolle in der Markenstrategie von Finanzdienstleistungsunternehmen. So werden einige Produkte im Altervorsorgemarkt und für die Zielgruppe „50 Plus" sowohl über die klassische Versicherungsmarke der Allianz als auch über die Marke der konzerneigenen Dresdner Bank vermarktet. Länderspezifische Besonderheiten spielten bei der Markenstrategie wie in anderen Branchen stets eine wichtige Rolle. Die traditionsreiche und auf dem US-amerikanischen Versicherungsmarkt gut eingeführte Marke Firemans Fund wurde bei der Übernahme durch den Allianz-Konzern nicht durch den Markennamen Allianz ersetzt, obwohl dieser aufgrund der Wortbedeutung und Assoziationen in englischer Sprache problemlos hätte eingeführt werden können.
Insgesamt gesehen ist das Mehrmarkenkonzept sehr strategisch ausgelegt. Die „Verlierer" innerhalb der Markengemeinde eines Konzerns müssen im Hinblick auf die Gesamtunternehmensziele bereit sein, Nachteile für den eigenen Bereich in Kauf zu nehmen.

Das *Dachmarken*-Konzept fasst alle Produkte des Versicherungsunternehmens unter einer Marke zusammen. Im Vordergrund des Dachmarkenkonzepts steht der Aufbau einer unverwechselbaren Identität. Die Dachmarke soll von allen Produkten Unterstützung erhalten. Dachmarken haben gegenüber anderen Markenkonzepten einige Vorteile. Kunden und Versicherungsvermittler akzeptieren neue Produkte eines bereits bekannten Unternehmens in der Regel eher als Produkte, die zum Beispiel unter einer noch unbekannten Einzelmarke eingeführt werden. Das neue Produkt kann von positiven Ausstrahlungseffekten des bereits bestehenden Produktangebots profitieren. Es kommt zu einem Imagetransfer und einer Verringerung von Floprisiken bei der Produktneueinführung.
Nachteilig ist die Gefahr einer Beeinträchtigung der Markenkompetenz grundsätzlich, wenn die Kunden den Kompetenzanspruch des Anbieters für alle Produkte in Frage stellen. Eine solche Situation würde eintreten, wenn die unter der Dachmarke angebotenen Produkte und -services sehr unterschiedliche Marktfelder betreffen. Ebenso wie positive Ausstrahlungseffekte die Neueinführung von Produkten erleichtern können, haben Unternehmen mit einem Dachmarken-Konzept unter Umständen mit negativen Ausstrahlungseffekten infolge von Qualitätsunterschieden innerhalb des Produktprogramms zu kämpfen. Verglichen mit Einzelmarken ist der Koordinationsbedarf erheblich höher.

Eine gewisse Bedeutung haben auch Marken, die der Verbraucher im Zuge einer gemeinschaftlichen Werbung einzelner Anbieter wahrnimmt. Zu denken wäre hier beispielsweise an den gemeinsamen Markenauftritt privater Krankenversicherungen (z.B. „PKV - Die Privaten").

2.6.3 Markenstrategien im vertikalen Wettbewerb

Hinsichtlich der Marken-Konzepte im vertikalen Wettbewerb werden in der einschlägigen Marketingliteratur vor allem Gattungsmarken und Eigenmarken des Handels unterschieden. Obgleich sich Versicherungsunternehmen als Produzenten oder Hersteller und Versicherungsvermittler als Händler verstehen lassen, erscheint eine Übertragung dieser aus der Konsumgüterindustrie bekannten Markenkonzepte auf die Versicherungsbranche schwierig. Die Rolle des Handels wird in der Versicherungsbranche von Versicherungsvermittlern übernommen, deren wirtschaftliche und rechtliche Stellung sich zum Teil stark von Gegebenheiten in anderen Branchen unterscheidet

Klassische Eigenmarken des Handels weisen ein Qualitätsniveau auf, das mit dem von Herstellern vergleichbar ist. Sie bieten aus Sicht des Handels vor allem den Vorteil der Sortimentsergänzung, einer Ertragsverbesserung und Profilierung gegenüber den Herstellern. Kunden versprechen sich von Handelsmarken hauptsächlich preisgünstige Produkte und eine Möglichkeit zwischen mehreren Produkten wählen zu können. Solche Eigenmarken könnten die Marken der unabhängigen Versicherungsvermittler sein. Ausschließlichkeitsorganisationen sind über den Agenturvertrag an ein bestimmtes Sortiment und letztlich auch an die Markenpolitik des Versicherungsunternehmens gebunden. Mittelständische Makler sind unabhängig und daher grundsätzlich in der Lage, eigene Marken aufzubauen, die im Wettbewerb mit Marken des Versicherers stehen. Allerdings sind die diesen Unternehmen zur Verfügung stehenden finanziellen und personellen Ressourcen begrenzt. Nur große Versicherungsmakler könnten aufgrund ihrer guten finanziellen und personellen Ressourcen sowie ihrer eigenständigen Sortimentsgestaltung Marken aufbauen, die mit Handelsunternehmen aus anderen Branchen vergleichbar sind. Da große Versicherungsmakler jedoch meist auf das industrielle Geschäft, d.h. einen sehr professionellen Kundenkreis, ausgerichtet sind, ist die Bandbreite sinnvoller markenpolitischer Optionen deutlich geringer als im Bereich des Konsumgüterhandels.

2.7 Strategien im internationalen Versicherungsmarketing

2.7.1 Internationalisierung in der Versicherungswirtschaft

Entscheidungen eines Versicherungsunternehmens über eine Tätigkeit in ausländischen Märkten gehören zu typischen strategischen Entscheidungen. Sie sind meist
> sehr langfristig angelegt,
> unter Berücksichtigung vielfältiger Rahmenbedingungen zu planen,
> komplexer als Entscheidungen im nationalen Marketing,
> mit einem höheren Maß an Unsicherheit und mehr Risiken verbunden,
> schwieriger zu koordinieren (Meffert/Bolz 1998, S. 22f., 25).

Von einem Auslandsgeschäft wird gesprochen, wenn ein Versicherungsunternehmen einen *Standort im Ausland* besitzt, der *Sitz des Versicherungsnehmers* sich *im Ausland* befindet oder das *versicherte Risiko im Ausland* liegt (Wagner 1998a, S. 732f.). Neben dieser in der Praxis üblichen Beschreibung von Auslandsgeschäften ist die juristische Seite zu beachten. Grundsätzlich unterliegt das Versicherungsunternehmen der *Aufsichtbehörde* seines Hauptsitzlandes für das gesamte Versicherungsgeschäft einschließlich des Auslandsgeschäfts (Kölmel 2000, S. 34f.). *Grenzüberschreitender Dienstleistungsverkehr* liegt vor, wenn Risiken zwar im Ausland liegen, aber das Versicherungsunternehmen diese im Inland zeichnet. In bestimmten Versicherungszweigen, wie beispielsweise in der gewerblichen Transport- und Haftpflichtversicherung sowie im Rückversicherungsgeschäft, ist die Zeichnung im Ausland liegender Risiken schon lange üblich (Wagner 1994a, S. 350).
Eine wichtige Rahmenbedingung für eine stärkere Internationalisierung des Versicherungsmarktes ist die Deregulierung (Präve 1999, S. 7). Seit Mitte der 1990er Jahre kam es bei den Marktführern unter den europäischen Versicherern zu einer deutlichen Erhöhung des Geschäftsanteils, der auf das Ausland entfällt. So beschäftigte der französische Versicherungskonzern AXA Anfang der 1980er Jahre etwa 2.000 Mitarbeiter. Noch 1990 entfielen mehr als 70 % seiner Prämieneinnahmen auf den französischen Heimatmarkt. Zu ihrer heutigen Größe mit einer Belegschaft von rund 90.000 Mitarbeitern und ihrer Ertragskraft gelangte die AXA-Gruppe vor allem aufgrund einer erfolgreichen Internationalisierungsstrategie. Im Jahre 2000 erzielte AXA mit 80 Mrd. € mehr als die

10fache Höhe ihrer Prämieneinnahmen von 1990, wobei nur noch 21 % hiervon auf den Heimatmarkt Frankreich entfielen.

Strategien des internationalen Marketing sind keine neue Entwicklung. Bereits vor dem 1. Weltkrieg haben europäische Versicherer – bedingt durch den wachsenden Bedarf an Versicherungsschutz im Zuge der expansiven industriellen Entwicklung und des internationalen Warenaustausches – Erfahrungen in ausländischen Versicherungsmärkten gewonnen. So zeichneten im Jahre 1914 deutsche Versicherungsgesellschaften 44 % ihrer gesamten Feuerversicherungsprämie im Ausland. In der Zeit zwischen dem ersten und zweiten Weltkrieg waren 130 deutsche Versicherungsgesellschaften in über 60 Ländern tätig (Bunselmeyer 1993, S. 23).

2.7.2 Chancen und Risiken des Auslandsengagements

Die bereits erläuterte Analyse der Unternehmensumwelt, d.h. der Chancen und Risiken, nimmt mit dem Auslandsengagement komplexere Dimensionen an. Zu den Chancen gehören vor allem:

(1) Bindung von Kunden im Heimatmarkt und Kundennachfolge
Ein plausibles Argument für eine vermehrte Internationalisierung der Versicherungsbranche liegt zunächst in der Deckung des Versicherungsbedarfs einheimischer Kunden im Ausland. In diesem Zusammenhang wird von einer Kundennachfolge gesprochen. Solange ein industrieller Kunde lediglich Waren exportiert, kann das Versicherungsunternehmen ihn gut vom Heimatmarkt aus betreuen. Mit wachsendem Auslandsgeschäft errichten Industrieunternehmen Produktionsstätten. Nun ist auch das Versicherungsunternehmen gefordert, den Versicherungsschutz ebenfalls im Ausland zu erstellen. Andernfalls könnte es den Kunden auch in seinem Heimatmarkt verlieren (Kölmel 2000, S. 37f., Attiger 1994, S. 25f.).

(2) Nutzung von Kostensenkungspotenzialen
Kostenvorteile können einerseits auf Größenvorteilen und andererseits auf Verbundvorteilen beruhen. Für den Marketingbereich ist vor allem die Nutzung von Verbundvorteilen interessant. So lassen sich durch das Angebot eines breiten Leistungsprogramms die Transaktionskosten für einen einzelnen Vertrag deutlich reduzieren. Zu wichtigen Verbundvorteilen gehört auch die Ausnutzung des Goodwills, da dieser teilweise allein auf die Unternehmensgröße zurückzuführen ist. Bestehende Kunden sind eher

für einen Geschäftsabschluss in neuen Sparten zu gewinnen. Zugleich wirkt sich die Intensivierung der Geschäftsbeziehung günstig auf die Vertriebs- und Verwaltungskosten aus, da für etliche Angebote die gleiche Informationsbasis verwendet werden kann (Attiger 1994, S. 28). Wenn eine Übertragung von Produktkonzepten unter Berücksichtigung kultureller und rechtlicher Umfeldbedingungen tatsächlich möglich ist, können Versicherungsgesellschaften, die über ein gut funktionierendes Netzwerk verfügen, beachtliche Zeitgewinne realisieren. Zudem lassen sich Rating-Informationen, Pressemitteilungen von strategischer Bedeutung und länderübergreifende Serviceleistungen gut von zentralen Stellen aus koordinieren (Görgen/Müller-Reichart/Lünzer/Neumann 2003).

(3) Nutzung von Wachstumspotenzialen
Zu den wichtigsten Beweggründen für ein Auslandsengagement in der Versicherungsbranche zählen auch heute noch Wachstumsziele. Oft sind Wachstumsmöglichkeiten im Heimatmarkt stark begrenzt. Die geplanten gesamtunternehmensbezogenen Wachstumsziele lassen sich dann häufig nur noch durch Investitionen in stark wachsende Auslandsmärkte erreichen. Mit der Öffnung von Versicherungsmärkten ergeben sich historisch einmalige Wachstumsgelegenheiten. Über viele Jahrzehnte übertreffen diese Märkte die Wachstumsrate der etablierten Versicherungsmärkte deutlich. So wuchs der chinesische Lebensversicherungsmarkt von 1995 bis 2003 um etwa 40 % jährlich. Bis 2010 prognostiziert die Schweizer Rück eine Wachstumsdynamik von immerhin noch über 20 % (Schanz 2003, S. 210). Allerdings entwickelt sich das Prämienwachstum in der Regel in den Auslandsmärkten sehr unterschiedlich wie der langfristige Vergleich für einige Schwellenländer in Südamerika und Asien zeigt. Selbst innerhalb eines Kontinents zeigen sich häufig beträchtliche Unterschiede (s. Tab. 2-3). Das Prämienwachstum kann deutlich über dem etablierter Versicherungsmärkte liegen (z.B. Südkorea, Taiwan, China) oder weit darunter (z.B. Argentinien).
In vielen Fällen trägt das Wachstum zu sinkenden Durchschnittskosten im Bereich von Spezialabteilungen bei (Kölmel 2000, S. 42). Allerdings sind zunächst erhebliche Investitionen im Bereich der Vertriebswege erforderlich. Zudem muss das Prämienwachstum zumindest kurzfristig häufig mit einer geringeren Selektionsstrenge bei der Zeichnung des Risikos bzw. mit steigenden Risikokosten erkauft werden. Langfristig ist aber durchaus das Wachstumsziel mit Gewinnzielen des Versicherungsunternehmens vereinbar (Wagner 1998a, S. 734).

Land	1980	1990	2000	2005	Weltmarktanteil 1980	2005
Argentinien	3.325	864	6.778	4.619	0,77 %	0,13 %
Indien	1.793	4.634	9.973	25.024	0,41 %	0,73 %
Brasilien	1.762	2.552	12.554	23.955	0,41 %	0,70 %
Mexico	1.509	2.616	9.490	12.780	0,35 %	0,37 %
Südkorea	1.502	27.405	58.350	82.933	0,35 %	2,42 %
Taiwan	597	6.842	22.871	49.005	0,14 %	1,43 %
China	0	2.826	19.327	60.131	0 %	1,76 %

Tab. 2-3: Prämieneinnahmen in Schwellenländern in Mio. US-Dollar
(Quelle: Swiss Re/Sigma, zitiert nach GDV 2006, Tab. 73)

(4) Chancen einer Veränderung des politisch-rechtlichen Umfeldes
Häufig befinden sich Volkswirtschaften in Entwicklungs- und Schwellenländern in einer Transformationsphase, beispielsweise infolge des schrittweisen Übergangs von einer zentralen Planwirtschaft zu einer liberalen Wirtschaftsordnung nach Prägung der westlichen Industrienationen. Die Versicherungsunternehmen können erheblich von den einschneidenden politischen Veränderungen profitieren, wenn sie ihre Marketingstrategien auf sehr lange Zeiträume anlegen. Ein gutes Beispiel ist die Volksrepublik China. Aufgrund staatlicher Regulierungen spielten ausländische Versicherungsunternehmen noch bis Ende 2004 trotz der enormen Wachstumsraten des chinesischen Versicherungsmarktes von durchschnittlich 46 % pro Jahr im Zeitraum von 1980-1989 und von durchschnittlich 31 % zwischen 1990-1995 kaum eine Rolle. Nachdem ausländische Unternehmen im Lebensversicherungsgeschäft 2005 den chinesischen Anbietern weitgehend gleichgestellt wurden, hatten die Versicherungsunternehmen mit ausländischer Beteiligung bereits einen Marktanteil von 11 %. Bedingt durch die westliche Orientierung der chinesischen Wirtschaft und die Ein-Kind-Politik wird die private Vorsorge in Zukunft wichtiger. In den Ballungsräumen Shanghai und Beijing lagen die Vorsorgequoten mit 13,6 bzw. 11,9 % sogar 2004 schon etwas höher als in Deutschland (11,5 %). Im chinesischen Bevölkerungsdurchschnitt liegt die Quote jedoch noch bei 3,5% (Grimm 2005, S. 818ff.).

Fallbeispiel – Der russische Versicherungsmarkt

In der ehemaligen Sowjetunion waren Versicherungsverträge nur über die beiden staatlichen Monopole „Rogosstrach" und „Ingosstrach" nach Maßgabe der vom Finanzministerium festgelegten Rahmenbedingungen möglich. Der Begriff „Risiko" kollidierte mit dem so zentralen Konzept des Plans. Versicherungsschutz war nur für Naturkatastrophen und Unfälle erhältlich. Nach 70 Jahren Staatsmonopol und dem Zerfall der UdSSR verabschiedete das russische Parlament 1992 das erste Versicherungsgesetz, das den Betrieb privater Versicherungsunternehmen gestattete. In „Goldgräberstimmung" schossen Versicherungsgesellschaften zunächst wie Pilze aus dem Boden (bis zu 2.500 Versicherungsunternehmen wurden gezählt). Die American International Group (AIG) und die Allianz gelten als Pioniere unter den ausländischen Versicherungsgesellschaften in Russland. Bereits 1968, mitten in der Zeit des Kalten Krieges, stand AIG in Geschäftsbeziehungen mit Ingosstrach. Die Repräsentanten des amerikanischen „Systemfeindes" versicherten zu dieser Zeit Botschaften und Konsulate der ehemaligen Sowjetunion. Der Weg in den russischen Versicherungsmarkt ist für viele ausländische Gesellschaften steinig. Ein Gesetz von 1999 verbietet u.a. Versicherungsgesellschaften, an denen ausländische Gesellschaften zu einer Quote von mehr als 49 % beteiligt sind, den Vertrieb von Lebensversicherungen und Pflichtversicherungen. Eine marktführende Rolle können ausländische Versicherer nach Einschätzung von Experten nur durch den Beteiligungserwerb erreichen. Im Dezember 2000 waren nur etwa 40 ausländische Versicherungsunternehmen mit nennenswerten Prämieneinnahmen im russischen Versicherungsmarkt engagiert.

Der russische Versicherungsmarkt erscheint aus mehreren Gründen interessant. Die Prämieneinnahmen stiegen im Jahr 2002 um 108,1 % auf etwa 300,4 Mrd. Rubel (ca. 9,43 Mrd. €). Das steigende Anspruchsniveau der russischen Versicherungsnehmer wirkte sich positiv auf Innovationen und die Qualität von Versicherungsprodukten aus. Die Qualifizierung von Arbeitskräften verbesserte sich ebenso wie die allgemeinen rechtlichen Rahmenbedingungen. Ein für die Entwicklung des russischen Versicherungsmarktes zentrales Ereignis war die Einführung der Autohaftpflichtversicherung mit Wirkung zum 1. Juli 2003. Für viele Russen war die Autohaftpflicht die erste private Versicherung. Dieser typischen Einstiegsversicherung folgten weitere Versicherungsgeschäfte.

Den großen Chancen stehen jedoch etliche Unwägbarkeiten gegenüber. Ausländische Versicherungsunternehmen können ihre Wettbewerbsvorteile vorerst noch nicht voll ausspielen. Zu viele protektionistische Maßnahmen schränken Handlungsspielräume ein, damit sich heimische Versicherungsunternehmen ohne allzu großen Wettbewerbsdruck durch ihre ausländischen Konkurrenten entwickeln können. Das moralische Risiko belastet Versicherungsgeschäfte in Russland noch sehr stark. Obgleich Russland sich im Korruptionsrating der Transparency International verbesserte, sind geordnete Verhältnisse noch nicht in Sicht.

Quelle: Görgen/Wiebe 2003

(5) Risikostreuung

Internationalisierungsstrategien sind auch im Hinblick auf Portfolioüberlegungen und das Motiv der Risikostreuung interessant. Industrieversicherer können durch eine vermehrte Tätigkeit in ausländischen Märkten Unternehmens- und Marktrisiken sowie versicherungstechnische Risiken ausgleichen, da die einzelnen nationalen Märkte häufig einen anderen Konjunkturzyklus und andere Risikofaktoren aufweisen. Ein solcher Risikoausgleich ist nur möglich, wenn die Auslandsrisiken untereinander und vom nationalen Risiko weitgehend unabhängig sind und ein einzelnes Auslandsrisiko keinen allzu großen Anteil am Gesamtrisiko ausmacht (Wagner 1998a, S. 734). Jedoch wird diese Form des Risikoausgleichs aufgrund zunehmender weltwirtschaftlicher Unternehmensverflechtungen und einer wachsenden Abhängigkeit der Konjunkturzyklen einzelner Länder künftig schwieriger (Attiger 1994, S. 29).

(6) Early-Mover-Vorteile

Unternehmen, die sehr früh in einen Auslandsmarkt eintreten, können Early-Mover-Vorteile realisieren, indem sie ein Image und eine Kundenloyalität aufbauen. Wettbewerber müssen bei einem späteren Eintritt in diesen Markt zunächst diese Markteintrittsbarrieren überwinden.

(7) Nutzung von Netzwerkvorteilen

Wichtige Wettbewerbsvorteile ergeben sich auch aus der konsequenten Nutzung von Netzwerkvorteilen und der Aneignung von Erfahrungen z.B. auf versicherungstechnischem, marketingbezogenem oder vertrieblichem Gebiet. Netzwerkvorteile können außerdem zu einer Erhöhung der Reaktionsgeschwindigkeit des Versicherers in anderen Märkten führen (Kölmel 2000, S. 42ff.).

Ebenso groß und vielfältig wie die Chancen sind die Risiken eines Auslandsengagements in der Versicherungsbranche, da die Unternehmen Erfahrungen in Märkten erwerben müssen, die sich unter Umständen durch völlig unbekannte Marktgegebenheiten auszeichnen. Typische Risiken im Auslandsgeschäft der Versicherungsunternehmen sind:

(1) wirtschaftliche Risiken
Im Hinblick auf wirtschaftliche Risiken ist zunächst das hohe Investitionsrisiko zu nennen. Grundsätzlich ist der Aufbau des Auslandsgeschäfts mit hohen Anlaufverlusten verbunden. Den zum Teil hohen Kosten für die Ausstattung einer Außenstelle steht am Beginn der Auslandstätigkeit kein entsprechendes Geschäftsvolumen gegenüber. Auch nach der Aufbau- und Anlaufphase der Auslandstätigkeit bleibt dieses Risiko hoch. Unter realistischen Annahmen ist ein Zeitraum von etwa 10 Jahren zu veranschlagen. Ein der Auslandstätigkeit immanentes wirtschaftliches Risiko stellt zudem das Währungsrisiko dar (Attiger 1994, S. 23).

(2) Politisch-rechtliche Risiken
Politisch-rechtliche Gegebenheiten können hohe Markteintrittsbarrieren schaffen. So war für ausländische Versicherer der chinesische Lebensversicherungsmarkt anfangs nur in wenigen Städten zugänglich. Eine landesweit gültige Geschäftslizenz gab es nicht (Schwanz 2003, S. 210). In Entwicklungsländern drohen häufig Gefahren wie eine Verstaatlichung sozialversicherungsnaher Sparten und Änderungen im Aufsichtsrecht. Die hohe Dynamik des politisch-rechtlichen Umfeldes wirkt sich erschwerend auf die Wachstumsplanung der internationalen Versicherer aus. Eine sehr kostenintensive Vertriebswegentscheidung wie der Aufbau eigener Niederlassungen könnte sich als völlig verfehlt herausstellen. Ausgeglichenes Wachstum erfordert daher eine Präsenz in vielen Auslandsmärkten (Görgen/Müller-Reichart/Lünzer/Neumann 2003). Auch die Expansion in den etablierten Märkte birgt so manches politisch-rechtliche Risiko. Vor allem der US-amerikanische Versicherungsmarkt ist wegen seiner erheblichen Haftungsrisiken berüchtigt. Im Expansionsdrang werden diese Risiken häufig unterschätzt. Beispielsweise bescherte die Übernahme des US-Rückversicherers Constitution Re dem traditionsreichen deutschen Industrieversicherer Gerling wegen Asbestrisiken und beträchtlichen Schäden nach dem Terroranschlag auf das World-Trade-Center in New York City am 11. September 2001 enorme Verluste (Surminski, A. 2004, S. 254).

(3) Risiken im sozio-kulturellen Bereich

Wie in anderen Branchen bestehen sozio-kulturelle Risiken infolge von Unterschieden in der Sprache, Mentalität und Religion zwischen den Ländern. So war die Sprache bis in die späten 1960er Jahre für die deutschen Versicherungsunternehmen eine bedeutende Barriere im grenzüberschreitenden Versicherungsgeschäft (Kölmel 2000, S. 48).

(4) Risiken durch das Verhalten der Marktteilnehmer

Die Stellung und Aktivitäten der Marktteilnehmer im Auslandsmarkt bergen hohe Risiken in sich. Newcomer im Versicherungsmarkt sehen sich zunächst einer negativen Selektion von Risiken ausgesetzt, welche von den etablierten Versicherern nicht in Deckung genommen werden. Dies trifft tendenziell um so mehr zu, wenn die Versicherungsgesellschaft keine eigenen Niederlassungen aufgebaut hat, sondern über Makler und Generalagenten Geschäftsverbindungen hinzugewinnt (Attiger 1994, S. 23).

2.7.3 Entscheidungsfaktoren bei der Standortwahl

Zur Vorbereitung von Länderentscheidungen liegt es nahe, auf die so genannte *Diamantentheorie von Porter* zurückzugreifen. Porter ging der Frage nach, warum ein Land in einer bestimmten Branche erfolgreich ist. Er stellte dabei vier allgemeine Landeseigenschaften heraus, die das Wettbewerbsumfeld der einheimischen Unternehmen einer Branche prägen (Porter 1993, S. 95). Auch in der Versicherungsbranche profitieren Unternehmen von diesen Bedingungen in ihrem Heimatland. Sind die Bedingungen auf dem heimischen Versicherungsmarkt günstig, können die Versicherungsunternehmen nachhaltige Wettbewerbsvorteile erreichen, die zu einer Stärkung ihrer Position auf dem Weltmarkt führen:

(1) Nachfragebedingungen

Hierunter subsumiert Porter vor allem die *Marktgröße*, das *Anspruchsniveau des Kunden* an Produkte und Dienstleistungen sowie Präsentationsmöglichkeiten dieser Güter in den Medien. Besonders wichtig erscheint Porter der positive Einfluss anspruchsvoller und schwieriger Kunden auf die Innovation und die kontinuierliche Verbesserung von Produkten und Dienstleistungen (Porter 1993, S. 109ff.). Die Nachfragebedingungen sind für Versicherungsunternehmen dann attraktiv, wenn der Versicherungsmarkt eine im Vergleich zur Gesamtwirtschaft hohe Bedeutung hat. Wichtige Kennzahlen sind in diesem Zusammenhang die Versicherungsdichte

(Prämieneinnahmen pro Kopf) oder die Versicherungsdurchdringung (Prämieneinnahmen im Verhältnis zum Bruttoinlandsprodukt). Die Höhe und Struktur der Versicherungsnachfrage hängt u.a. vom erwirtschafteten Einkommen, dem akkumulierten Vermögen und den Risikopräferenzen der Bevölkerung ab. Je größer der Bestand an Vermögenswerten und je besser der Informationsstand in der Bevölkerung über Finanzdienstleistungen bereits ist, um so stärker müssen sich die Versicherungsgesellschaften durch ein differenziertes Produkt- und Serviceangebot bemühen, die Kundenwünsche zu befriedigen (Häusele 1999, S. 61).

(2) Faktorbedingungen

Unternehmen eines Landes erzielen einen Wettbewerbsvorteil, wenn sie über besonders hochwertige Produktionsfaktoren verfügen.

Im Versicherungswesen gehören die *Verfügbarkeit ausgebildeter Versicherungskaufleute* und *Außendienstmitarbeiter* sowie *Sprachkenntnisse* zu wichtigen Faktorbedingungen. Neben den Arbeitsleistungen der Mitarbeiter sind *Vermittlungsdienstleistungen* und *Rückversicherungsschutz* zu beschaffende Produktionsfaktoren (Häusele 1999, S. 62). Nach der Deregulierung erhöhte sich die Qualifikation der Mitarbeiter in der Versicherungsbranche deutlich. Der Anteil der Abiturienten einschließlich der Fachhochschulreife ist in Deutschland von 1990 mit 25 % auf 42 % im Jahre 2004 gestiegen. Auch der Anteil der Mitarbeiter mit einem Studium hat sich von 6,9 auf 11,4 % in diesem Zeitraum stark erhöht (GDV 2005). Die bloße Verfügbarkeit qualifizierter Menschen reicht allerdings nicht aus, um im Wettbewerb erfolgreich zu sein. Unternehmen erzielen nur dann Wettbewerbsvorteile, wenn die hochwertigen Faktoren auch wirtschaftlich und effektiv eingesetzt werden (Porter 1993, S. 99). Eine große Herausforderung ist zudem gerade in der Versicherungswirtschaft, die Wissensressourcen den Umfeldveränderungen vor allem im politisch-rechtlichen Bereich schnell anzupassen. Bedeutende Wettbewerbsvorteile sind in diesem Zusammenhang flexible Weiterbildungsmöglichkeiten mit einer hohen Aktualität und Spezialisierung.

(3) Verwandte und unterstützende Branchen

Einen wichtigen Beitrag für die Entstehung nationaler Vorteile in einer Branche leisten wettbewerbsfähige verwandte Branchen. Unternehmen erhalten durch die Zusammenarbeit mit Zulieferern viele nützliche Marktinformationen, Einblicke in neue Methoden und Gelegenheiten zur Anwendung neuer Technologien (Porter 1993, S. 124ff.).

In der Versicherungsbranche liefern vor allem Rückversicherungsunternehmen und unabhängige Versicherungsmakler wertvolle Informationen. Rückversicherer wie die Münchener Rück und Swiss Re erstellen regelmäßig Schadenstatistiken, Marktanalysen und Szenarios über künftige Marktentwicklungen in ausgezeichneter Güte, die häufig einen starken Anstoß für neue Produktentwicklungen bewirken. In wettbewerbsintensiven Versicherungsmärkten sind Versicherungsmakler im Auftrag ihrer Kunden kontinuierlich auf der Suche nach Erstversicherern, deren Preis-/Leistungsverhältnis sich deutlich von den durchschnittlichen Anbietern in der Branche abhebt. Da der Makler objektiv und unabhängig die Produktqualität der Versicherungsunternehmen prüft, und nach dem Best Advice-Prinzip die entsprechenden Anbieter seinem Kunden empfiehlt, entsteht in typischen Maklermärkten wie in Großbritannien ein harter Qualitäts- und Preiswettbewerb. Einen interessanten Beitrag für nationale Wettbewerbsvorteile in der Versicherungsbranche können auch Unternehmen aus nicht verwandten Branchen leisten. So unterstützte die Unterhaltungselektronikbranche die Versicherungsbranche durch Key Codes in Autoradios, die sich günstig auf die Diebstahlfälle und den häufig hiermit verbundenen Vandalismus an den Kraftfahrzeugen auswirkte. Ähnliche Beispiele existieren für die Zusammenarbeit der Gesundheitsbranche mit Krankenversicherern.

(4) Unternehmensstrategie, Struktur und Konkurrenz
Porter stellt als einen weiteren wichtigen Teil des Diamanten den Kontext heraus, in dem Unternehmen entstehen, organisiert und geführt werden. Die Unternehmensstrategie und -struktur weist zwar von Unternehmen zu Unternehmen individuelle Besonderheiten auf, ist jedoch andererseits in der Regel stark von nationalen Kulturen abhängig. US-Amerikaner richten ihre Geschäftsziele häufig stärker an kurzfristigen Zielen aus als Mitteleuropäer. Deutsche und schweizerische Versicherungsunternehmen gelten als beständiger in der Zeichnungsphilosophie aber weniger serviceorientiert als ihre US-amerikanischen Wettbewerber.
Eine überragende Rolle spielt nach Ansicht Porters bei der Schaffung nationaler Wettbewerbsvorteile die Intensität des Inlandswettbewerbs in einer Branche. Viele neue Versicherungskonzepte entstanden in den hart umkämpften angelsächsischen Ländern. Porter betont zudem die Neigung der Unternehmen in diesen wettbewerbsintensiven Ländern, im Ausland zu expandieren, um Wachstumsziele zu realisieren. Tatsächlich verfügten Ende der 1980er Jahre US-amerikanische und englische Versicherer über größere internationale Netzwerke als ihre deutschen, französischen und

italienischen Rivalen. In den Jahren während und nach der Deregulierung haben einige Versicherungsunternehmen in den Ländern des europäischen Binnenmarktes jedoch ihre Weltmarktpositionen sehr stark ausgebaut. Im Zuge des intensiven Wettbewerbs und einer starken Expansion des Auslandsgeschäfts gehören heute neben der deutschen Allianz auch die französische AXA- und die italienische Generali-Gruppe zu den größten Versicherungskonzernen der Welt.

Kommen zu der Konkurrenz im Inland noch eine räumliche Konzentration und Verflechtung von Unternehmen und Industrien hinzu, bilden sich so genannte *Unternehmenscluster*. Sie können in Städten, Regionen oder ganzen Erdteilen entstehen (Porter 1993, S. 176ff.; Perlitz 2004, S. 139). Gerade die Versicherungswirtschaft gehört unter den wissensintensiven Branchen zu den räumlich stark konzentrierten Branchen (Meyer-Stiens 2004, S. 95). In der deutschen Versicherungswirtschaft sind dies vor allem Hamburg, Köln, München und das Rhein-Main-Gebiet.

Die genannten vier Determinanten bilden ein System (s. Abb. 2-20), in dem die Unternehmen der Branche eines Landes entstehen, wachsen und vom Markt verschwinden. Unternehmen, welche im Hinblick auf alle vier Determinanten gut ausgestattet sind, verfügen über gute Voraussetzungen, eine hohe internationale Wettbewerbsfähigkeit zu erreichen. Alle genannten Elemente der nationalen Wettbewerbsfähigkeit müssen sich gegenseitig unterstützen. Nur so können Unternehmen oder Branchen international wettbewerbsfähig werden oder bleiben (Perlitz 2004, S. 141).

Die vier Hauptfaktoren der internationalen Wettbewerbsfähigkeit unterliegen gerade in der Versicherungswirtschaft zwei *Nebenbedingungen*:

(1) Zufallsereignisse
Durch Zufallseinflüsse kann es zu einer Beeinträchtigung der Wettbewerbsposition einzelner Unternehmen und Industrien kommen. Hierzu gehören beispielsweise zufällige *Entdeckungen*, besondere *technologische Entwicklungen*, *Schwankungen in den Preisen für die Produktionsmittel* wie Erdölkrisen, *Verschiebungen auf den Finanzmärkten*, *politische Entscheidungen ausländischer Regierungen* und *Kriege* (Porter 1993, S. 148). Derartige Entwicklungen sind gerade für die Versicherungswirtschaft sehr bedeutsam. Auch sich schleichend vollziehende Entwicklungen wie Klimaveränderungen können starke Belastungen für die Versicherungswirtschaft darstellen.

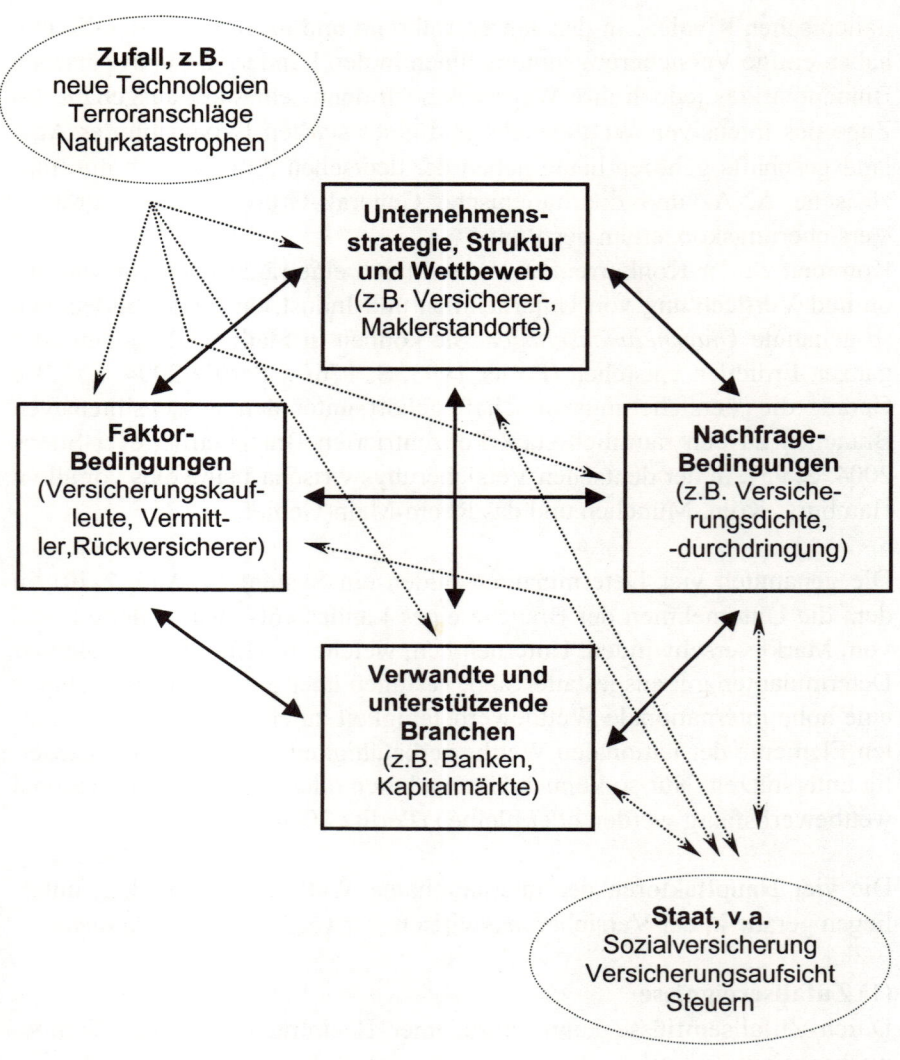

Abb. 2-20: Porters Diamant zur Bestimmung nationaler Wettbewerbsvorteile
für Versicherungsmärkte
(Quelle: Porter 1993, S. 151; Häusele 1999, S. 60)

(2) Rolle des Staates
Obgleich der Staat Einfluss auf alle vier Elemente des Diamanten ausüben
kann, ist seine Rolle auf die Förderung von Wettbewerbsvorteilen für bestimmte Branchen beschränkt. Der Staat kann aber einen solchen Vorteil

selbst nicht schaffen (Porter 1993, S. 152). Für die Bewertung als Versicherungsstandort sind insbesondere Sozialversicherungssysteme, die Versicherungsaufsicht und Steuergesetzgebung einzubeziehen. Zum Schutz der Versicherungsnehmer besteht in fast allen Ländern eine *Aufsicht* für die private Versicherungswirtschaft. Sie kann auf Versicherungsnehmer, Versicherungsgesellschaften, Versicherungsgeschäfte und die Versicherungsvermittler gerichtet sein sowie sich in der Intensität des Eingriffs von Land zu Land deutlich unterscheiden. Die *Gestaltungsfreiheit bezüglich Tarifen und Produkten* kann im Vergleich zum Heimatmarkt geringer, aber auch sehr viel größer sein. In der Regel ergeben sich zudem *Unterschiede in der steuerlichen Behandlung* von Versicherungen im Vergleich zum Heimatmarkt (Häusele 1999, S. 60ff., 324). Wichtige staatliche Impulse gehen auch von der *Regulierung der Qualifikationsanforderungen* von Ausbildungsberufen in der Versicherungswirtschaft und von Versicherungsvermittlern aus. Nicht zuletzt begünstigt ein besonders starker *Verbraucherschutz* den Aufbau von Wettbewerbsvorteilen der Versicherungsunternehmen eines Landes, da die Unternehmen hierdurch zu besonderer Kundennähe und professioneller Beratungsleistung angeregt werden.

2.7.4 Markteintrittsalternativen

2.7.4.1 Eigenaufbau

Zum Eigenaufbau gehören der grenzüberschreitende Dienstleistungstransfer, die Gründung einer Agentur, Repräsentanz, Niederlassung und Tochtergesellschaft. Der Eigenaufbau ermöglicht die *Verwirklichung eigener Geschäftsstrategien* und einer eigenen Imagepolitik. Er ist allerdings in der Regel mit einem *hohen zeitlichen, finanziellen und personellen Aufwand* verbunden. So entstehen nicht nur im Ausland selbst, sondern auch im Heimatland des Versicherungsunternehmens erhöhte Personalaufwendungen, um eine angemessene Anbindung der Hauptverwaltung im Heimatland mit den Unternehmenseinheiten im Ausland zu ermöglichen (Wagner 1998a, S. 736). Prigge, Böbel & Kleine schätzen den Zeitbedarf zum Aufbau der notwendigen Infrastruktur und Vertriebswege sowie zur Klärung rechtlicher Fragen einschließlich der Zulassung zum Versicherungsunternehmen auf sechs Monate (Prigge/Böbel/Kleine 2001). Nachfolgend werden die einzelnen Eintrittsalternativen nach zunehmender

Ernsthaftigkeit und zunehmendem Investitionsrisiko bzw. zunehmender Marktchance dargestellt.

Die erste Aktivität in Richtung eines Aufbaus eigener Versicherungskompetenz in einem ausländischen Markt ist die *Repräsentanz*. Repräsentanzen sind Vertretungen des Versicherungsunternehmens im Ausland, die keine eigenen Versicherungsgeschäfte tätigen. Ihre Aufgabe beschränkt sich auf die Beobachtung des Marktes, die Beratung und Betreuung von Firmenkunden sowie die Gewinnung erster Marktkontakte (Kölmel 2000, S. 53).

Agenturen sind von einem oder mehreren Versicherungsunternehmen ermächtigt, in deren Namen und auf deren Rechnung Versicherungsgeschäfte im Ausland innerhalb vorgegebener Richtlinien zu tätigen. Diese Versicherungsunternehmen müssen hierbei in den betreffenden Ländern zum Geschäftsbetrieb zugelassen sein (Kölmel 2000, S. 53). Agenturen sind vorteilhaft, wenn das Versicherungsunternehmen noch über eine geringe Erfahrung im betreffenden Auslandsmarkt verfügt und einen schnellen Markteintritt bevorzugt. Agenten kennen die Kultur des ausländischen Marktes und genießen aufgrund ihrer persönlichen Beziehungen zu den Kunden deren Vertrauen. Das Agenturprinzip ist jedoch mit vergleichsweise hohen Kosten und eingeschränkten Kontrollmöglichkeiten verbunden. Trotz Agenturvertrag ist die Steuerung von Agenten schwieriger einzuschätzen als bei Agenten, die im Heimatmarkt Produkte für das Versicherungsunternehmen vermitteln (Attiger 1994, S. 39).

Niederlassungen sind als Organisationseinheiten des Versicherungsunternehmens im Ausland sowohl rechtlich als auch wirtschaftlich vom inländischen Versicherungsunternehmen abhängig (Kölmel 2000, S. 54). Niederlassungen profitieren vom Standing der Muttergesellschaft und haben führungstechnische Vorteile. Nachteilig ist vor allem die unter Umständen geringere Kundenakzeptanz und die geringe Flexibilität in der Gestaltung landesspezifischer Marketing- und Vertriebskonzepte. Unterliegt das Versicherungsunternehmen der materiellen Staatsaufsicht, d.h. einer Genehmigungspflicht von Produkten und Versicherungsbedingungen, entstehen Wettbewerbsnachteile gegenüber anderen ausländischen Wettbewerbern, die ihre Produkte schneller vermarkten können (Attiger 1994, S. 39).

Im Gegensatz zu Niederlassungen sind *Tochtergesellschaften* rechtlich selbstständige von einer Muttergesellschaft beherrschte Organisationseinheiten. Aufgrund ihrer eigenen Rechtspersönlichkeit unterliegen sie lokalem Recht. Trotz weitgehender Kontrollen durch die Muttergesellschaft ermöglichen sie eine bessere Nutzung von Chancen am Markt. Nach einer empirischen Untersuchung von Wagner unterscheiden sich die Aktivitäten deutscher Tochtergesellschaften ebenso wie die der großen ausländischen Niederlassungen im Wesentlichen nicht von denen deutscher Versicherungsunternehmen (Wagner 1994b, S. 416). Nachteilig können lokale Anforderungen (z.B. eine hohe Eigenkapitalunterlegung) sein, die für Newcomer Markteintrittsbarrieren darstellen können. Allerdings wirken diese Regelungen bei entsprechendem Potenzial der Märkte wegen der Kapitalstärke der meisten international tätigen Versicherer selten abschreckend. Nicht zu verachten sind allerdings auf jeden Fall die zum Teil erheblichen Marktaustrittsbarrieren in einzelnen Versicherungsmärkten. So kann die Trennung von einer Gesellschaft hohe Ausgleichsansprüche bedingen. Unter Umständen lässt das lokale Arbeitsrecht kaum Entlassungen zu, so dass die Belegschaft starken Reduzierungen im Beitragsvolumen nicht angepasst werden kann (Attiger 1994, S. 39f.).

2.7.4.2 Kooperationen

Im Rahmen von Kooperationen arbeiten *wirtschaftlich und rechtlich selbstständige Partner ohne einheitliche Leitung* zusammen. Das in den Markt eintretende Versicherungsunternehmen kann dabei die Markterfahrung und personelle Kapazität des ausländischen Partners nutzen ohne seine Autonomie in der Produktgestaltung aufgeben zu müssen.

Ebenso wie die erläuterten Varianten des Eigenaufbaus sind auch Kooperationen meist nicht sofort arbeitsfähig. Häufig sind langwierige Entscheidungsprozesse und Abstimmungen mit dem Kooperationspartner zu beobachten. In der Praxis ist zudem die Sammlung relevanter Informationen über den Kooperationspartner schwierig (Attiger 1994, S. 40).
Kooperationen sind als Eintrittsalternative in das internationale Versicherungsgeschäft vor allem dann sinnvoll, wenn ein Eintritt über eigene Unternehmenseinheiten im Ausland aufgrund eines noch geringen Geschäftsaufkommens unangemessen erscheint (Wagner 1998a, S. 736). Zu den wichtigsten Varianten gehören das Fronting, die Zusammenarbeit mit Maklern, Kooperationsverträge und Joint Ventures.

Beim *Fronting* erfolgt zunächst eine Vorzeichnung des im Ausland liegenden Risikos durch ein ausländisches Versicherungsunternehmen. Im Anschluss hieran wird die Kundenverbindung zwecks Übernahme des Risikos an das inländische Versicherungsunternehmen weitergeleitet. Für seine Bemühungen erhält das ausländische Unternehmen eine Frontinggebühr. Die Anwendung des Fronting ist in der Praxis selten (Koch/Weiss 1994, S. 316).

Die Typen und die Zahl der für eine Internationalisierungsstrategie einzuschaltenden Versicherungsvermittler hängt vom bevorzugten Absatzverfahren des Versicherungsunternehmens ab. Nur im Falle des freien Dienstleistungsverkehrs und des Direktvertriebs kann auf die Einschaltung von Versicherungsvermittlern verzichtet werden. In der Regel ist die Suche nach Vermittlern vor Ort schwierig bzw. eingeschränkt, da lokale Versicherungsvermittlungsgesellschaften meist schon für die im Tätigkeitsland etablierten Versicherungsunternehmen arbeiten und rechtlich bzw. faktisch an diese gebunden sind. Daher liegt die Zusammenarbeit mit unabhängigen Versicherungsvermittlern, d.h. mit *Versicherungsmaklern*, nahe (Wagner 1998a, S. 738). Im Industrieversicherungsgeschäft ist vor allem eine Kooperation mit *internationalen Versicherungsmaklern*, die über große Länder-Netzwerke verfügen, sinnvoll und üblich. Diese Makler haben sehr gute Marktkontakte und kennen die Bedürfnisse der Kunden. Allerdings sammelt das Versicherungsunternehmen auch weniger Markterfahrung, da der Kundenkontakt ja über den Makler hergestellt und nach Abschluss des Vertrages weiter gepflegt wird. In der Praxis sind jedoch die Versicherungsgesellschaften, die mit Maklern zusammenarbeiten, zusätzlich über eine der beschriebenen Formen des Eigenaufbaus in dem betreffenden Auslandsmarkt engagiert.

Joint-Ventures stellen dauerhafte grenzüberschreitende Kooperationen zwischen einem einheimischen Versicherungsunternehmen und einem ausländischen Partner dar. Ohne Joint Ventures erscheint mitunter die Überwindung kultureller Markteintrittsbarrieren nicht möglich. Joint Ventures dienen im internationalen Versicherungsgeschäft oft dem Aufbau einer politischen Basis für die künftigen Geschäftstätigkeiten. Sie tragen zu einer Minimierung des eigenen Risikos bei und erleichtern den Zugang zu lokalen Finanzintermediären. Unter Umgehung einschränkender Rahmenbedingungen ist die Aneignung lokaler Marktkenntnisse möglich (Attiger 1994, S. 39). Trotz der Aufteilung des Gewinns und des Risikos behalten die beteiligten Unternehmen ihre eigene Identität (Meffert/Bolz

1998, S. 128). Wichtiges Kriterium bei der Partnerwahl ist die Kundenbasis, die der Partner für den Zielmarkt in die Partnerschaft einbringt (Prigge/Böbel/Kleine 2001).

2.7.4.3 Unternehmensakquisitionen und -fusionen

Die bereits im Rahmen der Produkt-/Marktbearbeitung nach Ansoff beschriebenen Wachstumsstrategien durch Integration von Unternehmen und Unternehmensteilen gelten vor allem für den Eintritt in internationale Märkte als erfolgversprechend. Gerade hier können eine eingespielte Organisation, Marketing- und Vertriebserfahrungen sowie Kundenkontakte Floprisiken deutlich verringern. Größere Risiken zum Beispiel aufgrund der verschiedenen Kulturen, der Akzeptanz der eigenen Organisation im Auslandsmarkt und der Fehleinschätzung von Kundenbedürfnissen können zu einem großen Teil vermieden werden. Auch sind Fusionen und Akquisitionen die schnellste Form des Markteintritts. Schrumpfende Prämieneinnahmen infolge des stagnierenden Heimatmarktes wirken sich in der Gesamtbetrachtung weniger dramatisch aus, wenn der Auslandsmarkt dafür kräftig wächst. Diesen klaren Vorteilen steht in der Regel der hohe Preis gegenüber, der von dem Erwerber eines Versicherungsunternehmens mit internationalem Netzwerk zu zahlen ist.

Grenzüberschreitende Integrationen in Form von Akquisitionen sind vor allem auf kontinentaler Ebene in der Versicherungswirtschaft üblich (zum Beispiel die Übernahme der französischen AGF durch die deutsche Allianz, der deutschen Colonia durch die französische AXA, der Aachener und Münchener Versicherungsgruppe durch die italienische Generali). Fusionen sind bisher vor allem im nationalen Raum beliebt gewesen (z.B. die britischen Versicherungsgruppen AVIVA sowie Royal & Sun Alliance).

2.7.5 Führungskonzepte

Der Erfolg international tätiger Versicherungsunternehmen hängt neben den gewählten Eintrittsformen und der Wahl der richtigen regionalen Märkte wesentlich von „weichen Faktoren" ab. Vor allem die Einstellung des Managements, die sich in einem entsprechenden Führungskonzept des Unternehmens zeigt, ist in diesem Zusammenhang sehr wichtig.

Grundsätzlich lassen sich drei wesentliche Grundorientierungen der Führungskräfte und eine „Mischstrategie" unterscheiden (s. Abb. 2-21).

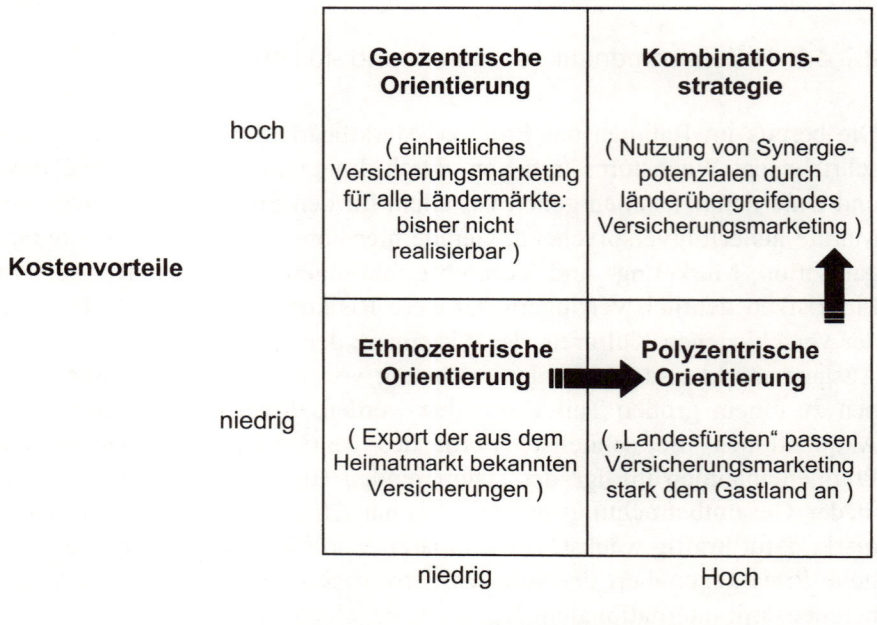

Abb. 2-21: Führungskonzepte auf dem Weltversicherungsmarkt
(Quelle: in Anlehnung an Meffert/Bolz 1998, S. 25)

(1) Ethnozentrische Orientierung
Am Anfang des Internationalisierungsprozesses sind die Marketingaktivitäten noch stark am Heimatmarkt ausgerichtet. Perlmutter spricht von einer ethnozentrischen Orientierung der Unternehmen. Das entsprechende Führungskonzept zeichnet sich z.B. durch eine Bevorzugung Angehöriger des Stammlandes bei der Besetzung von Schlüsselpositionen in ausländischen Tochtergesellschaften aus. Oft bestehen Zweifel gegenüber Mitarbeitern im Gastland hinsichtlich ihrer Fähigkeit und Zuverlässigkeit. Dies liegt meist in der mangelnden Kenntnis des Auslandsmarktes begründet (Perlitz 2004, S. 119). Hauptziel der ethnozentrischen Orientierung ist die

Sicherung des Unternehmensbestandes im Heimatmarkt. Lediglich solche Auslandsgeschäfte werden wahrgenommen, die besonders lukrativ erscheinen. Unternehmen verfügen in dieser Stufe der Internationalisierung nur über begrenzte Fähigkeiten, sich auf die Besonderheiten der Auslandsmärkte einzustellen. Hauptkonkurrent ist der stärkste inländische Wettbewerber. Oft geht die Auslandstätigkeit mit einer Konzentration auf Nischen einher. Gewinnt das Auslandsgeschäft stark an Bedeutung, wird die ethnozentrische Orientierung der strategischen Bedeutung des Auslandsgeschäfts im Gesamtunternehmen nicht mehr gerecht (Meffert/Bolz 1998, S. 25f.).

(2) Polyzentrische Orientierung
Um bei wachsender Geschäftstätigkeit im Ausland mit den dortigen Anbietern konkurrieren zu können, erfolgen Kooperationen wie z.B. Joint-Ventures und der Aufbau von Tochtergesellschaften in den betreffenden Ländern (Meffert/Bolz 1998, S. 26). Das mit der polyzentrischen Orientierung einhergehende multinationale Grundkonzept ermöglicht ausländischen Tochtergesellschaften relativ unabhängig von Weisungen ihrer Muttergesellschaft zu operieren und neben dem Produktangebot auch die Distributionswege und -methoden an den lokalen Gegebenheiten auszurichten. Hierdurch versuchen viele multinationale Unternehmen Lokalisierungsvorteile zu nutzen, die sich länderbezogen in hohen Marktanteilen, Marktausschöpfungsgraden oder Prämieneinnahmen konkretisieren sollen. Im polyzentrischen Führungskonzept besetzt das Unternehmen Managementpositionen im Gastland häufig mit ausländischen Mitarbeitern. Es nimmt an, dass sich die Kulturen in verschiedenen Ländern stark unterscheiden und die geschäftlichen Gegebenheiten von Ausländern nur schwer zu verstehen und zu beurteilen sind (Perlitz 2004, S. 119f.).

(3) Geozentrische Orientierung
Ziel der hinter der geozentrischen Orientierung stehenden Idee des globalen Marketings ist die Stärkung der internationalen Wettbewerbsfähigkeit durch die Integration der Aktivitäten des Unternehmens in ein zusammenhängendes System. Die einzelnen Tochtergesellschaften operieren nicht mehr unabhängig auf der lokalen Ebene, sondern sind im Sinne der Erhöhung der Wettbewerbsfähigkeit des Unternehmens auf dem Weltmarkt zur Arbeitsteilung und Spezialisierung verpflichtet (Meffert 1994, S. 271). Sie können sich auf ein enges Produktprogramm konzentrieren, um eine möglichst hohe Produktqualität zu ereichen. Andererseits kann die Standardisierung und Konzentration auf bestimmte Aktivitäten dazu führen, dass

keine Kundengruppe voll zufriedengestellt und die einheitliche Marketingstrategie dem unterschiedlichen Kundenverhalten in einzelnen Ländern nicht gerecht wird (Yip 1995, S. 38f.).

(4) Kombinationsstrategie
Die Konzepte des multinationalen und globalen Marketings stellen Extremformen dar, die in der Praxis nicht anzutreffen sind. So werden auch globale Versicherungsunternehmen sich nicht bestimmten nationalen Vorschriften entziehen können (Attiger 1994, S. 43). Häufig kommt in der Unternehmenspraxis eine gemischte Strategie vor, die durch ein flexibles Aushandeln unter konfliktären Bedingungen gekennzeichnet ist. Zumindest innerhalb eines Binnenmarktes oder eines Sprachraums mit ähnlichen kulturellen und rechtlichen Gegebenheiten könnte der Kunde die durch eine Reduzierung der Verwaltungs- und Vertriebskosten möglichen Prämienvorteile stärker gewichten als eine besondere regionale Nähe. Einige große internationale Versicherer haben daher die Entwicklung und Implementierung von Marketing- und Vertriebsstrategien teilweise zentralisiert, indem diese von einem oder wenigen Standorten auf einem Kontinent aus gesteuert werden (Görgen/Müller-Reichart/Lünzer/Neumann 2003).

Fallbeispiel American International Group (AIG)

Der größte US-amerikanische Versicherer nach dem Börsenwert, die American International Group (AIG), gehört heute zu den profitabeltsten und weltweit führenden Versicherungsgesellschaften mit einem großen internationalen Netzwerk. Auch in Europa gelang es dem US-Versicherer in bestimmten Geschäftsfeldern der Industrieversicherung eine führende Marktstellung zu erreichen. Der Weg dorthin ist durch einen für erfolgreiche Weltkonzerne typischen Paradigmenwechsel im Laufe der Internationalisierungsstrategie gekennzeichnet. Zum Zeitpunkt des Eintritts in den deutschen Markt nach dem Ende des zweiten Weltkriegs war das Führungskonzept stark ethnozentrisch geprägt. Wegen zunächst noch fehlender Markterfahrung und der problematischen „Verbrüderung" mit der ehemaligen Bevölkerung im Nazi-Regime beschränkte sich die Geschäftstätigkeit zunächst auf das Geschäft mit den in Deutschland stationierten US-amerikanischen Soldaten. Die aus den USA bekannten Versicherungsprodukte für die US-Army wurden in Deutschland auf der Serviceseite angeböten und betreut. Das Vermarktungsrisiko war daher gering. Einige Jahre später profitierten US-

---

amerikanische Unternehmen von der wieder gewonnenen Demokratie und dem Wachstum der deutschen Wirtschaft. Der Industrieversicherer folgte seinen Kunden und versicherte entsprechende in Deutschland gelegene Risiken für seine Kunden, die bereits umfangreiche Direktinvestitionen im neuen Deutschland tätigten. Etwas später boomte der Export und die Direktinvestitionen der deutschen Unternehmen in den USA. Dies war der richtige Zeitpunkt mit international tätigen deutschen Unternehmen eine Geschäftsbeziehung aufzubauen. Gleichzeitig musste sich die ehemals ethnozentrische Orientierung zugunsten eines polyzentrischen Konzepts wandeln. Die Mitarbeiter wurden einschließlich der Führungskräfte meist lokal rekrutiert und das Produktangebot zunehmend stärker den Bedürfnissen des deutschen Marktes angepasst. Sehr große Zeichnungskapazitäten und später zusätzlich innovative Produkte wie die D&O-Versicherung machten die Gesellschaft als Empfehlung für Kundenaufträge aus der Sicht der internationalen Versicherungsmakler interessant und gelegentlich sogar unentbehrlich.

Mit zunehmender Deregulierung des europäischen Marktes kam es zu einer gewissen Angleichung der Kundenbedürfnisse. Außerdem war der US-Versicherer inzwischen in allen zentralen europäischen Ländermärkten durch Direktionen vertreten. Zunehmend versucht die europäische Tochtergesellschaft AIG Europe daher, Erfahrungen innerhalb des weltweiten Netzwerks auszutauschen und Synergiepotenziale in der Produktentwicklung und -vermarktung zu nutzen. Das Führungskonzept bewegt sich in die Richtung einer Kombinationsstrategie, d.h. der gleichzeitigen Nutzung von Lokalisierungs- und Globalisierungsvorteilen.

Quelle: AIG (2007)

2.7.6 Standardisierungsmöglichkeiten

Erster Ansatzpunkt für eine Standardisierung des länderübergreifenden Marketings ist in der Regel die Marke des Versicherungsunternehmens. Sie ist im Vergleich zu anderen marketingpolitischen Instrumenten mit weit weniger rechtlichen Problemen verbunden. Eine Markenrechtsverletzung dürfte erheblich seltener als im Konsumgüterbereich sein, da die Zahl der Markennamen in der Warenklasse Finanzdienstleistungen weit geringer ist. Ziel des *Global Brandings* ist es vor allem, Möglichkeiten des Imagetransfers und der Kostensenkung zu nutzen. Jedoch sollten Unternehmen hierbei auf negative Assoziationen hinsichtlich des Markennamens achten. Nicht alle im Heimatland etablierten Namen sind auch für ausländische Tochtergesellschaften geeignet. Versicherungsgeschäfte sind „Vertrauensgeschäfte, die nicht gern mit Fremden abgeschlossen werden. Für das Privatkundengeschäft ist diese These noch plausibler als für das Geschäft mit Gewerbe- und Industriekunden. Deshalb kommt häufig nur die Nutzung eines lokalen bzw. im Tätigkeitsland ‚heimisch‘ klingenden Namens in Betracht" (Wagner 1998a, S. 737). Ein Name sollte in allen relevanten Sprachen aussprechbar sein, keine Fehlinterpretationen hervorrufen und auf allen Märkten gesetzlichen Markenschutz ermöglichen. Im Idealfall hat der Markenname in allen Sprachen etwa die semantisch gleiche und zusätzlich noch eine produktbezogene Bedeutung. Ein Beispiel ist der Markenname Allianz, der in vielen Sprachen mit Gemeinschaft assoziiert wird. Denkbar sind auch Kunstnamen wie AXA, die im Vorfeld ihrer Verwendung auf mögliche negative Assoziationen in fremden Ländern gezielt getestet wurden. Gelegentlich bietet sich wegen einer erforderlichen Neufirmierung im Zuge von Unternehmenszusammenschlüssen eine gute Gelegenheit, gleichzeitig den Markennamen zu ändern. So entschied sich der ehemalige britische Versicherungskonzern CGNU, den neuen Markennamen AVIVA aufzubauen. Da der Konzern sehr stark im internationalen Geschäft engagiert ist, war es wichtig, einen Markennamen zu finden, der in den unterschiedlichen Erdteilen mit positiven Assotiationen verbunden ist, noch nicht anderweitig besetzt ist und mit Finanzdienstleistungen in Verbindung gebracht wird.

Versicherungsprodukte sind in der Regel nicht ohne weiteres von einem Heimatmarkt auf Auslandsmärkte übertragbar. Sie sind z.B. aufgrund andersartiger Risiken zu modifizieren. Hinzu kommen gesetzliche und steuerrechtliche Besonderheiten. Eine große Hürde für die Übertragung von Marketingprogrammen stellen vor allem Unterschiede im Rechtssystem zwischen einzelnen Ländern dar. So ist das Haftungsrecht in den USA und Kanada für Westeuropäer schwer verständlich. Das amerikanische Rechtsystem bietet Möglichkeiten, einen zum Beispiel nach deutschem Recht nicht (mehr) rechtlich einzufordernden Anspruch auf Entschädigung dennoch durchzusetzen (Baas/Görgen 2003). Einige deutsche Versicherungsgesellschaften lehnen die Zeichnung dieser Risiken ab, indem die beiden Länder aus dem Versicherungsschutz bestimmter Deckungskonzepte ausgeschlossen werden.
Trotz der erzielten Fortschritte in der Deregulierung der Finanzmärkte sind z.B. die sozialen Alterssicherungssysteme von Land zu Land ver-

schieden. Bei Lebens- und Krankenversicherungsangeboten sind daher gesetzliche und/oder steuerrechtliche Gegebenheiten in den jeweiligen Ländern zu berücksichtigen (Müller-Reichart 2001, S. 12ff.). Nur bei einer solchen Anpassung kann das Versicherungsunternehmen das Absatzpotenzial des betreffenden Produktes in den betrachteten Ländern voll ausschöpfen.

In der Praxis haben sich für zusammenwachsende Versicherungsmärkte pragmatische Lösungen herauskristallisiert. Für vergleichbare Bedürfnissituationen und sprachliche Gemeinsamkeiten wurden grenzüberschreitende Einheitslösungen angeboten. Denkbar wäre auch die Variante eines modularen Systems, bei dem die Marketingpolitik zentral in einem Entwicklungslabor mit landesspezifischen Anpassungen gestaltet wird. Das Produktangebot bedarf bei der Tarifierung natürlich genauer Kenntnisse der Rahmenbedingungen des jeweiligen Versicherungsmarktes. Dabei sind ethnologische, demographische, wirtschaftliche und psychosoziale Faktoren des betreffenden Landes ebenso zu berücksichtigen wie juristische Gegebenheiten (Görgen/Müller-Reichart/Lünzer/Neumann 2003).

Eine vollständige Standardisierung im Bereich der *Preispolitik* ist in der Versicherungswirtschaft in der Regel nicht möglich. Zunächst können gesetzliche Regelwerke bestehen, die den preispolitischen Handlungsspielraum deutlich einschränken. So können Prämien fest vorgeschrieben sein oder nur innerhalb einer gewissen Bandbreite bestimmbar sein. Zudem sind in bestimmten Versicherungszweigen, wie z.B. Lebensversicherungen, steuerliche Aspekte von großer Bedeutung (Attiger 1994, S. 45). Auch die Qualität des Risikos selbst, die sich beispielsweise in unterschiedlichen Lebenserwartungen ausdrückt, erfordert in der Praxis verschiedene Tarifwerke (Wagner 1998b, S. 815).

Beim Einsatz standardisierter *Kommunikationsstrategien* finden die Wünsche und Bedürfnisse einzelner Zielgruppen in den verschiedenen Ländern keine Berücksichtigung. Obgleich eine solche Strategie stets zu suboptimalen Lösungen führen muss, kann der mit ihr verbundene Nutzen in bestimmten Situationen gegenüber den in Kauf genommenen Nachteilen überwiegen. Eine Standardisierung liegt vor allem dann nahe, wenn sich die Zielgruppe zu einem sehr großen Teil in hochentwickelten Ländern befindet. Hier ähneln sich Verbraucherstrukturen zunehmend. Dies zeigt sich z.B. in einem stagnierenden Bevölkerungswachstum, einer Zunahme von Einpersonenhaushalten, ähnlichen Anteilen berufstätiger Frauen und einer Verbesserung des Lebensstandards. Im allgemeinen lässt sich die Kommunikationspolitik kaum länderübergreifend erfolgreich einsetzen. Versicherungen unterliegen sehr starken kulturellen Einflüssen beispielsweise aufgrund der Religion und von Familienstrukturen. Zudem sind Versicherungsprodukte in den Ländern in unterschiedlichem Ausmaß bekannt, etabliert und erklärungsbedürftig.

Das größte Standardisierungspotenzial innerhalb der Kommunikationspolitik liegt im Bereich der Werbung, wobei insbesondere bei der inhaltlichen Gestaltung von Botschaften aber viele kulturelle, sprachliche und rechtliche Gegebenheiten zu beachten sind. Mit der Vereinheitlichung der klassischen Werbung lassen sich länderübergreifende Images aufbauen und Synergieeffekte durch die Reichweite internationaler Medien nutzen.

Im Rahmen der *Vertriebspolitik* ergeben sich im Bereich des Direktvertriebs und beim Vertrieb mit eigenen Verkaufsorganen (z.B. Niederlassungen) die größten Potenziale für den Einsatz eines standardisierten Marketings, da hier vergleichsweise gute Steuerungs- und Kontrollmöglichkeiten bestehen (Meffert/Bolz 1998, S. 229). Allerdings dürfte die praktische Relevanz eines einheitlichen Vertriebskonzepts in der Versicherungsbranche zumindest mittelfristig gering sein. Selbst in benachbarten europäischen Ländern existieren noch große Unterschiede in der Bedeutung der einzelnen Absatzmittler. So geht in Großbritannien und in den Niederlanden ein großer Anteil der abgeschlossenen Versicherungsverträge auf die Vermittlung durch unabhängige Versicherungsmakler sowie den Direktvertrieb zurück, während in Deutschland, Frankreich und Italien nach wie vor der Versicherungsvertreter eine wichtige Rolle spielt. Nicht zuletzt scheitert so mancher Vertriebsweg wie beispielsweise das Internet eventuell an juristischen Hürden in einzelnen Ländern.

3 Marketinginstrumente in der Versicherungswirtschaft

3.1 Marketingforschung

3.1.1 Gegenstand

Ohne Informationen über das Marktumfeld, das Verhalten der Marktteilnehmer und die Wirkung der eingesetzten Marketinginstrumente können Versicherungsunternehmen nur in Ausnahmefällen richtige Marketingentscheidungen treffen. Dennoch beschränkte sich die Marketingforschung in der Vergangenheit häufig darauf, lediglich vergleichbare Gesellschaften und vor allem den Marktführer bei seinen Marketingaktivitäten zu beobachten. Im Extremfall wurden sogar Produkte und Tarife der Wettberber einfach übernommen. Mit der Deregulierung des Finanzmarktes und des hierdurch verstärkten Qualitätswettbewerbs war diese Form von Analyse nicht mehr angemessen (Puschmann 2003, S. 70). Die geringe Professionalität in der Erforschung von Wirkungen des Marketinginstrumentariums zeigte sich in der Vergangenheit in der naiven Ansicht, dass die durch den Außendienst durchgeführten Kundenbefragungen besonders wertvoll und kostengünstig seien, da dieser die Kunden besonders gut kennen würde. Grundsätze einer qualitativ hochwertigen Marketingforschung wie z.B. das Prinzip der Objektivität wurden auf sträfliche Weise vernachlässigt (Nickel-Waninger 1987, S. 206).

Die Vorgehensweise der systematischen Gewinnung und entscheidungsrelevanten Aufbereitung von marketingbezogenen Informationen unterscheidet sich grundsätzlich nicht von Unternehmen anderer Branchen. Allerdings ergeben sich aus den typischen Dienstleistungsmerkmalen teilweise andere Forschungsschwerpunkte. So nimmt aufgrund der wichtigen persönlichen Beziehungen des Versicherungsnehmers zum Versicherungsvermittler die Standort- und Zufriedenheitsforschung sowie die Auswertung von Informationen des Kontaktpersonals einen besonderen Stellenwert ein. Die Immaterialität von Dienstleistungen impliziert Analysen über Images und über Kundenbeschwerden (s. Farny 2006, S. 668, Meidan 1996, S. 51ff., Puschmann 2003, S. 71ff.).

3.1.2 Phasen

Die Notwendigkeit einer differenzierten Erforschung der Märkte bzw. der Wirkung von Marketinginstrumenten bedingt ein systematisches Abarbeiten bestimmter Phasen, welche im Kern einen Problemlösungsprozess darstellen:

(1) Problemformulierung
Am Anfang aller Forschungsprojekte steht die Konkretisierung der Aufgabenstellung. Wird das Problem nicht klar definiert, können die Forschungskosten den Wert der Befunde bei weitem übersteigen. Dabei sollten Marketing-Manager das Problem weder zu weit noch zu eng formulieren. Unter Umständen erfordert ein Forschungsprojekt im Vorfeld eine Datenerhebung, um Probleme besser erkennen und Hypothesen über Zusammenhänge zwischen Variablen ermitteln zu können. Gerade in der Versicherungsbranche sollte die starke Bedeutung auch der weiteren Umwelten, d.h. der politisch-rechtlichen, sozio-ökonomischen, kulturellen und technischen Umwelt, angemessen Berücksichtigung finden.

(2) Forschungsplan
Nach einer Beschreibung des bisherigen Informationsstandes sind Entscheidungen über einzusetzende Datenquellen, Datenerhebungsmethoden, Erhebungsinstrumente, Stichprobenpläne und Befragungsformen zu treffen. Außerdem sollte die Dauer und der Zeitbedarf sowie der Finanzbedarf für das Forschungsprojekt geplant werden.
Hinsichtlich der Datenquellen sind sekundäre und primäre Datenerhebungen zu unterscheiden. Meist werden die im Rahmen der *Sekundärforschung* verfügbaren Informationsmaterialien zu einem früheren Zeitpunkt erarbeitet. Zu diesen Sekundärquellen gehören unternehmensinterne Quellen wie Berichte des Außendienstes sowie unternehmensexterne Quellen wie Online-Datenbanken, Zeitschriften, Bücher und Publikationen kommerzieller Informationsanbieter. Im Normalfall ist die Sichtung des Sekundärmaterials der erste Schritt im Rahmen der Datenerhebung, da sich hierdurch Problemstellungen in der Marketingforschung meist kostengünstig bewältigen lassen. Ein weiterer Vorteil des Sekundärmaterials ist seine relativ schnelle Verfügbarkeit. Versicherungsunternehmen können

bei der zahlenmäßigen Aufbereitung der Versicherungsgeschäfte in der Regel auf qualitativ hochwertige Publikationen beispielsweise von Verbänden zurückgreifen. Im Zuge der Globalisierung und einer wachsenden Bedeutung des Shareholder-Value-Ansatzes erlangen Rating- und Ranking-Systeme als systematisch ermittelte Informationen in der Versicherungsbranche eine zunehmende Bedeutung. Rating-Agenturen bewerten neben allgemeinen Einflussfaktoren auf den Unternehmenswert wie Gewinn und Wachstum auch versicherungsspezifische Größen wie die Kapazität, die versicherungstechnischen Verfahren und die Qualität des Kapitalanlagemanagements sowie die angebotenen Versicherungsprodukte (Farny 2006, S. 669).

In vielen Situationen erfordern Forschungsprojekte jedoch die Erhebung von *Primärdaten*. Meist ermöglichen die erhobenen Daten genauere Aussagen im Hinblick auf ein spezielles Marketingproblem. Sie sind in den meisten Fällen zudem aktueller und detaillierter als Sekundärdaten. Außerdem ist eine Geheimhaltung sensibler Daten möglich, die zu einem Wissensvorsprung im Wettbewerb führen können (z.B. Daten über konkrete Kundenbedürfnisse und die Akzeptanz neuer bzw. veränderter Produktkonzepte). Zur Durchführung der Primärforschung stehen vielfältige Methoden zur Verfügung:

➢ *Beobachtung*. Als Beobachtung lässt sich eine von Personen oder technischen Hilfsmitteln durchgeführte systematische Erfassung von sinnlich wahrnehmbaren Tatbeständen verstehen. Vor allem der Außendienst des Versicherungsunternehmens kann diese Möglichkeit der Informationsgewinnung nutzen. Alleine aus dem eigenen geschäftlichen Interesse liegt es nahe, gewisse Äußerungen und Entscheidungstendenzen des Kunden aus der Beobachtung während des Gesprächs mit dem Kunden festzuhalten. Schwierig ist sicher, diese zunächst nur dezentral verfügbaren Informationen einer zentralen Stelle zwecks einer Analyse weiterzuleiten. Allerdings haben auch zentrale Stellen wie zum Beispiel ein Call-Center, eine Schaden-Abteilung oder Direktmarketingspezialisten des Versicherers die Möglichkeit, Verhaltensreaktionen des Kunden auf bestimmte Aktionen oder unter bestimmten Konstellationen zu beobachten und die Beobachtungsergebnisse beispielsweise in eine Datenbank einzupflegen. Sicher lassen sich diese Ergebnisse nicht nur im Rahmen des Database-Marketing, sondern auch für Marktforschungszwecke nutzen.

➢ *Befragungen*. Viele Faktoren, die Einfluss auf Kaufentscheidungen in der Versicherungswirtschaft haben, sind kaum einer direkten Beobachtung zugänglich. Hierzu gehören Konstrukte wie Einstellungen oder die Zufriedenheit des Kunden. In der Praxis der Versicherungsmarktforschung nehmen daher Befragungen einen besonderen Stellenwert ein. Gegenstand von Befragungen im Versicherungswesen sind beispielsweise Meinungen zu Versicherungs- und Serviceleistungen, Erwartungen des Kunden im Hinblick auf Versicherungsprodukte und Zusatzleistungen, die Beurteilung von Absatzmethoden oder Motive, die den Abschluss einer Versicherung bewirken bzw. bewirken könnten (Puschmann 2003, S. 91f.).

➢ *Experiment*. Im Rahmen eines Experiments erfolgt ein Test der Auswirkungen von Marketingvariablen unter kontrollierten Bedingungen. Diese im Konsumgüterbereich (z.B. im Zusammenhang mit der Verpackungsgestaltung oder Formgebung) praktizierte Alternative der Informationsgewinnung stößt in der Versicherungswirtschaft vor allem aufgrund des immateriellen Charakters auf Grenzen (Meffert/Bruhn 1995, S. 100). Dennoch ließe sich z.B. für bestimmte Bereiche der formalen Produktgestaltung sowie in der Gestaltung der Marketingkommunikation, d.h. beispielsweise für die Wirkung von Farben und Schriften, ein Experiment sinnvoll durchführen.

(3) Datenerhebung

Als die schwierigste und fehlerkritischste Phase bei Marktforschungsprojekten gilt die Datenerhebung. Trotz guter Vorbereitung können in der so genannten Feldphase Störfaktoren die Qualität der Forschungsergebnisse beeinträchtigen. So wirkt sich eine niedrige Rücklaufquote bei schriftlichen Befragungen nachteilig auf die Repräsentativität der Forschungsergebnisse aus. Die fehlende Erfahrung vieler Versicherungsnehmer mit einzelnen Prinzipien des Versicherungsgeschäfts führt zu Unsicherheiten und Unvollständigkeit bei der Beantwortung der Fragen. Vor allem Privatkunden, die keine Schadenregulierung ihres Versicherers in der Vergangenheit erlebt haben oder nur ein sehr begrenztes Produktangebot der Versicherungswirtschaft nutzten, haben häufig derartige Schwierigkeiten. Unkritischer ist die Datenerhebung durch Befragung von erfahrenen Kunden, professionellen Versicherungseinkäufern und Versicherungsvermittlern.

(4) Datenanalyse

Nach ihrer Erhebung sollten die Daten zu wesentlichen Informationen verdichtet werden. Wie für Datenanalysen in anderen Branchen auch, können zahlreiche uni-, bi- und multivariate statistische Analyseverfahren zum Einsatz kommen, um eine große Fülle von Daten für den Entscheider aufzubereiten. Jedes Marketingproblem ist durch den Einfluss einer Vielzahl von Variablen gekennzeichnet, deren Zusammenhänge dem ungeübten Betrachter auf den ersten Blick verborgen bleiben. Um Klarheit über den Datenwald zu erhalten, könnte das Interesse sich beispielsweise auf die Erforschung von Gründen für eine Veränderung des Prämienaufkommens beziehen. Im Rahmen der Regressionsanalyse wird versucht, die Veränderung durch den Einfluss einer erklärenden Variable aufzuzeigen, indem der Zusammenhang mit Hilfe einer mathematischen Funktion modelliert wird (Schätzfunktion). Die Faktorenanalyse zielt auf die Identifikation von gemeinsamen Einflussgrößen bei der Untersuchung von Variablenmengen ab. Bei der Clusteranalyse erfolgt eine Einteilung von verschiedenen Objekten entsprechend ihrer Ähnlichkeit in unterschiedliche Gruppen oder Klassen.

(5) Forschungsbericht

Der Forschungsbericht soll wesentliche Ergebnisse darstellen und das Management bei Marketingentscheidungen unterstützen. Marktforschung ist dabei als Wegweiser und nicht als Krücke zu verstehen. Sie soll die Qualität von Entscheidungen verbessern, aber nicht Beweis für vorgefasste Meinungen unentschlossener Entscheider sein (Meyer/Davidson 2001, S. 538).

3.2 Gestaltung von Produkten und Produktprogrammen

3.2.1 Zum Produktverständnis im Versicherungswesen

Die Produktpolitik ist eines der Stiefkinder des Versicherungsmarketing. Interessierte die Branche sich bisher für produktpolitische Entscheidungen, standen häufig versicherungstechnische Überlegungen im Vordergrund. Die versicherungstechnische Funktion der Produktgestaltung ist wichtig, da die Konzeption von Versicherungsprodukten auf der Basis einer mangelhaften Kalkulation sogar zum Ruin der Gesellschaft führen kann (Karten 1995, S. 57). In Zeiten vor der Deregulierung nutzten viele

Versicherungsgesellschaften die Produktpolitik kaum als ein probates Mittel, um Kundenbedürfnisse zu erfüllen oder Wettbewerbsvorteile zu erzielen. Versicherungspraktiker sahen traditionell in einem Produkt eher ein „Bündel aus den Versicherungsbedingungen, dem Tarif und dem Antrag des Kunden", das eventuell noch durch einen Prospekt aufgewertet wurde (Röhr 1995, S. 92). Die produktpolitischen Entscheidungsmöglichkeiten in der deutschen Versicherungswirtschaft erweiterten sich durch *neue rechtliche Rahmenbedingungen* im Zuge der Veränderung des Aufsichtsrechts maßgeblich (Eisen 1997, S. 553). *Bis zum 21. Juli 1994 mussten die Versicherungsunternehmen Versicherungsbedingungen von der Aufsichtsbehörde genehmigen lassen.* Diese konnte ihrerseits eigene Vorstellungen über die Ausgestaltung des Versicherungsprodukts durchsetzen. In der Praxis entwickelten nicht die einzelnen Versicherer, sondern im Regelfall die Versichererverbände neue Produkte bzw. Produktvarianten. Die Versicherer gestalteten ihre Produkte auf der Basis so genannter *Musterbedingungen*. Eigene Produktentwicklungen kamen ebenfalls vor, waren aber die Ausnahme. *Mit der Änderung des Aufsichtsrechts sind Versicherungsbedingungen nicht mehr wie bisher vorab durch die Aufsichtsbehörde zu genehmigen, sondern der Aufsichtsbehörde zur Überprüfung auf rechtliche Zulässigkeit nachträglich vorzulegen* (Farny 1995, S. 79f.).

Infolge der Deregulierung des Versicherungsmarktes ist mit einigen Veränderungen im Bereich der Produktgestaltung zu rechnen:

➢ *Produktvielfalt und Intransparenz.* Die Freigabe von Versicherungsbedingungen führt zu einer wachsenden Produktvielfalt. Qualitativ exzellente Produkte sind ebenso verbreitet wie „Mogelpackungen". Auch *„Me-too"-Effekte,* die keinen Mehrwert darstellen und sich nur auf leichte Veränderungen des Deckungsumfangs beschränken, sind feststellbar. Die entstehende Intransparenz des Marktes löst einen erhöhten Beratungsbedarf aus.

➢ *Zielgruppenprodukte.* Wegen einer zunehmenden Individualisierung in der Gesellschaft sehen führende Finanzmakler vor allem für Gesellschaften, die Zielgruppenprodukte beispielsweise für bestimmte Berufsstände entwickeln, gute Marktchancen (van de Veer 2003, S. 778).

➢ *Verständliche Produktbeschreibungen.* Verbraucherschützer werden zunehmend im Interesse der klagenden Kunden verständlicher formulierte Versicherungsbedingungen fordern. Selbst im Bereich der Standardprodukte wie der Haftpflichtversicherung wissen viele Kunden nicht, worin ihr Versicherungsschutz eigentlich besteht. Auch bei der Wohngebäudeversicherung tut sich für die große Mehrheit der Versicherungsnehmer ein Rätsel auf, wenn von einer Messzahl des Statistischen Bundesamtes (Bauindex) die Rede ist (Schmidt-Kasparek 2006, S. 21 ff.). Allerdings darf der Informationsgehalt durch die plakative Auflistung von Punkten oder grafische Illustrationen nicht so weit verkürzt bzw. verändert werden, dass Versicherungsnehmer ihn missverstehen oder falsch interpretieren.

In Anbetracht der aufgezeigten Entwicklungen liegt es nahe, die von Kotler beschriebenen Konzeptionsebenen eines Produktes auf die Versicherungsbranche zu übertragen (Kotler/Bliemel 1999, S. 670ff.):

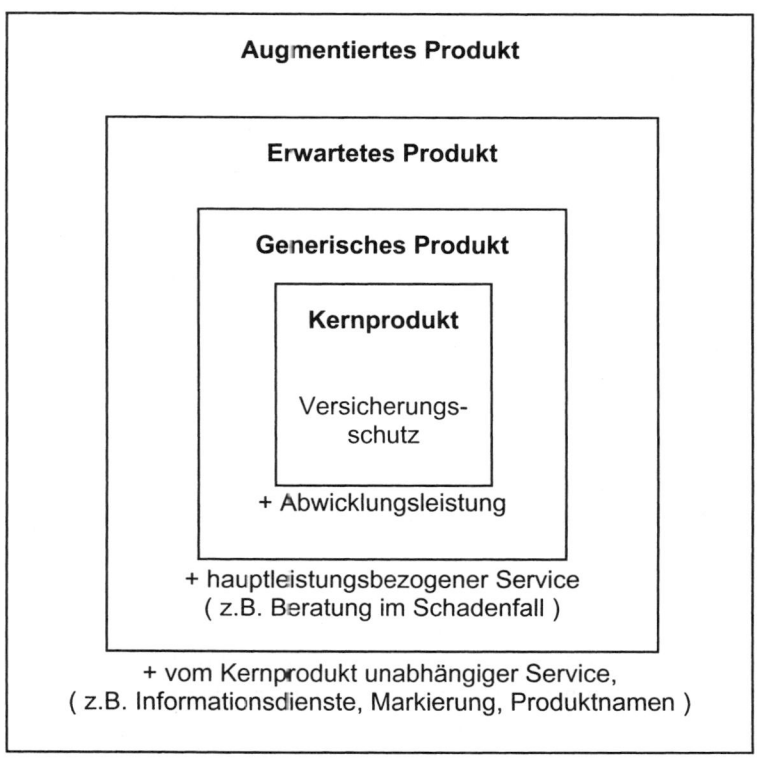

Abb. 3-1: Konzeptionsebenen des Versicherungsprodukts
(Quelle: in Anlehnung an Lach 1995, S. 29; Kotler/Bliemel 1999, S. 671)

(1) Kernnutzen

Die fundamentalste Konzeptionsebene eines Produktes betrifft dessen Kernnutzen. Er kann vom Versicherungsunternehmen durch die Versicherungsschutzgestaltung sowie die Abwicklung von Spar- und Entsparprozessen gewährleistet werden (Farny 2006, S. 380).

(2) Generisches Produkt

Der Kernnutzen ist noch nicht marktfähig, sondern in ein generisches Produkt umzusetzen. Um den Versicherungsschutz handhabbar und verkehrsfähig zu machen, sind einige Abwicklungsleistungen erforderlich. Hierzu gehören der Informationsaustausch über den Versicherungsschutz und die Versicherungsleistungen sowie Geldbewegungen für Prämien- und Schadenzahlungen. Die Bezeichnung „Versicherungsschutz" könnte in Anlehnung an den allgemeinen Sprachgebrauch zu der Annahme verleiten, Versicherung würde gegen den Eintritt eines Schadenfalls schützen. Das generische Versicherungsprodukt stellt in der Regel jedoch lediglich die finanzielle Kompensation eines eingetretenen Schadens dar (Kromschröder 1997, S. 61).

(3) Erwartetes Produkt

Kunden erwarten eine Kombination von Eigenschaften, wenn sie das Produkt erwerben. Im Gegensatz zu den bisher beschriebenen Abwicklungsleistungen des generischen Produktes sind Serviceleistungen für die Nutzung des Versicherungsschutzes nicht zwingend notwendig – aber aus Kundensicht in der Regel sinnvoll. Der unmittelbar hauptleistungsbezogene Service bezieht sich auf die Beratung vor und bei Abschluss des Vertrages, während der vertraglichen Laufzeit, bei Vertragsende und im Schadenfall (Lach 1995, S. 29).

(4) Augmentiertes Produkt

Um eine Differenzierung von Wettbewerbern zu erreichen, muss das Versicherungsunternehmen auf der Basis des vom Kunden erwarteten Produktes weitere Eigenschaften hinzufügen. Solche nur mittelbar auf die Hauptleistung bezogenen Serviceleistungen sollen einen eigenständigen und vom Kernprodukt unabhängigen Nutzen erzeugen. Serviceleistungen wie z.B. Informationen zu versicherungsnahen Themengebieten erhalten mit einer zunehmenden Verschärfung des Wettbewerbs eine wachsende Bedeutung. Wichtige Aspekte sind in diesem Zusammenhang die Namensgebung für einzelne Versicherungsprodukte und die Verwendung von Marken (Farny 2006, S. 400; Lach 1995, S. 29).

3.2.2 Produktinnovation und Neuproduktentwicklung

Echte Produktinnovationen sind Marktneuheiten, die auf dem Versicherungsmarkt bisher noch nicht angeboten wurden (Bittl/Vielreicher 1996, S. 134). Im Kern geht es dabei um die Suche nach versicherbaren Risiken, für die es eine geeignete Form der finanziellen Kompensation zu entwickeln gilt. Denkbar ist anstelle der finanziellen Kompensation auch eine andere Form des Ausgleichs.

Produktinnovationen sind wegen der Dynamik des rechtlichen und gesellschaftlichen Umfeldes sowie der zunehmenden Wettbewerbsintensität eine Überlebensfrage (Surminski, A. 2005, S. 235). Ein typisches Beispiel ist die Dread-Disease-Versicherung (Versicherungsschutz für schwerste Krankheiten). Marktneuheiten entstehen in der Versicherungsbranche häufig alleine durch Gesetzesänderungen. Ob es sich dabei um eine „echte" Produktneuheit oder bereits um eine Produktvariation handelt, ist gelegentlich nicht eindeutig zu beantworten. So ist die in Deutschland eingeführte „Riester-Rente" versicherungstechnisch gesehen kein neues Produkt. Allerdings bietet dieses Altersvorsorgeprodukt eine neue Dimension der Bedarfsdeckung, da die Wahrnehmung der Förderpraxis sowie der Auflagen des Gesetzgebers stark vom gewohnten Produktstandard abweicht (Puschmann 2003, S. 106).

Produktinnovationen durchlaufen einen systematischen Prozess, der sich durch folgende charakteristische Phasen auszeichnet:

(1) Ideengewinnung

Um zu völlig neuen Produktideen zu gelangen, liegt es nahe, nicht nur auf gegenwärtige Impulse im wirtschaftlichen, rechtlichen und technischen Umfeld zu reagieren, sondern aktiv kreative Prozesse anzustoßen. Versicherungsunternehmen setzten traditionell nur die Brainstorming-Methode als Kreativitätstechnik ein (Bittl/Vielreicher 1995, S. 1088). Der Blick über den versicherungswirtschaftlichen Bereich hinaus ist vielfach sinnvoll. So kann das Studium neuer naturwissenschaftlicher Erkenntnisse von hohem Wert für die Entwicklung von Versicherungsprodukten sein.
Nachdem die Versicherungsgesellschaften das Potenzial zur Ideenfindung ausgeschöpft haben, müssen die Produktinnovationen noch in die versicherungswirtschaftliche Praxis umgesetzt werden.

Die möglichen *Formen der Umsetzung von Produktinnovationen* sind sehr vielfältig (Röhr 1995, S. 98f., 110f.):

➢ die *Gestaltung von Versicherungsbedingungen (klassischer Weg)*.

➢ die *Veränderung von bisherigen Leistungsgrundprinzipien*. Hierbei könnte statt einer Schadenzahlung in Geld die Leistung auf einer materiellen Ersatzleistung beruhen. Denkbar wäre beispielsweise eine Sicherheitspolice für Senioren, die einen Schneeräumdienst beinhaltet.

➢ *technologieorientierte Produktinnovationen*. Dabei würde statt einer finanziellen eine technische Sicherheitslösung zum Einsatz kommen. So könnten Versicherungsgesellschaften mit Industrieunternehmen zusammenarbeiten um Systeme zu entwickeln, mit deren Hilfe gestohlene Kraftfahrzeuge zuverlässig geortet werden können.

(2) Bewertung und Auswahl von Produktideen

Bei der Bewertung und Auswahl von Produktideen sind im Versicherungswesen eine Vielzahl von *Kriterien* zu beachten:

➢ Kundenwünsche,
➢ vorhandene Vertriebspotenziale,
➢ EDV-Gegebenheiten,
➢ die Kalkulierbarkeit des Risikos.

Vor allem die letztgenannte Restriktion stellt eine besondere Herausforderung dar, da bei Neuprodukten noch keine Schadenerfahrungen vorliegen. Als Ersatz für exakte Prognosemethoden können zur Schätzung des Schadenpotenzials intuitive oder heuristische Methoden wie die Risikoanalyse Einsatz finden. Nach Selektion der vorgestellten Produktinnovationsalternativen sind die *Produkteigenschaften* festzulegen. Hierzu gehören:

➢ der versicherte Bereich,
➢ die Tarifgestaltung,
➢ zu erwartende Betriebs-, Schaden- und Rückversicherungskosten.

Um eine zeitnahe Entwicklung von Versicherungsprodukten zu ermöglichen, sollten die involvierten Abteilungen parallel arbeiten und gut miteinander kommunizieren (s. hierzu Sattler 2003, S. 1358f.). Typisch ist der stark *interdisziplinäre Charakter der Entwicklungsarbeit.* So sind Mathematiker mit der detaillierten Kalkulation und Profitabilitätsanalyse, der Vorplanung zur Verwendung von Überschüssen sowie der Rückversicherungsstrategie betraut. Juristen formulieren Versicherungsbedingungen. Die mit der Vertragsbearbeitung und Schadenregulierung beschäftigen Mitarbeiter arbeiten eng mit der EDV-Abteilung zusammen, um eine zweckmäßige Erfassung der Geschäftsvorfälle sicherzustellen. Über Verkaufsförderungsmaterialien, Schulungen, Werbemaßnahmen und die Festlegung des Provisionsmodells ist die Marketing- und Vertriebsabteilung bei der Produktentwicklung sehr eng mit anderen Unternehmensbereichen vernetzt.

(3) Prüfung der Marktfähigkeit neuer Produktideen

Die Prüfung der Marktfähigkeit von Neuprodukten erfolgt im allgemeinen mit Hilfe eines Produkttests auf einem regional begrenzten Testmarkt. In der Versicherungsbranche ist die Durchführung solcher Tests problematisch, da der Versicherungsschutz ein zeitraumbezogenes Leistungsversprechen darstellt. Die am Markt eingeführten Produkte lassen sich nicht ohne weiteres wieder vom Markt nehmen, wenn sie nicht die Ansprüche der Kunden erfüllen. Produkttests am Markt sind insbesondere bei sehr langfristig abgeschlossenen Versicherungsprodukten kaum sinnvoll (Lach 1995, S. 233).
In der Praxis werden anstelle von Markttests oft unabhängige Versicherungsmakler oder Versicherungsvertreter hinsichtlich ihrer Einschätzung der Marktfähigkeit eines neuen Produkts befragt. Zumindest lassen sich jedoch Tests der EDV-Systeme durchführen, die für eine Freigabe der „Produktion" eine wichtige Rolle spielen (Sattler 2003, S. 1359).

(4) Markteinführung

Bei der Markteinführung einer Produktinnovation ist in der Versicherungsbranche vor allem das Timing sehr wichtig. So kann ein bereits fertig entwickeltes Versicherungsprodukt aufgrund von Gesetzesänderungen plötzlich obsolet sein (Bittl/Vielreicher 1996, S. 140f.). In bestimmten Geschäftsfeldern wie der privaten Krankenversicherung sind auch nach einer erfolgreichen Produkteinführung die Veränderungen der relevanten Umfelder (z.B. sozialpolitische Überlegungen des Gesetzgebers, Gesundheitsreformen) sehr akribisch zu beobachten (Sattler 2003, S. 1359f.).

Gewinnung von Produktideen

Inhaltliche Alternativen	*Methodische Alternativen*
➤ marktorientiert ➤ technologieorientiert ➤ wissensorientiert	➤ Einsatz von Kreativitätstechniken ➤ Wettbewerbsbeobachtung

Ideenprüfung

Externe Restriktionen	*Interne Restriktionen*
➤ Kundenwünsche ➤ Vermittleranforderungen	➤ Risiko-Kalkulierbarkeit ➤ Betriebs-, Vertriebskapazität ➤ DV-technische Machbarkeit

Ideenrealisation

Aktuarielle Entwicklung	*Vertragsentwicklung*	*Marktfähigkeitsprüfung*
➤ Versicherter Be- reich ➤ Kalkulation/Tarife ➤ Rückversicherung	➤ Versicherungs- bedingungen ➤ Verbraucher- information	➤ Beurteilung durch Versicherungs- vermittler

Markteinführung

Interne Einführung	*Externe Einführung*
➤ Schulung Innen-/Außendienst ➤ Aufnahme in Informations- systeme	➤ Information der Makler ➤ Kundengerichtete Kommunikation (Werbung, Verkaufsförderung, Events, Öffentlichkeitsarbeit,...)

Abb.: 3-2: Produktinnovationsmanagement in Versicherungsunternehmen
(Quelle: in Anlehnung an Bittl/Vielreicher 1996, S. 140f.; Röhr 1995, S. 98f.)

Fallbeispiel – Telematik-basierte Produktinnovationen in der Kfz-Versicherung

Seit vielen Jahren ist der Kfz-Versicherungsmarkt hart umkämpft. Die Autoversicherer entwickelten stets neue Tarifmerkmale. Wenigfahrer-, Garagen-, Frauen-, Familien-Rabatte sollten kundenindividuelle Prämiendifferenzierungen ermöglichen. Nach der Deregulierung führten die Autoversicherer in Deutschland beispielsweise Wenigfahrerrabatte ein, die mit einer Betragsspreizung von bis zu 50 Prozent einhergingen. Jedoch war der Nutzen des Kunden von diesen Innovationen auf der Prämien- und Rabattebene nicht von langer Dauer. Häufig gaben und geben Versicherungsnehmer die für ihren individuellen Tarif erforderlichen Informationen nicht wahrheitsgemäß an. So mogeln etwa 20 % der Versicherungsnehmer bei der Angabe der jährlichen Fahrleistung in Kilometern so gewaltig, dass der ihnen von der Versicherungsgesellschaft eingeräumte Rabatt nicht gerechtfertigt ist. Das Tarifmerkmal verliert über die Jahre an Diskriminierungswirkung, da die Versicherungsgesellschaften – im Grunde zulasten der Kunden, die ehrliche Angaben machten – ihre Tarifierung anpassen müssen. Das Problem ist auch in anderen Ländern bekannt. Dort führten einzelne Versicherungsgesellschaften telematik-basierte Systeme ein. Die Automobile von Kunden erhielten eine technische Paket-Lösung, eine so genannte Black-Box. Mit deren Einbau und Freischaltung waren nun tagesaktuell die Daten über die Gesamtfahrleistung, das Verhältnis von Stand- und Fahrzeit, die Straßenart, das PLZ-Gebiet und Überschreitungen von Geschwindigkeitsbeschränkungen verfügbar. Sogar eine Erstellung von Fahrerprofilen, die bisher dem Versicherer weitgehend verborgen blieb, war hiermit erstmals möglich.

Die Markteinführung der telematikbasierten Lösungen ist auf dem deutschen Versicherungsmarkt nach Meinung von Experten dennoch sehr riskant. Zunächst schränken die hohen Technikkosten von etwa 150 € pro Jahr den interessierten Kundenkreis deutlich ein. Eine weitere Hürde sind zumindest bei den Nutzern von Fahrzeugen im privaten Bereich Datenschutzbedenken. Assoziationen ähnlich wie in George Orwells Science-Fiction-Roman über einen „großen Bruder", d.h. den Satelliten, ständig überwacht zu werden, kommen auf. Experten rechnen mit einem potenziellen Zielsegment von 5-10 % aller Kfz-Versicherungskunden. Eine weitere Problematik bei der Markteinführung wären zu erwartende Prämienerhöhungen, da die zusätzlichen Kosten für die Telematik und die Datenverarbeitung entweder vom

Kunden oder Versicherer zu übernehmen wären. Nicht zuletzt bleibt sehr fraglich, ob die Einführung der Systeme tatsächlich das Schadenaufkommen spürbar verringert. Kommt es nicht zu einer marktweiten Durchsetzung der Systeme, sondern nur zu der sehr wahrscheinlichen Umsetzung für einen äußerst eingeschränkten Kundenkreis, so ergeben sich nach Expertenschätzungen Reduzierungen von Schadenaufwendungen im Bereich von 5 Promille-Punkten. Marktchancen für telematikbasierte Systeme bestehen allerdings durchaus im gewerblichen Bereich, da sich aufgrund der wesentlich höheren Jahreskilometerleistung der Einbau der Systeme rechnet und Datenschutzbedenken weniger dramatisch sind als im privaten Bereich. Für den privaten Bereich erscheint eine andere Innovation marktfähiger zu sein. So schlägt die Swiss Re ein „Mileage Monitoring" über eine Tankkarte der Kfz-Versicherer vor, die bei jedem Tankvorgang den Kilometer-Stand registriert.

Quelle: Sauer/Thiele (2006), S. 1153f.

Häufig haben Versicherungsunternehmen mit *branchentypischen Problemen im Produktinnovationsmanagement* zu kämpfen:

➢ Zunächst behindert die *lange Laufzeit vieler Versicherungsverträge* eine schnelle und spürbare Wirkung der Innovation auf den Gesamtunternehmenserfolg (Farny 1995, S. 83f.).

➢ *Schnelle Nachahmung.* Der Anreiz zur Neuproduktentwicklung ist oft deshalb gering, weil sich Finanzdienstleistungen zumindest in der Produktkonstruktion leicht nachahmen lassen. Ein rechtlich wirkungsvoller Schutz vor Nachahmung ist nur für Marken- und Produktnamen sowie Werbeideen möglich. Weniger gut kopierbar sind zudem „weiche Komponenten" wie Einstellungen und kulturelle Orientierungen (Nordemann 1995, S. 135ff., Vielreicher 1995, S. 29).

➢ *Unabhängige Vermittler* konfrontieren die Erstversicherer schnell mit neuen Deckungskonzepten und Serviceideen auf dem Markt.

In vielen Fällen sind die Probleme auch hausgemacht. Versicherungsgesellschaften, die keine brauchbare statistische Datenbasis haben, einseitig produkt- und spartenorientiert denken und sich stets am Marktführer orientieren, dürften allenfalls zufällig zu einer erfolgreichen Produktinnovation gelangen (Bittl/Vielreicher 1995, S. 1086).

Mit zunehmendem Wettbewerb entsteht ein höherer Druck, mehr Produktentwicklungen in einer noch kürzeren Zeit zu realisieren. An sich sollte die Produktinnovationszeit erheblich kürzer sein als im Falle von Industriegütern, da in der Versicherungsbranche vergleichsweise geringe materielle und personelle Forschungs- und Entwicklungsaufwendungen anfallen. Zudem müssen Versicherungsunternehmen kaum naturwissenschaftlich-technische Nebenbedingungen beachten. Versicherungsbetriebliche Produktinnovationen sind in erster Linie Ergebnis der Kreativität von Mitarbeitern (Vielreicher 1995, S. 23f.). Ein Grund für die bis heute anzutreffenden Probleme in der Versicherungsbranche ist das nach wie vor weitgehend unstrukturierte Vorgehen. Bisher entwickeln die Versicherungsunternehmen Produkte in einem mehrstufigen Prozess, in dem die Ideen in mathematische Kalkulationsmodelle übersetzt werden. Dabei sind Aufgaben und Kompetenzen über viele Abteilungen verteilt. Ein Gremium, das Kompetenzen an einer Stelle konzentriert, fehlt häufig. Eine Zusammenarbeit von Lenkungsgremium und Produktmanagement würde dazu beitragen, Marktchancen einer Idee realistischer einschätzen zu können, die Produktdesignphase systematisch zu koordinieren und den Produktentwicklungsprozess zu kontrollieren (Oelkers 2005, S. 317f.). Traditionell sind die Organisationsstrukturen der Versicherungsunternehmen auf die Erledigung sich wiederholender Aufgaben ausgerichtet und für Innovationstätigkeiten wenig geeignet (Vielreicher 1995, S. 169).

3.2.3 Produktvariation und -differenzierung

3.2.3.1 Grundlegende Optionen

Im Rahmen der Produktvariation erfolgt eine *Veränderung der bereits im Markt existierenden Produkte.* Gerade in der Versicherungsbranche ergeben sich durch Veränderungen im wirtschaftlichen, rechtlichen und technologischen Umfeld häufig Aktualisierungserfordernisse der bestehenden Produkte. Bei klassischen Versicherungsprodukten erfolgt dabei in der Regel eine Umstellung der Versicherungsbedingungen, um der geänderten Risiko- und Lebenssituation des Kunden besser gerecht zu werden (Puschmann 2003, S. 107). Produktvariationen sind im Versicherungsbereich meist ohne großen Aufwand durchführbar. Allerdings ist ein Wettbewerbsvorteil allenfalls kurzfristig realisierbar, da mit einer schnellen Nachahmung der Produktvarianten zu rechnen ist (Hertel/Sartorius 1994, S. 84f.).

Eine Variationsmöglichkeit besteht darin, nach den Kundenbedürfnissen neue Deckungselemente in das Produktprogramm aufzunehmen bzw. bestehende Produkte um zusätzliche Deckungen oder Assistance-Leistungen zu erweitern. Um die Produktvariation im Sinne der Kundenbedürfnisse erfolgreich umzusetzen, ist eine permanente Kommunikation mit dem Kunden erforderlich. Eine solche Praxis erfordert in vielen Unternehmen ein Umdenken, da sich die Kommunikation mit den Versicherungsnehmern oft auf die Situation des Abschlusses und der Schadenregulierung beschränkt (Hertel/Sartorius 1994, S. 127f., 147ff.). In der Zwischenzeit hören die meisten Kunden häufig wenig von ihrer Versicherungsgesellschaft.
Auch die Bildung von Kuppelprodukten mit Finanzdienstleistungen oder anderen Dienstleistungen kann zu neuen Produktvarianten führen. Eine solche Variation ist vor allem im Lebensversicherungsbereich in der Praxis sehr verbreitet.

3.2.3.2 Bausteinprinzip

Ein aus anderen Branchen bekanntes Prinzip des Angebotes von Produktvarianten ist das Bausteinprinzip. Hierbei werden bestehende abgrenzbare, gesondert handelbare Komponenten von Versicherungsschutz und ggf. ergänzenden Produktelementen nach Bedarf kombiniert. Die Bausteine sind dabei standardisiert (Wagner 2001). Offensichtlich sind die Produktions- und Kostenvorteile dieses Modularisierungsprinzips. Schwieriger ist es, den richtigen Grad an Produktdifferenzierung zu realisieren. Wichtige Maximen bei der Entwicklung des Bausteinprinzips sind (Köhne/Ruf 1995, S. 948f.):

➢ *Umfassende Bedarfserfüllung/Problemlösung für den Kunden.* Die Zusammenstellung der Bausteine darf nicht zu Lücken im Versicherungsschutz führen.

➢ *Freiheit von Redundanzen im Deckungskonzept.* Die einzelnen Bausteine dürfen keine Überschneidungen im Versicherungsschutz haben.

➤ *Überschaubare Komplexität des Baukastens.* Das Gesamtprodukt sollte einfach und verständlich sein. Die einzelnen Bausteine sollten noch mit vertretbarem Aufwand tarifierbar und handhabbar sein.

➤ *Entwicklung bedarfsgerechter Lösungen.* Die Bausteine sollten einen Zusammenhang nach versicherten Gefahren haben oder auf einer Auswertung von Schadenfällen beruhen.

➤ *Flexibilität des Deckungskonzepts.* Durch die Bausteinwahl sollten Sonderwünsche des Kunden dennoch Berücksichtigung finden können. Denkbar wären z.B. optionale Ergänzungen zu den standardisierten Modulen mit Zusatzleistungen.

➤ *Kombinierbarkeit mit Finanzprodukten anderer Anbieter.* Eine solche Möglichkeit wirkt sich positiv auf die Gewinnung neuer Kundenverbindungen und die Ausschöpfung von Cross-Selling-Optionen aus.

Insgesamt betrachtet können Versicherungsunternehmen durch das Bausteinprinzip ihren Kunden bedarfsgerechte Produkte zu angemessenen Preisen anbieten und einen überdurchschnittlichen Markterfolg erzielen. Es können zwei, auf den ersten Blick sich widersprechende, Ziele erreicht werden: die Zusammenstellung einer bedarfsgerechten Versicherung und die für den Kunden kostengünstige Standardisierung wichtiger Leistungselemente (Lehmann/Nyfelder 1994, S. 7).
Dennoch ist das Bausteinprinzip nicht frei von Risiken. Zum Teil existieren in der Verwirklichung der oben genannten Maximen Zielkonflikte. So wird ein umfassendes Deckungskonzept eher eine höhere Komplexität aufweisen, einen höheren Aufwand bei der Prämienkalkulation bedeuten und schwieriger mit Finanzprodukten anderer Anbieter zu kombinieren sein. Problematisch kann die Verwendung von Baukästen auch dann sein, wenn die Versicherungsgesellschaft überwiegend mit unabhängigen Vermittlern zusammenarbeitet. Makler haben sich nach dem „Best Advice" Prinzip selbstverpflichtet, den für den Kunden bestmöglichen Versicherungsschutz bei einer bestimmten Prämienvorstellung oder für eine bestimmte Qualität des Versicherungsschutzes Anbieter mit sehr günstigen Prämien auszuwählen. Um den Kunden optimal zu beraten, müssten dann Anbieter, die ein Versicherungspaket aus Bausteinen zusammenschnüren, dem Makler auf Anfrage die Prämien für die einzelnen Bausteine mitteilen. Häufig erkennt der Makler dann, dass es sich um eine „Mischkalkulation" des Anbieters handelt. Er pickt sich dann die „Rosinen" aus dem

Versicherungspaket heraus und fragt konsequenterweise nur die ausgewählten Teile des Versicherungspakets nach.

3.2.3.3 All-Risks-Deckungen

Klassische Versicherungsprodukte enthalten eine Aufstellung der zu versichernden Gefahren, die in den Versicherungsbedingungen dokumentiert sind. Im Gegensatz hierzu ist auch denkbar, sämtliche Gefahren in den Versicherungsschutz mit oder ohne spezielle Ausschlüsse aufzunehmen. Diese versicherungstechnische Variante wird All-Risks-Deckung genannt. Typische Ausschlüsse betreffen vor allem Kriegs- und Terrorgefahren, Kernenergie sowie grobe Fahrlässigkeit und Vorsatz. (Kühlmann/Käßer-Pawelka/Wengert/Kurtenbach 2002, S. 327). All-Risks-Deckungen sind für einen ausgewählten (meist exklusiven) Personenkreis im Privatkundengeschäft sowie im Firmenkundenbereich von größerer Bedeutung. Obgleich All-Risks-Deckungen einen großen Umfang an Gefahren abdecken, müssen sie für den Kunden nicht zwingend mit höheren Prämienzahlungen im Vergleich zu klassischen Versicherungen einhergehen. In der Praxis können durch die Vereinbarung hoher Selbstbehalte und der hiermit einhergehenden Prämienreduzierung sowie wegen der Weitergabe der Kosteneinsparung an den Kunden sogar vergleichsweise günstige All-Risks-Deckungen angeboten werden.

Vorzüge von All-Risks-Deckungen sind aus Kundensicht das größere Gewicht bei Vertragsverhandlungen und die Umkehrung der Beweislast. Nachteilig wirken sich hingegen die Gefahr einer Fehlinterpretation des neuen Wortlauts eines Versicherungsvertrages, hohe Prozessrisiken, die hohe Abhängigkeit von einem Versicherer und die geringe Vergleichbarkeit von Angeboten aus.

Aus Sicht der Versicherungsunternehmen sind All-Risks-Deckungen neben den geringeren Verwaltungsaufwendungen in der Vertrags- und Schadenbearbeitung vor allem zur Realisierung von Wettbewerbsvorteilen interessant. Allerdings sollten Versicherungsunternehmen beachten, dass die Einführung von All-Risks-Deckungen in der Regel eine intensivere Risikoforschung, eine neue Aufbauorganisation, eine höhere Personalqualifikation in der Kundenberatung und eine neue Rückversicherungsordnung erfordert. Zudem könnten Konkurrenten gleich in eine gesamte Verbindung einsteigen (Hertel/Sartorius 1994, S. 127f., 147ff.).

3.2.4 Produktprogramm und Allfinanz

Marketingverantwortliche sollten Entscheidungen über die Innovation, Variation, Differenzierung und Eliminierung von Produkten nicht isoliert treffen. Die genannten Teilentscheidungen der Produktpolitik sind vielmehr im Gesamtzusammenhang mit der Programmgestaltung des Unternehmens zu beurteilen (Meffert 1998, S. 446). Das Produktprogramm zeichnet sich durch eine bestimmte Programmbreite und Programmtiefe aus. Die *Programmbreite* ist durch die Anzahl der Produktlinien im Programm gekennzeichnet, während die *Produkttiefe* durch die Anzahl der Produkte innerhalb einer Produktlinie zum Ausdruck kommt. Im Versicherungswesen ist es traditionell üblich, *Produktlinien* als Versicherungszweige zu bezeichnen.

Die Ausweitung des Produktprogramms über die Versicherungs- und Kapitalanlageprodukte hinausgehend ist vor allem durch rechtliche Aspekte eingeschränkt. Der *Verbund von Versicherungsgeschäften und anderen Finanzdienstleistungen*, d.h. unter anderem aller Bankgeschäfte, wird unter dem Begriff Allfinanz subsummiert. Aufgrund des versicherungs- und bankrechtlichen Spezialisierungsgebots sind Allfinanzgeschäfte unter einer einheitlichen Leitung nur in einem Allfinanzkonzern umsetzbar (Farny 2006, S. 375).

Historisch betrachtet wurde das Allfinanz-Konzept zuerst in den Vereinigten Staaten vorangetrieben. In den USA ist jedoch der Begriff ‚*Financial Services*‘ seit Ende der 1970er Jahre gebräuchlich. Hinter diesem verbirgt sich eine stärkere Kundenorientierung als hinter den deutschen Begriffen ‚Finanzdienstleistungen‘ oder ‚Allfinanz‘. Die Ursache hierfür ist in völlig anderen Rahmenbedingungen und Märkten zu sehen. So beschloss bereits 1931 das Warenhaus Sears Roebuck, sein Sortiment um verschiedenste Finanzdienstleistungen zu erweitern. Nach bisherigen Erfahrungen in den USA sind einige Allfinanzstrategien sehr erfolgreich gewesen. Diesen stehen jedoch viele gescheiterte Strategien gegenüber. In Deutschland wird die Einführung eines Sparplans mit Versicherungsschutz im Jahre 1984 als Initialzündung der Allfinanzidee gesehen (Nieraad 1994, S. 1ff.).

Das Allfinanzkonzept ist mit einer Reihe von *Chancen* und *Risiken* verbunden. Zunächst wirkt sich das Allfinanz-Konzept positiv auf Wachstumsziele aus. Eine wesentliche Ursache hierfür sind die Zusammenhänge zwischen der Nutzung der Produkte. So lassen sich bei einem breiten Produktprogramm einzelne Produkte durch andere ersetzen (substitutive Beziehung) oder durch geeignete Produkte ergänzen (komplementäre Beziehung). Im ersten Fall entstehen mehrfache Absatzchancen und im zweiten Fall *Cross-Selling-Potenziale*. Eine Programmausweitung sollte jedoch nicht ausschließlich mit dem Ziel der Nutzung von Cross-Selling-Potenzialen erfolgen. Ein solches Motiv wäre nicht Ausdruck einer kundenorientierten Programmgestaltung, sondern als eine unsystematische Absatzorientierung ohne Beachtung von Kundenbedürfnissen zu werten. Entscheidend für die Breite des Programms sollte nicht die Zahl der Produktarten, sondern die Bandbreite der vom Finanzdienstleister abdeckbaren Kundenbedürfnisse sein (Telschow 1997, S. 95). Zudem wäre eine Kooperation zwischen einer Bank und einer Versicherung in vielen Fällen die bessere Wahl als das Allfinanzangebot, wenn nur die Nutzung der Vertriebskanäle im Vordergrund der strategischen Zielsetzung stünde (Surminski, M. 2005b, S. 105). Auch wenn Cross-Selling-Potenziale tatsächlich vorhanden sind, werden diese in der Vertriebspraxis nicht zwangsläufig auch intelligent genutzt. Vielfach sind sich Verantwortliche im Vertrieb ihrer Möglichkeiten in einer konkreten Verkaufssituation nicht bewusst, da der entsprechende fachliche Hintergrund fehlt. Häufig lässt auch die zu einer erfolgreichen Nutzung dieser Potenziale unbedingt notwendige Sensibilität und Kundenorientierung stark zu wünschen übrig. So ist das Bauchladen-Prinzip, d.h. der Versuch, einen Kunden erst für einen Artikel A, später für B und dann für C zu begeistern, für Allfinanzberater zwar verlockend, aber selten zielführend. Der Kunde fühlt sich überrumpelt. Trotz der Breite des Programms sollte der Berater eine klare Gesprächslinie verfolgen und ein Gespür für die passende Situation haben. Das erfordert eine hohe sprachliche Flexibilität und verkaufspsychologische Erfahrung. Erfolgreiche Cross-Selling-Aktivitäten sind stets mit dem „Nebenziel" verbunden, Kunden zufrieden zu stellen (Kozak 2005, S. 179f.).

Von Allfinanzprodukten erwarten Kunden einen *Zusatznutzen*. In diesem Sinne sollen entsprechende Produkte auf die individuellen Lebenssituationen des Kunden abgestimmt sein und deren finanzwirtschaftliche Ziele preisgerecht erfüllen. Allfinanzlösungen sollen für den Kunden im Vergleich zu seiner bisherigen Versorgungssituation mit Kosteneinsparungen bzw. Versorgungszuwächsen einhergehen. Ziel ist es hierbei, die integrierte Problemlösung und nicht Produkte in einer isolierten Betrachtung zu optimieren. Das Allfinanzkonzept kommt aus Kundensicht auch dem Motiv der *Bequemlichkeit* entgegen, welches bestimmte Kunden höher bewerten als die Abhängigkeit von einem einzelnen Anbieter (Nieraad 1994, S. 12).

Nicht unproblematisch ist die *Akzeptanz von Allfinanz-Konzepten bei den Kunden* zu beurteilen. Wie bei allen Erweiterungen des Produktprogramms muss der Anbieter seine Kompetenz in der neuen Produktlinie erst unter Beweis stellen. Handelt es sich um eine Ausweitung des Produktprogramms in anspruchsvolle beratungsintensive Bereiche könnten möglicherweise *personelle Probleme* entstehen. Sicher die wenigsten Kundenberater werden die komplette Bandbreite der Allfinanzprodukte fachlich beherrschen. Kritisch im Hinblick auf die Qualität der Beratung ist die in der Branche übliche produktbezogene Provisionsentlohnung zu sehen. Ein Allfinanzkonzept, welches sich durch eine konsequente Kundenorientierung auszeichnen soll, hat daher neue Akzente in der *Entlohnung* von Vertriebsmitarbeitern zu setzen (Nieraad 1994, S. 3ff.).
Ein Problembereich ist zudem aus Kundensicht ein mögliches Gefühl der *Abhängigkeit* vom Finanzdienstleister und der hohe Aufwand beim Wechsel des Anbieters. Da der Allfinanzanbieter als einziger Berater und Informationslieferant des Kunden in Erscheinung tritt, könnte er einen hohen Einfluss auf die finanziellen Entscheidungen des Kunden ausüben. Es besteht dabei die Gefahr, den Absatz von Produkten zu fördern, die zwar im Interesse des Unternehmens liegen, den Bedürfnissen des Kunden jedoch nicht optimal entsprechen. Möglicherweise beruht die suboptimale Kundenlösung auch auf einem begrenzten Angebot, welches der Berater dem Kunden vorstellen kann. Oft können Kunden Qualitätsmängel in diesem Angebot nicht erkennen (Wagner, Ph. 1991, S. 62f.).

Für den Allfinanzanbieter ist die *Transparenz von Daten* mit Vorteilen insbesondere für den Aufbau von Datenbanken, gezielte Direktmarketingmaßnahmen und die Nutzung der beschriebenen Cross-Selling-Potenziale verbunden. Insbesondere Versicherungsunternehmen, die eine sogenannte Bankassekuranz betreiben, können von einer präzisen Kundendatenbank der Kreditinstitute profitieren (Zielke 1997, S. 751). Aus der erhöhten Transparenz über die Geschäfte des Kunden ergeben sich aus Kundensicht aber eventuell Bedenken hinsichtlich eines *Datenmissbrauchs*.
Gegenstand einer seit vielen Jahren andauernden Diskussion ist die Frage, ob sich Allfinanzkonzepte auch in einer langfristig höheren Rendite niederschlagen. Unabhängig von sachlogischen Argumenten stimmt die reine Beobachtung von Allfinanzstrategien seit Anfang der 1990er Jahre nach-

denklich. In etlichen Fällen erfüllten sich die Visionen von Bank- und Versicherungsmanagern im Rückblick nicht. Die Aachener und Münchener Versicherung verkaufte ihre Beteiligung an der BfG Bank Anfang der 1990er Jahre kurz nach einer missglückten Allfinanzstrategie wieder. Die Deutsche Bank trennte sich ebenfalls von ihren Versicherungsgesellschaften. Die Citigroup, der bis heute größte Allfinanzkonzern, verkaufte ihren großen Sach- und Lebensversicherer Travelers nach einem Einstieg vor sieben Jahren an den Versicherer Metlife. Der größte Finanzdienstleister der Welt begründete den Verkauf mit unzureichenden Wachstumsraten und niedrigen Renditen (Surminski, M. 2005b, S. 105).

	Allfinanz-Chancen	Allfinanz-Risiken
für den Kunden	➢ Preisvorteile ➢ Versorgungszuwachs ➢ Bequemlichkeit	➢ Produktqualität ➢ Abhängigkeitsgefühl ➢ Datenmissbrauch ➢ Hohe Wechselbarriere
für den Anbieter	➢ Wachstumsziele ➢ Cross-Selling ➢ Datentransparenz ➢ Effiziente Mailings	➢ Personalqualität ➢ Entlohnungssystem ➢ Divergenz Kompetenz Bank – Versicherung

Abb. 3-3: Chancen und Risiken von Allfinanz-Konzepten

Allfinanzkonzepte sind in der Unternehmenspraxis schwierig zu implementieren. Die Konvergenz der Kernkompetenzen sowie der Branchenkulturen von Versicherern und Banken erweist sich als langwieriger Prozess (Farny 2006, S. 374f.). Erfolgreiche Verbindungen zwischen Banken und Versicherungen wachsen in der Regel über Jahrzehnte. Dies zeigen die Beispiele der Finanzverbünde im Bereich der Genossenschaftsbanken und der Sparkassen. Eine wirkliche organisatorische Verzahnung erfolgte hier jedoch nicht, da die Unternehmensstrukturen des Banken- und Versicherungsbereichs voneinander getrennt sind (Surminski, M. 2005b, S. 105).

3.3 Prämiengestaltung

3.3.1 Bedeutung der Bestimmung von Prämien

Prämienpolitische Entscheidungen gehören zu den stärksten Waffen der Versicherungsunternehmen im Wettbewerb. Sie können *flexibel* eingesetzt werden und zeigen in der Regel eine *schnelle Wirkung*. In bestimmten Kundensegmenten wie im Direktversicherungs- oder im Industrieversicherungsgeschäft ist der Preis im Wettbewerb von überragender Bedeutung (Puschmann 2003, S. 140).

Nicht zuletzt wirken sich prämienpolitische Entscheidungen direkt auf den Erfolg der Versicherungsgesellschaft aus. Beispielsweise verändert sich bei einer Erhöhung der Prämie im Sachversicherungsbereich um 10 % das Betriebsergebnis bzw. die kombinierte Schaden-/Kostenquote oder Combined Ratio um 7 Punkte, d.h. zum Beispiel von einem leicht defizitären Wert 102 auf höchst profitable 95. Bei einer (sehr ambitionierten) Reduzierung der Vertriebs- oder Verwaltungskosten um 10 % wäre jedoch höchstens mit einer Verbesserung der Combined Ratio um 2 Prozentpunkte zu rechnen (Schmidt-Gallas/Lauszus 2005, S. 813). Anders als in anderen Branchen ist der Preis allerdings aus rechtlichen Gründen – z.B. wegen vertraglicher Vereinbarungen – in vielen Versicherungssparten *nicht kurzfristig variierbar*.

Vielen Versicherungsmanagern ist die hohe Bedeutung der Preisfindung für den Ertrag jedoch nicht bewusst. In einer Befragung der Unternehmensberatung Simon-Kucher & Partners schätzten die Manager im Durchschnitt die einschlägigen „Cost-Cutting-Maßnahmen" und die Absatzsteigerung für die Realisierung von Gewinnzielen weit wichtiger als Preisstrategien ein (Schmidt-Gallas/Lauszus 2005, S. 813f.).

Seit der *Deregulierung* der Versicherungsmärkte ist der Spielraum der Versicherungsunternehmen bei der Preisgestaltung in der Lebens-, Kranken- und Kraftverkehrs-Haftpflichtversicherung nur noch wenig eingeengt. *Die Vorabgenehmigungspflicht für Prämien und Tarife ist entfallen* (Farny 2006, S. 683).

Von größter Bedeutung ist in der Versicherungsbranche die Bestimmung einer *kalkulatorisch notwendigen Prämie* (Farny 2006, S. 686). Da die Schadendaten einzelner Risiken Zufallseinflüssen unterliegen, ist eine Ermittlung der Kalkulationsgrundlagen auf der Ebene des Kollektivs erforderlich. Nach dem *Äquivalenzprinzip* kalkulieren Versicherungsunternehmen daher in der Regel zunächst eine Nettorisikoprämie entsprechend den erwarteten Schadenkosten. Durch Addition eines subjektiv zu bestimmenden Sicherheitszuschlags ergibt sich die *Bruttorisikoprämie*. Um Schadengesetzmäßigkeiten zu prognostizieren, betrachten Versicherungsgesellschaften die Schadenerfahrung eines Kollektivs ähnlicher Risiken. Trotz einer statistisch gesehen sehr großen Anzahl von Risiken ist diese Prognose risikobehaftet, da neben den festgestellten Risikofaktoren andere individuelle Einflussfaktoren bestehen können. Eine Alternative liegt daher in der Kalkulation auf teilkollektiver Ebene. Im Rahmen einer solchen *Erfahrungstarifierung* erfolgt eine Anpassung der Risikoprämie an den tatsächlichen Schadenverlauf nach Eingang der Schadeninformationen mit zeitlicher Verzögerung (Telschow 1997, S. 185f.).

Die Kalkulation ist eine große Herausforderung für Versicherungsunternehmen, da auf der Basis von Vergangenheitswerten im Schadenverlauf künftige Prämien zu bestimmen sind. Als Hauptkostenkomponente sind die Schadenkosten zum Zeitpunkt der Kalkulation nicht bekannt. Andere Kalkulationsbestandteile wie die Verwaltungs- und Vertriebskosten unterscheiden sich von ihrer Art nicht wesentlich von anderen Wirtschaftszweigen. Insgesamt eröffnet die Kalkulation einen etwas eingeschränkten Spielraum. Dennoch bestehen in der Branche einige Möglichkeiten, Prämien im Sinne einer individuellen Prämie-Risiko-Äquivalenz zu regulieren (Puschmann 2003, S. 142ff.):

➤ *Individuelle Tarife.* Die kontinuierliche Entwicklung und Überarbeitung von Tarifmerkmalen führt zu einer trennscharfen Unterscheidung einzelner Kundengruppen nach der Risikohöhe.
➤ *Selbstbeteilungen.* Durch die Selbstbeteiligung des Versicherungsnehmers an der Zahlung kleiner Schäden kann die Versicherungsgesellschaft ihre Verwaltungskosten reduzieren und die eingesparten Kosten an den Kunden in der Form günstiger Prämien weitergeben.
➤ *Beitragsrückerstattungen.* Versicherungsunternehmen gewähren Beitragsrückvergütungen, um die wegen des Vorsichtsprinzips überhöht kalkulierten Prämien den tatsächlich niedrigeren Kosten und Leistungen anzugleichen.
➤ *Prämienanpassungen.* Eine Prämienanpassung ist erforderlich, um veränderte Schadenleistungen oder Änderungen im Bereich der Schadeneinflussgrößen angemessen zu berücksichtigen.

In bestimmten Sparten sind erhebliche Prämienunterschiede im deutlich zweistelligen Prozentbereich feststellbar. Das *Preisbewusstsein der Versicherungsnehmer* kommt dennoch in der Praxis nicht voll zur Geltung, da Prämien häufig wenig transparent sind. Versicherungskunden haben daher Schwierigkeiten, Angebote einzelner Unternehmen zu vergleichen. Prämienvergleiche werden beispielsweise durch die erwähnten Beitragsrückerstattungen und Prämienanpassungsklauseln erschwert (Nickel-Waninger 1987, S. 230f.). Verstärkend auf das Preisbewusstsein der Verbraucher und die Markttransparenz auf dem Versicherungsmarkt wirkt sich das Interesse der Medien an Prämienvergleichen von Versicherungen aus.

3.3.2 Formen der Prämiengestaltung

3.3.2.1 Tarifierung

Im Versicherungswesen ist die Prämiengestaltung in Geschäftsfeldern mit langfristiger Vertragsgestaltung und großen Geschäftsvolumina häufig generell in Form einer *Tarifprämie für bestimmte Versicherungsschutzarten* festgelegt. Die Tarifierung beinhaltet eine *Prämiendifferenzierung* und hat oft eine *Signalwirkung* am Markt. Eine individuelle Prämiengestaltung für das einzelne Versicherungsgeschäft ist hingegen im Industrieversicherungsbereich typisch (Farny 2006, S. 688).

Prämientarife sind auch im Zusammenhang mit einer Beschränkung prämienpolitischer Entscheidungsbefugnisse von Vertretern zu sehen. Die durch die Tarife vorgegebenen Prämien sind für den Vertreter verbindlich. Dem Vertreter wird in der Praxis allerdings in bestimmten Versicherungszweigen oder im Falle bestimmter Kundengruppen die Möglichkeit eingeräumt, Prämien zu vereinbaren, die von Tarifprämien abweichen (Lach 1995, S. 247).

Die sich seit etlichen Jahren abzeichnenden Tendenzen der gesellschaftlichen Individualisierung und des Wertewandels finden ihre Entsprechung in einer differenzierteren und individuelleren Tarifgestaltung. Möglicherweise treten in Zukunft spürbar Konflikte zwischen einem zunehmend egoistischen Denken und dem für die Funktionsfähigkeit des Versicherungswesens notwendigen solidarischen Denken auf. Je stärker ein Tarif individuell gestaltet ist, um so kleiner wird die sich hierbei bildende *Gefahrengemeinschaft* und hiermit die Chance, eventuelle Großschäden über das Kollektiv auszugleichen (Helten 1994, S. 197ff.).

3.3.2.2 Erstmalige und spätere Prämiengestaltung

In der Praxis ist hinsichtlich der Prämiengestaltung die Unterscheidung von Neu- und Bestandsgeschäft besonders interessant. *In der Regel ist nur im Rahmen des Neugeschäfts eine Prämienvereinbarung möglich.* Die Prämiengestaltung im Bestandsgeschäft erfolgt entweder durch eine Ermächtigung des Versicherers, Prämien einseitig über *Anpassungsklauseln* ändern zu können, oder durch eine Einigung mit dem Versicherungsnehmer. Eine Einigung mit dem Versicherungsnehmer ist meist nur im Falle von Prämiensenkungen möglich, während Prämienerhöhungen vor allem bei langfristigen Geschäften schwer durchsetzbar sind. Prämienerhöhungen spielen für Versicherungsunternehmen eine wichtige Rolle, um Verluste zu beseitigen. In solchen *„Sanierungsphasen"* nutzen die Versicherer oft Gelegenheiten wie Vertragsänderungen und Schadenregulierungen, um mit dem Kunden über Prämienänderungen zu verhandeln (Farny 2006, S. 689).

In der Praxis haben Versicherungsmakler und -vertreter ebenfalls Einfluss auf die Prämiengestaltung im Neu- und Bestandsgeschäft der Versicherungsunternehmen. Versicherungsmakler und -vertreter spielen im Rahmen des Neugeschäfts vor allem dann eine wichtige Rolle, wenn die Prämien des Versicherungsunternehmens im Vergleich zu den Prämien von Konkurrenzunternehmen hoch sind. Im Bestandsgeschäft besteht insbesondere bei Prämienanpassungen und einer Umstellung alter auf neue Versicherungslösungen ein Koordinationsbedarf (Lach 1995, S. 245f.).

3.3.2.3 Adaptive versus aktive Prämiengestaltung

Je nachdem, ob ein Versicherungsunternehmen Preiskämpfe vermeiden oder in Kauf nehmen möchte, wird es sich für eine adaptive oder aktive Prämienpolitik entscheiden.

Bei einer *adaptiven Prämienpolitik* richtet das Versicherungsunternehmen seine Prämienentscheidungen am näheren und weiteren Umfeld des Marktes aus, d.h. z.B. an Prämienentscheidungen der Wettbewerber oder an rechtlichen Vorgaben. Die adaptive Preispolitik beruht auf der Annahme, dass Prämien der Hauptkostenart einer Versicherungsproduktion, d.h. extern vorgegebenen Schadenkosten, folgen sollte. Durch dieses *abgestimmte Verhalten* entsteht eine höhere Markttransparenz und Preiskontinuität.

Es geht im Falle schwacher Wettbewerbskräfte oft mit hohen Unternehmensgewinnen einher (Farny 2006, S. 690).

Versicherungsunternehmen, die eine *aktive Prämienpolitik* betreiben, handeln weitgehend unabhängig von aufsichtsrechtlichen Vorgaben, Verbandsempfehlungen und der Prämiengestaltung ihrer Wettbewerber. Entscheidend sind die *eigenen Absatzziele und eine Orientierung an den Nachfragern* (Farny 2006, S. 690). In der Praxis spielt die Bestimmung von Prämien nach den Kundenbedürfnissen offenbar auch nach der Deregulierung keine so große Rolle. In der erwähnten Studie von Simon-Kucher & Partners orientierten sich weniger als ein Drittel der befragten 35 Versicherungsunternehmen in Deutschland und Österreich bei der Preisfindung an den Kundenbedürfnissen. Mit Abstand wichtigste Grundlage für die Prämienfestlegung war die eigene Kostenposition (Schmidt-Gallas/Lauszus 2005, S. 814).

Von großer praktischer Relevanz ist im Zusammenhang mit der aktiven Prämienpolitik die Betrachtung der für Oligopolmärkte typischen preispolitischen Verhaltensalternativen, d.h. des wirtschaftsfriedlichen Verhaltens, Kampfverhaltens und Koalitionsverhaltens. In der Nachkriegszeit war das Verhalten der Versicherungsgesellschaften durch Wirtschaftsfriedlichkeit gekennzeichnet. Prämienpolitische Entscheidungen wurden sicher im Hinblick auf die hohen Wachstumsraten und geringen Sättigungserscheinungen der Märkte nach den Regeln eines geordneten Prämienwettbewerbs getroffen. Das Verhalten der Gesellschaften am Markt war nicht darauf ausgerichtet, den Wettbewerbern zu schaden.
In einer Situation enger werdender Märkte und starker Unterschiede der Versicherungsunternehmen in ihrer Finanzstärke kam es des öfteren zu einem so genannten Kampfverhalten. Einzelne Versicherungsunternehmen versuchten dabei, ihre Wettbewerber mit allen zur Verfügung stehenden Mitteln aus dem Markt zu verdrängen. Nach den bisherigen Erfahrungen sollten Versicherungsunternehmen mit einer primär marktorientierten Prämienpolitik sehr vorsichtig umgehen. Bereits Anfang der 1980er Jahre zeigten empirische Untersuchungen im wenig regulierten Industrie-Feuerversicherungsmarkt, dass Wettbewerb mit einer Tendenz einherging, Prämien einzufordern, die nicht risikoadäquat waren. Eine aktive Prämienpolitik kann ohne fundierte Risikopolitik katastrophale Folgen für das versicherungstechnische Ergebnis haben (Telschow 1997, S. 97). Auf längere Sicht werden Versicherer in Märkten, die sich durch starke Schwankungen in der Schadenquote auszeichnen, mit einer hohen

Disziplin in der Zeichnungspolitik erfolgreicher sein. Die starke Orientierung von Preisentscheidungen nach den Empfehlungen von Aktuaren,
Underwritern und Versicherungstechnikern wird von Schmidt-Gallus &
Lauszus als marktfern kritisiert. Die Empfehlung der Unternehmensberater, stärker als bisher das Marketingmanagement in die Preisfindung einzubeziehen, sollte aber im Hinblick auf spartenspezifische Besonderheiten
akzentuiert werden.

Ein zu starkes Anwachsen der Verluste führt mitunter im Markt regelmäßig zu *„Sanierungsphasen"*, in denen die Gesellschaften einer Oligopol-
gruppe übereinkommen, die Prämienhöhe anzuheben. Die Prämienpolitik
im Rahmen dieses Koalitionsverhaltens beruht auf einer Verständigung.
Zu solchen Sanierungsphasen kommt es regelmäßig in der Industrie-
Feuerversicherung. Eine langfristige kombinierte Schaden-/Kostenquote
von weit über 100 wie in Abb. 3-4 würde allen Erstversicherungsunter-
nehmen in diesem Marktsegment schaden. Nach einigen verlustreichen
Jahren setzt sich in der Regel bei einer Mehrheit der Anbieter die Ansicht
durch, bei der nächsten Vertragsverhandlung höhere Prämien für das versicherte Risiko zu fordern, die Selbstbeteiligung des Kunden zu erhöhen
oder die Höchstgrenze der Schadenzahlung zu limitieren. Die starken Verluste der Jahre 2000-2002 wurden so durch die hochprofitablen Jahre
2003-2005 kompensiert.

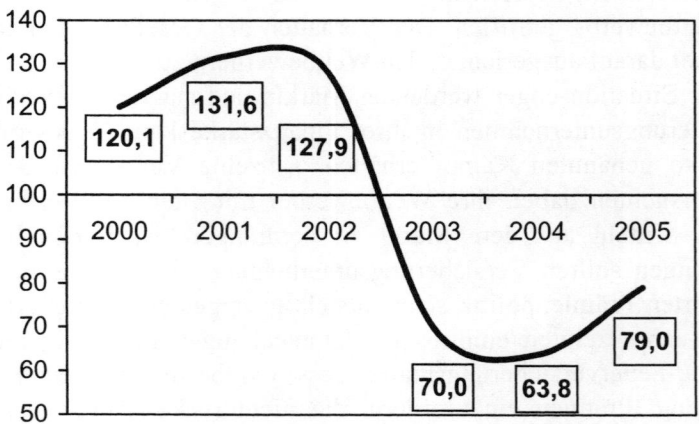

Abb. 3-4: Kombinierte Schaden-/Kostenquote (Combined Ratio)
im Feuer-Industrieversicherungsgeschäft in Deutschland
(Quelle: GDV 2006, Tab. 73)

Simon & Dolan schlagen mehrere Stossrichtungen vor, um die „Branchenintelligenz" zu erhöhen, d.h. eine Vernichtung des Gewinnpotenzials aller Branchenmitglieder zu verhindern. Zunächst sollte ein Unternehmen zu der Entwicklung einer Gewinnmentalität in der Branche beitragen, indem es bei seinen preispolitischen Aktivitäten auf die Branchengewinne achtet, Kollisionen vermeidet und Domänen seiner Wettbewerber respektiert. Es sollte Vorstellungen über mögliche Reaktionen der Wettbewerber im Vorfeld entwickeln und geeignete Maßnahmen zur Vorbereitung des Marktes auf Preisänderungen ergreifen, um auf eine bestimmte, d.h. gewünschte, Reaktion des Wettbewerbers hinzuwirken. Hierzu gehört eine geeignete Kommunikation von Preisinformationen durch Presseerklärungen, Konferenzen, Berichte, etc. Dieses „Signaling" stellt allerdings in Anbetracht wettbewerbsrechtlicher Regelungen eine schwierige Gratwanderung dar (Simon/Dolan 1997, S. 174ff.).

3.3.2.4 Prämiendifferenzierungen

Die Preisdifferenzierung lässt sich als die *Forderung verschiedener Preise für die gleiche Leistung* verstehen. *Ziel* der Preisdifferenzierung ist neben der gleichmäßigen Auslastung von Kapazitäten vor allem die bessere Ausschöpfung von Marktpotenzialen in einzelnen Zielgruppensegmenten, indem bestimmte Bedingungen wie die Preisbereitschaft der Kunden Berücksichtigung finden (Meffert/Bruhn 1995, S. 309). Kriterien für eine solche Preisdifferenzierung können räumliche, zeitliche, abnehmerorientierte oder quantitative Aspekte sein.

In der Versicherungsbranche hat das Konzept der Prämiendifferenzierung eine andere Bedeutung. Differenzierte Prämien – auch individuelle oder risikogerechte Prämien genannt – sind das Ergebnis einer Kalkulation nach dem versicherungstechnischen Äquivalenzprinzip. Entscheidend bei einer solchen Prämiendifferenzierung ist der individuelle Erwartungswert der Schäden des versicherten Einzelrisikos. Dieser Erwartungswert wird durch objektive und subjektive Risikomerkmale erfasst und findet bei der am Markt geforderten Bruttoprämie Berücksichtigung. Im Gegensatz hierzu würde bei undifferenzierten Prämien für viele oder alle Einzelrisiken eines Versicherungsbestandes die gleiche Prämie, d.h. eine kalkulierte Durchschnittsprämie, bemessen. Je genauer eine Schätzung der Schadenerwartungswerte in Abhängigkeit einzelner Risikomerkmale möglich ist, um so besser ist die Differenzierung der Prämien umsetzbar (Farny 2006, S. 69).

Zu den in der Praxis gebräuchlichsten marketingorientierten Maßnahmen der Prämiendifferenzierungen gehören *Rabatte*. So können Versicherungsnehmer bei der Vereinbarung von Ausschlüssen im Rahmen des Deckungsumfangs einer Police mit Rabatten rechnen, da sich hierdurch das Risiko einer Schadenzahlung für die Versicherungsgesellschaft verringert. Je nach Versicherungszweig existieren besondere Rabattssysteme. In der Kfz-Versicherung erhält der Versicherungsnehmer einen so genannten *Schadenfreiheitsrabatt*, wenn er im vergangenen Jahr unfallfrei gefahren ist. Das Rabattsystem erscheint geeignet, um Versicherungsnehmer zu disziplinieren, einen risikoärmeren Fahrstil zu wählen und auf diese Weise an der Risikovermeidung mitzuwirken. Im Industrieversicherungsgeschäft spielen Rabatte für wirksame Sicherungsmaßnahmen z.B. durch den Einbau von Brandschutztüren oder automatischen Sprinkleranlagen eine wichtige Rolle. Rabatte nach der Höhe des Abschlussvolumens und der Vertragsdauer sind ebenfalls möglich, da sich – ähnlich wie in anderen Wirtschaftszweigen – die Verwaltungs- und Vertriebskosten besser amortisieren als bei Verträgen mit geringem Abschlussvolumen bzw. kürzerer Laufzeit (Puschmann 2003, S. 143f.).

Rabattsysteme haben Einfluss auf die Kundenbindung. Der Kunde erhält durch seine Beteiligung an der Wertschöpfungskette und die für das Versicherungsunternehmen geringeren Verwaltungsaufwendungen eine Vergünstigung. So genannte „Bündelrabatte" für den Abschluss mehrerer Versicherungsprodukte sollen den Kunden daran hindern, Produkte anderer Anbieter nachzufragen (Kern 1999, S. 999). In der Vertriebspraxis gewähren beispielsweise Versicherungsvertreter insbesondere dann Rabatte, wenn der Wettbewerb sehr intensiv ist oder Kunden bereit sind, mehrere Verträge abzuschließen. Jedoch nutzen die Vertreter die ihnen gewährten preispolitischen Spielräume teilweise auch sachfremd aus, wenn ihnen Kunden einfach nur sympathisch sind oder es um die Gewinnung von Neukunden geht (Eickenberg 2006, S. 178).

Eine *abnehmerorientierte Prämiendifferenzierung* erfolgt z.B. durch die Berücksichtigung spezieller Umstände des Versicherungsnehmers wie dessen Alter, Geschlecht oder berufliche Stellung (z.B. „Beamtentarife"). Oft sind die in diesem Zusammenhang ebenfalls genannten Einsteigerrabatte, die auch für Existenzgründer denkbar sind, nicht mit einer Risiko-Prämien-Äquivalenz zu begründen. Diese entsteht mit fortschreitender Vertragsdauer (Puschmann 2003, S. 142f.).

Eine Sonderform der Preisdifferenzierung stellt die *Preisbündelung* dar. Im Vordergrund steht hierbei die Frage, ob Produkte einzeln oder in einem Paket angeboten und demzufolge Einzelpreise oder ein Paketpreis gefordert werden soll (Meffert 1998, S. 541). Üblich sind Preisdifferenzierungen in Form einer Rabattgewährung für den Abschluss von Paketpolicen. Prämiendifferenzierungen beruhen auf der Überlegung, dass die Vertriebs- und Verwaltungskosten nicht proportional mit der erwarteten Erhöhung der Gesamtprämie ansteigen (Puschmann 2003, S. 143).

3.4 Marketing-Kommunikation

3.4.1 Gestaltung der Botschaft

3.4.1.1 Erlebnisorientierte Appelle

Versicherungsnehmer beachten einerseits rationale Empfehlungen von Test-Organisationen, Rating-Agenturen und Verbraucherschützern. Andererseits wünschen sie sich Wohlstand und Gesundheit im Alter (Hattemer 2005b, S. 244). Es liegt nahe, solche Erlebnisse auch in der Marketingkommunikation zu thematisieren.

Bei der Gestaltung des Erlebnisprofils geht es vor allem um *aktuelle und zukünftige Werte*, die aus Sicht der Zielgruppe bedeutsam sind. Wenn Versicherungsprodukte sich zunehmend ähneln, erscheint die Verwendung erlebnisorientierter Appelle durchaus plausibel. Auch nach der Deregulierung existieren Versicherungsprodukte, die weitgehend gesetzlich normiert sind (z.B. Kfz-Haftpflichtversicherung). Die Versicherungsunternehmen können dagegen in der Kundenberatung individuelle Akzente setzen. Im Idealfall entstehen in der Gedankenwelt des Kunden klare Bilder von der werbetreibenden Gesellschaft, die zu Differenzierungen von Wettbewerbern führen. Dennoch ist es problematisch, Erlebnisprofile beispielsweise über typische Wertvorstellungen einer Zielgruppe aufzubauen. Die Gefahr, austauschbare Botschaften, Slogans und Bildmotive zu verwenden, ist groß.
Ein erfolgreiches Modell ist die Verwendung von Schlüsselbildern, die mit Hilfe von passenden Bilderserien und einem markanten Slogan gestalterisch umgesetzt werden. Ein typisches Beispiel ist die Werbekampagne

der Württembergischen Versicherung (s. Fallbeispiel). Grundlage für den Erfolg einer mit dem Erlebnismarketing erreichbaren *emotionalen Produktdifferenzierung* sind *Lernprozesse, die auf einer häufigen Anzahl von Wiederholungen der Botschaft über einen längeren Zeitraum beruhen.* Es kann sich bei den Wiederholungen auch um Modifikationen der Botschaft handeln, solange sie mit den ursprünglich vermittelten Emotionen zusammenhängen oder diese unterstützen (Aaker/Batra/Myers 1992, S. 230f.).

Fallbeispiel Wüstenrot & Württembergische

Die Wüstenrot & Württembergische Gruppe gehört heute zu den bekanntesten deutschen Finanzdienstleistungsunternehmen. Hieran hat die erlebnisorientierte Werbekampagne einen wesentlichen Anteil. Anfang der 1990er war die Württembergische Versicherung außerhalb Baden-Württembergs nur wenig bekannt. Eine neue Markenpositionierung wurde erforderlich. Kunden brachten nach einer Befragung den Namen „Württembergische" mit Assoziationen wie Seriosität, Vertrauen und Zuverlässigkeit in Verbindung. Diese Eigenschaften galt es, in der künftigen Marketingkommunikation zu vermitteln. Die Versicherungsgruppe entschied sich für einen sehr eigenständigen emotionalen Auftritt. Das Schlüsselbild „Der Fels in der Brandung" steht für die Werte Vertrauen, Solidität, Verlässlichkeit und Sicherheit. Der Erfolg des Schlüsselbildes liegt zu einem großen Teil darin begründet, dass Bilder für die Vermittlung emotionaler Inhalte besser geeignet sind als die verbale Kommunikation. Als visueller Kern einer Positionierungsbotschaft verhelfen Schlüsselbilder einer Marke schneller zu ihrer geplanten „emotionalen Gussform". Schlüsselbilder sind – wie in diesem Beispiel – allerdings nur dann werbewirksam, wenn sie für die Zielgruppe klar erkennbar und einprägsam sind. Zudem muss eine Verwendung des Schlüsselbildes in verschiedenen Medien – beispielsweise neben Printmedien auch auf den Internetseiten – möglich sein. Dennoch muss das Schlüsselbild eigenständig genug sein, damit es von den Werbeauftritten der Konkurrenten eindeutig zu unterscheiden ist. Um Abnutzungseffekte durch die häufige Schaltung von Fernsehspots und Anzeigen zu vermindern, müssen die Merkmale des Schlüsselbildes von Zeit zu Zeit etwas variiert werden.

Quelle: Wüstenrot & Württembergische (2005); Esch (2005, S. 169ff.; Kroeber-Riel/Esch 2004, S. 124ff.

3.4.1.2 Furchtinduzierende Appelle

Furcht gehört zu den gefahrenbezogenen Emotionen. Menschen, die von Furcht ergriffen sind, versuchen, die sie bedrohende Gefahr zu erkennen und zu fliehen (Schenk/Höflich/Donnerstag 1990, S. 75). Furchtinduzierende Appelle greifen die Furcht des Menschen zum Zweck der Beeinflussung auf. Sie enthalten *Warnungen und Hinweisreize, die dazu dienen, eine Furchtreflexion auszulösen.* Neben diesen furchtinduzierenden Inhalten, die nicht zu stark erregend wirken sollen, sind auch Empfehlungen in der Botschaft vorhanden, um die induzierte emotionale Spannung zu beseitigen.

In der Marketing-Kommunikation der Versicherungsunternehmen sind dies entweder die Versicherungsprodukte selbst oder empfohlene Verhaltensweisen zur Verminderung des Risikos bevor der Schaden entstanden ist. In der Versicherungswirtschaft finden furchtinduzierende Botschaften eine relativ häufige Verwendung. Beispiele hierfür sind Anzeigen, welche Unfallsituationen, Krankheitsrisiken oder die finanzielle Sicherheit im Alter ansprechen.

Inwieweit furchtinduzierende Botschaften in der Lage sind, Einstellungsänderungen herbeizuführen, hängt von einer Vielzahl von Kommunikationsvariablen ab (Mayer/Beiter-Rother 1980, S. 340):

➢ *Stärke des Furchtappells.* Moderate oder schwach bedrohende Appelle sind meist besser geeignet, Einstellungsänderungen herbeizuführen, als starke Furchtappelle. Treffen in der Botschaft starke Furcht und die erforderliche sofortige Reaktion direkt aufeinander, ist der Furchtappell wirkungslos, da die Rezipienten während der Aufnahme der Botschaft noch eine gewisse Zeit lang mit dem Furchtabbau beschäftigt sind. Gerade in der Versicherungswirtschaft ist eine besondere Sensitivität erforderlich. Eine allzu starke Thematisierung beispielsweise schwerer Krankheiten, von Armut im Alter oder tödlicher Verkehrsunfälle würde starke Abwehrhaltungen bei der Zielgruppe hervorrufen. Ein sehr schwacher Furchtappell löst dagegen kaum eine Furchtreflexion aus.

➢ *Empfundene Wahrscheinlichkeit, der Bedrohung begegnen zu können.* Einstellungsänderungen sind nur dann zu erwarten, wenn die Zielgruppe davon überzeugt ist, der wahrgenommenen Bedrohung wirksam begegnen zu können.

> *Glaubwürdigkeit der Empfehlung zur Reduzierung der Gefahr.* Eine furchtinduzierende Botschaft ist um so wirksamer, je überzeugender es dem Kommunikator gelingt, die Wirksamkeit der empfohlenen Verhaltensweisen zu beweisen.

Versicherungen können der Befürchtung, künftig materielle Einbußen und finanzielle Notsituationen zu erleiden, wirksam begegnen. Allerdings sollten Anzeigen und Verkaufsgespräche beim potenziellen Kunden nicht den Eindruck erwecken, das Risiko sei durch den Abschluss einer Versicherung nicht mehr vorhanden.

3.4.1.3 Humoristische Appelle

Humor geht auf die Emotion der Überraschung zurück. Typisch für humorvolle Appelle ist eine fröhliche Verspieltheit. Durch eine besondere Inszenierung entsteht zunächst in der Wahrnehmung der Zielgruppe eine Inkongruenz zwischen der erwarteten und aufgezeigten Situation. Versteht die Zielgruppe den Humor im angedachten Sinne, löst sich diese Inkongruenz mit einer gewissen Leichtigkeit wieder auf. Humor geht mit einem Gefühl der Wärme einher, da die dargestellte Situation in der Regel trotz ihres Realitätsbezugs verbal oder bildlich überzeichnet wirkt. Typische Beispiele für humoristische Appelle sind Darstellungen komischer Situationen oder Charaktere sowie Ironie. Viele erfolgreiche Werbekampagnen sind auf humorvollen Botschaften aufgebaut (Mattenklott 2002, S. 537).

Humor liegt in der Versicherungswerbung nahe, da das Versicherungsgeschäft im Grunde alle Lebensbereiche erfasst. Der Eintritt von Personen-, Sach- und Vermögensschäden gestaltet sich häufig etwas anders als der Kunde erwartet. Werbetreibende Unternehmen brauchen nur einen Blick in die Akten der lustigsten Schadenfälle zu werfen. So können durch das Begrüßensritual eines Hundes größere Sachschäden entstehen, obwohl der Tierhalter den Hund an der Leine geführt hat. Auch in der Versicherungswirtschaft waren große Kampagnen mit humorvollen Schadenfällen aufgebaut wie bereits die ersten Fernsehspots mit dem Claim „Hoffentlich Allianz versichert" zeigten. Humoristische Appelle finden Anwendung, um

> die *Aufmerksamkeit* der Zielpersonen zu stimulieren,
> *Images* von Produkten und des Unternehmens selbst zu verändern,
> große und etablierte Unternehmen *sympathischer* erscheinen zu lassen.

Die Verwendung humoristischer Appelle birgt einige Gefahren:

➤ *Ablenkung und Fehlassoziationen.* Eine scherzhafte Darstellung kann von der zentralen Botschaft des Kommunikators ablenken und zu Fehlassoziationen führen (Domizlaff 1992, S. 512f.). Eine solche Gefahr besteht vor allem, wenn sich der Humor nicht auf das zu bewerbende Angebot bezieht.

➤ *Einfühlungsvermögen in die Zielgruppe.* Humor muss mit sehr viel Einfühlungsvermögen in die Situation und Persönlichkeit der Zielgruppe eingesetzt werden. Bestimmte Zielgruppen im Privatkundenbereich wie ältere Menschen beschäftigen sich sehr ernsthaft mit Themen wie Leben, Gesundheit, Alter und Tod. Je stärker sich die Zielgruppe betroffen fühlt, um so vorsichtiger bzw. zurückhaltender sollte der Einsatz der humorvollen Kampagne erfolgen.

➤ *Abnutzungsgefahr.* Selbst ausgezeichnet inszenierte und inhaltlich originelle Anzeigen und Spots unterliegen einer Abnutzungsgefahr. Die verwendete Geschichte im Rahmen humorvoller Kampagnen sollte daher nach einer gewissen Zeit ersetzt oder durch weitere humorvolle Werbemittel abwechselnd präsentiert werden.

3.4.1.4 Testwerbung und vergleichende Werbung

Auch wenn häufig von einer Informations- oder Reizüberflutung durch die Vielzahl von Werbekampagnen und einer stärker bildorientierten Werbung die Rede ist, hat die Verwendung rationaler Werbeformen ihre Berechtigung. Gerade Deutsche gelten in der Werbeszene als Skeptiker, die gerne kritisch hinterfragen, für eine beworbene Produktleistung eine rationale Begründung verlangen und sich auf Testergebnisse verlassen (Hattemer 2005b, S. 245). Die Immaterialität und der Vertrauensgutcharakter des Produktes sowie die Unsicherheit des Kunden legen die Testwerbung nahe. Sie greift im Grunde die besondere Bedeutung des Empfehlungsmarketings in der Branche auf.
Von Testwerbung wird gesprochen, wenn eine neutrale Institution mit besonderer Fachkompetenz vergleichbare Leistungen einzelner Versicherungsgesellschaften nach objektiven Kriterien bewertet. Auch wenn das Ergebnis des Tests nicht in der vollen Ausführlichkeit im Rahmen einer Werbeanzeige dargestellt werden kann, bleibt der positive Eindruck von

der betreffenden Gesellschaft. In der Regel finden sich genauere Hinweise zu einer Zeitschriftenausgabe oder Internet-Links. Problematisch ist sicher der Zeithorizont, für den der Vorsprung zu den Wettbewerbern aufrecht erhalten werden kann. Der Ausweis von Testergebnisnoten muss vollständig sein, damit der Verbraucher ein zutreffendes Bild von der Leistungsfähigkeit der konkurrierenden Gesellschaften erhält. Es darf z.B. nicht auf die Nennung der Bewertung besserer Wettbewerber verzichtet werden. Die Testwerbung wird in der Regel von Direktversicherern wie Cosmos und Direct Line bevorzugt verwendet.

Der Begriff „Vergleichende Werbung" bezieht sich nicht nur auf die mediale Kommunikation. Auch Verkaufsgespräche, in welchen ein Vergleich zu den Angeboten der Wettbewerber erfolgt, können hierunter subsumiert werden. Von vergleichender Werbung wird immer dann gesprochen, wenn auf einen Wettbewerber oder dessen Leistungsangebot Bezug genommen wird und dieser Bezug erkennbar ist. Hierzu kann – muss aber nicht – ein Wettbewerber explizit genannt werden. Es reicht, wenn relevante Käuferkreise und Vermittler wissen, welche Unternehmen gemeint sind (Schnorbus 1999, S. 376).

Aus eigenem Antrieb sind Versicherungskunden nur wenig geneigt, Angebote zu vergleichen. So haben nach einer repräsentativen Befragung von 2.500 Bundesbürgern durch das Kölner Marktforschungs- und Beratungsinstitut Psychonomics AG nur 52 % der Versicherten bei ihrem letzten Abschluss zwei oder mehr Angebote geprüft. Jedoch waren Kunden, die mehr als drei Angebote verglichen haben, offensichtlich zufriedener als Kunden, die nur zwei Angebote einholten. Das wichtigste Kriterium für den Abschluss bei einer bestimmten Versicherungsgesellschaft war mit 39 % der Nennungen der Preis, gefolgt von persönlichen Erfahrungen mit einem Anbieter (25 %) und einem großen Leistungsumfang (Psychonomics 2003, S. 1609). Gerade preisliche Informationen lassen sich über Vergleiche sehr wirkungsvoll herausarbeiten, zumal der Leistungsumfang von Versicherungsverträgen oft gut vergleichbar – wenn nicht gar identisch ist.

Nach einer 60 Jahre lang geltenden Tradition war vergleichende Werbung bis Mai 1997 in Deutschland grundsätzlich verboten. Die Situation änderte sich mit der *EU-Richtlinie vom Oktober 1997*. Seitdem ist die *vergleichende Werbung rechtlich grundsätzlich zulässig*. An die Zulässigkeit sind in der Europäischen Union einige Voraussetzungen geknüpft (Kilian 1995, S. 7ff., 60, 64f., 216f., 227ff.):

➤ Die dargebotenen Informationen dürfen *nicht irreführend* sein. Zum Beispiel dürfen wichtige Leistungs- und Tarifdaten bei Versicherungen nicht fehlen. Sollten ausführliche Erklärungen zu wichtigen Produktmerkmalen nicht enthalten sein, ist es empfehlenswert, hierauf ausdrücklich hinzuweisen.

➤ Der Vergleich darf sich zudem nur auf *Leistungen gleichen Bedarfs* erstrecken. Dies bedeutet, dass nur Versicherungen der gleichen Art in den Vergleich einzubeziehen sind.

➤ Der Vergleich hat mit einer hohen *Objektivität* zu erfolgen, d.h. er muss wesentliche und nachprüfbare Informationen enthalten. Beim Vergleich müssen alle subjektiven Empfindungen und substanzlose Pauschalaussagen (z.B. „bester Versicherungsschutz") unterbleiben.

➤ Nicht zuletzt darf *keine unlautere Rufausnutzung* erfolgen. Die Rufausnutzung eines Wettbewerbers darf nur Nebeneffekt, aber niemals Hauptziel der Werbung sein.

Die Europäische Union verfolgt mit der neuen rechtlichen Regelung vor allem *eine Förderung des freien Dienstleistungsverkehrs*, eine *Erhöhung der Markttransparenz* und des Prämienwettbewerbs im Sinne *verbraucherpolitischer Zielsetzungen*.

Die vergleichende Werbung ist vor allem interessant, um neue Produkte oder neue Unternehmen zu positionieren. Im Gegensatz zu Newcomern ist die vergleichende Werbung für marktführende Unternehmen jedoch eher riskant, da diese hinsichtlich ihrer bereits erreichten guten Position „etwas zu verlieren" haben.
Trotz der veränderten rechtlichen Situation verhalten sich viele Versicherungsunternehmen beim Einsatz der vergleichenden Werbung mit Hilfe von Anzeigen eher zurückhaltend. Lediglich dann, wenn der Vergleich nicht nach außen dringt, machen Versicherungsunternehmen häufig von der vergleichenden Werbung Gebrauch. So ist die vergleichende Werbung im persönlichen Beratungsgespräch zwischen Versicherungsvertretern und potenziellen Kunden durchaus üblich (Schnorbus 1999, S. 376). Die Zurückhaltung der Versicherungsgesellschaften beim Einsatz der vergleichenden Werbung liegt in vielfältigen Risiken begründet:

➢ *Psychologische Risiken* betreffen zum Beispiel die gerade in Deutschland festgestellte Sympathie mit dem Schwächeren. Dieser Tatsache kann der Kommunikator aber durch eine sachliche und gleichzeitig humorvolle Botschaftsgestaltung entgegenwirken. Der so genannte „Bumerang-Effekt", d.h. die intentionskonträre Zielerreichung des Senders, ist um so ausgeprägter, je unglaubwürdiger der Sender auf den Empfänger der Botschaft wirkt. Eine solche Situation ist im Falle der vergleichenden Werbung wahrscheinlicher als im Falle von Botschaften, in denen keine Vergleiche erfolgen. Zudem wirkt sich das schlechte Branchenimage von Versicherungen negativ auf die Glaubwürdigkeit des Senders aus.

➢ *Rechtliche Risiken* betreffen vor allem die Problematik vieler unbestimmter Rechtsbegriffe wie „gute Sitten", „Irreführung", „Objektivität". Zudem ist die Anspruchsbefriedigung in der Praxis schwierig. Da der typische Versicherungsnehmer eher über geringe Produktkenntnisse verfügt, ist die Gefahr der Irreführung erhöht (o.V. 1999, S. 125, 1037 ff., Omsels 1998, S. 681, o.V. 1998, S. 651, Sack 1994).

➢ *Produktbezogene Risiken* eines Vergleichs liegen in einigen – einem Vergleich kaum zugänglichen – Eigenschaften des Versicherungsprodukts begründet. So ist die Qualität der Schadenabwicklung abschließend in der Regel nicht zu beurteilen. Risiken und Prämiensätze ändern sich zum Teil häufig. Ein wichtiges Qualitätsmerkmal ist der Service, welcher stark von Einzelpersonen abhängt (Taupitz 1995).

3.4.2   Formen der Marketingkommunikation

3.4.2.1   Werbung

3.4.2.1.1 Klassische Werbung

Klassische Werbung ist eine Form der Kommunikation, bei der massenmediale Kommunikationsmittel zum Einsatz kommen. Werbetreibende erreichen über diese Medien ein großes Publikum auf eine unpersönliche Art und Weise. Individuelle Bedürfnisse jeder einzelnen Zielgruppe lassen sich dagegen nicht ansprechen (Schweiger/Schrattenecker 1986, S. 3).

Durch die Auswahl zielgruppenspezifischer Medien z.B. von versicherungswirtschaftlichen Fachzeitschriften lassen sich Streuverluste jedoch weitgehend vermeiden (Schenk/Donnerstag/Höflich 1990, S. 12).

Bisher kam der Werbung in der Versicherungswirtschaft nur eine geringe Bedeutung zu. Dies wurde u.a. mit dem Vertrauensgutcharakter des Versicherungsgutes und dem weitgehend identischen Produktangebot der Versicherungsgesellschaften begründet. Trotz der veränderten Marktbedingungen infolge der Deregulierung wirkt die traditionelle Zurückhaltung von Versicherungsunternehmen in Bezug auf Werbung bis heute auf die Budgetentscheidungen der Gesellschaften. Während in anderen Branchen Werbeausgaben in der Höhe von 2-3 % des Umsatzes veranschlagt werden, wenden die Versicherer seit Anfang der 1980er Jahre etwa 0,15 bis 0,25 % ihrer gebuchten Bruttoprämie für Werbung auf (Nickel-Waninger 1987, S. 256f.). Von einigen Ausnahmejahren abgesehen, hat sich auch in der jüngeren Zeit hieran nicht viel geändert. Ein Jahrzehnt nach der Deregulierung des Versicherungsmarktes kann daher noch nicht von einem grundsätzlichen Wandel in der Werbepolitik der Versicherungsunternehmen gesprochen werden.

1 Jahr	2 Werbe-aufwand (Mio. €)	3 Veränderung in %	4 Gebuchte Bruttoprämie (Mrd. €)	5 Veränderung In %	6 Werbe-Quote in %
1996	221,8		114,8		0,19
1997	250,7	+ 11,3	119,1	+ 3,7	0,21
1998	329,3	+ 31,4	121,1	+ 1,7	0,27
1999	301,2	- 8,5	127,8	+ 5,5	0,24
2000	308,9	+ 2,6	131,8	+3,1	0,23
2001	319,2	+ 3,3	135,4	+ 2,9	0,24
2002	227,3	- 28,8	141,6	+ 4,6	0,16
2003	237,8	+ 4,6	148,2	+ 4,7	0,16

Legende zu den Spalten: 2) Werbeaufwendungen in Zeitungen, Publikums-zeitschriften, Fachzeitschriften, Fernsehen, Hörfunk und Plakat. Die Werbequote entspricht dem Quotient der Spalten 2 und 4
(Quelle: ZAW 2000-2003, Spalte 2; GDV 2006)

Dennoch ist die Bedeutung der Werbung für einzelne Typen von Versicherungsunternehmen sehr unterschiedlich zu sehen. Vor allem Direktversicherer sind auf die klassische Werbung angewiesen. Als Gesellschaften mit einer schlanken Vertriebsorganisationen erfolgt die Geschäftsanbahnung meist über Werbebriefe, Coupons in Werbeanzeigen und zunehmend über das Internet. Die klassische Werbung nimmt hierbei eine wichtige Rolle als unterstützende Kommunikationsform ein, auf der die Direktwerbeaktivitäten aufbauen.

Die relativ hohen Werbeausgaben der Gesellschaften Cosmos, Deutsche Allgemeine und Direct Line im Vergleich zu deren Marktanteil überraschen daher nicht. Gesellschaften mit einer großen Vertriebsorganisation wie die HUK-Coburg oder die Debeka Versicherung erreichen dagegen trotz geringer Werbeausgaben hohe Bekanntheitsgrade. Die klassische Werbung ist auch für Marktführer eine Möglichkeit des Markenaufbaus und der Sicherung einer erreichten Marktposition. Die Werbeausgaben der Allianz Versicherung sind deutlich höher als die der Wettbewerber. Allerdings ist die Gesellschaft dafür auch mit Abstand bekannter – vor allem bei ungestützter Befragung (o.V. 2004, S. 317). In der Vergangenheit waren häufig selbst große Versicherungsgesellschaften aus benachbarten europäischen Ländern wenig bekannt (s. Fallbeispiel Zürich Versicherung).

Fallbeispiel Zürich Versicherung

Die Zürich Versicherung ist bereits seit Anfang des 20. Jahrhundert in Deutschland vertreten. Bedingt durch die hohe kulturelle Affinität und das sehr positive Länderimage der Schweiz für die Versicherungsbranche waren die Bedingungen für einen Markenaufbau einerseits günstig. Andererseits zeigten Ergebnisse aus der Marktforschung, dass vor allem lokale Versicherer wie die Allianz, die HUK-Coburg, die Hamburg-Mannheimer sowie die Volksfürsorge mit über 70 % einen weitaus höheren Bekanntheitsgrad als die Zürich hatten. Der Bekanntheitsgrad der Zürich lag nach der von Gruner+Jahr Media durchgeführten Befragung im Rahmen der langfristig angelegten Studie „Markenprofile" im Jahre 2001 noch bei 17 %. Offensichtlich ist es selbst für ausländische Versicherungsgesellschaften, deren Heimatmarkt sehr ähnlich zum Gastland ist trotz fast jahrzehntelanger Markterfahrung noch schwierig, in den Köpfen der Verbraucher eine zu etablierten Marken vergleichbare Position einzunehmen. Mit einer neuen Werbekampagne versucht die Ver-

---

sicherungsgruppe, sich besser als bisher in den Köpfen der Verbraucher zu verankern. Die zentrale Positionierung besteht im Verständnis des Anbieters als „Care-Unternehmen", das individuelle Sonderwünsche seiner Kunden sehr ernst nimmt. Aufgrund des im Vergleich zum Marktdurchschnitt wesentlich höheren Einkommens der Kunden des Schweizer Versicherers auf dem deutschen Markt ist diese Positionierung sinnvoll. Mit dem Slogan „Because change happenz" stellt sich die Versicherungsgruppe der sich wandelnden Welt, indem sie aktiv Veränderungen beurteilt und hierfür geeignete Versicherungslösungen thematisiert. Das an das englische Wort „happen" angehängte „z", das für die Versicherungsmarke steht, ist zwar keine korrekte Schreibweise, stellt jedoch eine Verbindung zwischen den Unwägbarkeiten des Lebens und der Marke Zürich her. Mit humorvollen Schlagzeilen wie „Was wäre, wenn Ihr Fitnessplan besser ist als Ihr Vorsorgeplan?" oder philosophisch anmutenden Schlagzeilen wie „Was wäre, wenn Sie einen Versicherer brauchen, der wie ein Fisch denken kann" versucht die Versicherungsgruppe, die Aufmerksamkeit ihrer Zielgruppen im Privat- und Firmenkundengeschäft zu wecken. Der Bekanntheitsgrad der Zürich auf dem deutschen Versicherungsmarkt liegt seit 2003 einige Prozentpunkte über den Werten von 2001.

Quelle: Gruner+Jahr (2005), Zürich (2007b)

3.4.2.1.2 Direktwerbung

Zielsetzung der Direktwerbung ist vor allem die Intensivierung der Betreuung und Bindung zum Kunden sowie in letzter Konsequenz eine Verbesserung der Effizienz in der Kundenansprache. Es gilt, die *Zielpersonen individuell und ohne große Streuverluste anzusprechen* (Meffert 1998, S. 721). Diese Zielsetzung ist wegen der hohen Informationsüberflutung im Bereich der klassischen Werbung beispielsweise im Fernsehen und in Publikumszeitschriften nachvollziehbar. Dennoch ist die Aufmerksamkeit der Verbraucher in westlichen Industrienationen auch bei einer gezielten und persönlichen Ansprache nicht automatisch sehr hoch. Vor allem in den deutschsprachigen Ländern ist die Bereitschaft, den Werbekontakt mit Mailings zu dulden, nach einer Studie der Gfk AG aus dem Jahre 2004 gering. Während in dem auffällig werbekritischen Deutschland sich 24 % der Befragten einen Kontakt mit Werbebriefen vorstellen konnten, waren es in den osteuropäischen Ländern zwischen 48 und 63 %. Die Reaktionsquote auf Mailings lag im deutschsprachigen Raum und in den Niederlanden unter 15 %, während sie in Dänemark und Finnland doppelt so hoch war (Petersen 2005, S. 170f.). Besonders bei Finanzdienstleistungen ist dabei die Herkunft des Absenders eine wichtige Einflussgröße. Während in anderen Branchen deutsche Konsumenten auch ausländischen Produkten eine größere Aufmerksamkeit schenken, ist die Tendenz, sich auf heimische Anbieter zu verlassen, bei Finanzdienstleistungen ebenso wie bei Automobilen sehr ausgeprägt. Mailingaktivitäten ausländischer Versicherungsunternehmen selbst sind daher meist weniger erfolgreich als solche, die auf Kooperationen mit deutschen Versicherungs-, Bank- oder Industrieunternehmen beruhen (Krafft/Hesse/Knappik u.a. 2005, S. 257).

Die Direktwerbung spielt vor allem im Bereich der Versicherungsvermittlung eine große Rolle. Wenn der Kundenbestand eine größere Dimension erreicht hat, ist eine persönliche Betreuung des einzelnen Kunden nicht mehr möglich bzw. nicht sinnvoll. Dennoch lebt der Versicherungsvermittler von guten Kontakten zu seinen Kunden. Eine allzu stark standardisierte Bewerbung dieser Kunden über Serienbriefe oder E-Mails würde sich allerdings ungünstig auf die Kontaktqualität auswirken. Gerade in der Versicherungsbranche sollten Direktwerbemaßnahmen wohlüberlegt und dezidiert zum Einsatz kommen. Sie müssen sich neben dem passenden zeitlichen Einsatz an Lebenssituationen und -stationen der Kunden ausrichten (Kreutz/Osterloff 2004, S. 544).

Während sich die klassische Werbung stets an eine Gruppe von Zielpersonen wendet, erfolgt bei der Direktwerbung eine individuelle Ansprache der einzelnen Adressaten, die dem Kommunikator bekannt sind. Vor allem Unfall- und Krankenversicherer sprechen Kunden auf dem Wege der Direktwerbung an (Fuchs 2001, S. 176). In der Direktwerbung findet im Gegensatz zur klassischen Werbung eine *Rückkopplung* statt, indem die werbetreibende Gesellschaft auf unterschiedliche Reaktionen der Zielpersonen mit unterschiedlichen Botschaften antwortet. Ein weiteres Unterscheidungsmerkmal zur klassischen Werbung ist die *Verwendung von kundenbezogenen Datenbanken* mit soziodemographischen Daten, Aktions- und Reaktionsdaten (Meffert/Bruhn 1995, S. 293).

Grundsätzlich ist Direktwerbung über eine Vielzahl von *Medien* möglich:

➢ *Klassische Massenkommunikationsmittel (mit Rückantwortmöglichkeit über Coupons),* z.B. Pressebeilagen, Anzeigen, TV-/Radio-Spots,
➢ *schriftliche Werbesendungen (Direct Mail).*
➢ *Passives Telefonmarketing (Inbound),* d.h. Mitarbeiter oder beauftragte Agenturen (externe Call-Center) nehmen Anrufe von Kunden oder Nicht-Kunden entgegen.
➢ *Aktives Telefonmarketing (Outbound),* d.h. Mitarbeiter oder beauftragte Agenturen (externe Call-Center) rufen (Nicht-) Kunden an.
➢ *Direktwerbung über neue Medien (Internet und E-Mail).*

Hinsichtlich der *Beeinflussungswirkung* dieser Formen der Direktwerbung zeigen sich große Unterschiede. Hierbei sind auch länder- und branchenspezifische Besonderheiten zu beachten. Insgesamt betrachtet lag bei einer Befragung von 11.065 Personen die Akzeptanz- und Toleranzquote bei der klassischen Print- und TV-Werbung sowie dem typischen Werbebrief höher als bei den modernen Medien. Dialogelemente in der Hörfunkwerbung und vor allem in der Internet- und Bannerwerbung stießen überwiegend auf Ablehnung. In Deutschland, Österreich und in der Schweiz waren die Unterschiede in der Akzeptanz der einzelnen Medien noch deutlicher (Petersen 2005, S. 185f.).

Der klassische Postweg (Direct Mail) ist vor allem dann Erfolg versprechend, wenn das beworbene Produkt auch ohne Kenntnis der konkreten Bedarfssituation ein interessantes Angebot aus Kundensicht darstellen könnte. Dies wäre zum Beispiel bei einer Kfz-Haftpflichtversicherung der Fall, die für alle Fahrzeugtypen und Regionalklassen nach einer Bewertung durch ein unabhängiges Verbrauchermagazin zu den günstigsten Anbietern am Markt gehören würde. Daneben sind formale Aspekte bei der Gestaltung von Werbebriefen wirkungsvoll. Hierzu gehören beispielsweise das edle Aussehen, die farbenfrohe Gestaltung, die witzige Aufmachung, die persönliche Anrede und sogar Kleinigkeiten wie eine schöne Briefmarke. Interessant sind dennoch die zum Teil beträchtlichen Bedeutungsunterschiede dieser Gestaltungsaspekte von Land zu Land. So legen schweizerische und südeuropäische Mailing-Affine deutlich mehr Wert auf das edle Aussehen eines Mailingbriefs als niederländische und schwedische Mailing-Affine (Petersen 2005, S. 180ff.).

Zu den neueren Instrumenten des Direktmarketings gehört das Telefon- und E-Mail-Marketing. Aktives Telefonmarketing ist in der Versicherungsbranche neben hohen rechtlichen Risiken auch im Hinblick auf die Erfolgswahrscheinlichkeit problematisch. Da für Privatpersonen die Beschäftigung mit Versicherungen eher negative als angenehme Gefühle auslöst, empfinden viele Nichtkunden eine so genannte „Kalt-Akquise" via Telefonanruf in der Regel als starke Belästigung. Zudem ist die Erläuterung der Produktleistung oder eines Angebotsvorteils meist anspruchsvoller als zum Beispiel bei einem Telekommunikationsanbieter oder einer Lottogesellschaft. Dies liegt darin begründet, dass für eine seriöse Beschreibung einer konkreten Versicherungslösung der dem Kunden bisher nicht persönlich bekannte aktive Telefonverkäufer auf eine vertrauensvolle Mitarbeit seines „Opfers" angewiesen ist. In vielen Fällen sind die Angerufenen jedoch nicht bereit, offen und direkt über die persönliche Lebenssituation sowie die eigene finanzielle Lage zu sprechen.

Aus betriebswirtschaftlichen und technischen Überlegungen, ist die Beantwortung der Frage wichtig, ob ein Versicherungsunternehmen für die Realisierung des Telefonmarketings auf interne Abteilungen zurückgreifen oder ein externes Call-Center beauftragen soll. Die Befürworter eines externen Call-Centers sehen Vorteile in der Marketingeffizienz auch auf der Ebene der Versicherungsagentur (Vogel 2000). Viele Versicherungsgesellschaften ziehen dagegen ein unternehmenseigenes Call-Center vor, um eine hohe versicherungsspezifische Kompetenz des Call-Center-Teams sicherzustellen (Kern/Bohn 1999, S. 1031f.). Zudem muss das Call-Center in vielen Fällen auf aktuelle Vertragsdaten zurückgreifen können. Die Vertraulichkeit dieser Daten und die konfliktfreiere technische Umsetzung sprechen ebenfalls für eine interne Call-Center-Lösung.

3.4.2.2 Sponsoring

Sponsoring umfasst die *„systematische Förderung von Personen, Organisationen oder Veranstaltungen (...) durch Geld-, Sach- oder Dienstleistungen zur Erreichung von Marketing- und Unternehmenszielen"* (Meffert/Bruhn 1995, S. 295). Sponsoring kann sich dabei auf den Sport-, Kultur-, Sozio- und Umweltbereich erstrecken. Sponsoren sind keine Mäzene. Sie planen und handeln ökonomisch auf Basis einer Partnerschaft mit dem Gesponserten.

Grundlegendes *Ziel* aller Sponsoringaktivitäten ist es aus der Sicht des Versicherungsunternehmens, die Sympathie und das Interesse der Zielgruppe an der Person oder Organisation des gesponserten Partners auf das eigene Unternehmen zu übertragen. Die positiven Sympathiewirkungen des Sponsorings beruhen außerdem zu einem großen Teil auf dem positiven Image des Sponsorings selbst. Die Mehrheit der Befragten im Alter von 14 bis 29 Jahren empfand die Werbung der Versicherungsunternehmen störender als Sponsoring (Böhm/König 2001). Generell dominieren im Rahmen des Sponsoring psychographische Zielsetzungen. Allerdings ist die Gewichtung der Ziele von der jeweiligen Sponsoringform abhängig. Während im Sportsponsoring *Bekanntheits- und Imageziele* dominieren, steht beim Kultursponsoring meist die *Kontaktpflege* mit unternehmensrelevanten Gruppen und die *Mitarbeitermotivation* im Vordergrund. Wichtigste Ziele im Sozio- und Umweltsponsoring betreffen die *Darstellung der gesellschaftlichen Verantwortung des Unternehmens* (Meffert 1998, S. 710). Für Versicherungsagenturen dominieren beim Einsatz des Sponsorings Bekanntheits- und Imageziele (Eickenberg 2006, S. 207).

Aufgrund der wachsenden Freizeitorientierung und Effizienzverlusten im Bereich der klassischen Werbung gewinnen Sponsoringaktivitäten an Bedeutung. Ein Großteil der Sponsoringaufwendungen entfällt dabei auf das Sportsponsoring, gefolgt vom Kultursponsoring und Sozio-Sponsoring. Die übrigen Sponsoringausgaben entfallen vor allem auf das Umweltsponsoring, Wissenschaftssponsoring, Programm-/Mediensponsoring sowie auf das Internetsponsoring (Hermanns 2001).

Sportsponsoring hat auch für Versicherungsgesellschaften eine hohe Bedeutung. Wie keine andere Sponsoringart ist es besonders geeignet, die Marke in sämtlichen gesellschaftlichen Schichten zu verankern. Häufig fördern Versicherungsgesellschaften Verbände des Breitensports, um den Vertrieb vor Ort zu unterstützen. Die Aktivitäten des Sozio-Sponsorings wie Kinder- und Jugendförderung haben eine wichtige Funktion im Rahmen der Imageverbesserung von Versicherungsgesellschaften. Als „zarte Pflänzchen" behandeln die Gesellschaften ihr Engagement in dieser Richtung naturgemäß weniger lautstark. Kleinere aber zahlenmäßig viele Aktivitäten in einem regionalen Umfeld sind hierfür typisch (Görsdorf-Kegel 2003, S. 873). Für Versicherungsagenturen spielen innerhalb der Sponsoringaktivitäten die Förderung von Sportvereinen, Karnevalsvereinen, Kindergärten, Schulen und Kinderheimen eine wichtige Rolle (Eickenberg 2006, S. 188f.).

Um die Sinnhaftigkeit einer Sponsoringaktivität zu prüfen, ist zunächst die grundsätzliche Eignung der verschiedenen Sponsoringarten für die spezielle Situation des Unternehmens abzuschätzen. Zumindest sollte ein Unternehmens-, Produkt- oder Imagebezug des Sponsors zum Gesponserten bestehen. Neben diesen *Affinitäten* sollte der Sponsor einschätzen, wie zuverlässig und dauerhaft die Beziehung zum Gesponserten ist bzw. sein wird (Meffert 1998, S. 710). Ebenso wie der Sponsor Anforderungen an den Gesponserten stellt, verfolgt der Gesponserte bestimmte Interessen gegenüber dem Sponsor. Analog wählt auch er aus einer Gruppe potenzieller Sponsoren den für seine Zwecke geeigneten Partner aus. Um den ausgesuchten Sponsor zu akquirieren, muss er sich angemessen präsentieren und ein Bewusstsein für Gegenleistungen haben.

Da Versicherungen in der Regel Dachmarken darstellen, können sie im Rahmen von Sponsoringaktivitäten ganzheitlich präsentiert werden. Der immaterielle Charakter und der Vertrauensgutcharakter legen den Einsatz des Sponsorings nahe, da die immaterielle Leistung hierdurch materialisiert bzw. durch die positive Wahrnehmung gesponserter Personen oder Aktivitäten ein Vertrauenstransfer erreicht werden kann (Meffert/Bruhn 1995, S. 297).

3.4.2.3 Verkaufsförderung

Verkaufsförderung ist ein Sammelbegriff für Aktivitäten, die den Absatz *am Verkaufsort* (point of sale) *kurzfristig* erhöhen sollen. Einzelne Formen der Verkaufsförderung, insbesondere Schulungen, Verkaufstrainings, Wettbewerbe, Verkaufstagungen und Demonstrationsmaterialien, kommen in der Versicherungswirtschaft in hohem Maße zum Einsatz. Versicherer verfügen in diesen Bereichen seit vielen Jahren über umfangreiche Erfahrungen (Nickel-Waninger 1987, S. 261).

Eine zentrale Rolle spielt die Verkaufsförderung vor allem im Agenturmarketing. Sie leistet einen wichtigen Beitrag zum Erfolg des persönlichen Verkaufs, indem sie während des Verkaufsgesprächs besondere Materialien bereithält. Außerdem erhöht sie die Aufmerksamkeit des Kunden. Er kann die mit dem Kauf des Versicherungsproduktes verbundenen Entscheidungen unmittelbar erleben (Eickenberg 2002, S. 123).

Solche aktiven Verkaufshilfen sind insbesondere

- ➢ Angebotsmappen,
- ➢ Antragsformulare,
- ➢ computergestützte Beispielrechnungen/Rentenuhren/Rentenschieber,
- ➢ Werbebriefe und Broschüren,
- ➢ Spiele mit einem Bezug zum Thema Geld und Sicherheit,
- ➢ Geschenke und Einführungsprämien (Eickenberg 2002, S. 123-127; Kühlmann/Käßer-Pawelka/Wengert/Kurtenbach 2002, S. 366ff.).

Verkaufshilfen können auch nach Abschluss des Versicherungsvertrages Einsatz finden und eine kundenbindende Wirkung entfalten. In diesem Zusammenhang ist die Verwendung einiger passiver Verkaufshilfen sinnvoll. Hierzu gehören

- ➢ Musterverträge (z.B. Autokaufvertrag),
- ➢ Informationsschriften/Erläuterungen zu Versicherungsbedingungen,
- ➢ Kundenzeitschriften,
- ➢ Einladungen zu Ausstellungen (Eickenberg 2002, S. 127).

Im Business-to-Business-Bereich spielen Firmenzeitschriften eine wichtige Rolle. Hierunter sind periodisch erscheinende Informationsschriften, Newsletter, Kundenzeitschriften und gesamtunternehmensorientierte Zeitschriften zu verstehen. Zusätzlich zu der für die Verkaufsförderung typischen kurzfristigen Wirkung dient die Firmenzeitschrift der langfristigen Imagepflege. Sie ist für Versicherungsunternehmen ebenso wie für Maklerunternehmen geeignet (Bethke 1998, S. 52ff.). Firmenzeitschriften sind ein geeignetes Instrument, um das vom Versicherungsunternehmen gegebene Schutzversprechen, beispielsweise durch Aufzeigen des Vorgehens bei der Regulierung von Schäden, zu erläutern (Popp 1997, S. 984).

Eine wichtige Voraussetzung für die Wirkung von Verkaufsförderungsmaßnahmen ist deren Einsatz zu einem geeigneten Anlass. Obgleich viele Versicherungsnehmer nicht allzu häufig aus eigener Initiative ihren Versicherungsvermittler kontaktieren, können Versicherungsvermittler viele Anlässe glaubhaft für den Einsatz von Verkaufsförderungsmaßnahmen nutzen. Zu den regelmäßigen „Aufhängern" gehören neue Vermögens- und Altersvorsorgeprodukte, neue Versicherungstarife oder Anpassungen der Versicherungsbedingungen bei Dynamikvereinbarungen. Unregelmäßig – aber dennoch recht häufig – ergeben sich viele Gelegenheiten des Einsatzes von Verkaufsförderungsmaßnahmen anlässlich von Änderungen der Steuer- und Sozialgesetzgebung (insbesondere in der Kranken- und

Rentenversicherung). Gelegentlich löst auch die Änderung einer Lebenssituation des Kunden (z.B. Heirat, Geburt von Kindern, Hauskauf), einen besonderen Beratungsbedarf und damit eine Gelegenheit für den Einsatz der Verkaufsförderung aus.

Die Verkaufsförderung ist mit einigen Risiken verbunden. Ein großes Problem ist die langfristige Wirkung von Rabatten auf die Wahrnehmung der Marke. Unternehmen, die über einen längeren Zeitraum hinweg eine bestimmte Leistung zum ermäßigten Preis anbieten, erzeugen natürlich Erwartungen bei ihrer Zielgruppe, dass diese Leistung häufiger günstig zu haben ist. Das betreffende Unternehmen kann den preislichen Aufschlag, den Kunden für eine Marke gegenüber einer schwachen Marke bisher zu zahlen bereit waren, in Zukunft zunehmend schlechter durchsetzen. So erwarten sicher Versicherungskunden von ihrer Gesellschaft Prämienermäßigungen in der Zukunft, wenn ihnen in der Vergangenheit auf der Grundlage häufig nicht transparenter Kriterien hohe Rabatte eingeräumt wurden. Bei einem intensiven Einsatz von Broschüren und Newslettern sollte der Kosten-/Nutzen-Vergleich Beachtung finden.

3.4.2.4 Öffentlichkeitsarbeit

Bei der Öffentlichkeitsarbeit bzw. Public Relations (PR) geht es um die *Gestaltung von Beziehungen zwischen dem Unternehmen und verschiedenen Teilöffentlichkeiten* mit dem Ziel, Vertrauen und Verständnis zu gewinnen bzw. auszubauen (Meffert 1998, S. 704).

Da Versicherungsprodukte Vertrauensgüter sind, müsste die Öffentlichkeitsarbeit zu den wichtigsten Aufgaben der Versicherungsunternehmen gehören. Selbst Anfang der 1990er Jahre wurde einer empirischen Untersuchung von Bittl zufolge die Öffentlichkeitsarbeit in Versicherungsunternehmen allerdings noch unprofessionell betrieben (Bittl 1993, S. 7f.). Mitte der 1990er Jahre intensivierten die Versicherungsunternehmen ihre Öffentlichkeitsarbeit. Ein wichtiger Grund hierfür dürfte in dem weiter gestiegenen Medieninteresse vor allem der verbraucherorientierten Presse sowie der zunehmenden Bedeutung der Beziehungen zu Investoren (Investor Relations) liegen.

Im Gegensatz zur klassischen Werbung findet bei der Öffentlichkeitsarbeit eine *Rückkopplung* während des Kommunikationsprozesses statt. Die Öffentlichkeit tritt in einen Dialog mit dem Versicherungsunternehmen, das seinerseits in der Gestaltung seiner Botschaft zu Kompromissen bereit sein muss (Bittl 1993, S. 68, 73ff.). Die Anspruchsgruppen erwarten entsprechend ihrem Informationsinteresse vom Versicherungsunternehmen Tatsachen, Realitäten, Klarheit und Transparenz in der Darstellung. Nach diesem so genannten *Prinzip der Rückhaltslosigkeit* sind Täuschungen, Vernebelungen und Schleichwerbungen unbedingt zu vermeiden (Winkelmann 1999, S. 291).

Gute PR-Arbeit beinhaltet zudem eine *aktive Gestaltung der Kommunikationsbeziehungen zwischen Unternehmen und gesellschaftlicher Umwelt.* Im Rückblick betrachtet hat es die Versicherungsbranche bisher versäumt, besondere Aktivitäten beispielsweise in der Unfallforschung und Schadenverhütungsarbeit einer breiten Öffentlichkeit zu vermitteln. Oft werden solche den Nutzen der Versicherungsbranche erläuternden Beiträge ausschließlich in Fachzeitschriften veröffentlicht, die nur einem sehr kleinen und ohnehin gut informierten Teil der Öffentlichkeit zugänglich sind. Die Versicherungsbranche sollte stattdessen den Dialog mit der Gesellschaft aktiv suchen (Bittl 1993, S. 69).

Die *Hauptzielgruppen der Öffentlichkeitsarbeit* sind:

(1) Medien
Ausgangspunkt jeder guten Öffentlichkeitsarbeit ist zunächst ein gutes Verhältnis zu den Medien bzw. eine gute *Pressearbeit*. Versicherungsunternehmen sollten dabei einen persönlichen Kontakt zu einem Redakteur, der Finanzdienstleistungsthemen bearbeitet, herstellen und pflegen. Die Redaktion sollte regelmäßig Pressemitteilungen und Materialien erhalten. Darstellungen sollten nach Möglichkeit stets einen lokalen oder fachlichen Bezug haben und das Menschliche hervorheben. Nicht zuletzt ist ein gut ausgearbeiteter Presseverteiler für eine systematische Pressearbeit unerlässlich. Einige Versicherungsgesellschaften schulen ihren Außendienst durch geeignete Fachseminare, welche meist von namhaften Wirtschaftsjournalisten moderiert werden (Zermin 2000, S. 50ff.).

(2) Kunden
Die Einfirmenvertreter der Versicherungsgesellschaften betreiben ebenfalls Öffentlichkeitsarbeit. Sie möchten mit der Öffentlichkeitsarbeit ihre Kunden auf eine andere Art ansprechen, spezielle Kundengruppen besser erreichen und über die Publicity-Wirkung Neukunden gewinnen (Eickenberg 2006, S. 206).

(3) Investoren

Da ein zunehmender Marktanteil auf multinationale Versicherungsunternehmen entfällt, deren Aktien an den großen Börsenplätzen notiert werden, findet die Versicherungswirtschaft stärker als in der Vergangenheit das Interesse von Investoren. *Finanzanalysten* und *Ratingagenturen* fordern regelmäßig Stellungnahmen der großen Versicherungsaktiengesellschaften zu Unternehmensstrategien und erwarteten Entwicklungen ein, die Einfluss auf den Unternehmenswert haben könnten.

(4) Politische Entscheidungsträger, Verbände und Vereine

Im Rahmen der Pflege von Beziehungen zu Interessenvertretungen, dem so genannten Lobbyismus, gilt das Interesse politischen Entscheidungsträgern, Verbänden oder Vereinen. So gibt es beispielsweise im Rahmen der Vorbereitungen von Reformen im Gesundheitssystem oder Rentensystem eines Landes für Versicherungsunternehmen viele Anknüpfungspunkte für einen Dialog mit den Interessenvertretungen.

(5) Besondere Anspruchsgruppen

Besondere Anspruchsgruppen der Öffentlichkeitsarbeit im Versicherungswesen sind neben den Meinungsbildnern in der Pressearbeit insbesondere *Versicherungsvermittler, öffentliche Institutionen* und Behörden einschließlich der *Aufsichtsbehörde* (Farny 2006, S. 706).

(6) Unternehmensinterne Zielgruppen

Im weiteren Sinne gehört auch der Bereich der Unternehmenskommunikation zur Öffentlichkeitsarbeit. So werden beispielsweise über Hauszeitschriften Kontakte zu Mitarbeitern als Teilöffentlichkeiten gepflegt.

Die *Aufgaben der Öffentlichkeitsarbeit im Versicherungsunternehmen* sind vielfältig (s. Farny 2006, S. 707, Hertel/Sartorius 1994, S. 120, Bittl 1992, S. 45ff.). Zu *regelmäßigen Informationsaufgaben* gehören zunächst die in bestimmten Zeitabständen wiederkehrende Abgabe von Informationen an die Öffentlichkeit in Form von Geschäftsberichten, Zwischenberichten und periodischen Informationsdiensten. Auch Hauszeitschriften und das „Schwarze Brett" im Versicherungsunternehmen können als Medien für die Öffentlichkeitsarbeit genutzt werden.

Ebenso wie in anderen Branchen beinhaltet die Öffentlichkeitsarbeit der Versicherungsunternehmen viele *fallweise Informationsaufgaben*. Vorgänge wie Strategieänderungen, Produkteinführungen und Unternehmensratings geben häufig Anlass für einen Informationsaustausch mit der Öffentlichkeit. Geeignete Formen hierzu sind beispielsweise Pressemitteilungen, Pressekonferenzen, Vorträge sowie die Mitwirkung von Mitarbeitern bei öffentlichen Veranstaltungen.

Neben den Versicherungsgesellschaften übernehmen die *Versicherungsverbände* eine Reihe von Aufgaben der Öffentlichkeitsarbeit. Die 1954 eingerichtete Pressestelle des Gesamtverbandes der Deutschen Versicherungswirtschaft (GDV) befasst sich mit generellen Themen der Individualversicherung. Zu diesem Zweck stellt sie Kontakte zu Journalisten her, organisiert Pressekonferenzen, gibt Pressemitteilungen heraus, veröffentlicht das Jahrbuch der deutschen Versicherungswirtschaft und stellt eine Vielzahl von Informationsmaterialien für Verbraucher und Schulen wie beispielsweise „Klipp-und-Klar-Texte" zur Verfügung. Auch Analysen bzw. empirische Studien zum Image der Branche und dem Wissenstand der Bevölkerung über Versicherungsprodukte werden vom GDV initiiert. Nicht zuletzt stehen umfangreiche Online-Dienste zur Verfügung.

3.4.2.5 Integrierte Marketing-Kommunikation

Versicherungsunternehmen kommunizieren über viele Wege mit ihren Kunden bzw. der Öffentlichkeit. Um eine prägnante Unternehmensidentität und ein Markenimage zu schaffen, liegt es nahe, die einzelnen Kommunikationsinhalte und -maßnahmen zu verbinden (Meffert/Bruhn 1995, S. 302). Im Rahmen einer solchen integrierten Kommunikation sollen alle externen und internen Kommunikationsquellen eine Einheit bilden, um ein *konsistentes Erscheinungsbild* zu vermitteln. Es gilt, alle Kommunikationsmaßnahmen formal und inhaltlich abzustimmen, um Eindrücke zu vereinheitlichen und zu verstärken (Kroeber-Riel 1993b, S. 300). Im Idealfall erzeugt dabei beispielsweise die Anzeigenwerbung die gleiche Eindrucksqualität wie die Schaufensterwerbung des Agenten.

Die integrierte Marketing-Kommunikation bietet viele *Vorteile* (Meffert 1994b, S. 139ff.):

➢ Häufige Wiederholungen und *Kombinationen verschiedener Lernwege* erleichtern den markenbezogenen Lernvorgang erheblich.
➢ Durch die *Wiedererkennung* des Kommunikators lassen sich zentrale Botschaftselemente im Gedächtnis verankern.

> Nicht zuletzt ergeben sich messbare *Kostenvorteile und Synergieeffekte* im Kommunikationsbereich.

Die Entwicklung und Realisierung der integrierten Marketingkommunikation umfasst eine formale und inhaltliche Komponente.

Wiederkehrende visuelle und verbale Gestaltungselemente, wie Symbole, Zeichen und Farben, bewirken langfristig eine Verstärkung der eher schwachen Wirkungen einzelner kommunikationspolitischer Instrumente. Sie erleichtern die Absendererkennung. Um eine erfolgreiche Realisierung dieser formalen Integration zu kontrollieren, sind *Corporate Identity-Richtlinien*, die konkrete Beispiele einer korrekten und fehlerhaften Verwendung von Logos, Farben, Schrifttypen, etc. enthalten, ein wertvoller Leitfaden.

Die Entstehung einheitlicher Eindrücke ist eng mit so genannten *Schlüsselbildern* verbunden. Schlüsselbilder vermitteln Informationen, die mehrere Informationen bündeln (Mayerhofer 1995, S. 13). Sie ermöglichen den Aufbau langfristiger Firmen- bzw. Markenbilder. Bei einer unzureichenden Planung dieser visuellen Leitmotive besteht die Gefahr einer Beeinträchtigung der Markenidentität und das Problem einer langfristigen „Bildbewältigung". Die Konzeption von Schlüsselbildern offenbart ein Dilemma. Einerseits gilt es, innere Bilder für die Ansprache der Zielgruppe zu finden, die sich stark an das Schlüsselbild anlehnen. Andererseits soll die Eigenständigkeit des Bildes seine Austauschbarkeit unmöglich machen. Die visuelle Kontinuität eines Schlüsselbildes ermöglicht es aber, den Variationsspielraum des Grundmotivs bis zu gewissen inhaltlichen Gestaltungsgrenzen auszuschöpfen. Für die Entwicklung des zentralen Schlüsselbildes sollten szenische Bilder des Fernsehens Verwendung finden, da sich solche dynamischen Bilder leichter in statische Bilder transformieren lassen als umgekehrt. So zeigt das szenische Schlüsselbild des genossenschaftlichen Finanzverbundes, zu dem Volksbanken und Raiffeisen-Banken und die R+V Versicherungsgruppe gehören, Personen, die einen Weg verfolgen, auf dem sich plötzlich Hindernisse aufbauen, die später frei werden und zum freien Horizont führen. Die in der Anzeigenwerbung, Schaufensterwerbung und anderen Formen der Marketing-Kommunikation enthaltenen Bilder sind auf dieses zentrale Schlüsselbild abgestimmt (Kroeber-Riel 1993b, S. 316, 307ff.).

3.5 Vertrieb

3.5.1 Bewertung und Auswahl des Vertriebswegs

3.5.1.1 Unternehmenseigene Absatzorgane

Unternehmenseigene Absatzorgane sind als Angestellte fest in die Organisation des Versicherungsunternehmens eingebunden. Sie sind *Handlungsgehilfen, Handlungsbevollmächtigte oder Prokuristen und* beziehen regelmäßig Gehälter, Spesen und eventuell Provisionen für ihre Verkaufstätigkeit. Angestellte Absatzorgane sind *an sämtliche Weisungen des Versicherungsunternehmens gebunden* (Kendl 1997, S. 8).

Zu den eigenen Absatzorganen des Versicherungsunternehmens gehören Stellen in der Zentrale oder Direktion des Versicherungsunternehmens, die mit Vertriebsaufgaben betraut sind, sowie dezentrale Vertriebsstellen in Filialen (Farny 2006, S. 717).
Mitarbeiter in der Unternehmenszentrale üben neben Führungsaufgaben des Absatzes und der Vertriebsplanung, -steuerung und -kontrolle auch direkte Verkaufstätigkeiten aus. Die Verkaufstätigkeit bezieht sich hierbei sowohl auf Neukunden als auch auf das Neu-, Änderungs- und Verlängerungsgeschäft mit Bestandskunden. Zu einem großen Teil finden die Verkaufsaktivitäten durch Telefonate und seit einiger Zeit auch mit Hilfe von Call-Centern statt. Häufig sind Angestellte der Unternehmenszentrale im Rahmen ihrer Vertriebstätigkeit an wechselnden Orten tätig. In speziellen Versicherungszweigen wie Kreditversicherungen und Industrieversicherungen spielen diese Reisetätigkeiten eine wichtige Rolle.

3.5.1.2 Unternehmensgebundene Absatzorgane

In Deutschland ist im Privatkundengeschäft der *Ausschließlichkeitsvertreter, Agent oder Einfirmen- bzw. Konzernvertreter* das bedeutendste Absatzorgan. Als Handelsvertreter nach § 84ff., 92 Abs. 1 HGB ist er *selbstständiger Kaufmann,* der ein eigenes unternehmerisches Risiko trägt sowie seine Tätigkeit und Arbeitszeit frei gestalten kann.

Aufgaben des Versicherungsvertreters sind die Vermittlung von Versicherungsverträgen und meist auch die damit zusammenhängenden Tätigkeiten der Vertrags- und Schadenbearbeitung. In seltenen Fällen verfügt der Versicherungsvertreter über eine Vollmacht zum Abschluss der Versicherungsgeschäfte. Er vermittelt die Versicherungsgeschäfte nach eigener Planung meist an eine große Zahl von Versicherungsnehmern in einem regional begrenzten Raum. Ihm obliegt die *Wahrung der Interessen des Versicherungsunternehmens,* d.h. insbesondere die Akquisition von Neukunden und Befolgung von Weisungen, welche sich auf die Versicherungsgeschäfte beziehen. Rechtliche Grundlage für die Beziehung des Vertreters zum Versicherer ist der weitgehend genormte *Vertretervertrag.* Wesentliche Elemente dieses Vertrages sind die auf dem Handelsrecht und Nebenabreden beruhenden Vereinbarungen zwischen der Versicherungsgesellschaft und dem jeweiligen Agenturinhaber. Der Agent darf nur die Produkte des Versicherungsunternehmens anbieten (daher der Name „*Ausschließlichkeitsvertreter*") und muss grundsätzlich etliche Bindungen in seinen Marketing- und Vertriebsaktivitäten akzeptieren. Hierzu gehören vor allem die Vereinbarungen über ein bestimmtes Absatzgebiet, Prämiensätze, Provisionsregelungen und die Regelungen über das Ausscheiden aus dem Agentursystem. Der Agent profitiert von der Reputation der Gesellschaft, ihrer technischen Infrastruktur sowie der Professionalität von Schulungsangeboten und Verkaufsförderungsmaterialien. In der Praxis des Versicherungsvertriebs sind Versicherungsagenten von ihrer Größe her betrachtet typische Kleinunternehmer. Etwa ein Viertel der Agenturen sind Ein-Personen-Betriebe, d.h. der Agent ist Alleinkämpfer ohne Unterstützung im Innen- und/oder Außendienst. Bei vielen Agenten folgt mit weiterem Wachstum dann die Beschäftigung eines Familienangehörigen. Etwa 45 % der Agenten werden von zwei bis drei Mitarbeitern im Innendienst unterstützt. Nur etwas mehr als ein Viertel der Agenturen beschäftigen zwischen vier und zehn Personen im Innendienst (Eickenberg 2006, S. 78f.).

Die *Vorzüge* dieses Außendienstsystems bestehen vor allem in

> ➤ der besonderen *Nähe zum Kunden,*
> ➤ der *Beratung und Abwicklung* von Versicherungsgeschäften,
> ➤ der ausgezeichneten *Kenntnis des jeweiligen regionalen Teilmarktes,*
> ➤ dem hohen *Einfühlungsvermögen in die Situation des Kunden,*
> ➤ einer auf Vertrauen basierenden *persönliche Kundenbindung,*
> ➤ einer *guten Kenntnis der Produkte* der Ausschließlichkeitsorganisation und einer darauf aufbauenden Beratung.

Problembereiche des Ausschließlichkeitsvertriebs sind

➤ die relativ hohen *Kosten* dieses Vertriebswegs,
➤ größere Unsicherheiten bei der Prognose der späteren *Agenturentwicklung* zum Zeitpunkt der Vertragsunterzeichnung,
➤ *Konflikte hinsichtlich der zu bearbeitenden Geschäftsfelder* zwischen Agent und Versicherungsgesellschaft,
➤ die unter Umständen *unzureichende Nutzung von Netzwerkvorteilen*,
➤ der *unprofessionelle Einsatz von Marketinginstrumenten*.

3.5.1.3 Unabhängige Absatzorgane

3.5.1.3.1 Mehrfirmenvertreter

Ein im Vergleich zum Einfirmenvertreter relativ unabhängiges Absatzorgan ist der Mehrfirmenvertreter, der *ständig Versicherungsgeschäfte für mehrere Versicherungsunternehmen vermittelt, die voneinander unabhängig sind*. Ist die Ausschließlichkeit aufgehoben, indem z.B. der Mehrfirmenvertreter in einem Versicherungszweig mit mehreren Anbietern zusammenarbeitet, liegt faktisch eine maklerähnliche Stellung vor (Farny 2006, S. 720).

Der Mehrfirmenvertreter stellt eine interessante Alternative für Kunden eines Ausschließlichkeitsvertreters dar. Die typische Kundschaft des Mehrfirmenvertreters wohnt meist in Ortschaften mittlerer Größe oder in Vororten größerer Städte. Sie findet beim Mehrfirmenvertreter eine *vergleichsweise große Produktauswahl*. Wenn der Mehrfirmenvertreter mit mehreren Versicherern in einem Versicherungszweig zusammenarbeitet, zeichnet er sich häufig durch ein *gewisses Unabhängigkeitsstreben* und den Anspruch einer objektiven Beratung durch Vergleich verschiedener Angebote mehrerer Versicherer aus (Benölken/Heß 1997, S. 1516f.).

3.5.1.3.2 Versicherungsmakler

Versicherungsmakler sind Handelsmakler im Sinne der §§ 93ff. HGB. Makler sind von einzelnen Versicherern unabhängige Vermittler. Sie verfolgen eine *eigenständige Marketingstrategie und -politik*. Als „*Bündnis-genossen*" des Kunden orientiert sich ihr Handeln am Kundeninteresse. Der Kunde initiiert die Tätigkeit des Versicherungsmaklers, in dem er den Makler beauftragt, einen geeigneten Versicherungsschutz am Markt zu finden. Die *institutionelle Unabhängigkeit* ist für den Versicherungsmakler wichtig, damit er frei bestimmen kann, bei welchen Versicherungsunternehmen er die Risiken seines Kunden platzieren kann. Makler sind aufgrund ihrer rechtlichen Stellung vom Versicherungsunternehmen weniger steuerbar als Versicherungsvertreter. Versuche, den Kunden direkt – d.h. unter Umgehung des Maklers – zu kontaktieren, führen oft zu Verstimmungen zwischen Versicherungsunternehmen und Maklern oder gar zum vollständigen Abbruch der Geschäftsbeziehungen. Zudem können die Unternehmenskulturen im Versicherungs- und Maklerunternehmen erhebliche Spannungen hervorrufen. Viele Versicherungsgesellschaften beschäftigen aus diesem Grund spezielle Maklerbetreuer (Benölken/Heß 1997b, S. 1516).

Makler haben eine *weitgehende Haftung*. Sie haften sowohl dem Versicherungskunden als auch dem Versicherungsunternehmen für den durch ihr Verschulden entstehenden Schaden. Je schärfer der Staat das Haftungsrecht für die Versicherungsmakler gestaltet, umso eher hat es den Charakter einer Garantie für den Versicherungsnehmer. Allerdings kann der Versicherungsmakler nicht haftbar gemacht werden, wenn er den Kunden nachweislich gewissenhaft und sorgfältig beraten hat und seinen Pflichten aus dem Maklervertrag einwandfrei nachgekommen ist (Bosselmann 1994, S. 114, 194f.).

Ob ein Makler mit einem Versicherer in eine Geschäftsbeziehung tritt, hängt in hohem Maße von der Übereinstimmung der Produkte des Versicherers mit dem Kundenbedarf ab. Makler räumen Befragungen zufolge bei der Auswahl des Versicherers dem Preis-Leistungs-Verhältnis und der Produktpalette einen deutlich höheren Stellenwert ein als einer schnellen Schadenregulierung und anderen Abwicklungsfragen (Keller/Lerch 2004, S. 34f.).

Die *Vorteile des Maklers* für den Kunden sind vor allem

➢ die *Unabhängigkeit in der Beratung*, da der Makler im Auftrag des Kunden tätig wird und nur ihm gegenüber zur Loyalität verpflichtet ist.
➢ die *Objektivität der Beratung*, die sich im Best Advice oder Suitable Advice zeigt. Der Vergleich des Preis-/Leistungsverhältnisses einer re-

präsentativen Anzahl von Anbietern bringt dem Kunden einen hohen Nutzen.

➢ die *Haftung des Maklers* für Beratungsfehler und die richtige Versichererauswahl.

Typische *Nachteile des Maklervertriebs aus Kundensicht* sind (Bosselmann 1994, S. 114)

➢ die *produktbezogene Beschränkung der Vermittlungsleistungen* des Maklers auf solche Angebote der Versicherer, für die sich ein dezidierter Preis-/Leistungsvergleich lohnt.

➢ die *eingeschränkte Objektivität* von Maklern, die neben ihrer Vermittlungstätigkeit noch Verwaltungsaufgaben oder Schadenregulierungen für einen Versicherer übernehmen.

➢ die unwahrscheinliche aber denkbare *Einflussnahme der Versicherer auf die Anbieterwahl von Maklern durch Courtagevereinbarungen*, so dass ein Konflikt zum Grundsatz des Best Advice entsteht.

Die *Vorzüge des Maklervertriebs aus der Sicht des Versicherers* sind

➢ die exzellente *Kenntnis der Kundenbedürfnisse,*
➢ hervorragende *Marktkontakte,*
➢ die Einsparung von *Vertriebskosten* vor allem für Gesellschaften, die nicht über eine größere Vertriebsorganisation verfügen,
➢ ein *leichterer Marktzugang* für Versicherungsgesellschaften mit gutem Preis-/Leistungsverhältnis aber geringer Bekanntheit.

Die *Problembereiche des Maklervertriebs aus der Perspektive der Versicherungsgesellschaft* ergeben sich vor allem aus dem Selbstverständnis des Maklers, den „Best Advice" für den Kunden zu realisieren. Typische Herausforderungen sind (s. z.B. Pohl 2005, S. 28):

➢ höhere *Stornoquoten,* da ein gutes Preis-/Leistungsverhältnis im Vergleich zum Marktdurchschnitt häufig nicht dauerhaft umsetzbar ist,
➢ *harte Verhandlungen* mit der Tendenz zu Preiszugeständnissen oder Leistungserweiterungen, die mit schlechten versicherungstechnischen Ergebnissen einhergehen können,
➢ der *Verlust des direkten Kundenkontaktes* und der hiermit einhergehenden Möglichkeiten des Ausbaus von Kundenbeziehungen z.B. über Cross-Selling-Maßnahmen,

➤ stark *eingeschränkte Möglichkeiten der Kundenbindung* außerhalb der Preis- und Leistungsgestaltung.

Hinsichtlich des Marketingprofils sind mittelständische Makler von großen Industriemaklern und Captive-Brokern zu unterscheiden.

Mittelständische Makler stehen mit einer großen Zahl von Versicherern in einer Geschäftsbeziehung. Im Rahmen der Marketinginstrumente hat die versichererbezogene Marketingforschung überragende Bedeutung. Gegenstand sind hierbei vor allem Preis-Leistungs-Vergleiche, die Qualität von Deckungskonzepten und Verhaltensweisen der Versicherer bei der Vertragsbearbeitung und Schadenregulierung. Wie bei allen mittelständischen Unternehmen hat auch bei mittelständischen Maklern das Streben nach Unabhängigkeit einen hohen Einfluss auf Marketing- und Vertriebsziele. An einer Zahlung von festen Geldbeträgen durch einen Versicherer besteht daher beim mittelständischen Makler kaum Interesse. Vergütungen durch die Versicherer erfolgen überwiegend in der Form umsatzabhängiger Courtagen.
Mittelständische Makler sind meist auf bestimmte Kundengruppen im gewerblichen Geschäft sowie auf gehobene Privatkunden spezialisiert, mit denen sie intensive und langfristige Geschäftsbeziehungen pflegen.
Häufig führen mittelständische Makler Werbe- und Verkaufsförderungsmaßnahmen durch (Lach 1995, S. 125ff.).
Die Stärken des mittelständischen Maklers liegen in einem breiten und flexiblen Produktangebot sowie in einer hohen Akzeptanz beim Kunden als unabhängiger Berater mit umfassender Kompetenz. Problematisch zu werten sind hingegen neben Haftungsfragen die oft fehlende Bereitschaft bzw. Möglichkeit zu Schulungen und Weiterbildungsmaßnahmen. Durch steigende Informationsbeschaffungskosten erhöht sich zudem der Kostendruck (Koch 1999, S. 56).

Der *Industrieversicherungsmakler* zeichnet sich durch viele und teilweise hochqualifizierte Mitarbeiter aus. Er verfügt über professionelle Informationstechnologien. Das Geschäft mit dem gewerblichen und industriellen Kunden ist seine klassische Domäne (Benölken/Heß 1997, S. 1516).
Im Vergleich zu mittelständischen Maklern unterhalten Industrieversicherungsmakler meist zu einer geringeren Anzahl von Versicherern und Versicherungsnehmern Geschäftsbeziehungen. Der Grund hierfür liegt in der begrenzten Zahl von Industrieversicherern und der Größe der Kunden.

Da die Kunden des Industriemaklers oft im Ausland vertreten sind, hat die Marketingforschung eine noch höhere Bedeutung als beim mittelständischen Makler. Über Informationen zu ausländischen Märkten hinausgehend sind auch Daten und Fakten über den Rückversicherungsmarkt zu beschaffen. Die wenigen „Global Players" wie Marsh McLennan, Aon und Willis profitieren vom generellen Trend zur Internationalisierung in vielen Branchen. Industrieversicherungsmakler erarbeiten häufig sehr komplexe und spezielle Versicherungslösungen für ihre Kunden. Aufgrund des Umfangs der Versicherungsvermittlungsgeschäfte ist die Abhängigkeit von einzelnen Kunden in der Regel höher einzustufen als bei mittelständischen Maklern. Die Spezialität und Komplexität der Risiken erfordert ein sehr differenziertes Vorgehen bei der Entwicklung von Marketingkonzepten. Oft ist es notwendig, für einen einzelnen Kunden ein spezielles Marketingkonzept zu entwickeln. Im Rahmen der Marketingstrategie des Industriemaklers spielen hochwertige Beratungskonzepte zum risikopolitischen Instrumentarium eine besondere Rolle. Der Industriemakler folgt seinem Kunden und ist daher in der Regel durch eigene Niederlassungen oder über Kooperationspartner international vertreten.

Die Bedeutung von Werbe- und Verkaufsförderungsmaßnahmen ist im Vergleich zu mittelständischen Maklern als geringer einzustufen (Lach 1995, S. 128ff.).

Eine Sonderform des Versicherungsmaklers stellt der so genannte *Captive Broker* oder der firmenverbundene Vermittler dar. Er gibt im idealtypischen Fall nur an einen Versicherungsnehmer Vermittlungsleistungen ab und steht mit einer größeren Anzahl von Versicherern in einer Geschäftsbeziehung. Da der Captive Broker vom Versicherungsnehmer abhängig ist, stellt er ein Spiegelbild zum Einfirmen-/Konzernvertreter dar und kann daher auch als versicherungsnehmergebundener Vermittler bezeichnet werden. In der Praxis werden Captive Broker jedoch häufig für mehrere Versicherungsnehmer tätig. Ein solcher Captive Broker ist einem Industrieversicherungsmakler sehr ähnlich. Während der idealtypische Captive Broker aufgrund seiner Bindung an den Versicherungsnehmer kein versicherungsnehmerbezogenes Marketing braucht, agiert der für mehrere Versicherungsnehmer tätige Captive Broker mit ähnlichen Marketingstrategien und -instrumenten wie Industrieversicherungsmakler (Lach 1995, S. 37).

3.5.1.4 Strukturvertrieb

Strukturvertriebe sind *versicherungseigene oder unabhängige Absatzorgane, deren Steuerung mit Hilfe besonderer Anreizsysteme erfolgt.* Der Grundgedanke von Strukturvertrieben besteht in einem besonderen Vergütungssystem für den Abschluss von Versicherungsgeschäften. Hierbei erfolgt die Gesamtvergütung nach bestimmten Schlüsseln zwischen dem eigentlichen Akquisiteur und den über ihm befindlichen Hierarchieebenen. Ein Aufstieg in der Karriere- und Vergütungshierarchie ist häufig sowohl von der umsatzbezogenen Vermittlungsleistung als auch der Anwerbung neuer Strukturmitglieder abhängig (Lach 1995, S. 44f.).

Eine allgemeingültige Bewertung des Strukturvertriebs ist schwierig, da die Unternehmenstypen in der Praxis äußerst vielfältig sind. Strukturvertriebe treten sowohl als unternehmenseigene und unternehmensgebundene als auch als völlig unabhängige Unternehmen am Markt auf. Vor allem bei den unabhängigen Strukturvertrieben existieren sehr große Unterschiede in der Unternehmensgröße und Professionalität des Angebots. Große Strukturvertriebsorganisationen wie MLP, AWD und die Deutsche Vermögensberatung verfügen über ähnlich gute informationstechnologische Ressourcen, Schulungsprogramme und andere Netzwerkvorteile wie Ausschließlichkeitsorganisationen. Ihr Produktangebot enthält häufig bewährte Zielgruppenlösungen. Kleinere Strukturvertriebe zeichnen sich dagegen oft durch typische systembedingte Nachteile des Strukturvertriebs aus (Farny 2006, S. 722f., Klein 1997, S. 361).

Vorteile des Strukturvertriebs sind
➢ das hohe Potenzial in der Neukundengewinnung infolge des häufigen Wechsels der Akquisiteure und sich ständig erneuernder Kundenpotenziale,
➢ der starke Anreizcharakter zur Gewinnung neuer Kunden,
➢ die schnelle Wachstumsmöglichkeit.

Nachteilig ist häufig
➢ eine relativ hohe Stornoquote bei Neugeschäften,
➢ die hohe Fluktuation der Akquisiteure,
➢ die in vielen Fällen geringe Fachkompetenz der Akquisiteure,
➢ der im Vergleich zu Agenten aggressivere Verkaufsstil,
➢ die Vernachlässigung der Bestandsbearbeitung und Kundenbetreuung.

Im Zuge der Umsetzung der EU-Vermittlerrichtlinie müssen sich viele Strukturvertriebe neu positionieren. Die steigenden Anforderungen an die Beratungsqualität und hohe Verwaltungskosten belasten vor allem die kleineren Strukturvertriebe. Experten gehen von einem weiteren Konzentrationsprozess aus. Die großen Strukturvertriebe haben in den letzten Jahren erhebliche Qualifizierungsoffensiven gestartet und sind zudem durch Börsengänge sehr viel bekannter geworden (Lier 2003, S. 1023f.).

3.5.1.5 E-Commerce

Bis Mitte der 1990er Jahre hatten Vertriebskonzepte, die auf Online-Technologien basierten, in der Versicherungsbranche ein Schattendasein. Die Prognosen von Branchenexperten zur voraussichtlichen Verbreitung von E-Commerce-Lösungen kamen bisher zu sehr unterschiedlichen Ergebnissen. Sicher ist zumindest die zunehmende Integration von E-Commerce-Technologien in den traditionellen Versicherungsvertrieb. Grundsätzlich sind folgende Formen der Integration von E-Commerce-Technologien bereits umgesetzt bzw. für eine künftige Anwendung sehr wahrscheinlich:

(1) Kundenkommunikation zentraler Stellen. Naheliegend ist der Einsatz von E-Commerce-Technologien in verwaltungsintensiven Bereichen, wenn sich die Geschäftsprozesse gut standardisieren lassen. So melden viele Versicherungsnehmer einen *Schadenfall* direkt über das Formular auf der Web-Site des Versicherers. Außerdem können Versicherungskunden im Netz Möglichkeiten einer Rentenberechnung nutzen sowie auf *FAQ-Listen* und Checklisten zurückgreifen, welche Informationen zu einem sinnvollen Verhalten im Schadenfall liefern. Versicherungsfremde aber *nützliche Zusatzdienste* (z.B. das Veröffentlichen der Schwackeliste, Börsennachrichten und Empfehlungen für Kapitalanlageformen) sind zunehmend üblich. Unkritisch ist die Möglichkeit für den Kunden, seine *persönlichen Daten* wie die Adresse zu ändern oder Informationen zum *Status seiner Versicherungen* oder zum Stand der Schadenbearbeitung über das Internet abzurufen. Die Option, Bestandsdaten wie die Versicherungssumme zu ändern, sollte dem Kunden nicht eingeräumt werden, da die Auswirkungen solcher Veränderungen von einigen Kunden nicht abgeschätzt werden können. Der Online-Auftritt eröffnete neue Möglichkeiten auch in der Öffentlichkeitsarbeit der Versicherungsunternehmen (Schwickert/Theuring 1998, S. 148ff.).

(2) Serviceerweiterungen und Beratungsunterstützung für die traditionelle Ausschließlichkeitsorganisation. Versicherungsagenten vor allem der jüngeren Generation greifen die vielen Vorzüge von E-Commerce-Technologien für die Servicegestaltung meist sehr positiv auf. Die Frage, wie weitgehend die Auswirkungen von E-Commerce-Technologien auf die Arbeit des Versicherungsvertriebs künftig sein werden, wird kontrovers diskutiert. Rein theoretisch ließen sich heute bereits alle Phasen der Gestaltung des Kundenkontakts auf direktem Wege vollziehen. Die Möglichkeit und Notwendigkeit einer elektronischen Beratungsunterstützung macht dabei die personengebundene Kompetenz nicht überflüssig. Vielmehr bewegt sich der beratungsintensive Verkauf von Finanzdienstleistungen in einem Spannungsfeld zwischen High Tech und High Touch, d.h. zwischen Beratungstechnologie bzw. Beratungspsychologie (Nieraad 1994, S.31f.). Das Berufsbild des Versicherungsvertreters wird sich notwendigerweise wandeln. Er nutzt zunehmend E-Commerce-Technologien für das qualifizierte Beratungsgespräch.

(3) Neue Maklerfunktionen. Im Vertrieb von Versicherungsprodukten können sich auch Geschäftsmodelle entwickeln, die in erster Linie eine unabhängige Maklerfunktion übernehmen. Hierzu gehören vertikale Produktportale, Aggregatoren, Online-Risikomärkte und Organisatoren von Rückwärtsauktionen. Für die Versicherungsunternehmen ist ein Vertrieb über solche Intermediäre dann interessant, wenn sie im Ranking der Intermediäre eine gute Position belegen. Versicherungskunden erhalten mit etwas Routine in der Bedienung der Informationssysteme innerhalb einer kurzen Zeit einen umfassenden Marktüberblick (Bölscher 2002, S. 99f.). *Über vertikale Portale* sind Informationen und Produkte zu bestimmten Sachgebieten oder Branchen erhältlich (z.B. insurancecity.net). Sie bieten aufgrund ihrer großen Informationstiefe für eine klar definierte Zielgruppe einen hohen Zusatznutzen. Traditionelle Versicherungsunternehmen versuchen sich vermehrt in den vertikalen Portalen der Branche zu etablieren. Bei *Aggregatoren* wie „insweb.com" oder „einsurance.de" handelt es sich um unabhängige Anbieter, die für eine bestimmte, meist überschaubare Anzahl von Versicherungsprodukten, Angebote in einer hohen Informationstiefe vergleichen. Ebenso wie bei vertikalen Portalen ist der Erfolg von Aggregatoren entscheidend von der Offenheit der Systemarchitektur. Aggregatoren sollten eine größere Anzahl von Versicherungsgesellschaften dazu bewegen können, für vordefinierte Produkte Angebote abzugeben, die mit anderen Unternehmen vergleichbar sind. Durch die Vielzahl von Angeboten wird ein Wettbewerb gefördert, welcher aus Sicht der Nutzer einen Mehrwert darstellt. Erschwerend für den Aufbau einer Kundenverbindung wirkt sich die geringe Kauffrequenz bei Versicherungsprodukten aus. *Online-Risikomärkte* wie „catex.com" sind Marktplätze, auf denen meist Versicherer, Rückversicherer und Industriekunden große Risiken oder Risikoportefeuilles austauschen. Anbieter von *Rückwärtsauktionen* eröffnen Versicherungskunden die Möglichkeit selbst Risiken zu platzieren. Industriekunden können ihren Versicherungsbedarf ausschreiben, um ein günstiges Angebot zu erhalten (Wirtz/Vogt/Denger 2001, S. 161).

(4) Kooperationsmodelle zwischen Versicherungsunternehmen. Hinsichtlich der Darstellung des Contents existieren im Bereich der neuen Medien aus der „old economy" wenig bekannte Wettbewerbsregeln. So sind im Internet typische Konkurrenten miteinander vernetzt. Ein Beispiel ist das von führenden Krankenversicherungen initiierte Gesundheitsportal. Um eine hohe Qualität der medizinischen Inhalte zu gewährleisten recherchiert und verfasst ein Team aus Wissenschaftsjournalisten und Fachärzten medizinische Informationen. Auf der jeweiligen Homepage der beteiligten Krankenversicherer werden bewährte und durch wissenschaftliche Studien abgesicherte Non-Smoking- und Fitness-Programme vorgestellt.

(5) Kooperationsmodelle mit branchenfremden Unternehmen. Bei einem Internetauftritt eines Anbieters von branchenfremden Produkten, die dennoch mit einem versicherungsrelevanten Ereignis in Verbindung stehen, ist es naheliegend, Nutzer auf mögliche Versicherungslösungen hinzuweisen. Der Kontakt zur Versicherungsgesellschaft entsteht also auf Umwegen (Schneider 2004, S. 187). Zunächst interessiert sich ein Internet-Nutzer beispielsweise für Autos. Auf den „zweiten Klick" erfährt er dann von passenden Versicherungslösungen (z.B. autoscout24.de). Häufig ist aus der Sicht des Internetnutzers die bequeme direkte Abschlussmöglichkeit sogar wichtiger als preisliche Überlegungen.

Aus heutiger Sicht noch nicht absehbar sind die Marktchancen der so genannten virtuellen Versicherer. Virtuell bedeutet im wörtlichen Sinne „scheinbar" bzw. „der Kraft oder Möglichkeit nach vorhanden". Wesentliches Merkmal virtueller Unternehmen ist die Verlagerung zentraler Funktionen des Unternehmers in den virtuellen Raum. Aus Kundensicht kommen die erbrachten Leistungen scheinbar aus einer Hand, obwohl sie tatsächlich im Ergebnis durch das Wirken unabhängiger Leistungsträger in einem verteilten Prozess entstanden sind. Das Geschäftsmodell des virtuellen Versicherungsunternehmens besteht in sehr schlanken Strukturen und den hieraus resultierenden Kostenvorteilen. Kunden sollen von den günstigen Prämien profitieren. Ein Beispiel ist das zur General American Life Insurance Company gehörende Tochterunternehmen GeneraLife. Mit nur 16 fest angestellten Mitarbeitern hat dieses virtuelle Unternehmen, das die Antrags- und Vertragsbearbeitung, den Zahlungsverkehr sowie die Leistungsabwicklung auf einen unternehmensexternen so genannten Third Party Administrator übertragen hat, im Jahre 1999 eine Gesamtversicherungssumme von 2 Mrd. US-Dollar umgesetzt. Im Jahre 2000 gingen monatlich mehr als 8.000 Neuanträge ein (Bölscher 2002, S. 153).

Die *Vorteile* der Electronic Commerce-Technologie für die Produktvermarktung im Versicherungswesen sind vielfältig:

(1) Kundenbezogene Absatzpotentiale. Zu Beginn der Verbreitung des Internets war das Interesse an Versicherungsprodukten bei Internet-Nutzern größer als im Durchschnitt der Bevölkerung. In der Zielgruppe fand sich außerdem ein hoher Anteil an Meinungsführern. Einkommen und Bildungsgrad der Internet-Nutzer waren signifikant höher als im Bevölkerungsdurchschnitt. Als das Internet die breite Bevölkerung erreichte, wurde es zunehmend schwieriger, Internetnutzer nach diesen Merkmalen eindeutig zu charakterisieren. Die kundenbezogenen Absatzpotenziale sind jedoch aus einem anderen Grund im Versicherungswesen heute ambivalent zu beurteilen. Internetaffine Kunden sind nach wie vor informationsaktive Kunden. Sie sind kritischere Kunden, die Preise und Leistungen mit größerer Akribie vergleichen. Nach neueren Forschungsergebnissen bringen Internet-affine Kunden der Versicherungsbranche weniger Vertrauen entgegen als Kunden der Versicherungsvertreter. Für diesen Kundentyp stellt das Internet einen Zusatznutzen dar (Schmidt-Gallas/Lauszus 2006, S. 1553).

(2) Mediale Vorzüge aufgrund des Informationsgutcharakters. Versicherungen sind typische Informationsgüter, die ja keinen physischen Warentransport erfordern. Durch die Möglichkeit der strukturierten Darbietung, Hyperlinks, intelligente Agenten oder multimediale Präsentationsmöglichkeiten lassen sich im Vergleich zur Werbeanzeige komplexere Informationen gut vermitteln. Auch heute im Zeitalter höchst leistungsfähiger Rechner und hoher Übertragungsgeschwindigkeiten im Internet schöpfen die meisten Gesellschaften das mediale Potential nicht voll aus. So ließen sich eindrucksvoll versicherungsfähige Gefahrenpotenziale durch Bilder oder Videoclips darstellen. Sogar die für viele Bundesbürger unverständ-

liche Haftpflichtversicherung würde greifbare Formen annehmen. Mit intelligenten Agenten lässt sich sogar die Beratung beim Abschluss einer Lebensversicherung authentisch nachbilden (Görgen/Kamenz 2005). Die Digitalisierbarkeit eines Produktangebots alleine ist noch nicht für den letztendlichen Vertriebserfolg entscheidend. Auch wenn es heute durchaus möglich ist, analytische Fähigkeiten eines Versicherungsvertreters über E-Commerce-Technologien mit Hilfe wissensbasierter Systeme abzubilden, lässt sich dessen Verkaufstätigkeit als kreativer Prozess nicht besonders originell und zielführend nachbilden (Warth 2002).

(3) Serviceerweiterungen. Zunehmend erkennen Versicherungsunternehmen die Vorzüge des Internets für ihr Serviceangebot. Downloadmöglichkeiten von Formularen und Schadenmeldungen, FAQ-Listen (d.h. z.B. Beantwortung häufig gestellter Fragen im Schadenfall) und diverse Rechner gehören inzwischen zum Standard. Das Angebot versicherungsfremder nützlicher Zusatzdienste wie die erwähnte Berechnung des Wertes eines gebrauchten Kfz nach der Schwackeliste lässt sich im Grunde unbegrenzt erweitern. Originelle und wertvolle Serviceerweiterungen im Internet können dann langfristige Wettbewerbsvorteile schaffen, wenn die hierfür nötige technische und organisatorisch-personelle Infrastruktur von den Konkurrenten kurz- und mittelfristig nicht selbst erstellt oder von externen Dienstleistern eingekauft werden kann. Wichtig ist, den erreichten Standard stets weiterzuentwickeln, um den Wettbewerbern einen Schritt voraus zu sein.

Gerade am Anfang der Umsetzung des E-Commerce übersehen Versicherungsunternehmen gerne einige *Problembereiche*:

(1) Hohe Marketing- und Technikkosten. Der erhofften Einsparung von Verwaltungs- und Vertriebskosten standen nach bisherigen Erfahrungen etliche Kostenerhöhungen in anderen Bereichen entgegen. So sind häufig erhöhte Werbeaufwendungen erforderlich, um der Versicherungsgesellschaft zu einem akzeptablen Bekanntheitsgrad zu verhelfen. Mittelbar kostentreibend wirkt zudem die schwächere Kundenbindung der Versicherungsgesellschaften, die auf den Direktvertrieb anstelle der klassischen Vertriebswege setzen (s. Wulf 2006, S. 25).

(2) Geringe Bereitschaft zu Transaktionen auf der Kundenseite. Als Informationsmedium im Vorfeld einer Kaufentscheidung fand das Internet bei Versicherungsnehmern schnell breite Akzeptanz. Zudem berichteten in den letzten Jahren die Direktversicherer über einen ständig steigenden Anteil von Neukundenakquisitionen, die über das Internet als Türöffner

generiert wurden. Bei genauerer Betrachtung zeigte sich in einer empirischen Untersuchung von Führer & Schäfer je nach Produktart ein sehr differenziertes Bild. Auch ausgesprochen Online-Affine sind (noch) zurückhaltend, wenn es um den Abschluss von Versicherungen geht, die mit einem hohen Beratungsbedarf einhergehen (Lebens- und Rentenversicherungen). Hoch ist dagegen die Abschlussbereitschaft bei vertrauten Versicherungsprodukten wie der Kfz-Haftpflichtversicherung (Führer/Schäfer 2006, S. 500).

(3) Mängel in der internen Organisation. Zu den weitreichenden Konsequenzen einer erfolgreichen Implementierung der neuen Technologien gehört die erforderliche Anpassung der Organisationsprozesse. In einer Studie von Bölscher zum Antwortverhalten auf Anfragen via E-mail zeigte sich, dass Versicherungsunternehmen in den Anfangsjahren des Internet-Hype personell noch nicht hinreichend auf die neue Technologie vorbereitet waren. Von 49 befragten Versicherungsgesellschaften beantworteten nur 70 % die E-Mail-Anfrage. Dieses Ergebnis lässt Schwächen in Schulungsmaßnahmen und Organisationsstrukturen vermuten (Bölscher 2002). Besonders offensichtlich sind die organisatorischen Probleme in Phasen starker Arbeitsbelastung wie dem Jahresendgeschäft. Gerade die nachtragenden Internet-Kunden erwarten eine umgehende Beantwortung ihrer E-Mail-Anfragen. Stellt die Versicherungsgesellschaft entsprechende interne Kapazitäten nicht zur Verfügung, entsteht schnell Unzufriedenheit. Bei vielen Geschäftsvorfällen können Versicherungsunternehmen von automatisierten Antwortmöglichkeiten profitieren.

(4) Rechtliche Probleme beim Abschluss. Mit fortschreitender Deregulierung der Versicherungsmärkte wurden die Bemühungen hinsichtlich der rechtlichen Klärung des E-Commerce verstärkt, um einen einheitlichen Rechtsrahmen für den elektronischen Geschäftsverkehr innerhalb der Europäischen Union zu schaffen. Am 23.9.2002 wurde von der EG-Kommission die Richtlinie zum Fernabsatz von Finanzdienstleistungen vorgelegt, die am 9.10.2004 in nationales Recht umgesetzt wurde. Betroffen von dieser Richtlinie sind sämtliche Versicherungsverträge, die über Fernkommunikationsmittel abgeschlossen werden. Dabei ist es unerheblich, ob es sich um einen Direktversicherer oder um klassische Versicherungsgesellschaften handelt. Gemeint sind alle Vertragsabschlüsse, die ohne einen persönlichen Kontakt mit dem Versicherungsinteressenten zustande kamen. Somit gehört auch ein Mailingbrief zum Geltungsbereich des Fernabsatzes (Schimikowski 2005, S. 279). Versicherungsnehmer müssen *vor* Abschluss des Vertrages via E-Commerce daher bestimmte Informationen und Vertragsbedingungen erhalten. Dies betrifft vor allem

die Identität und Anschrift des Anbieters, die Angabe der zuständigen Aufsichtsbehörde, die Merkmale der angebotenen Finanzdienstleistung sowie Angaben zu Steuern, Zahlungsmodalitäten und zum Widerrufsrecht. Versicherungsnehmer können einen via Direktvertrieb oder Internet abgeschlossenen Vertrag nun grundsätzlich innerhalb einer zweiwöchigen Frist widerrufen. Bei Lebensversicherungs- und Altervorsorgeverträgen erhöht sich die Widerrufsfrist auf 30 Tage. Kommt die Versicherungsgesellschaft ihren Informationspflichten ganz oder in Teilen nicht nach, kann das Widerrufsrecht sich sogar bis zum Eintritt eines Versicherungsfalles erstrecken. Kunden, die ihren Versicherungsvertrag fristgerecht widerrufen, erhalten die gezahlten Prämien zurück (Zermin 2004, S. 51). Ein Kapitel für sich ist der Abschluss kurzfristiger Versicherungsverträge. So kommt in der Praxis häufig der Fall einer Reisegepäckversicherung vor, die begleitend zur Buchung einer Fernreise abgeschlossen wird. Das Versicherungsvertragsgesetz schließt bei solchen Verträgen, die ja meist eine Laufzeit von weniger als einem Monat aufweisen, das Widerrufsrecht aus (Münch 2004, S. 785). Der rechtswirksame vollständige Abschluss via E-Commerce-Technologien ist auch nach Umsetzung dieser Richtlinie sowie der neuen Signaturrichtlinie in nationales Recht nach wie vor nicht möglich. Aus der Sicht der Versicherungsgesellschaften besteht auch heute keine rechtlich zuverlässige Plattform für den reinen Internetvertrieb. So genügt die elektronische Textform nicht den in § 10a VAG angesprochenen Formerfordernissen für die obligatorische Verbraucherinformation im Geschäft mit natürlichen Personen. Sowohl bei den erforderlichen Regelungen zum Datenschutz als auch im vertraglichen Bereich ist der Gesetzgeber mit dem Problem konfrontiert, dass sich die Tatbestände durch technische Innovationen ständig ändern und für eine befriedigende Regelung des E-Commerce noch weitere Erfahrungen gesammelt werden müssen (Leverenz 2001).

(5) Mängel in der technischen Gestaltung der Homepage. Farben, Schriftarten, Emoticons, elektronische „Kunstwesen" (sog. Avatare) und kurze Videoclips wirken aktivierend. Jedoch sollte die Gesellschaft beachten, dass die Aktivierung im Netz einen anderen Stellenwert hat als in der klassischen Werbung. Internetnutzer verhalten sich weit weniger passiv als Werbekonsumenten. Sie erwarten eine ordentliche Funktionalität und eine angemessene Geschwindigkeit beim Zugriff auf handfeste Informationen. Optische Gags sind nett, dürfen aber nicht auf Kosten der Funktionalität gehen. Nutzer mit ernsthaftem Anliegen z.B. Kunden, die eine Angebotsanfrage starten oder einen Schaden melden wollen, würden verärgert auf unzumutbare zeitliche Verzögerungen ihres Kontaktversuchs reagieren. Die Internet-Auftritte einiger Gesellschaften leiden immer noch

unter diesen Kinderkrankheiten. So wird von Nutzern auch heute noch eine stark gewöhnungsbedürftige Navigation, die zu hohe Klicktiefe und eine geringe Aussagekraft von Produktbeschreibungen moniert (Bahlinger/Fischer 2006, S. 43, Görgen/Kamenz 2005).

(6) Mängel im Content. Wichtig ist in der Internetkommunikation die Rolle des Contents als Begeisterungsfaktor. Die Breite und Tiefe des Informationsangebots genügt bei den meisten Versicherungsgesellschaften den Anforderungen der Nutzer. Nahezu alle Gesellschaften sprechen Kunden, die Presse und Investoren als Zielgruppen direkt an. Allerdings ist häufig die Tonalität der Informationsvermittlung verbesserungsfähig. Einige Anbieter unterliegen – vermutlich auch aus zeitlichen Gründen – der Verlockung, die gleiche Botschaft über das Internet wie über Broschüren zu vermitteln. Selbstverständlich sollten die Gesellschaften die Vorteile einer integrierten Kommunikation nutzen, d.h. das Internet intelligent mit anderen Kommunikationsmaßnahmen vernetzen. Diese Integration sollte sich jedoch lediglich auf die formale und visuelle Angleichung von Schlüsselinformationen bzw. auf Integrationsklammern der Markenführung beschränken. Im Hinblick auf typische botschafts- und medienbezogene Werbewirkungselemente hat das Internet jedoch sozialtechnische Nachteile gegenüber der klassischen Werbekommunikation. Mit dieser undifferenzierten Nutzung als Werbemedium riskieren die Gesellschaften starke Wirkungsverluste der Kommunikation, weil die Internetnutzer grundsätzlich das Informationsangebot kritischer prüfen als Werbekonsumenten (Görgen/Kamenz 2005).

(7) Zu wenig Interaktionsmöglichkeiten. Im Hinblick auf den technischen Standard und die Erwartungen einer neuen Generation von Versicherungsnehmern ist es nicht mehr zeitgemäß, dass eine Gesellschaft nur eine E-Mail-Kontaktmöglichkeit anbietet, die dazu noch unzuverlässig funktioniert (Görgen/Kamenz 2005). Zufriedenstellend schnitten in einem Test von Gronert, in dem 150 Versicherungsgesellschaften einbezogen wurden, die Anbieter im Hinblick auf die Kriterien Auffindbarkeit des E-Mail-Kontakts und Antwortgeschwindigkeit ab. Jedoch ließ die Antwortqualität stark zu wünschen übrig. Offensichtlich wird die E-Mail-Kommunikation noch nicht als gleichwertiges Medium angesehen. Über andere Kommunikationskanäle wurden die gleichen Fragen auffallend detaillierter, mit deutlich mehr Interesse am Kunden und in ansprechenderer Form beantwortet (Gronert 2003, S. 1628; Lammenett/Lebek 2003, S. 2005).

3.5.2 Instrumente der Vertriebssteuerung

3.5.2.1 Anreizsysteme

3.5.2.1.1 Arten von Anreizen

In kaum einer anderen Branche ist die Vielfalt und Bedeutung von Anreizen so groß wie in der Versicherungswirtschaft. Anreizsysteme umfassen ein breites Spektrum (Bastian 2000, S. 295). Sie lassen sich nach ihrer Wirkungsrichtung in intrinsische und extrinsische Formen einteilen.

Intrinsische Anreize liegen vor, wenn sich Personen einer Tätigkeit um ihrer selbst willen widmen. Hierzu gehören Verantwortung und Handlungsspielräume, interessante Inhalte sowie nicht zuletzt Erlebnisse von Erfolg und Kompetenz (Bastian 2000, S. 297). Mittelständische Versicherungsvermittler sind in der Regel stark intrinsisch motiviert, da der Drang nach Unabhängigkeit sehr ausgeprägt ist. Es ist solchen Vermittlern wichtiger, ihre Unternehmenspolitik nach den eigenen Vorstellungen zu gestalten, als mit ihrer Tätigkeit viel Geld zu verdienen (Görgen 2005, S. 150). Die unternehmensgebundenen Versicherungsvermittler müssen sich hingegen bei der Gestaltung ihrer Marketingpolitik stärker an den Vorstellungen der Versicherungsgesellschaft orientieren. Andererseits kollidieren starke Steuerungsmethoden seitens einer Versicherungsgesellschaft mit der intrinsischen Motivation dieser freien Unternehmer. Sie empfinden harte Produktionsvorgaben und die Verlagerung diverser Verwaltungsaufgaben auf ihre Agentur als starke Gängelei. Einige Vermittler kündigen aus diesem Grund sogar den Agenturvertrag. Den Verlust eines hohen finanziellen Ausgleichsanspruchs, der ihnen wegen der Kundenverbindungen zusteht, die sie für die Versicherungsgesellschaft aufbauten, nehmen sie dabei in Kauf, um sich künftig eine Existenz als unabhängige Vermittler aufzubauen (Beenken 2005, S. 12). Auch angestellte Versicherungsvermittler sind häufig stark intrinsisch motiviert. Wie bei allen im Vertrieb engagierten Menschen ist die Begeisterung, durch eine gute Beratung und ein flexibles situationsgerechtes Agieren Kunden zufrieden zu stellen und zu binden, stark ausgeprägt (Schmitz 2000, S. 551).

Extrinsische Anreize liegen dagegen vor, wenn sich Personen einer Tätigkeit zuwenden, weil sie eine Belohnung bzw. Bestrafung von anderen

Personen erwarten. Typische Anreize dieser Art sind vor allem die unterschiedlichen Provisionsformen und Bonuszahlungen in der Versicherungswirtschaft. In der Vertriebspraxis üblich sind auch sehr kurzfristig wirkende und unregelmäßig gewährte Anreize (Incentives) wie eine Fernreise im Rahmen von Verkäuferwettbewerben.

3.5.2.1.2 Anforderungen an Anreizsysteme

Anreizsysteme im Vertrieb können die Wettbewerbsfähigkeit eines Versicherungsunternehmens nachhaltig erhöhen, aber auch großen Schaden anrichten. Wenig durchdachte Anreizsysteme führen meist zu einer Unzufriedenheit bei Vermittlern und Kunden sowie Imageschäden. Sie enden nicht zuletzt in schlechten versicherungstechnischen Ergebnissen. Die Gestaltung eines guten Anreizsystems ist schwierig, weil dabei einige anspruchsvolle Grundsätze zu beachten sind, die noch dazu häufig in einer konfliktären Beziehung zueinander stehen (Graf/Zerfowski 2001, Homburg/Schneider/Schäfer 2001, S. 143f., Bastian 2000, S. 301ff., Winkelmann 1999, S. 580):

(1) Vereinbarkeit mit Unternehmenszielen. Zunächst sollten Tätigkeiten, die durch Anreizsysteme eine Verstärkung erfahren, für unternehmerische Zielsetzungen auch tatsächlich förderlich sein. Nachteilige kompensatorische Effekte sollten vermieden werden. Diese entstehen, wenn die Nicht-Erfüllung eines Ziels in beliebigem Ausmaß durch die Realisierung eines anderen Ziels ausgeglichen werden kann. Ein klassisches Beispiel wäre der Ausgleich einer sinkenden Zufriedenheit der Bestandskunden durch die zusätzliche Generierung von Umsätzen im Neukundengeschäft. Traditionelle Provisionssysteme im Versicherungsvertrieb förderten genau diese Entwicklung. Erst als die Märkte zunehmend Sättigungserscheinungen zeigten und es nur unter erheblichen Prämienabschlägen möglich war, Neukunden zu gewinnen, setzte ein Umdenken ein. Einige Versicherer ergänzten ihr Provisionssystem, in dem sie zusätzliche finanzielle Anreize schufen, um spezielle Marketingziele wie eine hohe Kundenbindungsdauer und hohe Cross-Selling-Raten zu erreichen.

(2) Verursachungsgerechtigkeit. Der Einzelne muss sich in Anlehnung an die Theorie des sozialen Lernens von Rotter als Verursacher des Ergebnisses und somit als gerechter Empfänger der Belohnung erleben. Eine Belohnung wirkt nur dann verhaltensverstärkend, wenn der Anreizemp-

fänger sie als Folge seiner eigenen Leistung erfährt. Diese Anforderung ist im Zuge der dynamischen Entwicklung vieler Versicherungsmärkte nicht leicht zu erfüllen. Häufig verändert sich die Wettbewerbssituation plötzlich innerhalb eines Geschäftsjahreszeitraums durch gesetzliche Veränderungen oder die Marketingaktivitäten der Konkurrenten. Typisch sind beispielsweise „Kampfprämien" mit dem Ziel, den Einstieg in neue Kundenverbindungen zu finden und Marktanteile auszubauen. Für die Vermittler kann dies bedeuten, dass trotz erheblicher Anstrengungen sich der Verkaufserfolg nicht in gleichem Maße einstellt wie in vorangegangenen Jahren. Unternehmen, die solche äußeren Einflüsse nicht in ihren Anreizsystemen berücksichtigen, indem sie beispielsweise bisherige Stornoquoten auch in Phasen eines intensiven Wettbewerbs einfach naiv in die Zukunft prognostizieren, handeln nicht nach dem Prinzip der Verursachungsgerechtigkeit. Sie laufen Gefahr, auch sehr leistungsstarke Vermittler an ihre Konkurrenten zu verlieren.

(3) Transparenz und Einfachheit. Wenig transparente und komplizierte Anreizsysteme führen in der Regel nicht nur zu einem hohen Verwaltungsaufwand, sondern zu ungünstigen betriebsklimatischen Wirkungen. Die Mitarbeiter neigen beispielsweise dazu, die Gehälter ihrer Kollegen systematisch zu überschätzen und fühlen sich benachteiligt. Ein einfaches und transparentes Anreizsystem sollte in der Versicherungsbranche zumindest im Vertriebsinnendienst und für den angestellten Außendienst realisierbar sein.

(4) Flexibilität. Eine nachträgliche Veränderung des in den Vertreterverträgen geregelten Anreizsystems dürfte in der Praxis schwer durchsetzbar sein. Dennoch sind solche Veränderungen wertvoll, da Versicherungsunternehmen keine statischen Gebilde sind. Bedingt durch vielfältige externe und interne Einflüsse verändern sich Strategien, Aufgaben sowie Organisationsstrukturen. Anreizsysteme sollten so flexibel gestaltet sein, dass ihre Anpassung an die veränderten Umweltbedingungen möglich ist.

(5) Wirtschaftlichkeit. Anreizsysteme sind wirtschaftlich, wenn sie nicht zu Fehlsteuerungseffekten führen. Beispiele für unwirtschaftliche Anreizsysteme sind der bekannte Hochdruck-Verkauf vor Jahresende und die Stornierung von Eigenverträgen der Versicherungsvertreter, welche nur abgeschlossen werden, um Bonifikationen zu erhalten. Die Zufriedenheit des Kunden wird gefährdet und einige Innendienst-Abteilungen unnötig belastet. Ein Anreizsystem sollte so beschaffen sein, dass Kundenservice

und Kundenbindung zu spürbaren wirtschaftlichen Vorteilen für einzelne Mitarbeiter im Versicherungsunternehmen bzw. freie Vermittler führen.

In der Praxis des Versicherungsvertriebs waren nicht alle neu eingeführten Vergütungssysteme erfolgreich. Vielfach sind die begrüßenswerten Ziel-vorstellungen wie Leistungsmotivation, Verbesserung des Cross-Selling, Transparenz und Akzeptanz des Vergütungssystems nicht wie geplant ausgefallen. Fischer führt dies zu einem großen Teil auf die oft anzutreffenden schnellen Kompromisse, Einzel- und Sonderregelungen zurück. Die ursprünglich beabsichtigte „Systemarchitektur", d.h. die Transparenz, Einheitlichkeit und Stringenz des neuen Vergütungsmodells wurde hierdurch wieder zunichte gemacht. Bei der Konzeption eines Vergütungssystems ist daher ein systematisches Vorgehen sinnvoll. Zunächst sollten dabei die Geschäftsprozesse, die zum gegenwärtigen Vergütungssystem führten, analysiert werden. Anschließend sind zentrale Bestimmungsgrößen der Vergütung eindeutig zu definieren. Nach einer Festlegung der künftigen Entscheidungsprozesse kann die Konzeption des neuen Vergütungssystems beginnen (Fischer 1995, S. 436).

3.5.2.1.3 Provisionssysteme

Provisionen stellen Anreize dar, die aus einer prozentualen Relation zur jeweiligen Bezugsgröße (zum Beispiel Umsatz oder Deckungsbeitrag) errechnet werden. Generell werden Formen der ergebnisabhängigen Vergütungen auf dem Versicherungsvermittlungsmarkt als *Provisionen* bezeichnet. Im Maklerwesen ist meist die Bezeichnung *Courtage* üblich. Hinsichtlich der Ausgestaltung und Bestimmungsfaktoren bestehen jedoch keine wesentlichen Unterschiede zwischen Provision und Courtage. Provisionen stellen im Kern eine *Beteiligung an Wert- und Mengengrößen von Versicherungsgeschäften* dar. Im Lebensversicherungsbereich sind dabei Prämien und Rohüberschussbarwerte und in allen anderen Versicherungszweigen Prämien als Wertgrößen zu verstehen. Die Höhe des Provisionssatzes ist vor allem von Laufzeit und Volumen des Versicherungsgeschäftes sowie vom Typ des Versicherungsvermittlers abhängig (Lach 1995, S. 51ff.).
In der Versicherungswirtschaft haben sich in Abhängigkeit von der Komplexität und Langfristigkeit des Versicherungsgeschäfts folgende Provisionssysteme etabliert (Umhau 2003, S. 9f.; Ludwig 1994, S. 20f.):

> *Einmal- oder Abschlussprovisionen.* Hier erhält der Vermittler vom Versicherer die gesamte auf die Laufzeit des Versicherungsgeschäfts bezogene Provision zu einem bestimmten Zeitpunkt. Solche Provisionen sind nahe liegend für einfache Versicherungsgeschäfte wie Reiseversicherungen oder Geschäfte, bei denen nach einer Bedarfsanalyse mit einem geringem Beratungsaufwand und einer geringen Stornoquote zu rechnen ist (z.B. Lebensversicherungen).

> *Erst- und Folgeprovisionen.* Im Schaden- und Unfallversicherungsbereich des Privatkundengeschäfts überwiegt die Zahlung einer hohen ersten Provision im Zusammenhang mit dem Erstabschluss bzw. Deckungserweiterungen und geringeren Folgeprovisionen für den Bestand. Unabhängig von der provisionierten Produktart, kann jede Versicherungsgesellschaft durch die Gewichtung des Folgeprovisionsanteils gezielt Akzente in ihrer Kundenorientierung setzen. Empirische Analysen über die Tauglichkeit von Provisionssystemen zur Verankerung der Kundenorientierung als unternehmenspolitisches Ziel ergaben eine eindeutige Überlegenheit der Folgeprovision. Diese ist nach Ansicht von befragten Versicherungsvertretern besser geeignet, um ihre langjährige Arbeit zu honorieren und eine Wertschätzung ihrer Beiträge für die Bindung von Kunden zu zeigen (Schmitz 2000, S. 550f.).

> *Laufende Provision.* In der Schaden- und Unfallversicherung des Firmenkundengeschäfts sind laufende Provisionszahlungen, d.h. über die Laufzeit des Versicherungsgeschäfts verteilte ratierliche Zahlungen üblich. Versicherungsmakler erhalten wegen der ganzheitlich angelegten Betreuung des Vertrages stets eine laufende Provision bzw. Courtage als Vergütung proportional zu der Prämienhöhe.

Die Höhe der Provisionszahlungen wächst im Versicherungsvermittlungsgeschäft über Agenturen meist mit dem Abschlussvolumen und der Vertragslaufzeit. Versicherungsmakler und Strukturvertriebe erhalten in der Regel höhere Provisionen als Versicherungsvertreter. Versicherungsmakler vereinnahmen jährlich zwischen 8 und 15 % der Versicherungsprämie an Provisionszahlungen. Bei besonders renommierten Maklern können es auch höhere Sätze sein (Neeb/Riedel 2004, S. 411).

Wegen der in der Praxis derzeit noch unterschiedlichen Provisionierung der einzelnen Vermittlertypen sind Vertriebswegeentscheidungen für Versicherungsunternehmen mit kostenorientierten Optimierungsüberlegungen verbunden. Da die Vergütung des Vertreters in der Regel mit der Zahlung einer hohen Abschlussprovision einhergeht und der Makler keine Abschlussprovision, sondern eine konstante Provisionszahlung erhält, erscheint der Vertrieb über Makler in den Anfangsjahren günstiger zu sein. Vor allem bei schwierigen bzw. stornogefährdeten Verträgen kann die Vermittlung über den Vertreter für die Versicherungsgesellschaft teuer werden. Für den Makler besteht dagegen kein besonderer finanzieller Anreiz, seine Vermittlungsbemühungen auf Neukunden zu konzentrieren. Er würde sowohl für den neu abgeschlossenen als auch für den fortgeführten Vertrag die gleiche Provisionszahlung erhalten. Der Vertreter erhält für den neuen Vertrag dagegen meist eine deutlich höhere Provision. Die Problematik der hohen Vertriebskosten über Vertreter im Stornofall wurde von den Versicherungsgesellschaften erkannt, so dass in besonders stornogefährdeten Versicherungssparten wie der Kfz-Versicherung heute nur noch die Zahlung von Abschlussprovisionen in der Höhe der Folgeprovisionen üblich ist (Neeb/Riedel 2004, S. 412).

Bei der Beurteilung von Vertriebskosten für Kundenverbindungen, die sehr lange andauern, ändert sich das Bild. Da die hohe Abschlussprovision des Vertreters sich über einen längeren Zeitraum verteilt und die Folgeprovision bei klassischer Vertreterentlohnung geringer ist als die konstante Provisionszahlung des Maklers, dürfte der Versicherungsvertreter für besonders treue Kunden die kostengünstigere Vertriebsalternative sein. In die kostenbezogenen Optimierungsüberlegungen sind natürlich neben Vertriebskosten noch weitere mit der Kundenbeziehung verbundene Kosten einzubeziehen. So entstehen mit jedem Storno und (anschließendem) Neuabschluss zusätzliche Kosten der Vertragsverwaltung und Risikoprüfung. Die Forderung nach der Zahlung einer konstanten Provision anstatt der üblicherweise höheren Abschlussprovision ist daher seit einiger Zeit in der Branche lauter geworden (Neeb/Riedel 2004, S. 412).

Nach langjährigen Erfahrungen sind heute die Vorzüge und Problembereiche von Provisionssystemen gut bekannt. Zu den *Vorzügen* der Provisionen als Vergütungsform gehören vor allem

➢ die eine *hohe Anreizwirkung* und der starke *Steuerungscharakter*,
➢ die *transparente Berechnungsgrundlage*,
➢ *Verursachungsgerechtigkeit*.

Mögliche *Gefahren* von Provisionssystemen sind

➤ die *kurzfristige Ausrichtung* und die mögliche *Vernachlässigung von strategisch bedeutsamen Kunden*, die kurzfristig keine hohen Umsätze oder Erträge beisteuern.

➤ ein *aggressives Verkäuferverhalten*. Gerade für Vertrauensgüter wie Versicherungen können hierdurch Imageschäden entstehen.

➤ *Moral hazard-Probleme*. Ein Versicherungsmakler muss über ein hohes Maß an Integrität verfügen, wenn er trotz der ihm vom Versicherungsunternehmen gewährten Anreize seinen Kunden unabhängig und objektiv beraten will. Dies bedeutet zum Beispiel, dem Kunden eine für seinen Bedarf optimale Lösung auch dann zu empfehlen, wenn die vom Versicherer gewährten Courtage-Sätze niedrig sind (Bosselmann 1994, S. 185f.).

3.5.2.1.4 Beratungshonorare

Vor allem für die Entlohnung des Versicherungsmaklers sind Alternativen zu den heute üblichen Provisionsmodellen diskutiert worden. Die direkte Entlohnung des Versicherungsmaklers durch den Kunden ist sogar bis zum Jahre 1868 üblich gewesen. Erst Anfang des 20. Jahrhunderts wurde diese Entlohnungsform aufgegeben.
Bei einer direkten Entlohnung hätten die Versicherungsunternehmen keine Möglichkeit, Versicherungsmakler durch die Gewährung finanzieller Anreize in ihrem Sinne zu steuern. Vielmehr könnten dann die Versicherungsnehmer Anreize für den Versicherungsmakler selbst gestalten, wenn dieser sich in ihrem Sinne verhält. Zudem würden Kunden nur solche Leistungen bezahlen müssen, die sie auch wirklich in Anspruch genommen haben. Im Gegensatz zur Courtage würde ein Beratungshonorar die *Inanspruchnahme einer Einzelleistung* (z.B. Risikoanalyse) ermöglichen. Gute Makler werden zwar im bestehenden Entlohnungssystem eine solche vornehmen, jedoch würde diese Leistung keine Courtagezahlungspflicht auslösen. Mit Hilfe von Honoraren ließen sich auch Kundengruppen mit einem geringen Prämienaufkommen effizient bearbeiten.
Kritiker von Beratungshonoraren führen ins Feld, dass der Versicherungskunde in der Regel nicht bereit wäre, für eine Beratung ein Honorar zu zahlen. Allerdings dürfte diese Bereitschaft überwiegend davon abhängen,

ob die Beratung für den Kunden einen angemessenen Nutzen stiftet. Vor allem im Hinblick auf die im Zuge der Deregulierung entstandene Intransparenz des Produktangebots erscheint dies durchaus realistisch. Um eine Übervorteilung von Versicherungsmaklern aufgrund von Verständnisproblemen auf der Kundenseite hinsichtlich der Produktleistung zu vermeiden, wäre es möglich, die Freiheit bei der Verhandlung von Honoraren mit Privatkunden einzuschränken bzw. durch Gebührenordnungen zu regeln. Dies würde jedoch den freien Wettbewerb auf dem Versicherungsvermittlungsmarkt einschränken (Bosselmann 1994, S. 188ff.).

3.5.2.1.5 Bonussysteme

Im Unterschied zu Provisionen knüpfen Verkaufsprämien an der *Erreichung fest vorgegebener Leistungsniveaus* an. Das Prämiensystem lässt sich nicht nur auf Umsatz- und Deckungsbeitragsziele, sondern auch auf andere Leistungsvorgaben wie die Gewinnung einer bestimmten Anzahl von Neukunden ausrichten. Hauptvorteil des Prämiensystems ist dessen flexible Einsatzmöglichkeit zum Beispiel in Abhängigkeit von der aktuellen Marktsituation. Nachteilig ist hingegen sein teilweise komplizierter Aufbau und die Gefahr einer Vernachlässigung von laufenden und systematisch durchgeführten Verkaufsaufgaben (Meffert 1998, S. 844).
Seit einiger Zeit gehören Zielvereinbarungen mit Bonussystemen zu einem Standard des Personalmanagements in Versicherungsunternehmen (Conrad/Manke 2001). Hauptgründe für diese Entwicklung sind der erfolgte Personalabbau in mittleren Führungspositionen und der damit verbundene Verantwortungszuwachs von Mitarbeitern auf unteren Ebenen sowie der wachsende Wettbewerbs- und Kostendruck. In der Regel legt das Unternehmen in einer *Zielvereinbarung* drei bis neun Ziele fest, die eventuell noch prozentual gewichtet werden. Die Bonuszahlung enthält meist einen individuellen und „kollektiven" Anteil. Der *individuelle Anteil* liegt bei einer Zielerreichung von 100 % im allgemeinen bei zwei Monatsgehältern. Der *kollektive Anteil* ist an Unternehmensziele gekoppelt und beträgt häufig ein Monatsgehalt.

3.5.3 Vertragliche Vertriebssysteme

3.5.3.1 Agentursystem

Agentursysteme sind vertragliche Vertriebssysteme, die auf der Basis eines Agenturvertrages Rechte und Pflichten des Agenten regeln. Die sich hieraus ergebenden Vertriebsbindungen *verpflichten den Versicherungsvermittler, Marketingaktivitäten unter Berücksichtigung der vertraglichen Vereinbarungen mit dem Versicherer durchzuführen.* Der Vermittler kann deshalb trotz seines Status als selbstständiger Kaufmann marketingpolitische Instrumente nicht völlig autonom einsetzen. Gegenstand dieser vertraglich fixierten Bindungen können bestimmte *Gebiete, Kundengruppen, Produkte, Prämien, Kommunikationsmittel und Marketingverfahren* sein (Lach 1995, S. 178f.). Dennoch können auch Einfirmenvertreter zumindest mittelbar Einfluss auf die genannten absatzpolitischen Instrumente nehmen.

Der langfristig ausgelegte *Agenturvertrag* enthält neben vertraglichen Vereinbarungen auf der Basis des Handelsvertreterrechts einige Nebenabreden. Eine solche Nebenabrede betrifft zum Beispiel die unverbindliche Empfehlung, an Schulungsangeboten teilzunehmen. In der Regel existieren nicht absolute, sondern relative Bindungen. Der Vertreter kann zum Beispiel Vermittlungsgeschäfte auch außerhalb der vereinbarten Region tätigen, wenn es sich um Geschäfte mit ihm bereits bekannten Kunden handelt (Lach 1995, S. 183ff.). Die in der Öffentlichkeit häufig vertretene Aussage, Versichervertreter würden nur verkaufen und hätten gar keine Möglichkeit der Entwicklung eigener Marketingaktivitäten ist zu pauschal. Das produktgebende Versicherungsunternehmen ist sich natürlich der hohen Bedeutung bedarfsgerechter Produkte für den vertrieblichen Erfolg der Agenten bewusst. Daher liegt es nahe, eine ausgewählte Gruppe von Agenten an der Entwicklung neuer Produktideen und der konkreten Gestaltung von Produktmerkmalen zu beteiligen. Es sind ja letztlich die Agenten, die im Dialog mit dem Kunden wichtige Eindrücke, Versorgungslücken und Verbesserungsmöglichkeiten erkennen. Wegen der hohen Bedeutung der Kundenbindung im heutigen Wettbewerbsumfeld unterstützen einige Versicherer sogar die sog. Ventil-Lösung, d.h. das Angebot von Versicherungsprodukten anderer Versicherer (Eickenberg 2006, S. 85f.). Hiermit wird die bisher als absolut geltende Ausschließlichkeitsvereinbarung relativiert. Die vertragliche Vereinbarung von Rabattierungsmöglichkeiten ist eine schwierige Gradwanderung. Einerseits wirken sich Rabattierungsmöglichkeiten günstig auf die Umsatzentwicklung des Agenten aus. Andererseits stehen einer allzu häufigen Rabattierung risikopolitische und imagebezogene Gründe entgegen. Ein starker Anstieg des Neugeschäfts ist für das Versicherungsunternehmen nicht erstrebenswert, wenn sich hierdurch die Höhe der Schadenzahlungen in Relation zu den Prämieneinnahmen ungünstig entwickelt oder sich die Verwaltungskosten wegen hoher Stornoquoten stark erhöhen. Um diesen Zielkonflikt zu lösen, liegt es nahe die Möglichkeiten einer Rabattgewährung unter der Nebenbedingung risikospezifischer Überlegungen zu optimieren. Versicherungsunternehmen, die ihre Risikoforschung und die Informationstechnologie im Vertrieb kontinuierlich professionalisieren, haben erhebliche Wettbewerbsvorteile.

3.5.3.2 Franchisesystem

Das Franchisesystem ist eine Alternative zum Agentursystem. Ebenso wie das Agentursystem beruht das Franchising auf langfristigen vertraglichen Vereinbarungen. Der grundsätzliche Unterschied zum Agentursystem liegt darin, dass der Vertreter für die Nutzung seiner exklusiven Vertriebsrechte ein Entgelt an das Versicherungsunternehmen als Produktgeber entrichten muss. Die Zahlung dieses Entgelts ist als eine Art Lizenzgebühr für die Verwendung des Namens und Markenzeichens zu verstehen (Lach 1995, S. 187). Außerdem sind laufende Gebühren zu entrichten, die dem Franchisenehmer für die Nutzung der Schutzrechte, für allgemeine Leistungen sowie die Organisation und Weiterentwicklung des Franchisesystems in Rechnung gestellt werden. Im Grunde erscheint sogar die Zahlung hoher Gebühren berechtigt, da der Vertreter ein schlüsselfertiges Vertriebskonzept übernimmt sowie von der Reputation einer starken Marke und umfangreichen kaufmännischen Erfahrungen des Systems profitiert, die ihn im Vergleich zur Gründung eines unabhängigen Vermittlungsunternehmens vor größeren Floprisiken bewahren. Andererseits muss der Vertreter das Marketing- und Organisationssystem der Versicherungsgesellschaft beachten und seine Vermittlungtätigkeit auf das Leistungsprogramm des Versicherers beschränken. In der Praxis sind Vereinbarungen, nach denen Vertreter Entgelte an Versicherer entrichten, noch selten anzutreffen. Dies liegt hauptsächlich in der Nachfrage der Versicherer begründet, die das Angebot der Vertreter übertrifft (Lach 1995, S. 188f.).

Franchising und Agentursystem weisen hinsichtlich der Kombination von Vertriebsbindung und Alleinvertriebsrechten viele Gemeinsamkeiten auf. Ein wesentlicher Unterschied besteht außer der beschriebenen Lizenzgebühr in der höheren Bindungsintensität. Der Vertreter muss nicht nur einzelne Marketinginstrumente, sondern seine gesamte Marketingkonzeption an den Vorstellungen des Versicherungsunternehmens ausrichten. Dennoch ist auch die Eigenständigkeit der Agentur in der Versicherungspraxis in bestimmten Bereichen kaum noch vom Franchisekonzept zu unterscheiden. Sehr ähnlich sind die Systeme beispielsweise im Hinblick auf den weitgehend einheitlichen visuellen Unternehmensauftritt. Nur sehr wenige Versicherungsagenturen werben mit einem eigenen Firmenzeichen, Slogan oder eigenen Farbkombinationen (Eickenberg 2006, S. 174). In der Praxis kommt es zu einer starken Annäherung beider Vertriebssysteme.

3.5.4 Vertriebswege im deregulierten europäischen Versicherungsmarkt

3.5.4.1 Umsetzung der EU-Vermittlerrichtlinie

Im Zuge der *Deregulierung* wird die Markttransparenz geringer. Qualifizierte Versicherungsvermittler haben aus Gründen des Verbraucherschutzes eine zunehmende Bedeutung. Daher sprach die EG-Kommission Ende 1991 eine Empfehlung an die Mitgliedstaaten aus, die nach dem Vorbild des britischen Versicherungsvermittlungsmarktes eine Regelung des Berufsstandes der Finanzvermittler aufgriff. Aus dieser Empfehlung ging die *EU-Vermittlerrichtlinie* hervor, die bis zum 15.01.2005 in nationales Recht umgesetzt werden musste. Während in Großbritannien die rechtlichen Voraussetzungen für eine Umsetzung der Richtlinie durch die historische Entwicklung sehr günstig waren, kam es in der Bundesrepublik Deutschland zu erheblichen Verzögerungen (Beenken 2006b, S. 1867f.; Eichhorn/Keynes/Eichhorn-Schurig 2005, S. 16ff.). Die Vermittlerrichtlinie hat Einfluss auf die Kundenorientierung, das verkäuferische Verhalten und das Marketing der Vermittler (Eickenberg 2006, S. 64). Zu den wichtigsten Regelungen der Richtlinie gehören:

(1) Mindestqualifikation der Versicherungsvermittler

Anlass zu Diskussionen bot zunächst die Forderung nach einer Mindestqualifikation der Versicherungsvermittler für eine Erfassung in einem zentralen Informationsregister. Die Richtlinie verlangt den Nachweis einer *Fachkundeprüfung* (Farny 2006, S. 145; Surminski 2006b, S. 642). Mit der Formulierung „angemessene Kenntnisse und Fertigkeiten" lässt die Europäische Union den Mitgliedsländern einen verhältnismäßig großen Spielraum. Die geforderte Qualifikation wird in Deutschland durch die klassischen Ausbildungsgänge zur/zum Versicherungskauffrau/-mann und zur/m Versicherungsfachwirt/in des Berufsbildungswerkes der Deutschen Versicherungswirtschaft (BWV) sowie durch betriebswirtschaftliche Studiengänge an Universitäten und Fachhochschulen mit einem versicherungswirtschaftlichem Schwerpunkt erfüllt. Immerhin schlossen bis zum Jahre 2004 ca. 90.000 Prüflinge die genannten Ausbildungsgänge erfolgreich ab (Krämer 2005, S. 42). Dennoch kann davon ausgegangen werden, dass viele der schätzungsweise 400.000 bis 500.000 Finanzvermittler in der Bundesrepublik über eine solche Qualifikation nicht verfügen. Wenig betroffen hiervon sind zumindest die Einfirmenvertreter. Nur 8,5 % von ihnen verfügen nicht über eine versicherungsspezifische Ausbildung. Etwa ein Viertel der Versicherungsvertreter sind gelernte Versicherungskaufleute und gut die Hälfte Versicherungsfachleute (BWV). Versicherungsbetriebswirte (DVA) sind 7,7 %. Auch verfügen die Einfirmenvertreter im Durchschnitt über mehr als 15 Jahre Berufserfahrung im Versicherungsaußendienst. Nur etwas mehr als 10 % der Vertreter kann auf eine Berufserfahrung von bis zu 5 Jahren zurückblicken (Eickenberg 2006, S. 76). Vor allem nebenberufliche Vermittler und kleinere Strukturvertriebsorganisationen geraten künftig mit den Qualifikationsanforderungen der Richtlinie in Konflikt (Achter 2005, S. 51).

(2) Unterscheidungsmöglichkeit von abhängigen und unabhängigen Versicherungsvermittlern

Versicherungsvermittler müssen im Beratungsgespräch klar erläutern, ob sie als unternehmensgebundene oder als unabhängige Vermittler agieren. Einfirmenvertreter haben also den Kunden deutlich darauf hinzuweisen, dass sie nur das Produktangebot und die Tarife der Gesellschaft anbieten können, mit der sie kooperieren. Möglicherweise führt diese Informationspflicht beim Kunden zu einem Vertrauensverlust oder zu einer Abwertung der Person des Agenten (Eickenberg 2006, S. 64f.). Bisher kam es etlichen Vermittlern gelegen, mit schwammigen Berufsbezeichnungen wie „Finanzoptimierer" gegenüber dem Kunden einen Eindruck von besonderer Objektivität und Unabhängigkeit zu erwecken. Dennoch bezweifeln Verbraucherverbände, dass zumindest Agenten, die ja zum Verkauf eines bestimmten Sortiments vertraglich verpflichtet sind, einem Interessenten gegenüber offen einräumen, sie würden nicht objektiv beraten (Böttcher 2004, S. 44). Mit der Umsetzung der Vermittlerrichtlinie wird die Verwendung irreführender und missverständlicher Angaben für die betreffenden Vermittler allerdings deutlich riskanter. Vermutlich erhöht sich durch die stärkere Sensibilisierung des Verbrauchers auch dessen Kritikbereitschaft. Er will künftig wahrscheinlich häufiger als bisher wissen, ob ein Makler wirklich eine hinreichende Anzahl von Marktangeboten gewissenhaft geprüft hat, ob er den Markt ständig beobachtet hat und abschätzen kann, ob die Vertragsbedingungen noch der augenblicklichen Marktlage entsprechen. Wie die Beratung des Maklers auszusehen hat, d.h. vor allem, ob er als angemessener Rat (suitable advice) oder als bester Rat (best advice) zu sehen ist, erweist sich in der Vertriebspraxis als schwierig. Die Anzahl der möglichen Versicherungslösungen ist im Falle einer komplexen Risikolage äußerst groß (Farny 2006, S. 146). Beenken empfiehlt daher Maklern schriftliche Verträge auszugestalten, in denen der Auftrag des Maklers klar festgelegt wird (Beenken 2006, S. 50).

(3) Beratungsverpflichtung

In Deutschland existierte traditionell keine gesetzlich normierte Beratungspflicht des Versicherungsagenten. Diese war stattdessen eine vertragliche Nebenpflicht der Versicherungsgesellschaft. Nun müssen alle Agenturinhaber Wünsche und Bedürfnisse ihrer Kunden ebenso wie die zu einem bestimmten Versicherungsprodukt gemachten Empfehlungen schriftlich dokumentieren. Die schriftliche Fixierung soll Anreize für den Vermittler deutlich mindern, die darauf ausgerichtet sind, Produkte ohne Berücksichtigung der gesamten Vermögens- und Vorsorgelage des Versicherungsnehmers zu verkaufen (Eickenberg 2006, S. 64f.). Der Versicherungsvertreter muss sich auf eine neue Haftungssituation einstellen. Während er bisher nur in wenigen Ausnahmefällen in die Haftung genommen werden konnte (d.h. im Falle einer besonderen Vertrauensstellung gegenüber dem Kunden oder bei Vorliegen eines besonderen wirtschaftlichen Interesses) haftet er jetzt wie jeder Vermittler für Beratungsfehler persönlich. Da das Prozessrisiko für den Kunden geringer wird, ist von vermehrten Forderungen nach Schadenersatz auszugehen (Schimikowski 2005, S. 1912ff.). Die hohe Dynamik des politisch-rechtlichen Umfeldes wird zu einer erhöhten Komplexität im Beratungsalltag des Vermittlers führen. Medendorp spricht mit der Rentenreform,

Riester-Zulagen und Ertragsanteilbesteuerung einige prägnante Beispiele an, die für Vermittler in der Bundesrepublik zu Beratungsfallen wurden (Medendorp 2002, S. 26f.). Der Verbraucherzentrale-Bundesverband (vzbv) fordert, solche Kunden, die auf eine Beratung und Analyse verzichten wollen, ausdrücklich zu warnen. In der Regel könne nicht von einem Verbraucher ausgegangen werden, der ohne fremde Hilfe in der Form einer Risikoanalyse und Beratung Entscheidungen über einen angemessenen Versicherungsschutz treffen kann (Böttcher 2004, S. 44).

(4) Dokumentation des Beratungsgesprächs

Die Dokumentation des Beratungsgesprächs ist aus der Sicht des Gesetzgebers nachvollziehbar. Sie soll den Kunden informieren, um ihm zu einem späteren Zeitpunkt zu ermöglichen, die Gründe für den Abschluss nachzuvollziehen (Belz/Beenken 2006, S. 747). Einige Vermittler bezeichneten die Dokumentationspflicht zu unrecht als lästigen zusätzlichen Verwaltungsaufwand, der die Effizienz der vertrieblichen Aktivitäten beeinträchtigt. Im Gegenteil ist eine solche Dokumentation in vielen Fällen eine gute Vorbereitung zum Beispiel für die laufende Betreuung des Kunden und die Vereinbarung von Folgeterminen (Beenken 2006, S. 51). Langfristig gewinnt der Berufsstand der Versicherungsvermittler deutlich an Reputation. Seriöse Vermittler werden im Gegensatz zu den ausschließlich abschlussorientierten Produktverkäufern diese Richtlinie positiv aufgreifen. Dennoch werden gerichtliche Auseinandersetzungen wegen einiger unbestimmter Rechtsbegriffe zumindest in den ersten Jahren der Umsetzung von Dokumentationspflichten schwierig sein. So soll beispielsweise die Komplexität des Versicherungsvertrages maßgeblich für den Umfang der Dokumentation sein (Belz/Beenken 2006, S. 747).

Insgesamt gesehen ist vor allem die Stärkung des Verbraucherschutzes im Zuge der Umsetzung der Richtlinie begrüßenswert. Ob es zu einer verstärkten grenzüberschreitenden Vermittlungtätigkeit kommt, ist sicher aus heutiger Sicht schwer zu beantworten.
Viele der erwähnten Neuerungen sprechen für einen Reputationsgewinn der Versicherungsbranche. Dies betrifft vor allem solche EU-Länder wie Deutschland, in denen bisher die Qualifikation der Versicherungsvermittler nicht per Gesetz geregelt war, sondern mehr oder weniger vom Selbstverständnis und Berufsethos der einzelnen Gesellschaft abhing. Die Richtlinie leistet einen Beitrag, den „ordentlichen Vertreter" von der unlauteren Konkurrenz abzuschirmen und den „Scheinmakler" leichter zu erkennen (Surminski, A. 2003, S. 392).

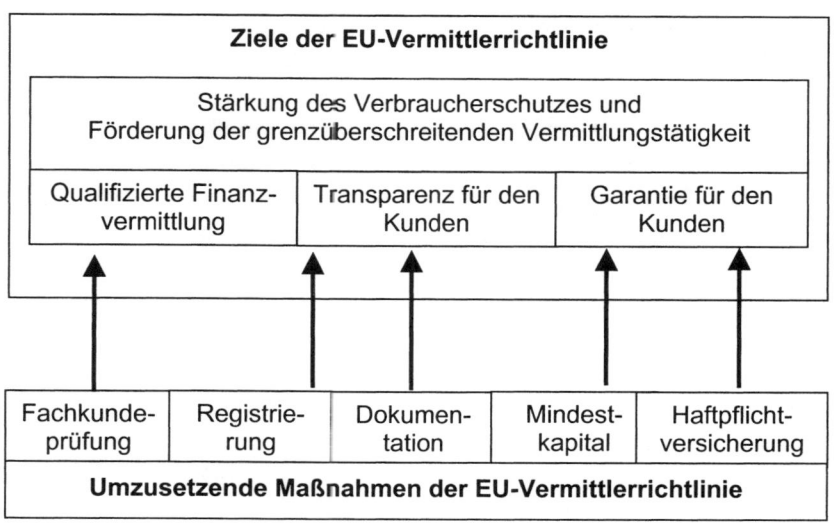

Ziele der EU-Vermittlerrichtlinie

Stärkung des Verbraucherschutzes und
Förderung der grenzüberschreitenden Vermittlungstätigkeit

Qualifizierte Finanz- vermittlung	Transparenz für den Kunden	Garantie für den Kunden

Fachkunde- prüfung	Registrie- rung	Dokumen- tation	Mindest- kapital	Haftpflicht- versicherung

Umzusetzende Maßnahmen der EU-Vermittlerrichtlinie

Abb. 3-5: Wichtige Neuerungen in der Versicherungsvermittlung durch die
Umsetzung der EU-Vermittlerrichtlinie in nationales Recht
und deren Bedeutung für den Verbraucherschutz

3.5.4.2 Entwicklung der Vertriebswege im Zuge der Umsetzung der EU-Vermittlerrichtlinie

Nach Meinung von Versicherungswissenschaftlern und Marktkennern bringt die Umsetzung der EU-Vermittlerrichtlinie eine Vielzahl von Veränderungen auf dem Versicherungsvermittlungsmarkt mit sich.
Welche Position die Ausschließlichkeitsorganisation im künftigen Wettbewerb einnehmen wird, ist Gegenstand einer Vielzahl von Beiträgen in versicherungswissenschaftlichen Publikationen. Auch ein Jahrzehnt nach der Deregulierung hat der Ausschließlichkeitsvermittler seine Position auf dem Versicherungsvermittlermarkt im Wesentlichen behalten. Er ist nach wie vor der wichtigste Vertriebsweg, wenn es darum geht, den Kundenbedarf zu wecken (Gaedeke/Müller-Peters 2004, S. 389). Aus der Perspektive des Kunden bringt die Deregulierung des Versicherungsmarktes einen größeren Bedarf an Marktinformationen mit sich. Im Vergleich zum regulierten Versicherungsmarkt sind vermehrt Qualitäts- und Prämieninformationen bei der Kaufentscheidung zu berücksichtigen. Diesen Infor-

mationsbedarf können Makler gut erfüllen, da sie über Produkt- und Prämieninformationen von vielen Anbietern verfügen. Schwierig ist künftig die Position der nebenberuflichen Versicherungsvermittler. Meist stehen Schulungskosten und Risiken einer Haftungsübernahme in keinem vertretbaren Verhältnis zum Neugeschäftswachstum, das auf die Tätigkeit der nebenberuflichen Vermittler zurückgeht. Ihrer riesigen Zahl von ca. 400.000 in Deutschland steht ein kleiner Anteil von ca. 5 % des gesamten Neugeschäfts gegenüber (Surminski 2006, S. 423). Der Anteil der Ausschließlichkeitsorganisationen am gesamten Versicherungsvermittlungsmarkt ist seit einigen Jahren rückläufig (s. Abb. 3-6).

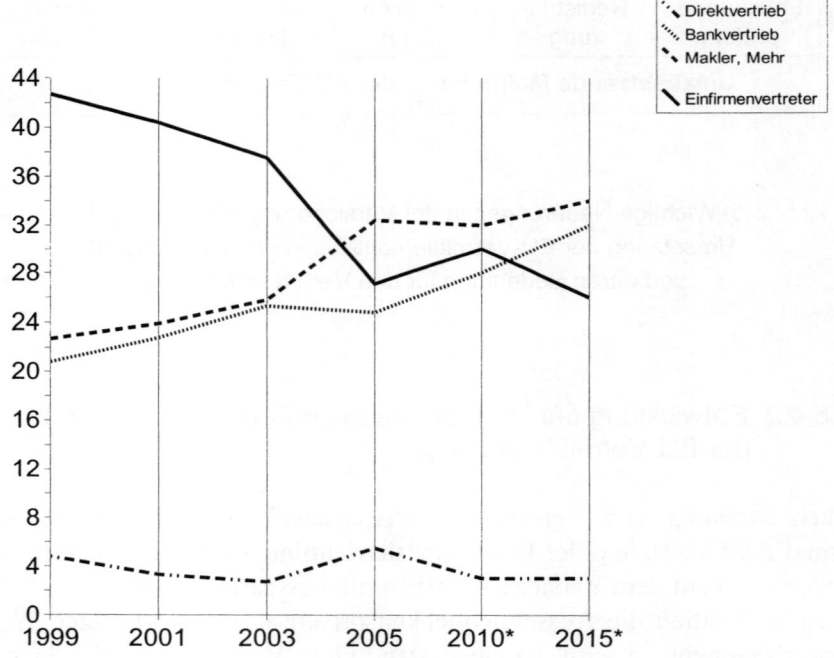

Abb. 3-6: Neugeschäftsanteile Vertriebswege (Lebensversicherung)
(Quelle: Tillinghast Prognose, zitiert nach Knospe 2006, S. 591)

Im Lebensversicherungsbereich haben der Bankvertrieb sowie unabhängige Vermittler deutlich zulegen können. Die Bedeutung des Direktvertriebs und der gebundenen Strukturvertriebe hat sich kaum verändert. Für die Zukunft prognostizieren Experten, dass der einst wichtigste Vertriebsweg vom Banken- und Maklervertrieb überholt wird (Knopse 2006, S. 591).

Um die systembedingten Nachteile auszugleichen, werden viele *Agenturen ihre Geschäftspolitik verändern*:

> *Veränderungen im Verkaufsstil.* Beratungsorientierte Vertretertypen, die sich durch höchste Fachkompetenz und Serviceorientierung auszeichnen, sind selbst bei preissensiblen Kunden erfolgreich. Im Idealfall sollte der Agent sich vom klassischen Produktverkäufer zum Financial Planner entwickeln, der den Kunden in Versicherungs-, Vorsorge- und Vermögensangelegenheiten umfassend und lebenslänglich begleitet. Abschlussorientierte Vertreter mit hoher Provisionsorientierung und vergleichsweise geringer Beratungs- und Servicebereitschaft sind dagegen im neuen Wettbewerbsumfeld weniger erfolgreich (Leyers 2002, S. 1888; Gaedeke/Müller-Peters 2004, S. 391).

> *Stärkere Arbeitsteilung und Professionalisierung im Marketing.* Agenturen mit arbeitsteiliger Fachkompetenz können sich auch künftig gut im Wettbewerb mit qualifizierten Maklern und Mehrfachagenten behaupten und bleiben bzw. werden zum wertvollen Verbundpartner für Banken. Führungskräfte im Versicherungsvertrieb sehen künftig mehr als bisher Qualitätsbewusstsein, Kreativität und Innovationsfreude als zentrale Voraussetzungen für die Wettbewerbsfähigkeit (Redanz 2005, S. 832, Benölken 1997, S. 824). Zunehmend stellt die Agenturarbeit höhere Anforderungen an den Einsatz von Marketingstrategien. Marktsegmentierung und Positionierung gehören nicht länger nur in den Verantwortungsbereich des Senior-Managements und zentraler Marketingabteilungen der Versicherungskonzerne. Für die Agentur ist es wichtig zu wissen, wie sich der Kundenbestand aufgrund von soziodemographischen und psychographischen Merkmalen beschreiben lässt bzw. wie er unter Berücksichtigung der eigenen vertriebsstrategischen Ziele verteilt sein sollte (s. Ritter 2003, S. 46). So verändern sich beispielsweise im Zuge der demographischen Entwicklung die Anteile der klassischen Kernzielgruppen der Versicherungsagentur deutlich. Bisher spielten die Zielgruppen „junge Leute im Alter von 18 bis 30" sowie „Familien mit Kindern unter 18 Jahren" die dominierende Rolle (s. z.B. Eickenberg 2006, S. 171). Künftig werden sich Agenturen stärker auf Senioren und kinderlose Paare sowie Single-Haushalte einstellen müssen, um drohende Marktanteilsverluste auszugleichen. Die-

se Zielgruppen gehörten bisher wegen ihrer Vermögenswerte, des hohen verfügbaren Haushalts-Netto-Einkommens und der hiermit einhergehenden Ansprüche in Richtung einer objektiven Beratung zu den klassischen Zielgruppen der mittelständischen Versicherungsmakler.

➢ *Stärkere Nutzung von E-Commerce-Technologien.* Hinsichtlich der Nutzung von E-Commerce-Technologien ist der Ausschließlichkeitsvertreter gegenüber vielen Maklern im Vorteil. Er kann meist auf sehr leistungsfähige Agentursysteme seines Produktgebers zurückgreifen. Die ständige Weiterentwicklung dieser Systeme, die allen beteiligten Agenten einen Nutzen stiftet, ist ein großer Netzwerkvorteil. Zu Beginn des Internet-Zeitalters sahen viele Agenten die neuen Technologien noch als Behinderung für ihren verkäuferischen Erfolg. Diese Auffassung ist heute schon einer optimistischeren Einstellung gewichen. Etliche Vermittler setzen die neuen Medien proaktiv ein, um ihre Erreichbarkeit zu verbessern, neue Zielgruppen (vor allem technikaffine junge Leute) zu erreichen und zusätzliches Neukundengeschäft zu akquirieren. Versicherungsgesellschaften eröffnen Agenten inzwischen auch die Möglichkeit einer Multi-Kanal-Vereinbarung im Agenturvertrag, die den Agenten wirtschaftlich am Abschlusserfolg durch die neuen Medien beteiligt. Große Chancen gehen mit den Formen des E-Learnings einher. Da die Versicherungsbranche als besonders weiterbildungsintensiv gilt und der Computer Vertretern bereits als Arbeitsgerät in der Beratung gut vertraut ist, können Agenten die Netzwerkvorteile des Agentursystems konsequent im Wettbewerb nutzen. Langfristig sind trotz hoher anfänglicher Investitionen in die Informationstechnologie erhebliche Kostenersparnisse möglich (Hessel 2003, S. 1360f.).

Obgleich die EU-Vermittlerrichtlinie die *Wettbewerbsposition des Versicherungsmaklers* insgesamt stärken dürfte, kann die Umsetzung der Richtlinie für bestimmte Makler zu ernsthaften Problemen führen. Die ohnehin schon weitgehende und persönliche Haftung des Versicherungsmaklers für sein Tun gegenüber dem Kunden und der Versicherungsgesellschaft als Produktgeber erfährt im Zuge der Vermittlerrichtlinie eine weitere Verschärfung. Grund hierfür ist die Aufnahme der Mitteilungs-, Beratungs- und Dokumentationspflicht in das Versicherungsvertragsgesetz. Die dadurch geschaffene Rechtssicherheit wird vermutlich mit einer erhöhten Beschwerde- und Klageneigung der Versicherungsnehmer einhergehen (Beenken 2005, S. 12).

Vor allem kleinere Makler oder gar „Alleinkämpfer" werden sich bei einer Kundenklage schwer tun, nachzuweisen, dass sie sich einen ausreichenden Marktüberblick verschafft haben. Große Maklerorganisationen können dagegen ihre Netzwerkvorteile ausnutzen und ähnlich wie große Ausschließlichkeitsorganisationen einzelnen Beratern die relevanten Informationen zum Beispiel durch leistungsfähige IT-Systeme bzw. aktuelle Schulungsangebote zur Verfügung stellen. Kleinen Maklern ist ein Zugriff auf solche Ressourcen in der Regel verschlossen. Eine Möglichkeit für kleine Vermittler, diese Herausforderungen besser zu meistern, ist der Anschluss an einen *Maklerpool* (Achter 2005, S. 51).

Im Zuge der Umsetzung der EU-Vermittlerrichtlinie müssen sich viele *Strukturvertriebe* neu positionieren.
Die steigenden Anforderungen an die Beratungsqualität und hohe Verwaltungskosten belasten vor allem die kleineren Strukturvertriebe. Experten gehen von einem starken Trend zu Unternehmenskonzentrationen und einer „Marktbereinigung" aus. Die großen Strukturvertriebe haben in den letzten Jahren erhebliche Qualifizierungsoffensiven gestartet und sind zudem durch Börsengänge sehr viel bekannter geworden (Lier 2003, S. 1023f.). Auch wirken sich die beschriebenen Nachteile durch eine starke Fokussierung auf bestimmte Zielgruppen deutlich weniger negativ aus. Typisches Beispiel eines erfolgreichen Strukturvertriebs ist die MLP AG. Das Unternehmen entwickelt für bestimmte Zielgruppen wie junge Ärzte und Apotheker qualitativ hochwertige Versicherungslösungen. Die Akademiker werden in ihrem direkten Umfeld an der Hochschule angesprochen, um die spezialisierten Lösungen vorzustellen. Da die Bedürfnisse der Zielgruppe bekannt sind, die Produkte auf die Zielgruppe zugeschnitten werden und die Vermittler entsprechend geschult werden, ist das – bei Strukturvertrieben typische – Risiko einer Fehlberatung sehr gering. Die besondere fachliche Nähe zur Zielgruppe ist auch mit weit geringeren Risiken eines aggressiven Verkaufsstils verbunden, da die potenziellen Kunden ein deutlich höheres Interesse an der angebotenen Lösung haben.

Fallbeispiel AXA

Um Wachstumspotenziale weiter auszuschöpfen, nutzt der AXA-Konzern sämtliche Vertriebswege, d.h. Ausschließlichkeitsvertreter, einen angestellten Außendienst, unabhängige Versicherungs- und Finanzmakler, direkte Absatzwege wie Telefonmarketing und Internet sowie spezielle Netzwerke einschließlich Banken und anderen Anbietern von Finanzdienstleistungen. Auch einige völlig neue Wege wurden gegangen. Bekannte Beispiele sind die Kooperation mit dem Kaffeehausfilialisten Tchibo im Vertrieb von Riester-Produkten oder die kürzlich eingegangene Vertriebskooperation mit dem Bertelsmann Buchclub, bei dem Clubmitglieder Haftpflicht-, Hausrat- und Wohngebäudeversicherungen zu speziellen Vorteilskonditionen abschließen können.

Das Gewicht der einzelnen Absatzwege hat der Konzern dabei den jeweiligen lokalen Gegebenheiten angepasst. Insbesondere die Akzeptanz des Kunden, rechtliche Gegebenheiten und das Wettbewerberumfeld waren dabei zu berücksichtigen. In Südeuropa setzt AXA sehr stark auf Agenten und einen angestellten Außendienst (67 % der Bruttoprämieneinnahmen im Lebensversicherungsgeschäft 2005), während in dem stark liberalisierten Markt Großbritannien 64 % der Bruttoprämieneinnahmen auf unabhängige Versicherungsmakler und -berater entfielen. Im Kompositversicherungsgeschäft wurden in Großbritannien sogar fast sämtliche Prämieneinnahmen über unabhängige Vermittler (60 %) und den Direktvertrieb (26%) generiert. Ganz anders war die Situation in Deutschland. Trotz einer großen Erfahrung des AXA-Konzerns im Aufbau eines Internet-Portals und der seit einiger Zeit sehr positiven Bewertungen des Internetauftritts durch die deutsche Fachpresse, spielt das Internet ähnlich wie in Frankreich und in den südeuropäischen Ländern als Vertriebsweg bisher nur eine untergeordnete Rolle. Nur 4 bzw. 5 % der Bruttoprämieneinnahmen im Kompositversicherungsbereich entfielen auf diesen Vertriebsweg. Zunehmend wirkt sich die Verschärfung der Wettbewerbssituation und die Deregulierung des Marktes auch auf die Anteile der Vertriebswege im deutschen Markt aus. 43 % der Bruttoprämieneinnahmen im Kompositversicherungsgeschäft entfielen trotz der Übernahme traditionsreicher deutscher Ausschließlichkeitsorganisationen wie der Colonia-Versicherung auf unabhängige Finanzvermittler.

Quelle: AXA 2005, S.110ff

4 Implementierung des Marketing-Managements in Unternehmen der Versicherungsbranche

4.1 Voraussetzungen der Strategieimplementierung

Mit der strategischen Marketingplanung ist die Arbeit des Marketingstrategen noch lange nicht beendet. Oft scheitern erfolgversprechende Strategien an einer unzureichenden Implementierung. Strategien werden angepasst, aber Implementierungsmängel nicht beseitigt. Strategieimplementierung bedeutet, *Marketingpläne in aktionsfähige Aufgaben umzuwandeln* (Benkenstein 2002, S. 11). Während das Hauptaugenmerk bei der Entwicklung von Strategien auf dem „Was" und „Warum" liegt, gilt das Interesse der Strategieimplementierung dem „Wer, Wo, Wann und Wie".

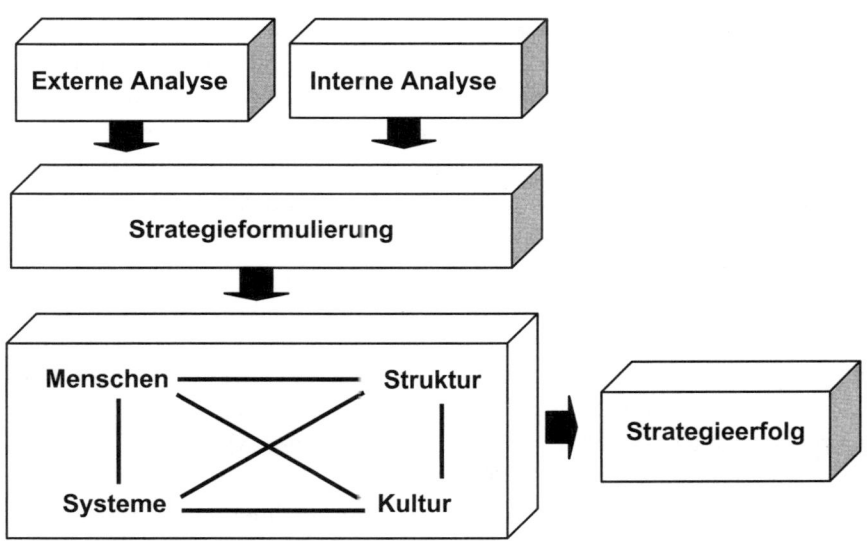

Abb. 4-1: Strategie und Strategieimplementierung
(Quelle: Aaker 1998, S. 278)

Pragmatisch gesehen sind es die Menschen, Strukturen, Systeme und Kulturen in einem Unternehmen, die letztlich den Erfolg der formulierten Strategie ausmachen.

Im Versicherungsunternehmen sind diese Implementierungsbereiche besonders kritisch für den Erfolg. Der menschliche Faktor spielt vor allem wegen des häufigen Kundenkontakts eine zentrale Rolle. So manche Strategie ist zudem im Laufe ihrer Implementierung an „Systemproblemen" gescheitert, da der Absatz von Versicherungen und die After-Sales-Aktivitäten heute nicht mehr ohne eine leistungsfähige Informationstechnologie vorstellbar sind.

4.2 Marketing-Organisation

4.2.1 Neue Anforderungen an die Struktur des Versicherungsunternehmens

Um eine Marketingstrategie durchzusetzen, ergibt sich das zentrale Problem, den Marketingbereich innerhalb der Organisationsstruktur des Versicherungsunternehmens sinnvoll zu integrieren. Im engeren Sinne umfasst die Marketing-Organisation lediglich die absatzspezifischen Aufgaben. Wird Marketing jedoch als marktorientierte Unternehmensführung verstanden, sind auch Strukturierungsalternativen des Gesamtunternehmens zu beachten. Entscheidungen über Strukturen haben einen hohen Einfluss auf die Einstellungen und Denkweisen der Mitarbeiter (Homburg/Schneider/Schäfer 2001, S. 93). Nach empirischen Untersuchungen von Bruhn sind viele Qualitätsmängel und problematische Verhaltensweisen von Mitarbeitern im Versicherungsunternehmen auf organisationstechnische Gründe zurückzuführen. Dies zeigte sich vor allem in einem mangelnden direkten Kontakt der Mitarbeiter zu externen und internen Kunden, d.h. zu den Versicherungsnehmern, Versicherungsvermittlern und Kollegen im Innendienst. Die Kundenorientierung wäre deutlich ausgeprägter, wenn das Abhängigkeitsbewusstsein der Mitarbeiter von beiden Kundentypen gestärkt würde. Zudem sollten sich die Mitarbeiter des Versicherers durch eine größere Empathie auszeichnen. Als Empathie ist die Fähigkeit von Menschen zu verstehen, psychologische Zustände anderer Menschen zutreffend mitzuerleben. Diese Fähigkeit lässt sich durch gezielte Trainings fördern (Bruhn 1999, S. 141f.).

Die Gestaltung von Marketing-Organisationen im Versicherungswesen ist deshalb so komplex, weil (Buchbender/Grundhold/Jörihsen 1995, S. 58f.)

➤ die *Geschäftsprozesse in den Versicherungssparten* sehr unterschiedlich sind.

➤ der *Vertrieb* andere Organisationsstrukturen als interne Abteilungen wie Betrieb, Schaden und Controlling erfordert und dennoch geschäftspolitische Aktivitäten abgestimmt werden müssen.

➤ besondere *Rechtsnormen* bei der Bildung von Organisationseinheiten zu beachten sind. So müssen beispielsweise die Lebensversicherung und die Krankenversicherung getrennt geführt werden.

➤ Marketingmanager wegen der hohen Dynamik des rechtlichen, wirtschaftlichen, technologischen Umfeldes sowie des Wettbewerbs mit hoher *Flexibilität und Kreativität agieren* müssen.

Marketing befand sich als Institution in Versicherungsunternehmen viele Jahre lang auf einer wenig entwickelten Integrationsstufe. Bis Anfang der 1990er Jahre herrschte in der Unternehmenspraxis eine Organisationsform vor, in der Marketing und Vertrieb gleichberechtigt dem Vertriebsvorstand unterstellt waren. Die traditionell starke Position der Außendienststellen in der Versicherungsbranche führte oftmals zu *organisatorischen und personellen Problemen zwischen Verkauf und Marketing*, wenn der Versuch unternommen wurde, das Marketing im Unternehmen zu institutionalisieren. In den Zuständigkeitsbereich einer Marketingabteilung fiel in der Vergangenheit derjenige Aufgabenbereich, welcher von der Vertriebsabteilung nicht übernommen werden konnte. Hierzu gehörten neben der Marketingplanung und der Marktforschung vor allem der Einsatz von Marketinginstrumenten wie der Werbung (Kurtenbach/Kühlmann/Käßer-Pawelka 2002, S. 194ff.).

Aufgrund der Deregulierung und Komplexität des Versicherungsgeschäfts lag es nahe, traditionelle Formen der Marketing- und Vertriebsorganisationen neu zu überdenken. Zu Beginn des Binnenmarktes waren die Organisationsstruktur und Managementsysteme noch stark vom regulativen Umfeld bestimmt. Viele Versicherungsunternehmen waren vor der Deregulierung funktional, d.h. auf der zweiten Hierarchieebene nach Verrichtungen, strukturiert. Üblicherweise wurden die Betriebsabteilung und die Schadenabteilung für jeden Versicherungszweig sowie Verwaltungsabteilungen organisatorisch voneinander getrennt. Spartenübergreifend oder in einer Matrix-Struktur arbeitende Organisationseinheiten wie das Controlling oder Marketing waren selten anzutreffen. Die Kultur war auf Volumen und nicht auf Profitabilität ausgerichtet. Der verschärfte Wettbewerb bedingte neue Organisationsstrukturen, die kundenorientierte Produktinnovationen förderten. Nur die wenigsten Unternehmen verfügten Mitte der 1990er Jahre über eine aus innovationsorientierter Sicht passende Organisationsform (Bittl/Vielreicher 1995, S. 1086; Muth 1994, S. 292).

Die veränderten Rahmenbedingungen führten zu einer *Verlagerung von betrieblichen Teilfunktionen auf Versicherungsvermittlerbetriebe*. Vor allem das nachlassende Marktwachstum, eine seit Jahren zu beobachtende Individualisierung der Nachfrage, die zunehmende Produktvielfalt sowie Fortschritte in der Informationstechnologie erforderten ein Überdenken der Arbeitsteilung in Versicherungsunternehmen, Vermittlerbetrieben und zwischen beiden Marktpartnern. Durch die Verbesserung der Zusammenarbeit von Versicherungsunternehmen und Vermittlerbetrieben ließen sich Schnittstellen in Arbeitsprozessen und Doppelarbeiten verringern und eine abschließende Vertrags- und Schadenbearbeitung realisieren. Außerdem war durch eine Übertragung von Kompetenzen und Verantwortung auf die Vermittlerbetriebe eine flexiblere Reaktion auf Kundenwünsche möglich (Helten 1998, S. 90, 93).

In der Tendenz scheint nach einer empirischen Analyse von Finsinger, Deutsch & Ruß das Bewusstsein für die Notwendigkeit von Strukturveränderungen um so größer zu sein, je größer das Unternehmen ist. Allerdings vermuten die Autoren, dass größere Versicherungsunternehmen häufiger mit typischen Widerständen gegen neue Strukturen und Schwerfälligkeiten als ihre kleineren Wettbewerber zu kämpfen haben (Finsinger/Deutsch/Ruß 1999, S. 924f.).

4.2.2 Produktmanagement

Produktorientierte Organisationsformen sind primär nach dem Gliederungskriterium Produkte bzw. Leistungen aufgebaut. Ihre Zielsetzung liegt vor allem in der Gewinnung und Erhaltung eines besonderen produktbezogenen Wissens. Sie kommen vermehrt dann zum Einsatz, wenn die Produkte eines Unternehmens sehr verschieden sind und sich die für den Absatz der Produkte notwendigen Aktivitäten durch eine hohe Komplexität auszeichnen (Frese 2001, S. 376f.). Vor dem Hintergrund deregulierter Versicherungsmärkte und den Möglichkeiten einer erweiterten Produktgestaltung hat das aus dem Konsumgüterbereich bekannte und bewährte Produktmanagement erheblich an Bedeutung gewonnen.

Traditionell wurden in Versicherungsunternehmen die Aufgaben der Produktinnovation und -variation durch verschiedene Stellen wahrgenommen. Hierdurch waren eine wenig koordinierte Kommunikation, lange Entscheidungswege und erhebliche Probleme mit Schnittstellen kaum vermeidbar. Das Produktmanagement-System bringt in dieser Hinsicht meist spürbare Verbesserungen, da die „Querschnittsreglerfunktion", d.h. die notwendigen Abstimmungsprozesse mit sämtlichen betroffenen Unternehmensbereichen, zu den Hauptaufgaben der entsprechenden Stelleninhaber gehören. Allerdings ist die Einführung des Produktmanagements gerade in Versicherungsunternehmen mit der Gefahr verbunden, die bekannten Nachteile der klassischen, vom sparten- und produktorientierten Denken geprägten, Organisation erneut zu übernehmen und hierdurch die notwendige Markt- und Kundenorientierung zu vernachlässigen. Praktiker wissen, dass in der Assekuranz ein in der Unternehmenszentrale kreiertes Produkt wohl in den seltensten Fällen vom Außendienst vertrieben werden kann. Vielmehr sind bei der Entstehung des Produkts der Kunde und Vermittler beteiligt (Fischer/Schmidt 1995, S. 159). Buchbender, Grundhold & Jörihsen schlagen für eine Ausschließlichkeitsorganisation daher vor, das Kundenmanagement durch ein Produktmanagement zu unterstützen, welches in Form einer Matrixorganisation eingebunden ist, um produktspezifische Problembereiche und Qualitätskontrollen für einzelne Kundengruppen wahrzunehmen (Buchbender/Grundhold/Jörihsen 1995, S. 64f.).

Grundsätzlich können sowohl strategische als auch operative Aufgaben in den *Verantwortungsbereich des Produktmanagers* fallen. Hierzu gehören vor allem (Frese 2001, S. 377; Kotler/Bliemel 1999, S. 1157):

➢ Sammlung und Aufbereitung produktbezogener Informationen,

➢ Entwicklung einer langfristigen produktbezogenen Strategie,

➢ Initiierung von Produktinnovationen und -variationen,

➢ produktbezogene Koordination mit anderen Organisationseinheiten.

4.2.3 Kundenorientierte Organisationsformen und Key-Account-Management

Kundenorientierten Organisationsformen kommt in der Versicherungswirtschaft und insbesondere in Versicherungsvermittlerbetrieben traditionell eine große Bedeutung zu. Übernehmen einzelne Mitarbeiter bzw. Abteilungen die Betreuung von Kundengruppen bzw. einzelnen Kunden, die sich durch ein besonderes Umsatzvolumen und Image oder durch eine Meinungsbildnerrolle und hohe Komplexität auszeichnen, wird von Key-Accounts oder Schlüsselkunden gesprochen. Ein Key-Account hat in manchen Branchen eine größere wirtschaftliche Macht als der Leistungsanbieter. Ein solches Kräfteverhältnis liegt zum Beispiel zwischen Versicherungsvermittlern oder Spezialversicherern im Industriegeschäft und deren Kunden vor (Bokranz/Kasten 2000, S. 77).

In kundenorientierten Marketingorganisation übernehmen Kunden- bzw. Zielgruppenmanager für ihre Segmente eine spartenübergreifende Verantwortung und sind mit einer entsprechenden Entscheidungsbefugnis ausgestattet.

Zum *Verantwortungsbereich eines Key-Account-Manager*s gehören folgende Aufgaben (Kotler/Bliemel 1999, S. 1162):

➢ Sammlung und Analyse von relevanten Informationen über Kunden,

➢ Kundenbezogene Marketingplanung,

➢ Aufbau und Pflege von Kundenbeziehungen,

➢ Koordination und Abwicklung von Austauschprozessen auf der Produkt-, Geld- und Informationsebene mit dem Kunden,

➢ Beobachtung von Soll-Ist-Abweichungen in der Geschäftsentwicklung mit Kunden.

Key-Account-Manager sollten neben allgemeinen Anforderungen im Bereich der Fach- und Sozialkompetenz Anforderungen wie strategische Kompetenz, ethische Kompetenz und Kreativität erfüllen (Buchbender/Grundhold/Jörihsen 1995, S. 64).

Die kundenorientierte Organisation ist auch vor dem Hintergrund der Nutzung von Rationalisierungspotenzialen durch Neugestaltung und Optimierung von Arbeitsabläufen zu sehen. Ziel entsprechender Reorganisationsmaßnahmen ist eine geschäftsvorfallorientierte Abwicklung im Innendienst anstatt der traditionell vielfach spartenorientierten Arbeitsweise. Kompetenzprobleme und Zielkonflikte zwischen Vertrieb und Verwaltung sollen auf diese Weise besser gelöst werden. Eine solche wertschöpfungsorientierte Organisation geht mit einer flachen Hierarchie einher (Kendl 1997, S. 30f.).

4.3 Unternehmenskultur

Wegen des intensiven persönlichen Kontakts der Mitarbeiter zu den Kunden ist die Unternehmenskultur für die Implementierung von Marketingstrategien der Versicherungsunternehmen von zentraler Bedeutung (Meffert/Bruhn 1995, S. 343). Beratungsphilosophien, Produktinnovationen, und vertriebspolitische Weichenstellungen hängen zu einem großen Teil von der kulturellen Orientierung des Versicherungsunternehmens ab.

Unternehmenskulturen sind *Systeme von unternehmenstypischen Wertvorstellungen, Verhaltensnormen, Denk- und Handlungsmustern sowie Phantasien, welche von den Mitarbeitern erlernt und akzeptiert werden.* Da sie einzigartig sind, unterscheiden sich einzelne Anbieter in einer Branche selbst dann, wenn das Produktangebot in hohem Maße vergleichbar erscheint (Bleicher 1992, S. 853). Die typischen Elemente einer Unternehmenskultur zeichnen sich durch spezifische Eigenschaften aus:

➢ *Werte* sind Orientierungsmaßstäbe, die – im idealtypischen Fall – sämtliche Mitglieder der Organisation bei der Formulierung und Umsetzung der Unternehmensziele beherzigen. Als Kern der Unternehmenskultur sind sie für Außenstehende nicht direkt sichtbar.

➢ *Verhaltensnormen* sind konkreter als Werte. Sie beinhalten Regeln und Verhaltensvorschriften. Als informelle Regeln haben sie Einfluss auf Entscheidungen und Handlungen innerhalb der Organisation.

➢ *Symbole und symbolische Handlungen* sind zwar sichtbar, jedoch ohne Kenntnis der internen Gegebenheiten des Unternehmens für Außenstehende nicht verständlich. Symbole haben eine übertragene Bedeutung. Welchen Sinn das Symbol ausdrückt, ist in der Unternehmung als „Deutegemeinschaft" festgelegt. Vorgesetzte wirken eher vermittelnd (symbolisierend), indem sie Handlungen ausführen, die von anderen gedeutet werden und Handeln nach Maßgabe der Regeln auslösen. Symbolkraft haben auch Geschichten, Sprachregelungen, Rituale und Artefakte wie Gebäude (Neuberger 1990, S. 16, 244, 251ff.).

Die ausgeprägte Hierarchie traditionell geführter Versicherungsunternehmen ist sicher weit von einer kundenorientierten Kultur entfernt. Dies kommt sehr deutlich in einigen Symbolen der Unternehmenskultur zum Ausdruck. So stellt Rosner fest: „Kaum eine andere Branche, Organisation und Unternehmensart verfügt über so viele Funktionsbezeichnungen und Titel wie das Versicherungsunternehmen. (...) Im angestellten Außendienst begegnet man dem Inspektor oder Oberinspektor, Direktionsbevollmächtigten, Betreuer für diese oder jene Spezialaufgabe – neben dem Betreuer für Sonderaufgaben – dem Firmenberater, Werbeaußenbeamten, Betreuer von Hauptvertretern, usw. – Funktionen und Titel, die eher binnenorientiert als auf die Kunden ausgerichtet sind. (...) Es ist mehr ein System von Funktion, Rang, Status, Ansehen und Macht; es verleitet zur Konzentration auf die eigene Karriere und fördert nicht die notwendige Einfühlung in den Kunden" (Rosner 1997, S. 13).

Die Wirkung der Unternehmenskultur auf Marketingstrategien ist auch in der Versicherungswirtschaft vielfältig.
Wegen ihrer *Koordinationswirkung* und ihres positiven Beitrags zur *Konsensbildung* erleichtert eine gelebte Unternehmenskultur die für den Erfolg wichtige Zusammenarbeit zwischen dem Innen- und Außendienst. Eine zielführende Marketingarbeit wäre kaum möglich, wenn es bei abteilungsübergreifenden Abstimmungsprozessen beispielsweise im Rahmen der Ansprache neuer Zielgruppen, der Produktentwicklung, Tarifgestaltung oder Veränderungen des Provisionssystems keinen „gemeinsamen Nenner" gäbe.
Je stärker die Unternehmenskultur ist, um so mehr Einfluss haben Erfolge und Misserfolge bestimmter Strategien in der Vergangenheit auf das Unternehmensverhalten. Gewachsene Unternehmenskulturen neigen zu bestimmten *Präferenzen hinsichtlich der bearbeiteten Marktsegmente*. So hat die R+V-Versicherung bis heute aufgrund ihrer Geschichte und historischen Verbindung zur Landwirtschaft eine marktführende Position in der Tierversicherung. Auch die historischen Wurzeln der beiden großen internationalen Versicherer AIG und Allianz haben bis heute eine starke Auswirkung auf die präferierten Geschäftsfelder. Beide Versicherungs-

konzerne waren bereits in den ersten Jahren nach ihrer Unternehmens-gründung im Auslandsgeschäft sehr stark engagiert.

Unternehmenskulturen haben zudem Einfluss auf die Wahl einer *Wettbe-werbsstrategie*. Um eine Differenzierungsstrategie bzw. Qualitätsführer-schaft langfristig zu sichern, sollte eine Unternehmenskultur durch Werte wie Individualität, Risiko- und Innovationsbereitschaft geprägt sein. Da-gegen sind kostenorientierte Strategien eher mit introvertierten Grundhal-tungen vereinbar (Bittl/Vielreicher 1995, S. 1087).

Von besonderer Relevanz für die Versicherungsbranche ist die *Stimmig-keit von Unternehmenskulturen im Hinblick auf Kooperationspartner*. So ist vor allem die Unternehmenskultur des Versicherungsunternehmens häufig nicht mit der Unternehmenskultur eines Versicherungsmaklers kompatibel. Interessenkonflikte zwischen beiden Kooperationspartnern werden insbesondere durch die traditionelle Spartenorganisation im Ver-sicherungsunternehmen erschwert, da sie die Ausbildung einer maklerna-hen Kultur behindert (Benölken/Heß 1997, S. 1516).
Die Problematik der Stimmigkeit von Unternehmenskulturen betrifft in der Versicherungswirtschaft auch *Kooperationen mit Wettbewerbern*. Sol-che Kooperationen sind in bestimmten Versicherungssparten nicht zu vermeiden. So ist es im Industrieversicherungsgeschäft nur in Ausnahme-fällen üblich bzw. möglich, ein Risiko ohne die Beteiligung von Wettbe-werbern zu zeichnen. Zwar übernimmt der Industrieversicherungsmakler hier eine wichtige vermittelnde Rolle, jedoch ist häufig von unterschiedli-chen Zeichnungsphilosophien der beteiligten Gesellschaften auszugehen. Eine durch Offenheit geprägte Unternehmenskultur der Beteiligten er-leichtert die Zusammenarbeit.
Bei Unternehmensfusionen und -übernahmen spielt die Abstimmung der *Wertesysteme und Managementprinzipien* der beteiligten Finanzdienstleis-tungsunternehmen eine entscheidende Rolle. Die überwiegende Zahl von Fusionen scheitert an den vergeblichen Bemühungen, die verschiedenen Unternehmenskulturen zu einer gemeinsam gelebten Kultur zu vereinen. In der Versicherungsbranche etablierten sich in der Vergangenheit Werte-systeme, die sich durch Sicherheitsdenken, Kontinuität, Hierarchiever-trauen und eine geringe Außenkommunikation auszeichneten. Ein für den Integrationserfolg im Rahmen der M&A-Aktivitäten wichtiger Ideen- und Wissenstransfer zwischen den Partnerunternehmen wurde hierdurch viel-fach verhindert. Mit der zunehmenden Deregulierung, einem sich ver-schärfenden Wettbewerb sowie einer interkulturellen Orientierung des

Managements haben sich die Rahmenbedingungen für eine erfolgversprechende Integration im positiven Sinne verändert (Schönacher/Schneider
1999, S. 344f.).

4.4   Agentur-Informationssysteme

Versicherungsschutz ist als immaterielles Wirtschaftsgut mit einem regen
Informationsaustausch über den Kunden, das versicherte Risiko und die
Versicherungsfälle verbunden. Heute werden diese Informationen meist in
elektronischer Form gespeichert. Der Entwicklungsstand der Informa-
tionsverarbeitungssysteme gehört daher zu den zentralen Erfolgsfaktoren
eines Versicherungsunternehmens (Farny 2006, S. 179).
Bereits Anfang der 1960er Jahre setzten Versicherungsunternehmen Informationssysteme ein. In den Folgejahren hat der verstärkte Einsatz dieser Systeme erheblich zu einer Rationalisierung von Geschäftsprozessen
beigetragen (Kakies 1993, S. 6, 11). Von besonderem Interesse sind in der
Versicherungspraxis Agenturinformationssysteme. Mit ihrer Hilfe tau-
schen Versicherer und Vermittler Tarif-, Produktinformationen, Vertragsdaten sowie sonstige Informationen wie Rundschreiben aus.

Aus der Anwendung von Agenturinformationssystemen ergeben sich eine
Reihe von *Vorteilen*:

➢ Die Mehrzahl der Agenturen beurteilt die *Qualität* ihrer erbrachten
   Leistung mittels EDV-Einsatz höher. Ein Grund hierfür liegt in einer
   geringeren Fehlerquote. Während das Agentur-Informations-System
   über ein integriertes Tarifierungsprogramm z.B. Prämien und Versi-
   cherungssummen berechnet, besteht bei der traditionellen Verwendung
   von Tarifbüchern die Gefahr, einen anderen als den zutreffenden Spal-
   ten-/Zeilenwert zu verwenden (Kendl 1997, S. 88f.). Die Informationstechnologie kann für Vermittler auch in der Kundenberatung viele
   Vorteile bringen. Inzwischen sind eine Vielzahl von Instrumenten des
   analytischen Customer Relationship Managements verfügbar. Vor allem große Agenturen wissen diese Instrumente zu schätzen, da mit
   dem gewachsenen Kundenbestand die Kenntnis der Lebens- und Bedarfssituation des einzelnen Kunden in der Regel schwach ausgeprägt
   ist. Um dennoch bedarfsgerecht zu beraten, können technische Unter-
   stützungslösungen vorteilhaft sein. So lässt sich über eine CRM Soft-
   warelösung für ein bestimmtes Produkt abrufen, für welche Kunden im

vorhandenen Bestand auf der Basis eines zuvor erstellten Kundenprofils die Abschlusswahrscheinlichkeit am höchsten ist (Göppner 2003, S. 26f.).

➤ Agenturinformationssysteme ermöglichen *Zeiteinsparungen*. Insbesondere bei häufigen Kundenanfragen ist das Suchen der erforderlichen Dokumente durch eine elektronische Datenabfrage wesentlich schneller. Außerdem wartet der Kunde nicht mehr wie bisher auf einen Rückruf des Agenten, der die gewünschten Informationen zunächst über die Unternehmenszentrale beschaffen muss.

➤ Um ein *hohes Serviceniveau* zu erreichen, erscheint eine Übernahme der Policierung im Bereich des standardisierten Geschäfts auf Versicherungsvermittlungsbetriebe sinnvoll. Serviceorientierung und Kosteneinsparung durch Verlagerung von Schadenregulierungsaktivitäten auf die Versicherungsvermittlungsbetriebe müssen nicht in einem Widerspruch stehen. Wenn Versicherungsunternehmen ihre Schadenbearbeitung auf die Versicherungsvermittlungsbetriebe verlagern, ist mit einer höheren Zufriedenheit und Bindung des Kunden zu rechnen, da dieser der Übernahme von Formalitäten durch den Vermittler eine hohe Bedeutung beimisst. Die dezentrale Regulierung gewährleistet zudem eine unbürokratische Abwicklung und eine rasche Zahlung des Entschädigungsbetrages (Kendl 1997, S. 88ff.).

➤ Agenturinformationssysteme wirken sich vorteilhaft auf die Entwicklung von *Verwaltungskosten* aus. Studien zeigten, dass die Dezentralisierung der Schadenregulierung zu einer deutlichen Reduzierung der durchschnittlichen Stückkosten der Schadenbearbeitung führt. Dies gilt jedoch nur für Standardpolicen (Kendl 1997, S. 88ff.).

Die Einführung von Agentursystemen und die vorgeschlagene Funktionsaufteilung stellen sowohl die Versicherungsvermittlungsbetriebe als auch die Versicherungsunternehmen vor große *Herausforderungen*.

➤ In vielen Fällen brachte die Einführung des Agenturinformationssystems eine *Erhöhung des Zeitaufwandes für Verwaltungsarbeiten* mit sich. Versicherungsvermittler policieren Anträge, regulieren Schäden, ändern Adressen über Computersysteme und analysieren Statistiken über Neugeschäfte und verlorene Kundenverbindungen (Fuchs 2003, S. 1744). Nur bei einer Neuorganisation des agenturinternen Arbeitsablaufs und einer hinreichenden Übung der Mitarbeiter ist zu erwarten, dass Zeiteinsparungen infolge der Systemeinführung den zeitlichen Mehraufwand für Policierungen und Datendirekteingaben überkompensieren. Aufgrund der erforderlichen Wartung des Equipments entsteht für den Vermittler ein hoher Investitionsbedarf. Die Anforderungen an die Qualifikation der Agenturinhaber und deren Mitarbeiter steigen. Die Nachteile relativieren sich allerdings stark infolge der technologischen Entwicklung sowohl auf dem Hardware- als auch dem Softwaremarkt. Eine spezielle Qualifikation ist wegen der hohen Benutzerfreundlichkeit heutiger Systeme und den bei vielen Anwendern bereits vorhandenen Kenntnissen kaum noch erforderlich. Allerdings nehmen „Computerarbeiten" auch im Zuge der beschriebenen Umsetzung der EU-Vermittlerrichtlinie, die u.a. spezielle Dokumentationspflichten beinhaltet, im Zeitbudget der Agenturen zunehmend mehr Raum ein. Die Versicherungsunternehmen sollten daher eine generelle Überarbeitung des vorherrschenden Provisions-Vergütungssystems in Erwägung ziehen. Einige aus den neuen Funktionen resultierende Leistungen der Vermittlerbetriebe sollten aufwandsbezogen isoliert und entlohnt werden (Kendl 1997, S. 192).

➢ Trotz bahnbrechender technischer Fortschritte, hoher Investitionen in die Informationstechnologie sowie besonderen Anstrengungen auf dem Gebiet des analytischen CRM (z.B. Aufbau von Data-Warehouse-Lösungen) *nutzen Versicherungsgesellschaften neueren Studien zufolge das Potenzial der Technik nur unzureichend.* Vor allem Benutzer im Vertriebsbereich äußern nach wie vor Kritik. Anlass zu Beanstandungen liefert der Nutzen der EDV-Anwendungen für Bedarfsanalysen sowie die Zuverlässigkeit und Fehlerfreiheit der Systeme. Bisher findet die Informationstechnologie überwiegend in der Kundenberatung und Bestandsbearbeitung Verwendung, während ihr Einsatz in der Schadenabwicklung und Umsetzung von Marketing-Kampagnen auf Agenturebene selten ist. Etlichen Versicherungsgesellschaften ist es bisher nicht gelungen, den Nutzen der Informationstechnologie für die Versicherungsvermittlung aufzuzeigen. So sehen viele Vertreter noch nicht die vorteilhaften Wirkungen der EDV für Cross-/Up-Selling oder die Stornoprophylaxe (Kock/Wiora 2004, S. 568f.).

5   Marketing-Controlling

5.1   Bedeutung und Besonderheiten des Controllings in der Versicherungsbranche

Controlling, d.h. die systematische Analyse, Planung, Steuerung und Kontrolle von Geschäftsprozessen, soll die Ertragssituation eines Unternehmens sichern. Stark schwankende versicherungstechnische Ergebnisse und geringe Eigenkapitalrenditen ließen seit einiger Zeit Forderungen nach einem *wertorientierten Management* in der Versicherungsbranche lauter werden. Zunehmend betrachteten Finanzanalysten und Ratingagenturen den Beitrag des Managements für die Entwicklung des Börsen- bzw. Unternehmenswertes kritisch. Einen erheblichen Bedeutungszuwachs erfuhr das wertorientierte Management im Zuge der beschriebenen Unternehmensakquisitionen. Es entstanden sehr große und weltweit agierende Versicherungsgesellschaften, deren Aktienkurse an den internationalen Börsen täglich starke Beachtung fanden. In der Versicherungswirtschaft gelten jedoch besondere Marktbedingungen. So kann der aus anderen Branchen bekannte Shareholder-Value-Ansatz nur für einen Teil der Versicherungsgesellschaften Anwendung finden. Die meisten Versicherungsaktiengesellschaften sind in eine feste Konzernstruktur eingebunden. Letztendlich ist die Zahl der börsennotierten Gesellschaften in den meisten Ländern auch heute noch sehr gering. Statt der Maximierung des Aktienwertes wäre denkbar, das wertorientierte Versicherungsmanagement als effizienten Eigenkapitaleinsatz unter Risiko- und Gewinnaspekten zu betrachten (Koch 2006, S. 182). Zahlreiche Studien belegen, dass es bei der kombinierten Schaden-/Kostenquote (Combined Ratio), einer stark beachteten Kennzahl für das Betriebsergebnis, auch langfristig gesehen erhebliche Unterschiede zwischen einzelnen Versicherungsgesellschaften gibt (Waber/Gaedeke 2004, S. 477ff.; s. Tab. 5-1).

In Versicherungsunternehmen sind jedoch nicht nur wertorientierte Steuerungskonzepte im Sinne harter Fakten und versicherungstechnischer Kennzahlen wichtig. Häufig hat die Sicherung der langfristigen Lebensfähigkeit beispielsweise durch eine gesunde Wachstumspolitik einen höheren Stellenwert als die kurzfristige Optimierung versicherungstechnischer Ergebnisse (Koch 2006, S. 184).

Geschäfts-jahr	AIG (USA)	Allianz (D)	Aviva (GB)	AXA (F)	Generali (I)	Zürich (CH)
2001	103,6	108,8	103,0	111,2	110,7	110,9
2002	104,9	105,7	102,0	105,4	108,9	111,5
2003	92,7	97,0	101,0	101,4	103,0	97,9
2004	100,3	92,9*	97,0	98,5*	98,9*	102,0
2005	104,7	92,3*	97,9	97,7*	97,9*	100,8
Durchschnitt 2001-2005	101,2	99,3	100,0	102,8	103,9	104,6

Tab. 5-1: Schaden-/Kostenquote (Combined Ratio) im Schaden-/ Unfallge-schäft internationaler Versicherer; Anmerkung: Der Kennziffern-Berechnung lagen größtenteils lokale Rechnungslegungsstandards zu Grunde. IAS/IFRS-Rechnungslegungsstandards sind mit *) gekennzeichnet (Geschäftsberichte 2000-2005 der Gesellschaften)

Marketingstrategien haben einen erheblichen Einfluss auf die wertorientierte Steuerung der Versicherungsunternehmen. Vor allem im vertrieblichen Bereich wurde die Diskussion um eine stärkere Wertorientierung eingeleitet. Ist das Geschäft einmal gezeichnet, verbleibt in der Regel kaum ein Spielraum, ein schlechtes Geschäft in ein gutes zu verwandeln (Koch/Seifert 2004, S. 386, 388). Häufig verhindern vertragliche Vereinbarungen wie Kündigungstermine eine kurzfristige Sanierung. Ist die Kündigung einer verlustreichen Geschäftsverbindung durch die Versicherungsgesellschaft tatsächlich möglich, sind im Vorfeld oft hohe Abschluss- und Verwaltungskosten entstanden, die zum Kündigungstermin noch nicht amortisiert sind. Das Versicherungsunternehmen kann im Zuge eines nachträglichen Sanierungskurses meist nur den künftigen Schaden begrenzen.

Versicherungsunternehmen, die ihre Marketing- und Vertriebsaktivitäten wertorientiert steuern, schneiden in Bewertungen der Ratingagenturen im Durchschnitt etwas besser ab als die Marktteilnehmer, die sich nicht ausdrücklich zum Ziel der Wertmaximierung bekennen. Die Rating-Agentur Standard & Poor's legt ihrer Bewertung die Kriterien Branchenrisiko, Wettbewerbsposition, Management, Unternehmensstrategie, Ertragskraft, Kapitalanlagen, Kapitalausstattung, Liquidität und finanzielle Stabilität zugrunde. Die stark mit dem Marketing- und Vertriebsmanagement zusammenhängenden Felder Unternehmensstrategie sowie Ertragskraft haben nach diesem Bewertungsmodell sogar einen direkten Einfluss auf die

Wertentstehung bzw. -vernichtung. Für Aktionäre ist die Wertorientierung von Versicherungsgesellschaften bisher in der Finanzmarktkommunikation wenig sichtbar gewesen. Selten sind in Geschäftsberichten genauere Angaben über Werttreiber und Wertvernichter zu finden (Habersetzer/Hilpisch 2004, S. 1469ff.).

Als Teilgebiet des gesamten Controllingsystems, d.h. als sog. *Bereichscontrolling*, erfüllt das Marketing-Controlling in Versicherungsunternehmen eine zunehmend wichtige Aufgabe. Die im Vergleich zu anderen Branchen dürftige Erfahrung beim Einsatz vieler Marketingstrategien und -instrumente legt es nahe, sich der Effizienzfrage des Marketings aktiv zu stellen.

Schon lange bekannt ist die Problematik eines aggressiven Verkaufsstils für die versicherungstechnischen Ergebnisse. So führt das Abwerben von Versicherungskunden bestenfalls zu kurzfristigen Erfolgen, wenn die Versicherungsgesellschaft Kunden mit niedrigen Prämien zu einem Markenwechsel bewegt ohne gleichzeitig die Verwaltungskostenquote zu senken. Jedoch besteht die Schwierigkeit darin, möglichst solche Verwaltungskosten zu optimieren, die sich nicht nachteilig auf die Servicequalität auswirken.

Mittelfristig ebenso wenig erfolgsträchtig ist die häufige Praxis, Kunden aus vordergründig steuerlicher Überlegungen kurz vor dem Jahresende zu Versicherungsabschlüssen ohne eine angemessene vorherige Bedarfsanalyse zu bewegen. Viele Versicherungsnehmer bereuen irgendwann dieses Geschäft und kündigen ihre Versicherungsverträge. Für die Versicherungsgesellschaft entstehen durch diese Stornos hohe Kosten. Die Zusammenarbeit zwischen Vertriebsaußendienst und dem Innendienst erfährt dadurch eine unnötige Belastung. Am Ende bleibt infolge des Stornos eine schlechte Gewinnsituation für die Versicherungsgesellschaft und unzufriedene Kunden. Wenn diese Kunden ihre negativen Erfahrungen an Bekannte weitergeben, entstehen Imageprobleme, die langfristig nicht nur die Vertriebsarbeit, sondern zusätzlich noch die versicherungstechnischen Ergebnisse belasten. Wie hoch die finanziellen Auswirkungen von stornierten Versicherungsverträgen insgesamt sind, ist schwer zu berechnen (Janitz-Seemann 2005, S. 55).

Mit der Verschärfung des Wettbewerbs infolge der Deregulierung des Versicherungsmarktes hat sich die Notwendigkeit eines guten Vertriebscontrollings weiter verstärkt. Der Einsatz von Kundenbindungsinstrumenten und die Analyse des Kundenwertes sind wichtiger geworden. Nach einer von dem Beratungsunternehmen Mummert Consulting durchgeführten Studie entfielen in den Jahren 2004 bis 2005 mehr als 10 % der Gesamtinvestitionen in der Versicherungswirtschaft auf den Ausbau des

Kundenmanagements. Das Kundenmanagement gehört damit zu den am stärksten wachsenden Investitionsbereichen (Trumpfheller 2005, S. 518).

Einige *Besonderheiten* zeichnen das *Marketing-Controlling* einerseits und das *Versicherungs-Controlling* andererseits im Vergleich zum Controlling in anderen Unternehmensbereichen bzw. Branchen aus:

➢ *Einbeziehung künftiger Marktentwicklungen.* Die bekannte buchhaltungsorientierte ex-post Kontrolle reicht für eine nachhaltige Steuerung der Effizienz von Geschäftsprozessen im Marketingbereich nicht aus. Marketingcontroller müssen die künftige Entwicklung der Märkte und ihrer Rahmenbedingungen frühzeitig erkennen (Link/Gerth/Voßbeck 2000, S. 11f.).

➢ *Hohe Bedeutung unternehmensexterner Daten.* Das Marketing-Controlling greift nicht nur auf Daten des internen Rechnungswesens, sondern auf Informationen von externen Quellen zurück (z.B. von Marktforschungsunternehmen durchgeführte Befragungsergebnisse).

➢ *Hohe Bedeutung qualitativer Daten.* Viele Daten im Marketing-Controlling haben qualitativen Charakter. Konstrukte wie Images oder die Servicequalität sind nicht direkt über Zahlen messbar.

➢ *Hohe Bedeutung des menschlichen Faktors.* Controlling-Praktiker der Versicherungsgesellschaften sehen als wichtige Erfolgsvoraussetzungen für ihre Arbeit vor allem kommunikative Fähigkeiten und ein günstiges kulturelles Umfeld im Unternehmen, das durch eine Bereitschaft geprägt ist, Fehler einzugestehen. Auch müssen Controller von der Wunschvorstellung Abschied nehmen, sämtliche Geschäftsprozesse transparent machen zu können (o.V. 2003, S. 875).

➢ *Schwierige Besetzung von vakanten Positionen.* In vielfältiger Hinsicht verlässt das Marketing-Controlling das Terrain des klassischen Controllings. Spezialisten im Finanzcontrolling haben in der Regel selten Berührung mit Daten qualitativen Charakters, d.h. den psychografischen Größen. Erschwerend kommt noch die fehlende Kenntnis vieler branchenspezifischer Geschäftsprozesse der auf dem Arbeitsmarkt verfügbaren Controllingexperten hinzu. Vor allem die Besonderheiten des Risikogeschäftes und der Vertriebskanäle gehen bei der Stellenbesetzung mit größeren Herausforderungen einher.

5.2 Instrumente des Marketing-Controlling

5.2.1 Systematisierung

Eine umfassende Darstellung aller Ansätze des Marketing-Controllings erscheint sehr schwierig. In der betrieblichen Praxis ist vor allem eine Systematisierung des Controllings nach folgenden Dimensionen üblich:

➢ *Planungshorizont.* Nach dem Planungshorizont wird zwischen strategischem und operativem Marketing-Controlling unterschieden. Gegenstand des *strategischer Controllings* sind die bereits in Kap. 2.4 dargestellten Konzepte wie die Umfeldanalyse und die Analyse von Geschäftsfeldportfolios. Bei den im Rahmen des *operativen Marketing-Controllings* typischen Analysen geht es vor allem um die Überprüfung der Effizienz von Werbe- und Verkaufsförderungsmaßnahmen sowie um die Effizienz des Vertriebs. Die Überprüfung preispolitischer Entscheidungen gehört in der Versicherungswirtschaft nicht zum Aufgabenspektrum des Marketing-Controllings, sondern in den Bereich der aktuariellen Tätigkeit und des risikoorientierten Controllings.

➢ *Qualität des Datenmaterials.* Nach der Qualität des Datenmaterials lassen sich *quantitative und qualitative Verfahren* des Marketing-Controllings unterscheiden. Typisch für quantitative Verfahren ist die Absatzsegmentrechnung, d.h. die Analyse, Planung und Kontrolle von Prämieneinnahmen, Schadenzahlungen und versicherungstechnischen Ergebnisse nach Geschäftsfeldern, Kundentypen und Vertriebswegen. Zu den qualitativen Informationen gehören zum Beispiel die Analyse der Kundenzufriedenheit und Beschwerden sowie Imagemessungen.

➢ *Marktpartner.* Die Analyse, Planung, Steuerung und Kontrolle kann neben unternehmensinternen Geschäftsprozessen auch in Bezug auf das Management von Kunden und Versicherungsvermittlern erfolgen.

Zentrale Steuerungsgrößen im strategischen und operativen Marketingcontrolling sowie Möglichkeiten der Erfolgsmessung zeigt Abb. 5-1. In den folgenden Kapiteln werden diese Möglichkeiten – mit Ausnahme der bereits in Kap. 2-4 erläuterten Modelle und der Ansätze zur Überprüfung der Methodeneffizienz – kritisch diskutiert. Auf die Diskussion der Effizienz von Kommunikationsmaßnahmen (z.B. Werbeerfolgskontrolle oder Kontrolle von Direktmarketingaktivitäten) wird verzichtet, weil diese kaum branchenspezifische Besonderheiten aufweisen.

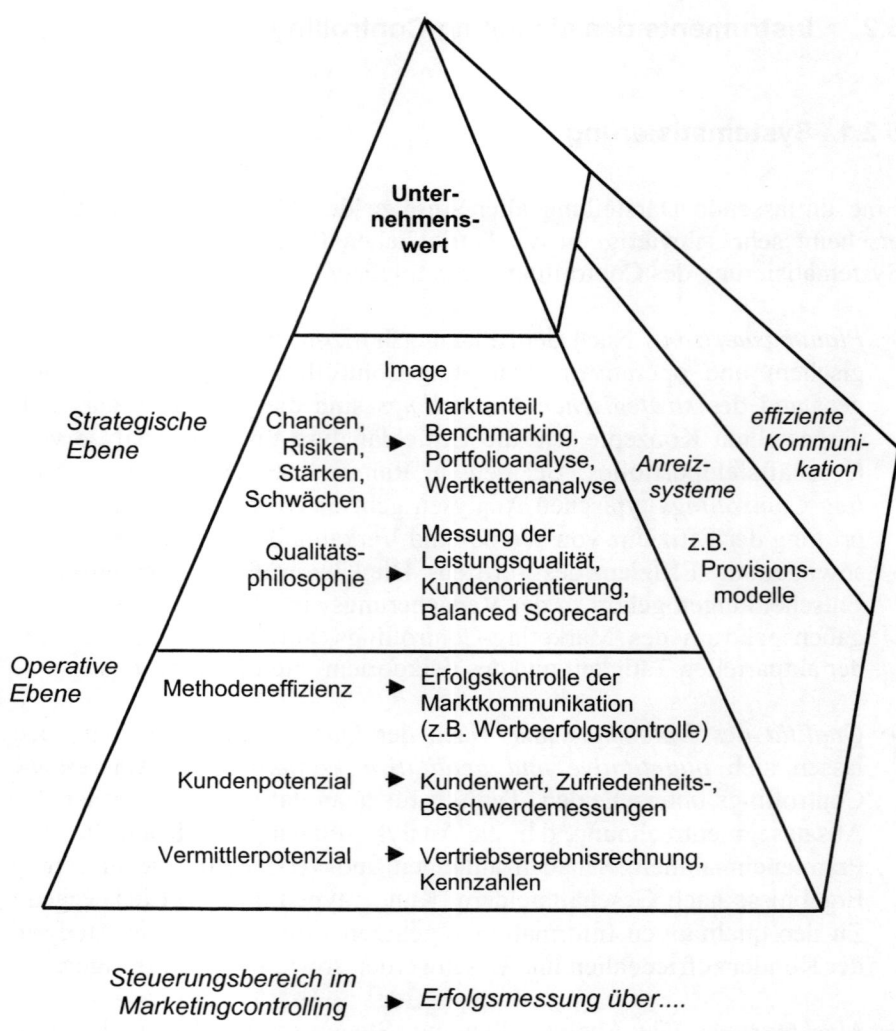

Abb. 5-1 Elemente des Marketingcontrollings und Erfolgsmessung
(Quelle: in Anlehnung an Horvath 2006, S. 482)

In den folgenden Betrachtungen soll der zuletzt genannten Dimension, d.h. des Controllings in Bezug auf die Marktpartner, eine besondere Beachtung geschenkt werden.

Die herausgehobene Bedeutung des Controllings auf der Ebene des *Kundenmanagements* liegt einerseits in der starken Abhängigkeit der Produktion des Versicherungsschutzes von der Mitwirkung des Kunden und andererseits in der Brisanz risikobezogener Merkmale des Kunden für die Qualität der versicherungstechnischen Ergebnisse begründet.

Das *vermittlerbezogene Controlling* ist deshalb wichtig, weil in der Versicherungsbranche der Kundenkontakt meist über Versicherungsvermittler erfolgt.

Das *gesamtunternehmensbezogene Controlling* ist stark mit diesen beiden Controllingperspektiven verbunden. So ist das Image als gesamtunternehmensbezogene Steuerungsgröße eine wichtige Voraussetzung für die Effizienz kunden- und vermittlergerichteter Marketingaktivitäten.

5.2.2 Gesamtunternehmensbezogenes Controlling

5.2.2.1 Image und Reputation

Image und Reputation sind wegen des Vertrauensgutcharakters von Versicherungen eine äußerst kritische Größe für den Erfolg des betreffenden Unternehmens. Wegen der verwirrenden Vielfalt von Definitionsansätzen fällt die Einordnung der Begriffe schwer. Image wird häufig als differenziertes ganzheitliches Bild eines Unternehmens oder einer Marke gesehen. Das Reputationskonzept beinhaltet darüber hinaus bestimmte Wertungen von Interessengruppen (z.B. Kunden, Mitarbeiter und Aktionäre) wie Standing und Vertrauen (Wiedmann 2005, S. 549ff.).

Imagemessungen ergeben in der Versicherungsbranche auf den ersten Blick widersprüchliche Ergebnisse. Der Grund hierfür liegt in der stark unterschiedlichen Imagebewertung durch die Versicherungsnehmer einerseits und durch die breite Öffentlichkeit andererseits. Im ersten Fall wird von einem Nahbild und im zweiten Fall von einem Fernbild gesprochen. Während die Versicherungsnehmer in der Regel ein positives Nahbild von ihrer Versicherungsgesellschaft haben, ist das Image der Branche insgesamt, d.h. das Fernbild, nach wie vor sehr schlecht. Dieses Fernbild ist dabei nicht das Ergebnis konkreter Erfahrungen zum Beispiel mit der Schadenregulierungspraxis eines Anbieters, sondern Ausdruck einer allgemeinen Grundstimmung unter den potenziellen Versicherungsnachfragern. Die Ansicht, besondere Produkteigenschaften seien für das schlechte Image auf Branchenebene verantwortlich, ist inzwischen überholt. Stärker als in anderen Branchen haben Konsumenten jedoch Schwierigkeiten bei der Wahrnehmung der Produktqualität (Hujber 2005, S. 138ff.). Da Kunden nicht alltäglich Erfahrungen mit kritischen Leistungsprozessen wie

Schadenregulierungen einer bestimmten Versicherungsgesellschaft sammeln, beruht die Urteilsbildung häufig auf Medienberichten oder Aussagen von Betroffenen, die eher dazu neigen über negative als über positive Erlebnisse mit Versicherungen zu berichten. Bis heute entstehen so Vorurteile gegenüber der Branche (Farny 2006, S. 103).
Je besser die Kenntnisse über Versicherungsprodukte sind, um so besser fällt die Beurteilung der Anbieter in der Regel aus. Dieser Zusammenhang besteht zwar auch in anderen Branchen, jedoch selten in dieser Stärke (Noelle-Neumann/Geiger 1988, S. 1238). Das schlechte Image einer Versicherungsgesellschaft ist kein Naturgesetz, sondern häufig auf ein Versäumnis zurückzuführen, Produktleistungen verständlich und ansprechend gegenüber der Bevölkerung zu beschreiben.

Da Versicherungsunternehmen in den meisten Fällen Dachmarken sind, lässt sich das Unternehmensimage gut auf der Basis der einzelnen Markendimensionen ableiten. Die erste Stufe der Imagepolitik ist ein bestimmter Bekanntheitsgrad. Erst wenn das Unternehmen im Gedächtnis des Kunden verankert ist, kann der Kunde zu einer positiven (oder negativen) Einschätzung der Marke gelangen, d.h. in einem zweiten Schritt Sympathie für das betreffende Versicherungsunternehmen entwickeln. Im Bedarfsfall führt die Sympathie zu einer Abschlussbereitschaft und bei Vorliegen günstiger situativer Variablen zum Abschluss (s. Abb. 5-2).
Gelegentlich kommt es trotz einer hohen Abschlussbereitschaft wegen diesen situativen Variablen nicht zum Abschluss. So entscheiden sich viele Verbraucher auch bei vorhandener Abschlussbereitschaft letztendlich für eine andere Gesellschaft, weil eine enge persönliche Beziehung zu einem Versicherungsvertreter dieser Gesellschaft besteht.

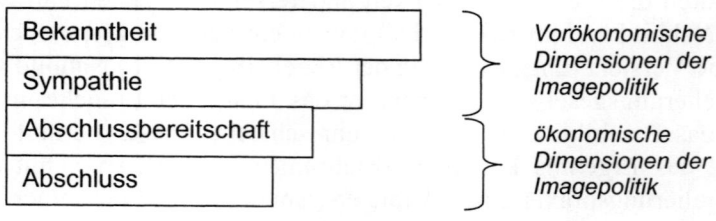

Abb. 5-2: Hierarchie der Markendimensionen bei Versicherern
(Quelle: Hujber 2005, S. 153)

Aus diesem Grund fällt es häufig Direktversicherern schwer, eine vorhandene Abschlussbereitschaft in tatsächliche Vertragsabschlüsse zu überführen (Hujber 2005, S. 152).

Die Werbung der Versicherungsunternehmen zeigt bereits auf der Ebene der vorökonomischen Markendimension, d.h. der Bekanntheit und Sympathie, häufig eine geringe Wirkung. An sich existieren viele Möglichkeiten der Beeinflussung dieser Markendimensionen durch eine gezielte Imagepolitik. So können Werbegestalter erprobte Aktivierungstechniken und Lernmodelle einsetzen. Die Bekanntheitsgrade der zehn größten deutschen Versicherungsunternehmen sind deutlich geringer als die der Top-10-Unternehmen anderer Branchen einschließlich der verwandten Bankbranche. Lediglich die Unternehmen Allianz, HUK und Volksfürsorge erreichen seit längerer Zeit Bekanntheitsgrade über 70 %. Erst wenn die Dachmarke im Gedächtnis des Konsumenten verankert ist, kann sich Sympathie entwickeln. Vor allem Werbekampagnen im Fernsehen können zu deutlichen Steigerungen des Bekanntheitsgrades führen, wenn die Ausgangslage ungünstig ist wie die Entwicklung der Messwerte für die Generali Versicherungsgruppe zeigt (s. Tab. 5.2).

Versicherungsmarke	Markenbekanntheit in %			Veränderung
	2001	2003	2005	2001-2005
Allianz	94	94	93	-1%
Hamburg Mannheimer	83	80	83	0
HUK Coburg	78	81	81	+3%
Volksfürsorge	74	76	78	+4%
R+V	68	69	71	+3%
AXA	52	55	57	+5%
Zürich	17	25	23	+6%
Generali	15	21	34	+19%

Tab. 5.2: Veränderung der Bekanntheit von Versicherungsunternehmen
Quelle: Gruner+Jahr, MarkenProfile11 (2005)

Bekanntheit ist für die Sympathiewirkung jedoch alleine nicht ausreichend. Die wenigsten Versicherungsunternehmen schaffen es, ihren Bekanntheitsgrad in hohe Sympathiewerte umzuwandeln. Dagegen gelingt es wiederum den meisten Versicherungsunternehmen, bei vorhandener Sympathie eine hohe Abschlussbereitschaft zu realisieren (s. Abb. 5.3).

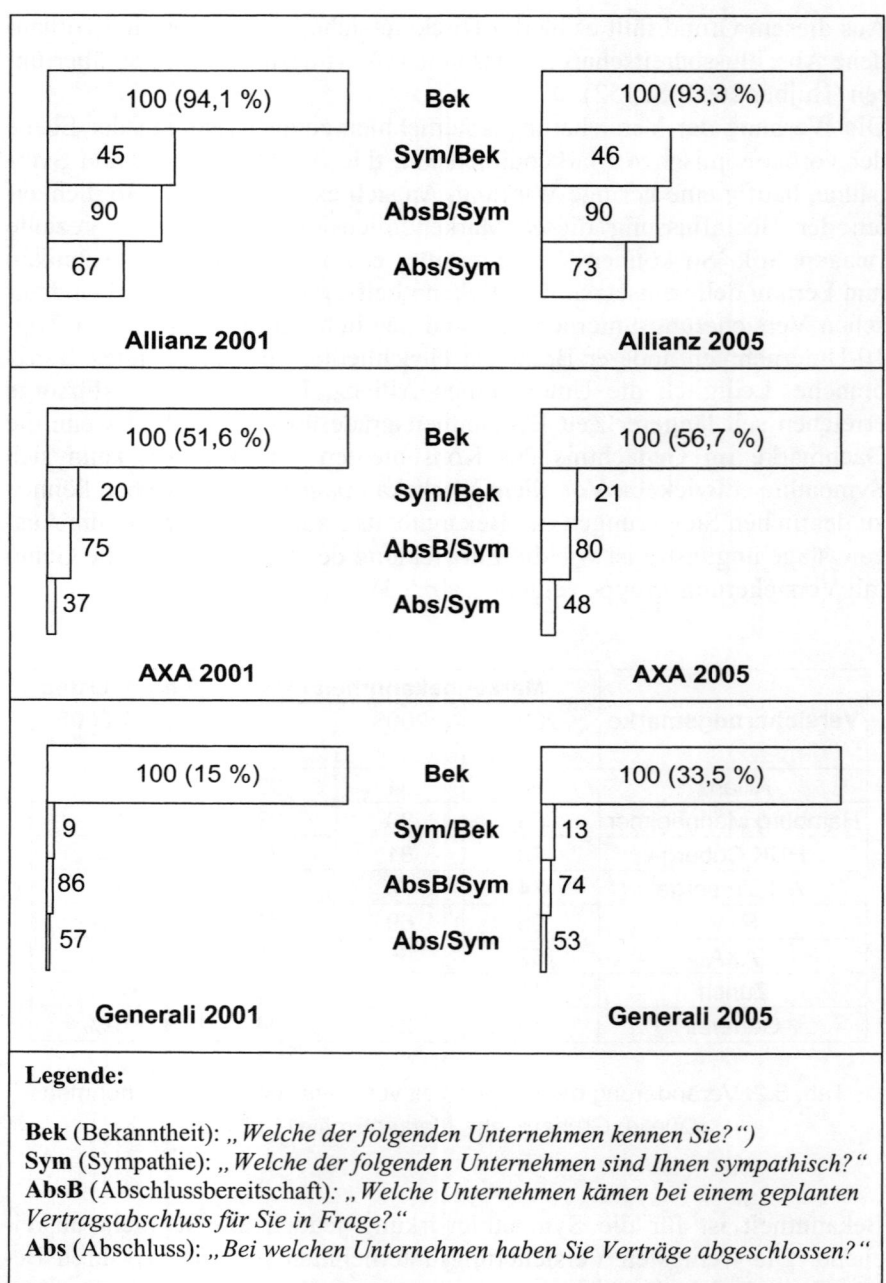

	Allianz 2001		Allianz 2005
Bek	100 (94,1 %)		100 (93,3 %)
Sym/Bek	45		46
AbsB/Sym	90		90
Abs/Sym	67		73

	AXA 2001		AXA 2005
Bek	100 (51,6 %)		100 (56,7 %)
Sym/Bek	20		21
AbsB/Sym	75		80
Abs/Sym	37		48

	Generali 2001		Generali 2005
Bek	100 (15 %)		100 (33,5 %)
Sym/Bek	9		13
AbsB/Sym	86		74
Abs/Sym	57		53

Legende:

Bek (Bekanntheit): *„ Welche der folgenden Unternehmen kennen Sie?")*
Sym (Sympathie): *„ Welche der folgenden Unternehmen sind Ihnen sympathisch? "*
AbsB (Abschlussbereitschaft): *„ Welche Unternehmen kämen bei einem geplanten Vertragsabschluss für Sie in Frage? "*
Abs (Abschluss): *„ Bei welchen Unternehmen haben Sie Verträge abgeschlossen? "*

Abb. 5-3: Veränderung des Grades der Ausgewogenheit des Markenvier-
klangs bei ausgewählten Versicherungsunternehmen 2001-2005
(Quelle: Gruner+Jahr 2005, Darstellung in Anlehnung an Hujber 2005, S. 154)

Marketing-Controller sollten daher der Messung von Sympathiewerten eine besondere Beachtung schenken (Hujber 2005, S. 153ff.). Sympathiewerte zu erreichen ist für Werbegestalter meist eine anspruchsvollere und schwierigere Aufgabe als die Steigerung des Bekanntheitsgrades. Dennoch existieren Gestaltungstechniken, die für diesen Zweck geeignet sind. Hierzu gehört zum Beispiel die Werbung mit Humor oder Sponsoringaktivitäten im sozialen und kulturellen Bereich.

Imageschäden sind nach einer von PriceWaterhouseCoopers und dem Fachmagazin Economist durchgeführten Befragung, an der sich 130 leitende Angestellte von Finanzdienstleistungsunternehmen weltweit beteiligten, die größte Bedrohung für den Marktwert einer Gesellschaft. Trotz dieser Einschätzung kennen über 40 % der Befragten nicht die Ursache für die Probleme. Der größte Beitrag wird schlechten Unternehmensergebnissen und einem unzureichenden Kundenservice zugeschrieben. Nur 11 % der befragten Manager sehen jedoch Mängel in der Mitarbeiterführung als mögliche Ursache (Surminski, M. 2004, S. 492).

Der Aufbau und die Pflege von Images ist für die Effizienz von Marketing- und Vertriebsaktivitäten sehr wichtig, da
➤ Versicherungsunternehmen mit gutem Image leichter Mitarbeiter im Innendienst und neue Agenten gewinnen können,
➤ Versicherungsagenten bei einem guten Gesellschaftsimage einfacher neue Kunden gewinnen können,
➤ Kunden eines Versicherungsunternehmens mit gutem Image sich loyaler verhalten als Kunden einer Gesellschaft mit schwachem Image.

Wiedmann umschreibt diese Reputationswirkungen treffend als soziale Gravitation (Wiedmann 2005, S. 553). Versicherungsunternehmen können durch ein systematisches Reputationsmanagement erhebliche Chancen nutzen. Das Reputation Institute ermittelt einen Reputationsindex für ein Unternehmen als mehrdimensionales Konstrukt auf der Basis von 20 Einzelindikatoren, die zu den sechs Dimensionen „Emotional Appeal", „Products & Services", „Vision & Leadership", „Workplace Environment", „Financial Performance" und „Social Responsibility" verdichtet werden (Wiedmann 2005, S. 553ff.). Die Chancen, eine gute Reputation aufzubauen, sind in der Versicherungsbranche für ein einzelnes Unternehmen deshalb so hoch, weil die Streuung zwischen den Reputationswerten einzelner Unternehmen (noch) sehr hoch ist und die Reputationswerte im Vergleich zu anderen Branchen niedrige Werte annehmen (Wiedmann 2005, S. 569f.).

5.2.2.2 Dienstleistungsqualität

Während Images auf der Ebene der gesamten Versicherungsbranche oder einzelner Unternehmensmarken gemessen werden, beziehen sich Qualitätsmessungen auf die subjektive Bewertung einzelner Dienstleistungsmerkmale. Anbieter qualitativ hochwertiger Dienstleistungen müssen die Kundenerwartungen auf einem bestimmten Anforderungsniveau zumindest erfüllen (Bruhn/Georgi 2006, S. 86).

Grundsätzlich lassen sich Messungsverfahren aus der Perspektive des Kunden oder Versicherungsmaklers als Nachfrager und andererseits aus der Perspektive des Versicherungsunternehmens und gebundenen Versicherungsvermittlers als Anbieter unterscheiden.

Bei den *kundenbezogenen Messungsverfahren* steht die Erfassung des subjektiven Erlebens im Hinblick auf die Leistungsfähigkeit der Versicherungsgesellschaft als Organisation bzw. ihrer einzelnen Produkte im Mittelpunkt der Betrachtung. Typische Beispiele sind:

(1) Silent-Shopper-Verfahren
Hier beurteilen in der Regel besonders geschulte Personen der Marktforschungsinstitute oder verbraucherorientierten Testinstitute wie Finanztest die Dienstleistungsqualität. Sie treten dabei als Testkäufer bei Versicherungsvermittlern oder bei entsprechenden Servicestellen von Direktversicherern auf, um ihre Beurteilung auf Basis von zuvor ausgearbeiteten und überprüften Checklisten vorzunehmen. Gegenstand der Prüfung sind allgemeine Qualitätsmerkmale wie die Höflichkeit und das Ausdrucksvermögen der Vermittler. Von großem Interesse ist vor allem zu prüfen, ob im simulierten Kundengespräch eine vorgeschlagene Versicherungslösung auf die individuelle Risikolage des fiktiven Kunden zugeschnitten ist (Gabriel 2004, S. 182f.). Vorteilhaft ist bei diesem Verfahren die wissenschaftlich-methodologische Fundierung und die hiermit einhergehende Objektivität. Kritisch ist das unter Umständen fehlende Einfühlungsvermögen in die Situation eines realen Kunden. Reale Kunden haben im Gegensatz zu den Experten der Testinstitute meist keinen Vergleichsmaßstab im Sinne marktüblicher Standards. Bei der Wahl weniger professioneller Testkunden aus der Zielgruppe selbst entsteht zwar eine authentische Beurteilungssituation, jedoch ist die Überprüfung der Qualitätsmerkmale auf Basis von Checklisten für diese Gruppe mit der Gefahr einer Überforderung mangels entsprechender Routine verbunden.

(2) Beobachtung durch Experten

Die Beobachtung durch Experten erfolgt meist durch Sozialforscher in bestimmten Kundenkontaktsituationen. Problematisch ist dieses Verfahren dann, wenn die Beobachtungssituation den Beobachtenden vorher bekannt ist. Die Verhaltensweisen sind dann häufig anders als in natürlichen Situationen. Zudem lassen sich aus den Beobachtungsergebnissen der Experten nur bedingt Schlüsse auf die Qualitätswahrnehmung von Kunden ziehen (Meffert/Bruhn 1995, S. 206).

(3) Multiattributmodelle

Im Rahmen von Multiattributmodellen bewerten Kunden, Testkäufer oder Experten das Gewicht der einzelnen Qualitätsmerkmale sowie die Ausprägung der Leistungsgüte für jedes dieser Merkmale. Die gewichtete Summe der Leistungsbewertungen über alle Merkmale hinweg führt dann zu der Gesamtbewertung. Um eine für die Zielgruppe zutreffende Merkmalsauswahl und Gewichtung vorzunehmen, ist eine vorherige Befragung der Zielgruppe notwendig. Die besondere Problematik der Modelle besteht in der möglichen Abhängigkeit einzelner Merkmale voneinander sowie der Kompensation auch sehr schwacher Merkmalsausprägungen durch Stärken in anderen Bewertungskriterien. Dies führt unter Umständen zu einer praxisfernen Gesamtbewertung. Wenn zum Beispiel das Niveau der Prämie mit 50 % und die Qualität der Bedarfsanalyse mit 40 % in die Gesamtbewertung einfließen würde, könnte ein preisgünstiger Versicherer Mängel in der Beratungsqualität ausgleichen und in der Gesamtbewertung noch zufriedenstellend abschneiden. Für den Verbraucher entstünde jedoch durch die Fehlberatung unter Umständen ein finanzieller Schaden, der die Prämienersparnis überkompensieren würde. Denkbar wäre eine – allerdings etwas willkürliche – Festlegung von K.O.-Kriterien, die zu einer harten Abwertung in der Gesamtbewertung führen wie dies beispielsweise die Stiftung Warentest praktiziert.

(4) Conjoint Measurement

Ebenso wie bei Multiattributmodellen fließen bei der Bewertung von Versicherungsprodukten nach der Methode des Conjoint Measurement mehrere Merkmale kompensatorisch in die Gesamtbewertung ein. Jedoch ist der Zusammenhang mit dem Nachfrageverhalten des Versicherungsnehmers direkter. Das Conjoint Measurement deckt recht zuverlässig den Abwägungsprozess des Kunden zwischen verschiedenen Eigenschaften des Angebots auf (Trade-Off-Analyse). So ist mithilfe des Verfahrens ersichtlich, ob die Zielgruppe einer Haftpflichtversicherung mit umfangreicher Absicherung aber hoher Prämie einer preisgünstigen Lösung mit geringerem Deckungsumfang einen höheren Nutzen beimessen würde.

Durch eine systematische Veränderung der einzelnen Merkmale lassen sich individuelle Präferenzen, d.h. die so genannten Nutzenwerte, für verschiedene Prämienkonstellationen und Preisbereitschaften für einzelne Leistungsmerkmale herausfinden (Engelke/Lauszus 2004, S. 652ff.).

(5) Critical-Incident-Methode
Bei der Critical-Incident-Methode geben Kunden in einer Befragung Auskunft über kritische Ereignisse. Die Befragten werden dabei gebeten, sich an einen Dienstleistungsprozess zu erinnern sowie über außergewöhnlich positive und negative Schlüsselereignisse nachzudenken. Bei einer solchen Befragung sollen sich die angesprochenen Personen frei und offen äußern. Im Idealfall beschreiben die Befragten viele und konkrete Details der einzelnen Situationen. In der anschließenden Auswertung werden den gebildeten Erlebniskategorien die gefundenen Häufigkeiten zugeordnet. Der Hauptvorteil dieser Methode besteht in dem authentischen Charakter der Aussagen, da die Kunden ohne Interviewereinfluss frei die für sie persönlich wichtigen Erlebnisse schildern (Meffert/Bruhn 1995, S. 216f.).

(6) Sequentielle Ereignismethode
Bei der sequentiellen Ereignismethode handelt es sich um ein offenes Interview, das auf der Basis eines so genannten Service Blueprints strukturiert ist. Der Ist-Blueprint skizziert die Schritte der Leistungserstellung aus Kundensicht und die zentralen Fehlerquellen. Um die Leistungsprozesse zu optimieren, wird ein Soll-Blueprint entwickelt. Der regelmäßige Soll-/Ist-Vergleich liefert wichtige Informationen für kontinuierliche Verbesserungen. Allerdings sind die zusätzlichen Kosten für die Fehlervermeidung bzw. -verminderung den hierdurch erzielbaren Einsparungen gegenüberzustellen (Paul/Horsch/Stein 2005, S. 379ff.).

Zu den *Messungsverfahren, die das Versicherungsunternehmen selbst vornehmen kann,* gehören die Mitarbeiterbefragung, das betriebliche Vorschlagswesen, der Einsatz spezieller Verfahren des Qualitätsmanagements wie die Entwicklung von Einflussbäumen bei einem festgestellten Qualitätsmangel (Fishbone-Analyse) sowie regelmäßige und umfassende Leistungsüberprüfungen im Rahmen von Qualitätsaudits.
Ein wichtiges Instrument des Qualitätsmanagements ist zudem die *Frequenz-Relevanz-Analyse für Probleme.* Hierbei gilt es, Qualitätsprobleme systematisch zu erfassen und geeignete Handlungsmöglichkeiten aufzuzeigen. Der Handlungsbedarf ist dabei um so dringender, je häufiger das Problem auftritt (Problemfrequenz) und je schwerwiegender Kunden das Problem einschätzen (Problemrelevanz).

5.2.2.3 Kundenorientierung von Mitarbeitern

Die Dienstleistungsqualität hängt in der Finanzdienstleistungsbranche entscheidend von der Kundenorientierung der Mitarbeiter ab. Der Grund hierfür liegt in den Eigenarten der Geschäftsbeziehung. In den meisten Fällen bevorzugen Versicherungsnehmer vor dem Geschäftsabschluss ein Beratungsgespräch mit einer angemessenen Analyse der Bedarfssituation. Diese Rolle übernehmen in der Regel die Versicherungsvermittler. Gute Vermittler erkennen trotz unterschiedlicher Kundentypen den Versicherungsbedarf im Einzelfall. Vermittler, die nicht willens und nicht fähig sind, den Kundenbedarf angemessen zu erkennen, verursachen aus der Sicht des Versicherungsunternehmens schwerwiegende Probleme. Eine wenig kundenfreundliche Einstellung wirkt unsympathisch und schadet der Reputation des Unternehmens. Der Kunde bemerkt zumindest auf lange Sicht die Empfehlung der falschen oder schlechten Lösung für seine Risikosituation und erlebt Unzufriedenheit. Oft äußert sich der enttäuschte Kunde gar nicht, sondern kündigt den Versicherungsvertrag bei der nächsten Gelegenheit und berichtet in seinem Bekanntenkreis über seine negativen Erfahrungen mit der betreffenden Gesellschaft. Kundenorientierung spielt in der Versicherungsbranche auch für viele Mitarbeiter des Innendienstes eine äußerst wichtige Rolle. So kann im Schadenfall schnell ein intensiver persönlicher Kontakt zu dem Kunden entstehen, der eine flexible und professionelle Reaktionsweise erfordert. Neben einer angemessenen Regulierungsdauer, achtet der Versicherungskunde beispielsweise darauf, ob seine Schadenmeldung von einem konkreten Ansprechpartner aufgenommen, ihr Empfang bestätigt wird und wie das Ergebnis der Prüfung aussieht. Gesamtunternehmensbezogen ergeben sich durch die Zusammenarbeit mit nicht kundenorientierten Mitarbeitern viele Nachteile auf der Kostenseite. Meist sind hohe Abschlusskosten, geringe Cross-Selling-Raten, hohe Stornoquoten und nicht zuletzt eine generell höhere Verwaltungskostenquote die Folge.

In Personalauswahlgesprächen, formalen Beurteilungen bzw. im Rahmen von Aus- und Weiterbildungsaktivitäten sollten *kundenorientierte Fähigkeitsprofile* und Verhaltensweisen beobachtet und festgehalten werden. Wegen der Vielzahl von Positionen mit stärkerem Kundenkontakt im Versicherungsunternehmen lässt sich kein allgemeingültiges Profil erarbeiten. Die Tätigkeit des Versicherungsverkäufers im Außendienst erfordert besondere Fähigkeiten in den Bereichen der Bedarfsanalyse und Präsentation sowie in der Führung von Geschäftsverhandlungen. Sachbearbeiter in einer Schadenabteilung sollten dagegen sehr professionell mit Kundenbeschwerden umgehen können.

Für sämtliche kundenorientierten Aufgaben im Versicherungsunternehmen sind jedoch die von Berry, Zeithaml und Parasuraman erarbeiteten Qualitätsmerkmale eines Dienstleistungsunternehmens wichtig (s. Berry/Zeithaml/Parasuraman 1992). Sowohl Versicherungsverkäufer als auch Schadenregulierer müssen

> sich in die Situation des Kunden hineinversetzen können (Empathie),
> wegen der sensiblen Informationen im Versicherungsgeschäft besonders vertrauenswürdig sein,
> komplexe Umfelder des Kunden verstehen (Problemlösungsfähigkeit),
> verlässlich sein,
> und auch dann höflich sein, wenn Kunden unangenehm bohrende Fragen stellen, häufig widersprechen oder gar beleidigend im Tonfall sind.

Interessant ist sicher auch die Bewertung der Kundenorientierung des Versicherungsunternehmens insgesamt durch die Mitarbeiter, die Versicherungsnehmer und die Vermittler. Eine wertvolle Quelle für die Einschätzung der Kundenorientierung eines Versicherungsunternehmens ist der Versicherungsmakler. Da Makler vom Versicherungsunternehmen institutionell völlig unabhängig sind, ließe sich durch eine Maklerbefragung leicht eine Benchmarking-Studie durchführen. Meist können Versicherungsmakler auf langjährige Erfahrungen zum Beispiel im Hinblick auf die Erreichbarkeit, Schnelligkeit der Bearbeitung oder die Flexibilität eines Versicherers im direkten Vergleich zu seinen Wettbewerbern zurückblicken. In der Regel sind Maklerunternehmen nicht abgeneigt, mit ihren Versicherungsunternehmen als Geschäftspartner konkrete Möglichkeiten einer besseren Kundenorientierung zu erörtern. Eine solche Verbesserung zu erreichen steht im Einklang mit dem Auftrag des Kunden und dem Best-Advice-Prinzip.

Eine sehr wichtige Voraussetzung für die Kundenorientierung ist eine *kundenorientierte Einstellung* der Mitarbeiter. Sie zeigt sich in einem hohen Stellenwert, den Kunden sowie deren Zufriedenheit und Behandlung für persönliche Ziele und die tägliche Arbeit der Mitarbeiter einnehmen (Diller/Hass/Ivens 2005, S. 350). Die Messung kundenorientierter Einstellungen ist eine Herausforderung, da eine direkte Beobachtung des Einstellungskonstruktes nicht möglich ist. Dennoch sollten Indikatoren für kundenorientierte Einstellungen in Einstellungsinterviews und Mitarbeiterbefragungen aufgenommen werden. Auch wenn nicht alle Bewerber völlig ehrlich und selbstkritisch Fragen in Bezug auf kundenorientierte Einstellungen beantworten werden und teilweise taktisch reagieren, kommuniziert das Versicherungsunternehmen zumindest hierdurch für die entsprechenden sensiblen Positionen seine Erwartungen. Möglicherweise lassen sich so auch Missverständnisse bei der Besetzung von Innendienst-positionen mit starker Kundenorientierung vermeiden, da den Bewerbern unter Umständen die Notwendigkeit des kundenorientierten Arbeitens nicht voll bewusst ist.

Jedoch gestaltet sich dieses Vorhaben für selbstständige Handelsvertreter sehr schwierig. Im Grunde besteht lediglich bei der Auswahl von Vermitt-lern und im Rahmen von Schulungen die Möglichkeit, kundenorientierte Akzente zu setzen. Die Ermittlung des Potentials von Vermittlern wird im Rahmen des Kapitels „Vermittlerbezogenes Controlling" dargestellt.
Bei einem angestellten Außendienst sowie bei den Mitarbeitern des In-nendienstes kann die Bewertung der Kundenorientierung dagegen regel-mäßig in das Beurteilungssystem aufgenommen werden. Während eine recht verbesserungsbedürftige Kundenorientierung selbstständiger Han-delsvertreter in der Regel kein Grund für die Auflösung des Agenturver-trages darstellt und somit der wenig fruchtbare Kundenkontakt weiter existiert, bestehen im Falle des angestellten Innen- und Außendienstes sämtliche disziplinarischen Möglichkeiten von der Versetzung betreffen-der Mitarbeiter in weniger kundennahe Bereiche bis zur Kündigung.

Versicherungsunternehmen haben ein starkes Interesse an der Messung der Kundenorientierung ihrer Mitarbeiter. Dennoch war in der Vergan-genheit die Umsetzung einer kundenorientierten Vertriebspolitik vor al-lem wegen zwei *Problembereichen* schwierig (Lange 1995, S. 16, 89, 97):

➤ *Produktspezifische Interessen der Versicherungssparten.* Die verant-wortlichen Führungskräfte dachten primär an das Wachstum und die bessere Auslastung ihres Spartengeschäftes. Sie setzten spartenbezo-gene Interessen bei der Formulierung der vertrieblichen Planungsziele durch. Das Ziel eines kundenorientierten Vertriebs steht dieser Politik diametral entgegen. Da die verschiedenen Kundengruppen unter-schiedliche Produkte benötigen, wird der Versicherungsbedarf des Kunden zwangsläufig nicht voll ausgeschöpft.

➤ *Aufgabenverteilung zwischen der Hauptverwaltung und der Ver-triebsorganisation.* Meist beschränkte sich die Aufgabe der Vermittler auf die Kontakt-, Akquisitions- und Antragserfassungsfunktion. Besser im Sinne einer konsequenten Kundenorientierung wäre jedoch, wenn die Vermittler sich auf einzelne Kundengruppen spezialisieren und ein ganzheitliches Aufgabenspektrum wahrnehmen könnten.

5.2.2.4 Balanced Scorecard

Im Fokus klassischer Kennzahlensysteme steht die Betrachtung finanzwirtschaftlicher Kennzahlen. So sind für Versicherungsgesellschaften die Beitragseinnahmen, die Leistungsausgaben bzw. Schadenzahlungen und die Verwaltungskosten zentrale Größen zur Erreichung des finanzwirtschaftlichen Gleichgewichts. Unternehmen, die alleine diesen Kennzahlen Beachtung schenken, würden jedoch den Blick stark in die Vergangenheit richten (Romeike 2003, S. 44).

Mit ihrer Entwicklung der Balanced Scorecard haben Kaplan und Norton die Blickrichtung traditioneller Kennzahlenanalysen erweitert. Nicht mehr alleine finanzielle Kennzahlen, sondern auch nichtfinanzielle Kennzahlen der Unternehmensführung wie die Bindung von Kunden oder das Unternehmensimage sind fester Bestandteil des Kennzahlensystems. Eine solche Betrachtungsweise ist logisch, da die Erreichung finanzieller Ziele nicht ohne die Realisierung vieler nichtfinanzieller Zielbereiche möglich ist. So wurden in den Kapiteln 5.2.2.1, 5.2.2.2 und 5.2.2.3 mit den Größen Image, Dienstleistungsqualität und Kundenorientierung zentrale Voraussetzungen für die Realisierung finanzieller Ziele erläutert.
Der Begriffsbestandteil „Balanced" findet seinen Ausdruck in der ausgewogenen Verwendung von Kennzahlenarten im Sinne der vier Perspektiven (s. Abb. 5-4). Der zweite Begriffsbestandteil „Scorecard" steht für die Übersichtlichkeit der Kennzahlenanalyse.
Aus der Sicht des Marketing-Controllings ist die *Kundenperspektive* von besonderem Interesse. So spielen die Kundenzufriedenheit, die Kundenbindung sowie die Profitabilität der Kunden eine wichtige Rolle.
Im Anschluss an die Kunden- bzw. Versicherungsnehmerperspektive richtet sich die Betrachtung auf die *internen Prozesse* des Versicherungsunternehmens. Dabei ist die Wertschöpfungskette des Unternehmens durch die Gestaltung der Qualität, Produktivität, Kosten und des Zeitfaktors im Hinblick auf die Erfüllung der Zielgrößen der Versicherungsnehmerperspektive auszurichten. Kundenwünsche haben somit einen entscheidenden Einfluss auf interne Prozesse des Versicherungsunternehmens. Basis für die Erreichung der Zielbereiche der internen Prozessperspektive ist die *Mitarbeiter- und Lernperspektive*. Gerade im Dienstleistungsunternehmen spielt der Faktor Mensch eine zentrale Rolle (Schlösser/Schreyögg 2005, S. 331ff.).

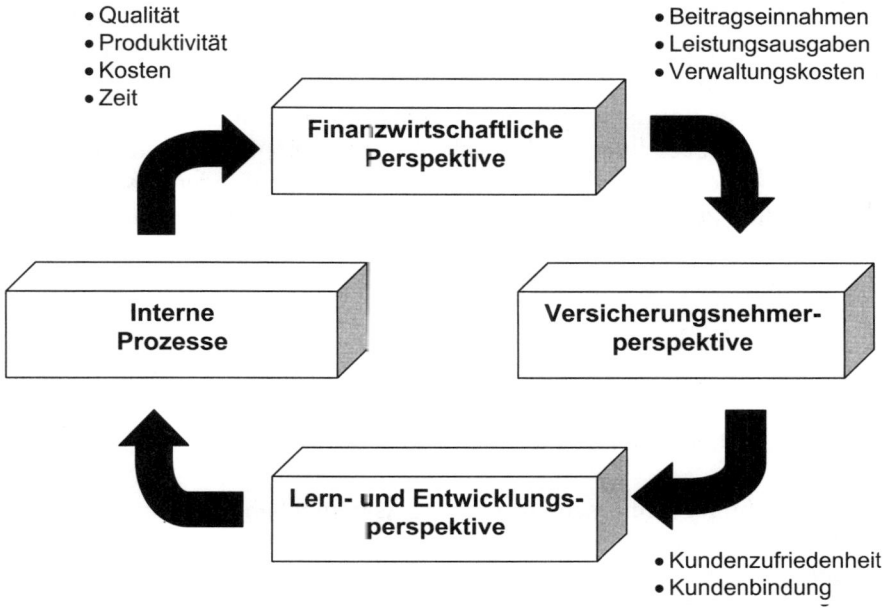

- Qualität
- Produktivität
- Kosten
- Zeit

- Beitragseinnahmen
- Leistungsausgaben
- Verwaltungskosten

Finanzwirtschaftliche Perspektive

Interne Prozesse

Versicherungsnehmer-perspektive

Lern- und Entwicklungs-perspektive

- Kundenzufriedenheit
- Kundenbindung

Abb. 5-4: Die vier Perspektiven der Balanced Scorecard
in der Versicherungsbranche

Die Balanced Scorecard dient der Unterstützung des Planungs- und Berichtswesens. Sie soll keine Schablone für sämtliche Unternehmen einer Branche darstellen und ist für ein einzelnes Versicherungsunternehmen individuell zu entwickeln (Farny 2006, S. 513).

In der Versicherungsbranche führten anfangs nur wenige Unternehmen im deutschsprachigen Raum eine Balanced Scorecard ein wie eine empirische Untersuchung von Happel und Gabriel aus dem Jahre 2000 ergab. Heute wenden zumindest Großunternehmen wie Allianz, AXA und Ergo die Balanced Scorecard an (Gabriel 2004, S. 64).

Die Zuordnung einzelner Kennzahlen zu einer bestimmten Perspektive sollten Unternehmen zu einem Netz von Zielbeziehungen erweitern. Hierbei spielt der Informationsbedarf und unternehmenstypische Gegebenheiten wie die Form des Berichtswesens oder die Informatikunterstützung eine große Rolle (Meffert/Koers 2001, S. 304). Um eine Steuerungsfunktion im betrieblichen Alltag zu übernehmen, müssen die zu formulierenden Ziele über genaue Maßgrößen erfasst werden können. Auch sind geeignete Maßnahmen zur Realisierung der Ziele zu entwickeln. Abb. 5-5 zeigt ein hypothetisches Beispiel zur Steuerung einzelner Zielbereiche des Marketing- und Vertriebsmanagements auf der Basis einer Balanced Scorecard. Im Idealfall ist wegen der Verknüpfung der einzelnen Ziele in der Form von Zielbeziehungen eine gute Prognose möglich, da sich die Veränderungen der Kennzahlen auf die Veränderungen anderer Kennzahlen als Ursachen zurückführen lassen. Die Abbildung integriert einige in der neueren empirischen Versicherungsmarktforschung gefundenen Zusammenhänge (Waber/Gaedeke 2004, S. 477):

➢ *Zusammenhang zwischen Vermittlerzufriedenheit und Ertrag.* Der Ertrag gemessen durch die kombinierte Schaden-/Kostenquote (Combined Ratio) entwickelt sich in der Regel um so positiver, je zufriedener die Versicherungsvertreter waren.

➢ Ein wichtiger empirisch ermittelter Zusammenhang liegt in der *mit einer hohen Vertreterzufriedenheit einhergehenden Kundenzufriedenheit.*

Klassische auch aus anderen Branchen bekannte Zusammenhänge betreffen beispielsweise die Auswirkung des Bekanntheitsgrades auf das Firmenimage sowie von Schulungsausgaben auf die Kundenorientierung von Mitarbeitern.

Die *Vorteile* der Balanced Scorecard liegen in

➢ einer *verbesserten Kenntnis von Geschäftsprozessen.* Die Balanced Scorecard „fördert und fordert (...) das Wissensmanagement im Unternehmen" (Romeike 2003, S. 44).

➢ der *Entwicklung des Kommunikationsprozesses.* Die Ableitung von konkreten Handlungen auf der Basis von Strategien und Visionen wird erleichtert.

➢ einer hohen *Motivationswirkung.* Die Übersichtlichkeit des Kennzahlensystems ist für viele Mitarbeiter eingängig.

➢ einer *sukzessiven Verbesserung der Steuerungsqualität.* Sämtliche Zielbeziehungen sind als Wirkungshypothesen zu verstehen, die ständig zu überprüfen und – falls notwendig – anzupassen sind. In einem kontinuierlichen Lernprozess lässt sich so die Qualität der Balanced Scorecard permanent verbessern (Diller/Haas/Ivens 2005, S. 378).

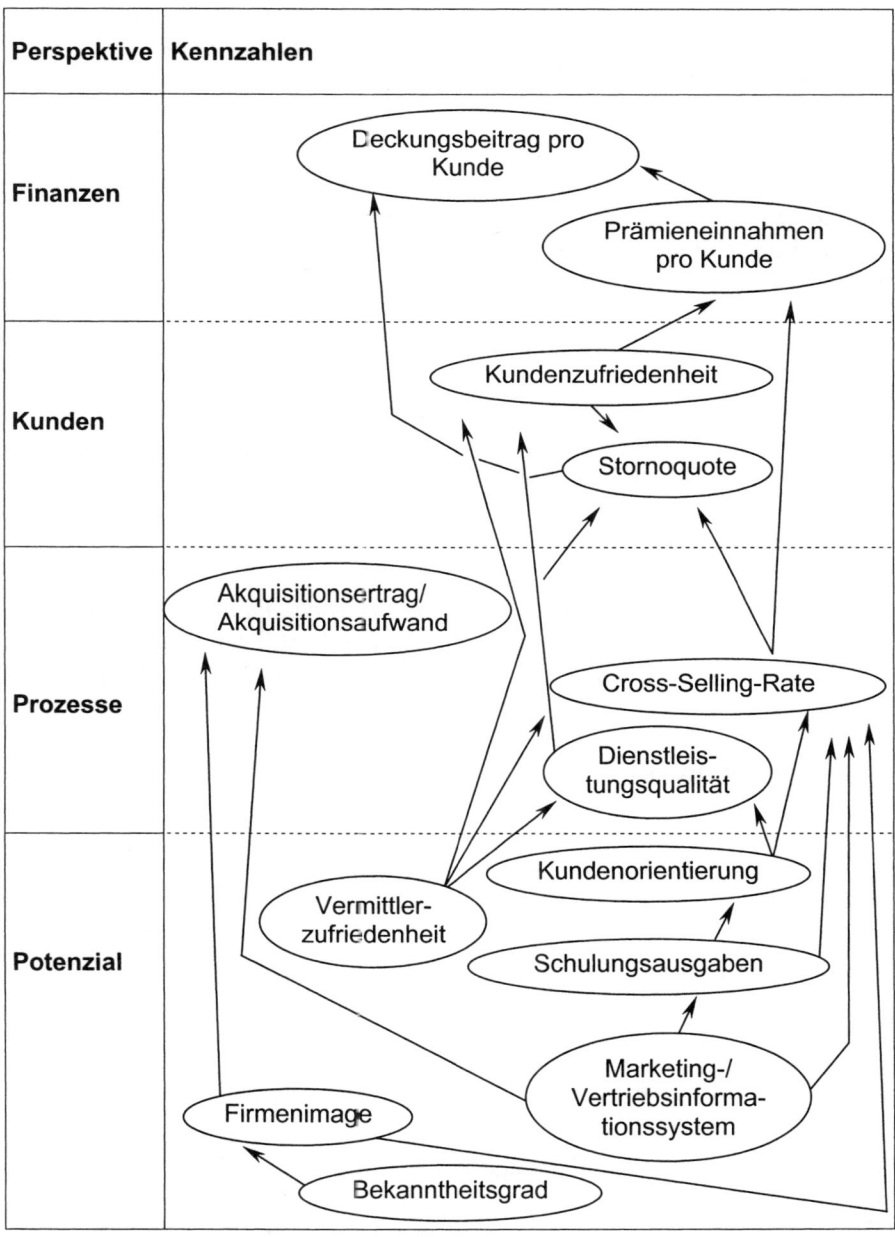

Perspektive	Kennzahlen

Abb. 5-5: Hypothetisches Beispiel von Kennzahlenbeziehungen im Marketingbereich einer Balanced Scorecard für Versicherungsunternehmen

Inzwischen sind auch einige *Nachteile* im Hinblick auf die Tauglichkeit des Balanced-Scorecard-Modells für den betrieblichen Managementalltag bekannt:

➢ *Gefahr der Oberflächlichkeit.* Die vier Perspektiven können als Ausgangspunkt nur begrenzt helfen, Kennzahlen auf tiefere Kennzahlenebenen herunterzubrechen (Meffert/Koers 2001, S. 304). Ursache-Wirkungs-Zusammenhänge lassen sich häufig nur durch weitere Analysen erklären (Reinecke 2001, S. 707). Dies ist sozusagen der Preis für die hohe Übersichtlichkeit der Balanced Scorecard im Vergleich zu umfangreichen Kennzahlensystemen mit vielen einzelnen Kennzahlen.

➢ *Problematik einer Berücksichtigung von Früh- und Spätindikatoren.* Viele Gestaltungsparameter wirken im Versicherungsmanagement wegen langer Vertragslaufzeiten zeitlich erheblich verzögert. Gabriel schlägt vor, spezielle branchenbezogene Frühindikatoren in eine Balanced Scorecard zu integrieren (Gabriel 2004, S. 364).

➢ *Schwierige nachträgliche Einführung bei vorhandenen Kennzahlensystemen.* Eine größere Problematik bei der Einführung einer Balanced Scorecard ergibt sich dann, wenn das Unternehmen bereits durch ein Kennzahlensystem im Marketing-/Vertriebsbereich gesteuert wird. Häufig werden in beiden Systemen andere Kennzahlendefinitionen verwendet (Reinecke 2001, S. 709).

5.2.3   Kundenbezogenes Controlling

5.2.3.1   Kundenpotenzial

5.2.3.1.1 Einflussfaktoren

Die Ausschöpfung des Kundenpotenzials gehört in der Versicherungswirtschaft zu den zentralen Voraussetzungen für wirtschaftlichen Erfolg. Versicherungsnehmer fühlten sich nach der repräsentativen Befragung der Gruner+Jahr Media in den letzten Jahren weniger stark an einen Anbieter gebunden. Während 2003 erst 14 % der Bundesbürger bei drei und mehr Gesellschaften versichert waren, waren es 2005 bereits 32% (Gruner+Jahr 2005). Eine geringe Kundenbindung wirkt sich meist ungünstig auf die

Ertragssituation der Versicherungsunternehmen aus. Bei genauerer Betrachtung der für Dienstleistungsunternehmen typischen Zielbeziehungen offenbart sich die hohe Bedeutung vor allem psychographischer Zielgrößen (s. Abb. 5-6).

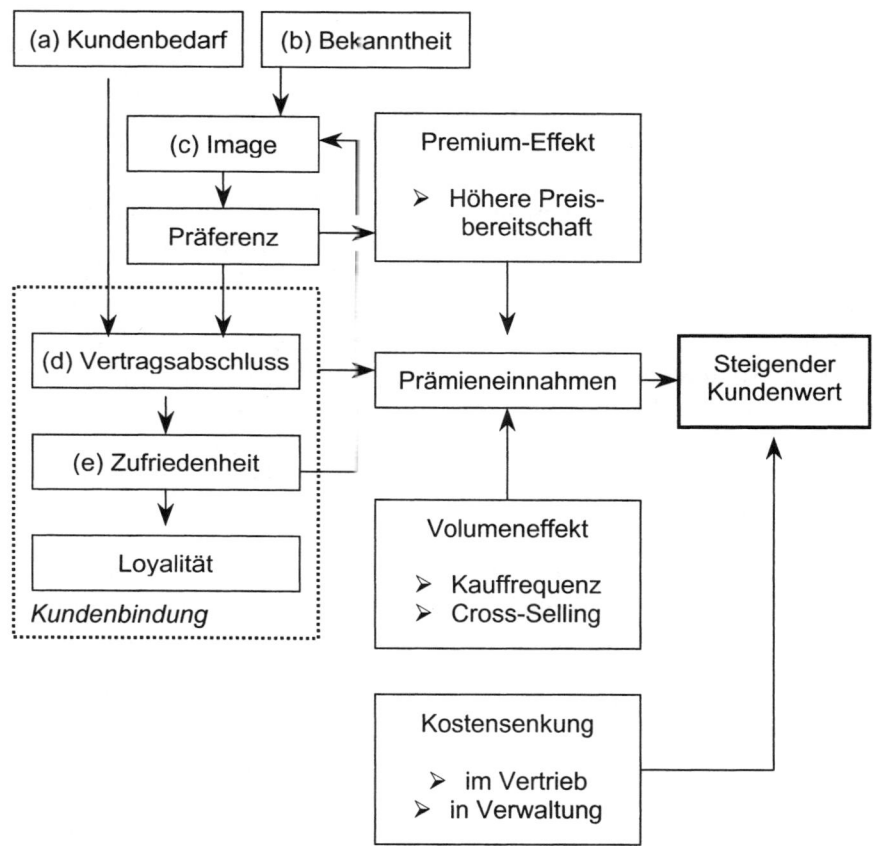

WICHTIGE STEUERUNGSGRÖSSEN

a) → Methoden der Kundenqualifizierung, Informationssysteme
b) → Kommunikationspolitik
c) → Leistungsqualität; Kommunikationspolitik
d) → Leistungsqualität/Beschwerde-, Rückgewinnungsmanagement
e) → Leistungsqualität, Beschwerdemanagement

Abb. 5-6: Einflussfaktoren der auf das Kundenpotenzial
(Quelle: in Anlehnung an Meffert/Bruhn 1995, S. 146)

Eine – unabhängig von der Wettbewerbssituation – zu berücksichtigende Größe ist der *Kundenbedarf* (Position (a) in Abb. 5-6).

Um den Kundenbedarf angemessen zu analysieren, ist in vielen Fällen ein Beratungsgespräch erforderlich, bei dem sich der Versicherungsvermittler in die aktive Zuhörer-Rolle begibt und häufig Fragen zum Umfeld des Kunden stellt. Der Vermittler sollte Hintergründe über die Lebenssituation des Versicherungsnehmers – vor allem über das familiäres Umfeld sowie zentrale berufliche und private Ziele – erfahren (Görgen 2005, S. 111). Die verkaufstechnischen Fähigkeiten zur Analyse des Kundenbedarfs lassen sich über professionelle Coachingaktivitäten gezielt fördern.

Die im Kundengespräch gewonnenen Informationen reichen häufig nicht aus, um das Potenzial des Kunden realistisch einschätzen zu können. Einerseits ist es für einzelne Vermittler schwierig, Bedarfsänderungen über einen längeren Zeitraum hinweg zu erkennen und andererseits fällt es Kunden schwer, selbst den künftigen Bedarf zu erkennen und auch treffend zu artikulieren. Vermittler als auch Versicherungsnehmer bewegen sich in einem äußerst komplexen und dynamischen Marktumfeld, das durch Veränderungen im gesellschaftlichen, demographischen, rechtlichen und technischen Bereich bisherige Sicherheitskonzepte sogar völlig in Frage stellen kann.

Bei der Erforschung dieser Entwicklungen, deren produktpolitischer Umsetzung sowie der Aufbereitung und Weitergabe entsprechender Informationen an die Vermittler sind die Spezialisten in den Konzernzentralen der Versicherungsunternehmen gefragt. Zudem lassen sich in diesem Zusammenhang durch die elektronische Anbindung der Vermittler an die heute üblichen Informationssysteme erhebliche Netzwerkvorteile und Effizienzgewinne nutzen. Informationssysteme können nützlich sein, um das Kundenpotenzial über Datenbankabfragen mit Produktempfehlungen des Versicherungskonzerns zu verknüpfen. Die Kreativität des Vermittlers im persönlichen Gespräch mit dem Kunden kann durch solche Systeme des Computer Aided Selling sicher nicht ersetzt, jedoch angeregt und unterstützt werden. Die Qualität von Informationssystemen, die den Versicherungsvermittlern dieses kundenpotenzialorientierte Hintergrundwissen zur Verfügung stellen, sollte Gegenstand eines Marketing-Audits sein und regelmäßig überprüft werden. Neben der sachlichen Richtigkeit, Vollständigkeit und Aktualität sollte vor allem geprüft werden, ob das zur Verfügung gestellte Hintergrundwissen auch in einer für den Vermittler verständlichen Form formuliert wurde und für den Kundenkontakt direkt nutzbar ist.

Fallbeispiel – R+V-Versicherung

Eine wesentliche Erfolgsvoraussetzung, um Kundenpotenziale im Rahmen des Allfinanz-Konzeptes konsequent zu nutzen, ist für die R+V-Versicherung die Einbindung ihrer Privatkundenprodukte in die Vertriebsprozesse und Systeme der mit ihnen kooperierenden Volks- und Raiffeisenbanken.

Ziel ist es, den Banken über ihre eigene Software einen direkten Zugriff auf die R+V Produkte zu ermöglichen und dadurch die Vertriebspotenziale der Genossenschaftsbanken noch stärker auszuschöpfen. Rund 80 Prozent der Genossenschaftsbanken haben 2004 mit dem Bankportal RUVIS gearbeitet und 1,5 Millionen Zugriffe getätigt. R+V schult Bankmitarbeiter direkt und unterstützt sie mit den notwendigen technischen Voraussetzungen, um eigenständig Standardversicherungen zu verkaufen. 2003 organisierte die Versicherungsgesellschaft mehr als 1.000 Seminartage für diesen Zweck. Spezielle Veranstaltungen fördern die gemeinsame Marktbearbeitung durch die beiden Partner des Finanzverbundes und verbessern das Verständnis innerhalb des R+V Konzerns für das Bankgeschäft.

Quelle: R+V (2004), S. 7

Äußerst wichtig für die Ausschöpfung des Kundenpotenzials sind wegen des Vertrauensgutcharakters von Versicherungsprodukten die beiden vorökonomischen Größen *Bekanntheit* und *Image* (Positionen (b) und (c) in Abb. 5-6). Bekanntheit ist – wie beschrieben – eine notwendige Bedingung für die Imageentstehung. Ein gutes Image ist ein wesentlicher Indikator für die Qualitätswahrnehmung des Versicherungsnehmers. Es lässt zudem das Kaufrisiko geringer erscheinen (Meffert/Bruhn 1995, S. 145). Zum Imageaufbau trägt neben tatsächlichen Kundenerfahrungen – d.h. der Kundenzufriedenheit – insbesondere die Kommunikationspolitik des Versicherungsunternehmens bei. Wie die Überlegungen und erwähnten Forschungsergebnisse in 5.2.2.1 zeigten waren bisher vor allem Mängel in der Kommunikationspolitik für das relativ schlechte Image vieler Versicherungsunternehmen verantwortlich.

Um *Kundenloyalität* zu erreichen, muss ein Versicherungsunternehmen seine Kunden zufrieden stellen (Position (e) in Abb. 5-6). Wichtige Steuerungsgröße für die Kundenzufriedenheit ist – neben der Leistungsqualität – ein professionelles Beschwerdemanagement, das in Kap. 5.2.3.2.3 dargestellt wird. Loyalität ist eine gute jedoch meist nicht hinreichende Voraussetzung für die Bindung von Kunden. Auch wenn sich ein Kunde einem bestimmten Versicherungsunternehmen verbunden fühlt, können beispielsweise günstige Versicherungsprämien der Wettbewerber ihn zu einem Markenwechsel bewegen. Es liegt daher nahe, gezielte Kundenbindungsinstrumente einzusetzen, die Wechselbarrieren schaffen. Das Instrumentarium der Kundenbindung wird in Kap. 5.2.3.2.2 erläutert.

Eine höhere *Kundenbindung* führt in der Regel zu einem höheren Prämienaufkommen. Der Umsatzanstieg geht zu einem Teil auf weitere Vertragsabschlüsse des Kunden bei einem Versicherungsunternehmen zurück. Denkbar wären für bestimmte Versicherungssparten wie Ansparprodukte auch höhere Abschlussvolumina. Beide Wirkungen beruhen auf dem gestiegenen Vertrauen des Kunden und der Nutzung von Cross-Selling-Potenzialen durch die Versicherungsgesellschaft. Denkbar – wenn auch nicht ganz so gut umsetzbar wie in Konsumgütermärkten – ist die Möglichkeit, höhere Versicherungsprämien aufgrund einer geringeren Preissensitivität des Kunden zu vereinnahmen. Höhere Versicherungsprämien bewirken ebenfalls einen steigenden Umsatz.
Auch sinkende Verwaltungs- und Vertriebskosten wirken sich günstig auf den Kundenwert aus.

5.2.3.1.2 Kundenportfolios

Die Berechnung der versicherungstechnischen Ergebnisse für ein Absatzsegment ist zwar in der Branche immer noch sehr beliebt sowie aus bilanzieller und rechtlicher Sicht erforderlich, jedoch reichen diese Ergebnisse als Informationsgrundlage für Marketingentscheidungen alleine nicht aus. So könnten eine Reihe von Sonderfaktoren wie technische Entwicklungen oder Gesetzesänderungen den Aussagewert dieser Ergebnisse für die Effizienzbeurteilung von Marketingentscheidungen stark beeinträchtigen. Die Absatzsegmentrechnung berücksichtigt auch nicht explizit Erfolgsfaktoren, die zu den Ergebnissen geführt haben. Wichtig in diesem Zusammenhang sind beispielsweise Verhaltensweisen auf der Kundenseite.

Attraktive Kunden, d.h. solche Kunden, die in der Zukunft Prämieneinnahmen generieren könnten, Cross-Selling-Potenziale haben oder die Gesellschaft weiterempfehlen könnten, haben eine erhebliche strategische Bedeutung. Dabei ist die eigene Position im Verhältnis zu den Wettbewerbern zu sehen. Ein Kunde kann gegenwärtig aus der isolierten Sicht eines Versicherungsunternehmens unattraktiv sein. Möglicherweise pflegen die gleichen Kunden jedoch eine intensive Beziehung zu einem Wettbewerber, so dass der Kunde im Grunde genommen unbedingt als attraktiv zu bewerten ist, auch wenn die eigene Unternehmung zur Zeit eine schwache Marktposition hat (Sander 2004, S. 810).

Analog der dargestellten Portfolioanalyse lässt sich ein Kundenattraktivitäts-/Wettbewerbsvorteilsportfolio erstellen. Eine Dimension, die Kundenattraktivität, ist vom Unternehmen dabei nicht direkt steuerbar. In der Versicherungsbranche sind beispielsweise das versicherungstechnische Potenzial, die Cross-Selling-Möglichkeiten und das Weiterempfehlungspotenzial des Kunden interessante Faktoren. Die Schwierigkeit besteht in der Praxis darin, diese Faktoren angemessen zu gewichten. Zwischen den einzelnen Einflussfaktoren bestehen Interdependenzen. So zeigte sich in empirischen Untersuchungen ein positiver Zusammenhang zwischen der Kundenloyalität und dem versicherungstechnischen Ergebnis. Auch Mehrpolicen-Beziehungen, die infolge eines erfolgreichen Cross-Sellings entstanden, wirken sich positiv auf das versicherungstechnische Potenzial aus.

Die andere Dimension betrifft die eigene Wettbewerbsposition in Relation zu der Position der größten Konkurrenten. Wichtige Steuerungsgrößen für Versicherungsunternehmen sind die Zufriedenheit des Kunden mit der Beratung und Betreuung durch den Versicherungsvermittler, mit der Schadenregulierung sowie Image, Bekanntheit und Erreichbarkeit der Versicherungsgesellschaft. Auch hier besteht das Problem der angemessenen Auswahl und Gewichtung von Faktoren innerhalb der Dimension. Die Wettbewerbsposition reflektiert letztlich die Kundendurchdringungsrate, d.h. den Anteil der Verträge, die ein Kunde bei durchschnittlichem Versicherungsbedarf bei dem betreffenden Versicherungsunternehmen abgeschlossen hat (Grothe/Lohse 2003, S. 75).

Die Auswahl und Gewichtung der Faktoren sollte – unter Berücksichtigung der konkreten Marktsituation des Versicherungsunternehmens – durch eine empirische Studie und mit Hilfe geeigneter mathematisch-statistischer Methoden erfolgen. So lassen sich nicht nur die wichtigsten relevanten Einflussfaktoren, sondern auch die Abhängigkeiten zwischen den Faktoren besser herausfinden.

Im einfachsten Fall lassen sich die *Kundentypen* anhand von vier Feldern klassifizieren:

➤ *Starkunden*. Starkunden sind solche Kunden, die eine hohe Attraktivität bei gleichzeitig guter eigener Position aufweisen. Die Geschäftsbeziehungen zu diesen Kunden sollten durch vergleichsweise hohe Investitionen intensiviert werden.

➤ *Abschöpfungs- oder Ertragskunden* sind zwar nicht besonders attraktiv, allerdings für das Unternehmen gut zugänglich. Es gilt, finanzielle Mittel einzusetzen, um die gute aktuelle Position zu halten.

➤ *Entwicklungskunden* sind zwar attraktiv, jedoch für das Unternehmen schwer zugänglich. In der Regel entscheidet maßgeblich die Stärke der eigenen Vermittlerorganisation, die Diskussion in den Medien und Stellungnahmen von Verbraucherverbänden, ob und inwieweit eine Kundengruppe erreicht werden kann. So hatten die im Zusammenhang mit der Arbeitslosigkeit angebotenen Versicherungen in Deutschland durch die sehr kritische Bewertung von Verbraucherverbänden und in den Medien einen schweren Stand. Für die angesprochene Zielgruppe war der Abschluss dieser Versicherungen riskant, weil die Produkte mangels eigener Erfahrungen schwer zu bewerten waren. Es bleibt die Möglichkeit, die eigene Position auf der Basis zufriedener Kunden und Empfehlungen zu stärken.

➤ *Verzichtskunden*. Bei einer eigenen schwachen Marktposition und einer geringen Attraktivität des Kunden erscheint eine Rückzugsstrategie naheliegend. Die in anderen Branchen üblichen Maßnahmen wie ein Verzicht auf eine Außendienstbetreuung oder eine Minimierung der Kosten im Servicebereich sind in der Versicherungsbranche sehr riskant. Kostensparende Maßnahmen in der Kundenberatung und -betreuung können nur realisiert werden, wenn hierdurch die Qualität des vertraglich fixierten Versicherungsschutzversprechens nicht beeinträchtigt wird. Eine nachträgliche „Verschlechterung" von Versicherungsbedingungen ist im Massengeschäft in der Praxis eine eher theoretische Möglichkeit. Denkbar wäre eine Reduzierung der Kosten durch eine Verkürzung von Servicezeiten oder eine Streichung von Werbe- und Verkaufsförderungsmaßnahmen. Die Benachteiligung der Verbraucher wird von den Medien und den Verbänden sehr kritisch beäugt. Zudem reagieren Kunden gerade in der Versicherungsbranche sehr sensibel auf die Mund-zu-Mund-Kommunikation.

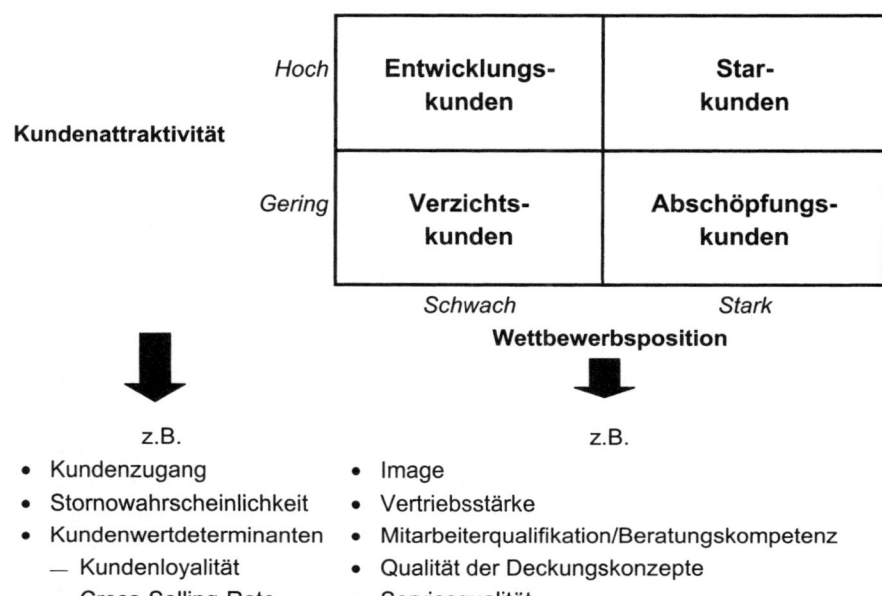

Kundenattraktivität *Hoch*	**Entwicklungs-kunden**	**Star-kunden**
Gering	**Verzichts-kunden**	**Abschöpfungs-kunden**

Schwach   *Stark*
Wettbewerbsposition

z.B.
- Kundenzugang
- Stornowahrscheinlichkeit
- Kundenwertdeterminanten
  - Kundenloyalität
  - Cross-Selling-Rate
  - Informationswert
  - Weiterempfehlungen
  - Schadenfrequenz/höhe
  - Verwaltungskosten

z.B.
- Image
- Vertriebsstärke
- Mitarbeiterqualifikation/Beratungskompetenz
- Qualität der Deckungskonzepte
- Servicequalität
- Professionalität der Marketingkommunikation

Abb. 5-7: Kundenportfolio in der Versicherungsbranche
(Quelle: in Anlehnung an Diller/Haas/Ivens 2005, S. 169)

Die Bewertung der Marktattraktivität kann sich im Laufe der Zeit stark verändern (Diller/Haas/Ivens 2005, S. 170). Von besonderer Bedeutung in der Versicherungsbranche ist der Kundenlebenszyklus, da Versicherungsbedürfnisse stark von der jeweiligen Lebensphase des Kunden abhängen. Demographische Veränderungen können mit einer Verschiebung der beschriebenen Faktoren der Marktattraktivität und des Zugangs zum Kunden einhergehen. So erhöht sich in der Regel mit dem Alter die Cross-Selling-Rate und die Kundenloyalität, während die durchschnittliche Schadenhäufigkeit und Schadenhöhe in bestimmten Versicherungszweigen deutlich ansteigt.

5.2.3.2   Prozessebene

5.2.3.2.1 Kundenzufriedenheit, Kundenloyalität und Kundenbindung

Die Kundenzufriedenheit ist ein nicht direkt beobachtbares, hypothetisches Konstrukt. Sie ist das *Ergebnis eines psychischen Soll-/Ist-Vergleichs.* Die „Ist-Komponente" reflektiert die Erlebnisse der Versicherungsnehmer nach einer erfolgten Leistung der Versicherungsgesellschaft. Bei der „Soll-Komponente" handelt es sich um Erwartungen, die Kunden als Vergleichsstandard dienen. Vergleichsstandards in diesem Sinne sind vor allem die markt- oder branchenüblichen Erwartungen (Hermann 1998, S. 265f.). Ob ein Kunde zufrieden ist, hängt allerdings auch stark von seinem *Anspruchsniveau* ab, das seinerseits wiederum von der subjektiv empfundenen Zufriedenheit beeinflusst wird (Kroeber-Riel 1992, S. 414).

Ist die Diskrepanz zwischen der erwarteten und der tatsächlichen Leistungsqualität vergleichsweise hoch und erreicht die erbrachte Leistung nicht das vom Kunden erwartete Qualitätsniveau, kommt es in der Regel zu einer Unzufriedenheit des Kunden (Meyer 1994, S. 271). Dieser als „Confirmation-/Disconfirmation-Paradigma" bezeichnete Ansatz der Kundenzufriedenheit (s. Abb. 5-8) ist in der Versicherungsbranche mit gewissen Schwierigkeiten verbunden. In vielen Fällen kann zunächst eine relativ große Gruppe von Kunden die Qualität der Leistung des Versicherungsunternehmens gar nicht beurteilen, da eine konkrete Erfahrung beispielsweise mit der Schadenregulierungspraxis nicht vorliegt. Häufig beschränkt sich zudem der Kontakt des Versicherungsnehmers mit seiner Versicherungsgesellschaft auch außerhalb des eigentlichen Leistungsfalls eher auf seltene Gelegenheiten. Meist liefert eine veränderte Lebens- und Bedarfssituation oder eine neue Gesetzeslage mit steuerlichen Auswirkungen den Anstoß hierzu. Selbst wenn tatsächlich im Laufe der Geschäftsverbindung einmal ein Schaden eintrat und von Zeit zu Zeit ein Beratungsgespräch mit dem Versicherungsvermittler stattfand, handelt es sich bei Versicherungen zumindest im Privatkundengeschäft nicht um Güter, mit denen der Kunde täglich konfrontiert ist wie dies beispielsweise bei Lebensmitteln der Fall ist. Neben dieser „Ist-Komponente" bereitet die „Soll-Komponente", d.h. die Erwartungsbildung im Hinblick auf die Leistungsfähigkeit einer Versicherungsgesellschaft einem großen Anteil von Kunden erhebliche Schwierigkeiten. Viele Versicherungsnehmer können

Funktionsstörungen weder vor noch nach dem Vertragsabschluss zuverlässig abschätzen. Ihnen bleibt im Grunde nur die Möglichkeit, auf die Leistungsqualität in der Zukunft zu vertrauen.

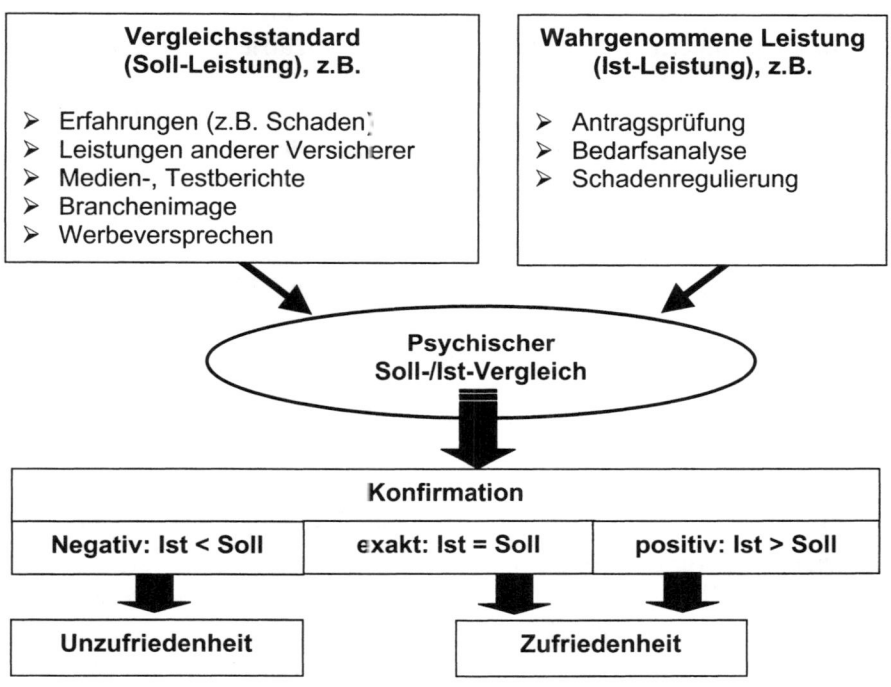

Abb. 5-8: Confirmation-/Disconfirmation Paradigma

Zudem können Versicherungsunternehmen ihrerseits eine angemessene Erwartungsbildung bei ihren Kunden erschweren, indem sie durch ungeschickte Formulierungen des Werbeversprechens und entsprechende visuelle Inszenierungen zu hohe Erwartungen wecken. Häufig trägt das u.a. so entstandene schlechte Branchenimage noch zusätzlich zu einer wenig realistischen Erwartungsbildung bei. Viele Kunden generalisieren gerne, indem sie ihre kritische Haltung gegenüber der Versicherungsbranche insgesamt für die Bildung ihrer Erwartungen als Maßstab heranziehen (Heckelmann 1997, S. 12f.).

Die *Auswirkungen einer hohen Kundenzufriedenheit auf den Erfolg von Versicherungsunternehmen* sind Gegenstand einiger empirischer Untersuchungen gewesen.

Zunächst hat die Zufriedenheit des Kunden eine *hohe Bedeutung für den Wiederkauf.* 67 % der sehr zufriedenen Versicherungskunden wollen ihren Vertrag verlängern, während nur 26 % der unzufriedenen Kunden dies beabsichtigen. Zufriedene Kunden bringen dem Unternehmen ein erhöhtes Vertrauen entgegen und empfehlen es weiter. Sie verhalten sich *loyal* und beachten weniger die Kommunikationsaktivitäten der Wettbewerber. Nach empirischen Untersuchungen von Ullmann & Peill schließen zufriedene Kunden durchschnittlich fünf Verträge mit dem Versicherungsunternehmen ab, unzufriedene jedoch nur zwei. Fast 75 % der sehr zufriedenen Kunden wollen ihre Gesellschaft weiterempfehlen (Ullmann/Peill 1994).

Auf den ersten Blick nicht so selbstverständlich sind die *positiven Auswirkungen der Kundenzufriedenheit auf versicherungstechnische Ergebnisse.* Zufriedenheitssteigernde Maßnahmen wirken ja im Hinblick auf den größeren Ressourceneinsatz kostentreibend. Häufig führt eine verstärkte Konzentration auf kundenorientierte Prozesse allerdings gleichzeitig zu einer Senkung der Verwaltungskostenquote, da sie mit einer Effizienzsteigerung verbunden ist. So müssen z.B. Kfz-Versicherer, die im Schadenfall schnell mit dem Kunden kommunizieren und zügig regulieren, weniger Kundenrückfragen beantworten. Kunden, deren Schäden nur zum Teil reguliert wurden, waren nach den empirischen Untersuchungen von Ullmann et al. sogar zufriedener als Kunden, die zwar den vollen Schaden erstattet bekamen, aber hierfür längere Zeit warten mussten (Ullmann/Bokelmann/Kullmann 2003, S. 1356f.).

Die *Kundenloyalität* basiert vor allem auf der *Kundenzufriedenheit.* Eine Erhöhung der Kundenzufriedenheit um 1 % bewirkt eine Steigerung der Kundenloyalität um 0,89 % und eine Verringerung der Attraktivität der Konkurrenzangebote um 0,58 %. Allerdings hängt die Loyalität auch zu einem großen Teil von der *Person des Versicherungsnehmers* ab. Versicherungsnehmer verhalten sich um so loyaler, je älter sie sind, da sie über eine größere Anzahl an Versicherungen verfügen. Einen starken Einfluss auf die Kundenbindung hat die Bequemlichkeit der Versicherungsnehmer. Einen schwachen Einfluss auf die Kundenloyalität haben die Nationalität und das Geschlecht. Negativ korreliert die Kundenloyalität hingegen mit der Ausbildung und dem Wissen des Versicherungsnehmers (s. hierzu die Befragung von Freyland, Herrmann & Huber 1999, S. 1744ff.).

Das Konzept der *Kundenbindung* klammert im Gegensatz zum Konzept der Kundenloyalität zumeist Einstellungen aus der Betrachtung aus. Der Fokus liegt auf dem tatsächlichen Kundenverhalten und/oder den Verhaltensabsichten des Kunden. Der Vorzug einer solchen Betrachtung liegt klar in der leichteren Messbarkeit und in der Analyse von kausalen Beziehungen zu bestimmten Konstrukten (Trumpfheller 2005, S. 520).
Im Versicherungsbereich wurde beispielsweise ein Zusammenhang zwischen der Kundenbindungsdauer und dem Rückgang der Preissensitivität bzw. Schadenquote festgestellt. Beispielrechnungen des Barwertes einer typischen Kundenbeziehung für den Kompositversicherungsbereich ergaben, dass ein rentabler Kunde mindestens vier Jahre im Bestand verbleibt und eine 10 Jahre bestehende Kundenbeziehung um den Faktor 8- bis 10-mal profitabler als eine Kundenbeziehung ist, die 5 Jahre dauert (Venohr 1996, S. 366).

5.2.3.2.2 Kundenbindungsinstrumente

Konzepte des Kundenbindungsmanagements sind in stark wettbewerbsintensiven Märkten wie in den USA entwickelt worden. Professionelles Kundenbindungsmanagement erfordert in vielen Unternehmen ein Umdenken. So müssen Rekrutierungs- und Schulungssysteme, Anreizsysteme im Vertriebsbereich sowie Produkte entsprechend der Kundenbindungsphilosophie gestaltet werden (Schäfer 2000, S. 94; Venohr 1996, S. 365). Grundsätzlich können Versicherungsunternehmen ihre Kunden sowohl zufriedenheitsbasiert als auch faktisch binden.

Bei der *zufriedenheitsorientierten Bindung* schafft es das Versicherungsunternehmen im günstigsten Fall seine Kunden zu begeistern.
Das Bewusstsein, mehr über die Zufriedenheit der Kunden im Vergleich zu Wettbewerbern zu erfahren, war traditionell in der Branche nicht besonders ausgeprägt. In einer Befragung der 110 größten deutschen Versicherer bekannten sich fast alle Gesellschaften zu der Wichtigkeit der Servicepolitik. Jedoch befragte weniger als die Hälfte der Versicherer die Kunden selbst nach ihren Erwartungen und ihrer Zufriedenheit (Schäfer/Feilbach 1993, S. 820ff.).

Nach zahlreichen empirischen Erhebungen sind inzwischen einige *Bestimmungsfaktoren der Kundenzufriedenheit mit Versicherungsunternehmen* bekannt:

(1) Zufriedenheit mit der Hauptleistung (Schadenregulierung). In einer Untersuchung von Ullmann & Peill trugen die Betreuung durch den Vermittler zu 35 % und die Schadenregulierung zu 22 % zur Gesamtzufriedenheit des Kunden mit dem Versicherungsunternehmen bei (Ullmann/Peill 1995).

(2) Zufriedenheit im Hinblick auf den psychischen Nutzen und die soziale Komponente der Leistungserstellung. Das Gefühl von Sicherheit z.B. durch den Erhalt einer Bestätigung, dass ein Schaden aufgenommen und von einer bestimmten Person bearbeitet wird, ist für die Zufriedenheit eines Kunden sehr wichtig und nicht so sehr „harte Faktoren" wie die tatsächliche Regulierungsdauer oder die Regulierungshöhe (Schmitz 2000, S. 539f.; Kern 1999, S. 999). Für die Zufriedenheit mit einem Versicherungsvertreter und damit eines wesentlichen Bestandteils der Gesamtzufriedenheit mit einer Versicherungsgesellschaft ist nicht nur die Wahrnehmung einer hohen Fachkompetenz, sondern auch das persönliche Betreuungsverhalten entscheidend. Auch im Zeitalter des Internets hat die soziale Komponente von Geschäftsbeziehungen einen sehr hohen Stellenwert. So ermittelte Trumpfheller eine Korrelation von 0,57 zwischen der Kundennähe des Versicherungsvertreters und der Zufriedenheit des Kunden (Trumpfheller 2005, S. 535).

(3) Beschwerdezufriedenheit. Nur wenige Kunden, deren Beschwerde zufriedenstellend bearbeitet wurde, kündigten danach ihren Vertrag. Dies taten jedoch die Hälfte der Kunden, deren Beschwerde nicht zufriedenstellend bearbeitet wurde. Unzufriedenheit mit der Beschwerderegulierung führt zur Verschlechterung produkt- und unternehmensbezogener Einstellungen, zu negativer Mund-zu-Mund-Kommunikation und zu Kundenabwanderungen (Rudolf 1999, S. 21, Ullmann/Peill 1995, Nitsche 1996, S. 140f.). Häufig werteten Versicherungsgesellschaften in der Vergangenheit Kundenbeschwerden als einen persönlichen Angriff oder eine lästige Angelegenheit. Selten sahen Gesellschaften das beachtliche Potenzial eines systematischen Beschwerdemanagements für die Verbesserung der Kundenbeziehung (Biesel 2002, S. 22; Homburg/Schneider/Schäfer 2001, S. 284f.). Stattdessen beachteten sie nur den Reklamationsfall, der sie gesetzlich dazu verpflichtet zu handeln. Wollen Unternehmen in ihrer Kundenorientierung Akzente setzen, sollte jede Äußerung von Unzufriedenheit Beachtung finden. Kunden sollten sogar aktiv dazu bewegt werden, jegliche Unzufriedenheit möglichst offen und schnell zu äußern. Die einzelnen Schritte eines systematischen Beschwerdemanagements werden im nachfolgenden Kapitel dargestellt.

Nach der von Stauss & Schöler zitierten Zufriedenheitsbefragung in Deutschland waren im Jahre 2003 jedoch Versicherungsunternehmen noch relativ weit von dem Ziel entfernt, über die Wiederherstellung der Kundenzufriedenheit ihre Kundenbeziehungen zu stabilisieren. Vor allem die Lebensversicherungsbranche hatte mit 66,9 % den höchsten Anteil von enttäuschten Beschwerdeführern. Auch bei den Krankenversicherern und Kfz-Versicherern waren mehr als die Hälfte der Kunden von der Reaktion der Versicherungsgesellschaft auf ihre Beschwerde enttäuscht (Stauss/Schöler 2004, S. 15f.).

(4) Pauschale Aussagen sind äußerst problematisch. Die Kundenerwartung hinsichtlich der Regulierungsdauer hängt stark von der betrachteten Versicherungssparte ab. So akzeptieren Industrieversicherungskunden längere Regulierungsdauern, während bei der Kfz-Kaskoversicherung Kunden unbedingt eine Regulierung innerhalb einer Woche erwarten (Ullmann/Tietz 2003, S. 2005).

Neben der zufriedenheitsorientierten Bindungsmöglichkeit durch eine qualitativ hochwertige Kern- oder Nebenleistung, die in der Kundenwahrnehmung einen hohen funktionalen oder psychischen Nutzen stiftet, spielen in der Versicherungswirtschaft *faktische Bindungsmaßnahmen* eine sehr wichtige Rolle. Faktische Kundenbindungsmaßnahmen müssen nicht gleichzeitig mit einer hohen Kundenbindung einhergehen. Sie sind vor allem wichtig, um in wettbewerbsintensiven Märkten mit stark wechselgefährdeter Kundschaft die anfangs in eine Kundenverbindung investierten Geldbeträge und Ressourceneinsätze zu amortisieren.

5.2.3.2.3 Beschwerdemanagement

Die Steuerung der vom Kunden geäußerten Unzufriedenheit ist in der Versicherungswirtschaft von zentraler Bedeutung. Fehlende Kundenerfahrungen, mangelnde Produktkenntnisse, Imageprobleme der Branche und irreführende Werbeaussagen erschweren – wie beschrieben – die Erwartungsbildung des Kunden. In Verbindung mit einer ebenfalls schwierigen Bewertung der Ist-Leistung entsteht häufiger das Problem der Kundenunzufriedenheit. Erschwerend kommt ein „produktionstechnisches Problem" in der Versicherungswirtschaft hinzu. Anders als im Sachgüterbereich lassen sich nicht Maschinen und Einsatzstoffe so lange justieren, bis das Endprodukt den Kundenerwartungen entspricht oder diese gar übertrifft. In der Produktion von Versicherungsschutz ist ein solches Null-Fehler-Prinzip grundsätzlich nicht erreichbar (Heckelmann 1997, S. 139). Unterschiedliche Erfahrungen und Tagesverfassungen der einzelnen Mitarbeiter bedingen Schwankungen in der Beratungsqualität und Schnelligkeit von Geschäftsprozessen. Aus den genannten Gründen ist die Entstehung von Unzufriedenheit beim Kunden also im Versicherungsgeschäft kein außergewöhnliches Phänomen.

Problematisch ist allerdings eine nicht geäußerte Unzufriedenheit. Die Gründe für eine solche Zurückhaltung können vielfältig sein (Heckelmann 1997, S. 141):

➢ *Geringfügiger Beschwerdegrund.* Die Unzufriedenheit bezieht sich häufig auf einen (zunächst) nur geringfügig erscheinenden Leistungsmangel wie eine überhebliche Bemerkung des Versicherungsagenten.

➢ *Kosten/Nutzen-Überlegungen.* In Relation zu der möglichen Wirkung erscheint den Versicherungsnehmern der mit der Beschwerde verbundene zeitliche und/oder finanzielle Aufwand zu hoch.

➢ *Probleme der Artikulation.* In bestimmten Versicherungssparten wie der Rechtschutzversicherung fällt es Kunden schwer, die für eine Schadenregulierung relevanten Tatbestände zu verstehen und nachvollziehbar zu formulieren.

➢ Die möglichen *Wege einer Beschwerde sind* dem Versicherungsnehmer *nicht bekannt.*

In Anlehnung an Stauss & Seidel liegt auch in der Versicherungswirtschaft die Installation eines systematischen Beschwerdemanagements nahe. Wichtig sind dabei nicht nur Aktivitäten die der direkten Verringerung der Unzufriedenheit dienen, sondern auch mittelbare Aktivitäten wie die systematische Analyse und Erfolgskontrolle (s. Abb. 5-9).

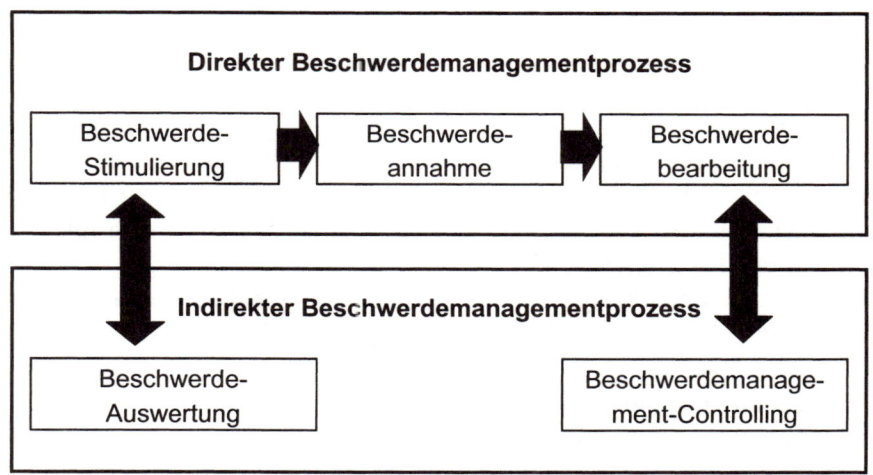

Abb. 5-9: Beschwerdemanagementprozess
(Quelle: Stauss/Seidel 1998, S. 66)

(1) Beschwerdestimulierung

Der erste Schritt eines professionellen Beschwerdemanagements besteht in der Stimulierung des Kunden, seine Unzufriedenheit zu äußern. Das Versicherungsunternehmen erhält so die Möglichkeit, mehr über die Quellen der Unzufriedenheit zu erfahren und gezielt an der Verbesserung mangelhafter Leistungen zu arbeiten. Zudem kann das betroffene Unternehmen einer schädlichen Mund-zu-Mund-Kommunikation entgegenwirken. Obgleich ein Versicherungsunternehmen nicht täglich mit seinen Kunden in Kontakt steht, kann es Aktivitäten umsetzen, die Kunden den Weg der Beschwerde erleichtern. Wichtig ist auf jeden Fall eine Schulung der im Kundenkontakt stehenden Mitarbeiter. Diese sollten lernen, die Beschwerde auf einer emotionalen Ebene anzunehmen und positiv auf den Kundeneinwand zu reagieren. Der Beschwerdeführer sollte als Partner und nicht als Gegner gesehen werden. Sinnvoll ist gerade im Versicherungsbereich, Kunden nach jeder erbrachten Dienstleistung über die wahrgenommene Qualität zu befragen. Welcher Beschwerdeweg – mündlich, telefonisch oder schriftlich – am besten geeignet ist, lässt sich nicht pauschal empfehlen. Daher ist es sinnvoll, den Versicherungsnehmern möglichst viele Beschwerdewege zu eröffnen. Nach empirischen Untersuchungen von Stauss & Schöler zum Stand des Beschwerdemanagements in Deutschland haben die 15 beteiligten Versicherungsgesellschaften eine Philosophie der Beschwerdestimulierung noch nicht professionell umgesetzt. Die meisten Unternehmen haben wichtige Beschwerdekanäle wie eine spezielle Rufnummer, E-Mail-Kontaktformulare oder Meinungskarten beim Außendienst nicht genutzt (Stauss/Schöler 2004, S. 17).

(2) Beschwerdeannahme

Je vielfältiger die Beschwerdewege sind, die das Versicherungsunternehmen dem Kunden anbietet, um so mehr Personen müssen sich mit einer professionellen Annahme der Beschwerde auskennen. Gerade Versicherungsunternehmen bringt die breite Bevölkerung mit schwerfälligen und wenig flexiblen Organisationen in Verbindung, die sich durch eine eher langsame Reaktionsgeschwindigkeit bei Kundenanliegen auszeichnen. Tatsächlich sind die meisten Versicherungsunternehmen sehr große Gesellschaften mit vielen Abteilungen, die im Sinne einer kundenorientierten Arbeitsweise besondere Herausforderungen an die interne Zusammenarbeit stellen. Medienberichte und negative Erlebnisberichte aus dem näheren Umfeld des Versicherungsnehmers verstärken solche Befürchtungen. Es liegt daher nahe, Kunden von einer gegenteiligen Verhaltensweise zu überzeugen. Eine zentrale Herausforderung betrifft zunächst die Frage der Zuständigkeit, wenn der Kunde eine Beschwerde vorträgt. Die für den Kunden beste Lösung besteht darin, dass die erste Kontaktperson, an die er sich wendet, sich seinem Problem annimmt und die Verantwortung für die weitere Bearbeitung übernimmt. In vielen Fällen ist die erste Anlaufstelle des Kunden sein Versicherungsvermittler. Ein großer Anteil der vorgetragenen Probleme lässt sich sofort über den Vermittler klären, der entweder selbst oder nach kurzer interner Rücksprache über den Sachverhalt entscheiden kann. Im Interesse einer schnellen Lösung für den Kunden und einer effizienten Verwaltung sollte die Versicherungsgesellschaft den Versicherungsvermittlern die hierzu notwendigen Entscheidungskompetenzen einräumen. Allerdings wird bei Einfirmenvertretern ein solches Empowerment in der Risikopolitik des Versicherungsunternehmens eine Grenze finden. Noch schwieriger ist die Entscheidungsproblematik im Falle der unabhängigen Vermittler, da deren Verhältnis zum Kunden sich in der Regel auf die Beratung und die Vermittlung von Versicherungen beschränkt.

Keine besonderen branchenspezifischen Probleme bestehen in der systematischen Erfassung der Beschwerdeinformationen. Das Beschwerdeobjekt lässt sich nach Produktkategorie oder dem beanstandeten Service klassifizieren. Die Stammdaten des Beschwerdeführers selbst sind meist ohnehin über die Informationstechnologie schon erfasst. Wichtig ist, den Zeitpunkt des Beschwerdeeingangs festzuhalten, da von Versicherungsnehmern die Überschreitung bestimmter Reaktionsfristen eine hohe Beschwerdeunzufriedenheit auslösen kann. Die Erfassung des zuständigen Mitarbeiters ist wichtig für die Klärung der Verantwortlichkeit. Inhaltliche und zeitliche Zusagen sind vor allem interessant, wenn das Versicherungsunternehmen beispielsweise Qualitätsstandards wie die Dauer der Schadenregulierung definiert hat und die Einhaltung dieser Standards später kontrollieren möchte.

(3) Beschwerdebearbeitung
Viele Probleme in der Beschwerdebearbeitung sind nicht auf branchenbezogene Besonderheiten zurückzuführen, sondern in der Regel von den Anbietern selbst verschuldet. In der Vergangenheit ließen Versicherungsgesellschaften – empirischen Untersuchungen zufolge – ihre Kunden beispielsweise unangemessen lange auf die Beantwortung einer Beschwerde warten. Häufig ging die dann erfolgte Antwort auch nicht direkt auf das Kundenproblem ein. Wiederholungsbeschwerden waren an der Tagesordnung (Heckelmann 1997, S. 153f.). Ein negativer Eindruck und auch hohe Verwaltungskosten entstanden. Aus diesen Gründen forcieren Versicherungsgesellschaften zunehmend die Optimierung kundennaher Geschäftsprozesse durch Qualitätszirkel und die Einführung von Servicestandards. Da die mittlere Bearbeitungsdauer einer Beschwerde im Versicherungsunternehmen durchschnittlich 20 bis 30 Minuten beträgt, die mittlere Verweildauer eines Beschwerdebriefes jedoch in der Vergangenheit bei etwa 20 Tagen lag, ist von deutlichen Verbesserungsmöglichkeiten auszugehen (Heckelmann 1997, S. 161).
Die moderne Informationstechnologie der Versicherungsunternehmen erlaubt die Einrichtung von *Eskalationssystemen*, die eine termingerechte Beschwerdebearbeitung unterstützen.
Ein sowohl im Privat- als auch Industrieversicherungsgeschäft wichtiger Schritt in der Beschwerdebearbeitung ist der Versand einer *Eingangsbestätigung,* wenn die Kundenbeschwerde vermutlich einer längeren hausinternen Klärung bedarf. Das Versicherungsunternehmen sollte eine solche Eingangsbestätigung innerhalb von zwei Werktagen nach Beschwerdeeingang versenden. Im Idealfall sollte dieses Schreiben – neben einem aufrichtigen Bedauern – einige für den Kunden nützliche Informationen enthalten: Den Eingangszeitpunkt der Beschwerde, die Zusammenfassung des Problems, einen Ansprechpartner für telefonische Rückfragen, die eingeleiteten Maßnahmen sowie den voraussichtlichen Erledigungstermin (Heckelmann 1997, S. 165f.). Sollte es zu unerwartet langen Bearbeitungsdauern oder einer Abweichung der in mit dem ersten Schreiben an-

gekündigten Problemlösung kommen, ist es auf jeden Fall sinnvoll, dem Kunden einen *Zwischenbescheid* zukommen zu lassen.

In einem *Endbescheid* sollte das Versicherungsunternehmen dem Kunden die Problemlösung als Ergebnis seiner Problemanalyse mitteilen und eine erneuten Ausdruck des Bedauerns enthalten (Heckelmann 1997, S. 166).

(4) Beschwerdeauswertung

Das Repertoire von Auswertungsmethoden wie Häufigkeitsverteilungen, Mittelwertberechnungen, Ursache-Wirkungsanalysen steht Versicherungsunternehmen ebenso wie Unternehmen anderer Wirtschaftszweige zur Verfügung (s. hierzu im Einzelnen viele Beispiele in Stauss/Seidel 1998, S. 197ff.).

Heckelmann untersuchte von Mitte 1992 bis Mitte 1996 insgesamt 380 an den Aufsichtsrat eines Versicherungsunternehmens gerichtete Beschwerden. Die Auswertung erbrachte sehr aufschlussreiche Erkenntnisse in Abhängigkeit von der betrachteten Versicherungssparte, der Altersgruppe und dem beruflichen Status der Beschwerdeführer. Um herauszufinden, ob das Beschwerdeaufkommen relativ hoch oder gering war, lag es nahe, die Anteile der Beschwerden in das Verhältnis zum jeweiligen Vertragsbestand zu setzen. Hieraus war eine mehr oder weniger starke Über- oder Unterrepräsentation von Beschwerden in einer bestimmten Versicherungssparte bzw. Gruppe von Beschwerdeführern ersichtlich.

Bezogen auf die Versicherungssparte war zunächst die Krankenversicherung auffällig (s. Abb. 5-10) Der Grund hierfür lag überwiegend in der Ablehnung des Kundenantrags auf privaten Krankenversicherungsschutz begründet, der Ausdruck einer selektiven Zeichnungsphilosophie der betrachteten Versicherungsgesellschaft war. Etwas überrepräsentiert war die Kfz-Versicherung. Deutlich seltener beschwerten sich Kunden in der Rechtschutzversicherung. Die Artikulation der Unzufriedenheit aufgrund eines Leistungsmangels war hier in vielen Fällen deutlich schwieriger als beispielsweise in der Kfz-Versicherung oder in der Unfallversicherung (Heckelmann 1997, S. 94).

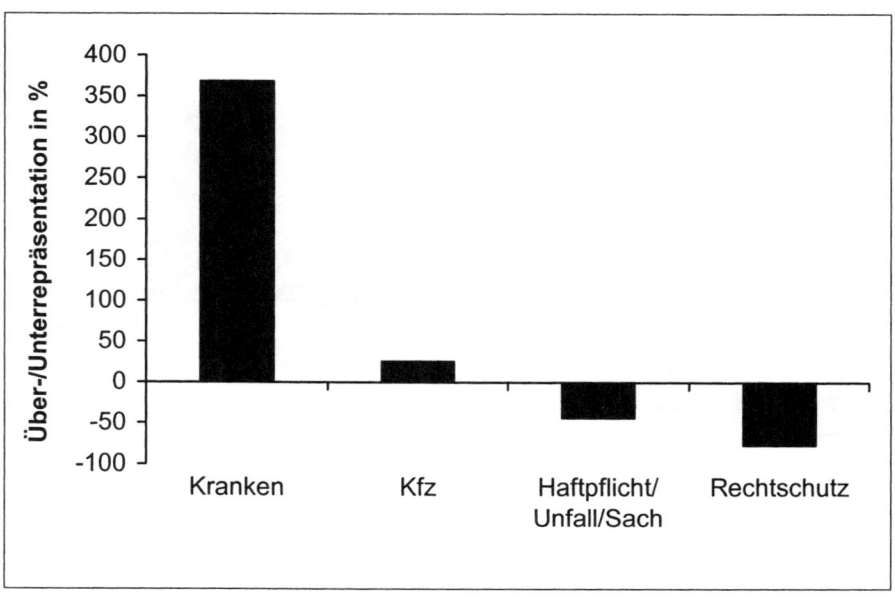

Abb. 5-10: Beschwerdeaufkommen nach Versicherungssparten
(Quelle: Heckelmann 1997, S. 94)

Im Widerspruch zu Erfahrungen aus anderen Branchen stand in der empirischen Untersuchung von Heckelmann die Unterrepräsentation jüngerer Altersgruppen von Beschwerdeführern (s. Abb. 5-11).
Dagegen war die Beschwerdeneigung nach Eintritt in das Pensionierungsalter sehr ausgeprägt. Grund hierfür ist der hohe zeitliche Aufwand, den eine Beschwerde in der Versicherungswirtschaft für den Kunden verursacht. Ein zweiter Grund für die hohe Beschwerdeneigung älterer Versicherungsnehmer liegt in der Vergrößerung des Unmuts als Folge einer bereits seit längerer Zeit empfundenen Unzufriedenheit. In einer solchen Situation klagten Kunden sogar bei sehr geringfügigen Leistungsmängeln.

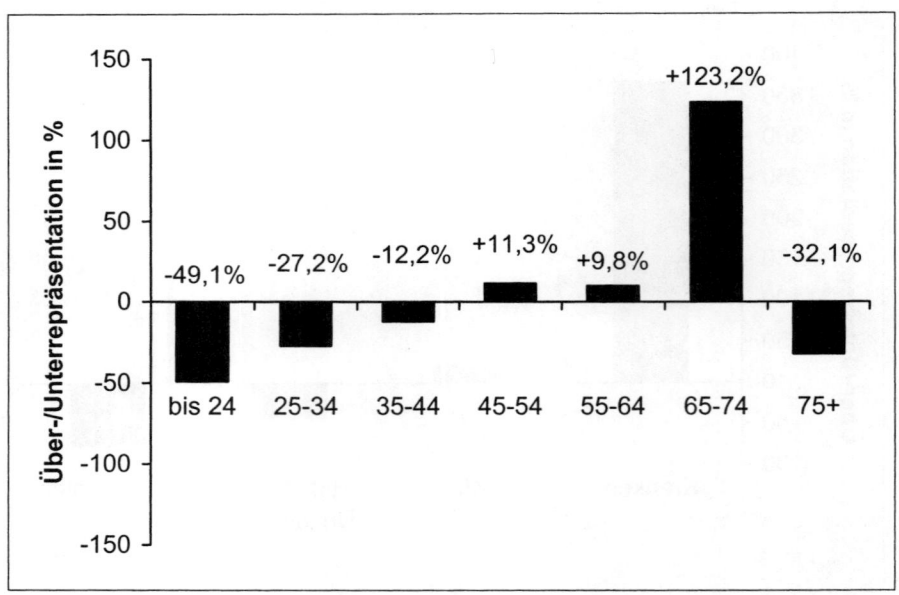

Abb. 5-11: Beschwerdeaufkommen nach Altersgruppen
(Quelle: Heckelmann 1997, S. 95)

Konform mit Erfahrungen aus anderen Branchen ist die Überrepräsentation bestimmter Berufsgruppen innerhalb der Beschwerdeführer (s. Abb. 5-12). So sind beispielsweise selbstständige Beschwerdeführer überrepräsentiert. Unternehmer verfügen meist über ein höheres Einkommen, sind anspruchsvoller und auch selbstbewusster als übliche Privatkunden. Ebenso gut erklärbar ist die deutliche Unterrepräsentation der Arbeiter unter den Beschwerdeführern gemessen an deren Vertragsbestand. Sie verfügen in der Regel über schlechtere Bildungsvoraussetzungen, die Unzufriedenheit ohne größere Mühe in schriftlicher Form zu artikulieren. Auffällig ist die deutliche Überrepräsentation der im öffentlichen Dienst Beschäftigten. Übereinstimmend mit Forschungsergebnissen aus anderen Branchen war die Abhängigkeit der Beschwerdeneigung vom Beschwerdegrund. In nur drei der 380 ausgewerteten Beschwerden artikulierten die Versicherungsnehmer ihre Unzufriedenheit mit dem Verhalten des Unternehmens. Wie in anderen Branchen hielten sich unzufriedene Kunden mit Beschwerden dann zurück, wenn bei der Beurteilung des Problems ein großer Ermessensspielraum bestand.

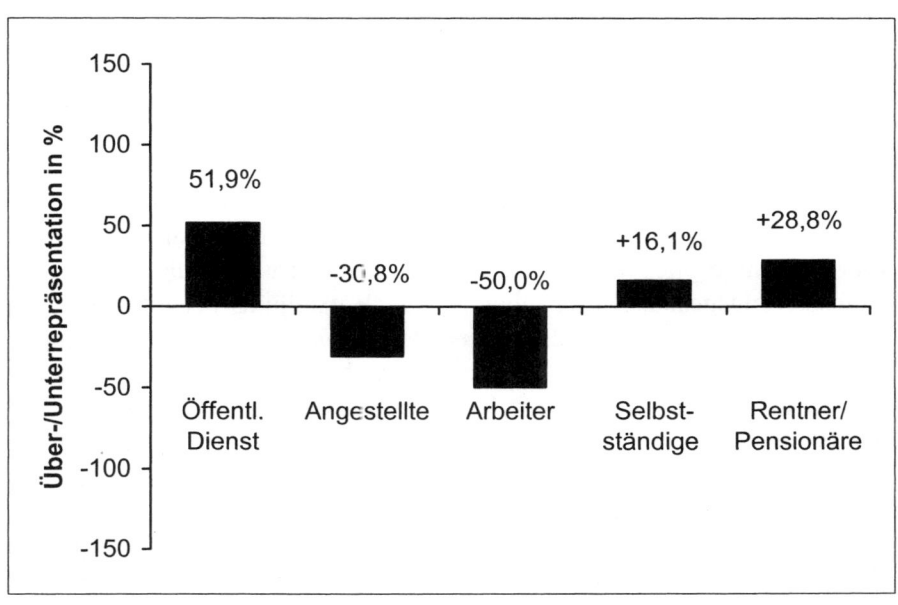

Abb. 5-12: Beschwerdeaufkommen nach Berufsgruppen
(Quelle: Heckelmann 1997, S. 96)

Je eindeutiger und je weniger subjektiv die Bewertungsmöglichkeit war, desto höher schätzte der Kunde die Erfolgswahrscheinlichkeit seiner Beschwerde ein. Fast in allen Fällen löste ein Produktproblem die Beschwerde aus. Verhaltensprobleme wie der Briefstil, das Auftreten oder die Unhöflichkeit von Mitarbeitern wurden bei dieser Gelegenheit lediglich zusätzlich erwähnt (Heckelmann 1997, S. 115).

Eine große Schwachstelle ist in der Versicherungswirtschaft traditionell die innerbetriebliche Weiterleitung von Beschwerden für Auswertungszwecke. Grundsätzlich sind neben Marketingabteilungen sämtliche dezentralen Vertriebsbereiche wie Außendienstmitarbeiter und selbstständige Versicherungsagenten für die Zufriedenheit des Kunden verantwortlich. Bei der Auswertung von Beschwerden sind zentrale Stellen in hohem Maße auf die Kooperationsbereitschaft der dezentralen Vertriebsstellen angewiesen. Jedoch nehmen diese zwangsläufig die Rolle von „Gate-Keepern" ein, da sie frei entscheiden können, welche Beschwerdefälle und konkreten Beschwerdeinformationen sie an zentrale Stellen weitergeben (Heckelmann 1997, S. 167, 180).

(5) Erfolgskontrolle des Beschwerdemanagements

Die größten Mängel im Beschwerdemanagement zeigten sich nach der Studie von Stauss & Schöler im Controlling des Beschwerdemanagements. Fast drei Viertel der befragten Versicherungsunternehmen wusste noch nicht einmal, wie zufrieden die Kunden mit der erfolgten Beschwerdeabwicklung waren. Auch die Beurteilung einzelner Aspekte der Zufriedenheit wie Freundlichkeit, Einfühlungsvermögen oder Fairness bei der Problemlösung blieben im Dunkeln. Nicht zuletzt haben nur sehr wenige Versicherungsgesellschaften eine genaue Vorstellung gehabt, wie hoch die Kosten für die Regulierung der Beschwerde waren (Stauss/Schöler 2004, S. 18f.). In der Regel ist in der Versicherungsbranche von sehr hohen Kosten für die Beschwerdebearbeitung auszugehen. Bereits Anfang der 1990er Jahre sollen für Personal- und Bürokosten pro Beschwerdefall ca. 150 € angefallen sein. Der Wert ist deshalb so hoch, weil in vielen Fällen eine juristisch fundierte Anspruchsprüfung erforderlich ist. Das Studium der Vertragsunterlagen ist in jedem Fall notwendig. Bei komplexeren Fällen müssen häufig sogar die interne Rechtsabteilung sowie externe Gutachter, Sachverständige und spezielle Anwaltskanzleien eingeschaltet werden (Heckelmann 1997, S. 171).

Dennoch dürfte in den meisten Fällen die „Bilanz" des Beschwerdemanagements sehr gut aussehen. Nach Untersuchungen von Ullmann & Peill erhöhte sich bei einem Kompositversicherungsunternehmen die Beschwerdezufriedenheit nach Einführung des Beschwerdemanagements um mehr als das dreifache auf über 50 %. Die Stornoquote halbierte sich. Die Kosten für die Einführung des Beschwerdemanagements wurden vielfach überkompensiert (Ullmann/Peill 1995, S. 1518f.). Problematisch an einer solchen Rentabilitätsberechnung ist allerdings die Bewertung auf der Basis des Opportunitätskostenprinzips. Es ist dabei nicht sicher, ob die befragten Beschwerdeführer ihre geäußerte Wiederkaufabsicht oder positive Mundwerbung später tatsächlich umsetzen (Heckelmann 1997, S. 177f.).

5.2.3.2.4 Kundenabwanderung und -rückgewinnung

Im Zuge der abnehmenden Kundenloyalität kam die Diskussion auf, kundenorientierte Marketingmaßnahmen nicht nur während, sondern auch nach einer Geschäftsbeziehung einzusetzen. Solche Aktivitäten werden unter den Begriff des Kundenrückgewinnungsmanagements subsumiert.

Ein gutes Rückgewinnungsmanagement beginnt mit einer *Analyse der verlorenen Kunden*. Stauss & Schöler unterscheiden in diesem Zusammenhang mehrere Gruppen. Ähnlich wie im Bankgeschäft vollzieht sich der Kündigungsvorgang häufig nicht sofort, sondern über eine Zeitdauer von mehreren Jahren. Verbreitet sind so genannte „Schläfer", die sich sehr passiv verhalten und keine weiteren Umsätze generieren. Eine weitere typische Gruppe sind die „Reduzierer", die ihren Vertragsbestand teilweise kündigen. Der Abwanderungsvorgang ist hierbei ohne genauere Kenntnis der Lebensumstände und Risikosituation schwer zu bewerten. Möglicherweise handelt es sich gar nicht um eine Abwanderung zu einem Wettbewerber, sondern um eine Bedarfsänderung, die zum Beispiel auf ein abgemeldetes Kfz zurückgeht. Erfolgte die Kündigung für alle bei der Versicherungsgesellschaft abgeschlossenen Produkte wird von Kündigern und nach einiger Zeit von ehemaligen Kunden gesprochen (Schöler, A. 2004, S. 522f.).

Obgleich Rückgewinnungsmaßnahmen kostenintensiv sind, überwiegen aus einer ertragsorientierten Perspektive häufig die positiven Werttreiber. So sind insbesondere günstige Wirkungen auf das Unternehmensimage zu erwarten. Die Analyse von Kündigungsgründen liefert wichtige Einblicke in mangelhafte Leistungen und schlecht gesteuerte Geschäftsprozesse.

In Verbindung mit der Analyse der Struktur von kündigenden Versicherungsnehmern sollte eine dezidierte *Analyse der Kündigungsgründe* erfolgen. Grundsätzlich lassen sich drei Kategorien von Kündigungsgründen unterscheiden (Bruhn/Georgi 2006, S. 182f., Joho 1996, S. 204ff.):

➢ *Unternehmensbezogene Abwanderungsgründe*, z.B. falsche Bedarfsanalyse des Versicherungsvermittlers, zu hohe Prämie, schlechte Schadenregulierung, unfreundlich wirkende Mitarbeiter und Briefstile.

➢ *Wettbewerbsbezogene Abwanderungsgründe*, z.B. bessere Leistung der Wettbewerber, Aufbau von Verkaufs- und Werbedruck durch die Vermittlerorganisation der Wettbewerber.

➢ *Kundenbezogene Abwanderungsgründe*, z.B. Umzug, berufliche Veränderung, neue Lebenssituation des Kunden. In der Versicherungsbranche sind persönliche Bekanntschaften und Sympathiefaktoren außerordentlich wichtig. Nach einer empirischen Untersuchung von Joho war bei der Altersgruppe der 27-34-jährigen in mehr als jedem zweiten Fall die Beziehung zu einem Bekannten für den Wechsel zu einem Wettbewerber verantwortlich.

Kunden lassen sich nur zurückgewinnen, wenn die Versicherungsvermittler zumindest kurzfristig eine emotionale Verbundenheit herstellen können. Gerade unmittelbar nach einer erfolgten Abwanderung sind die Chancen für eine Revitalisierung von Kundenbeziehungen hoch (Görgen 2005, S. 119f.).

Während die Reaktionsmöglichkeiten bei unternehmens- und wettbewerbsbezogenen Abwanderungsgründen in der Regel gut sind, bestehen für Versicherungsunternehmen bei kundenbezogenen Abwanderungsgründen kaum direkte Steuerungsalternativen. Dennoch ist die Kenntnis auch der kundenbezogenen Abwanderungsgründe sehr wichtig, da sie zur Vermeidung von Kosten für völlig unnötige oder gar kontraproduktive Marketingmaßnahmen beiträgt.

Sind die Abwanderungsgründe bekannt, liegt es nahe, die *Aktivitäten der Kundenrückgewinnung* vor allem auf wertvolle Geschäftsverbindungen zu konzentrieren. Die in Kap. 5.2.3.1.2 dargestellte kundenbezogene Portfolio-Analyse kann hierbei eine Entscheidungshilfe liefern.

Grundsätzlich sind sämtliche Marketinginstrumente für eine Kundenrückgewinnung geeignet. Versicherungsunternehmen sollten nach Möglichkeit *proaktiv* vorgehen, d.h. bereits vor der Kundenabwanderung agieren. Wichtig ist in diesem Zusammenhang vor allem eine schnelle Fehlerkorrektur und Wiedergutmachung bei einer mangelhaften Leistung. Sofern keine rechtlichen Gründe dagegen sprechen, wäre denkbar, enttäuschten Kunden einen Versicherungsvertrag mit verbesserten Leistungen anzubieten. Auch immaterielle Anreize wie eine intensive Kommunikation mit dem Kunden können der Realisierung einer Kündigung durch den Kunden vorbeugen. Hat der Versicherungsnehmer bereits gekündigt, sind nur noch *reaktive* Rückgewinnungsmaßnahmen möglich. Deren Gestaltung und Erfolgsaussicht ist in der Versicherungsbranche mit einigen Problemen behaftet. So könnte eine nachträgliche Gewährung von deutlichen Leistungsvorteilen andere Versicherungsnehmer zu einer Vertragskündigung bewegen. Rabatte oder ein Verzicht auf die Senkung des Schadenfreiheitsrabattes bei einem Schadeneintritt sind aus versicherungsrechtlicher Sicht unzulässig. Durch die Rückgewinnungsmaßnahme darf das Prinzip der Gefahrengemeinschaft nicht beeinträchtigt werden.

Hinsichtlich der beschriebenen Typen im Kundenportfolio muss das Versicherungsunternehmen von unterschiedlichen Chancen für die Kundenrückgewinnung ausgehen. Eine große *Rückgewinnungswahrscheinlichkeit* besteht meist bei Abschöpfungskunden, da sie wegen einer längeren Geschäftsbeziehung in der Vergangenheit noch emotional mit dem Versicherungsunternehmen verbunden sind. Zudem ist die Wettbewerbsposition auf dem relevanten Markt häufig noch sehr stark. Entwicklungs- und Starkunden sind nur unter erheblichen Anstrengungen zurückzugewinnen. Sie werden von vielen Wettbewerbern umworben, da die Geschäftsbeziehung lang- bzw. mittelfristig mit hohen Ertragspotenzialen verbunden ist. Das Interesse an Verzichtskunden ist dagegen wenig ausgeprägt, weil die Attraktivität dieser Kundengruppe zum Beispiel wegen einer ungünstigen Schadenhistorie oder hohen Verwaltungskosten gering ist und die eigene Wettbewerbsposition zugleich schwach ist. Allerdings sollten gerade Versicherungsunternehmen dennoch dieser Kundengruppe Beachtung schenken. Wegen des Vertrauensgutcharakters sowie der hohen Bedeutung des Unternehmensimages bei Versicherungsnehmern und bei Versicherungsvermittlern ist es wichtig, einer negativen Mundkommunikation vorzubeugen. Außerdem kann sich die Kundenattraktivität in der Zukunft wegen positiven Veränderungen im wirtschaftlichen, gesellschaftlichen und technischen Umfeld erhöhen. Daher bedanken sich zumindest viele Versicherungsunternehmen auch bei diesen Kunden für das entgegengebrachte Vertrauen (Sauerbrey/Henning 2000, S. 32ff.).

In jedem Fall sollten Versicherungsunternehmen die mit den Kundenrückgewinnungsmaßnahmen verbundenen zusätzlichen Verwaltungs- und Vertriebskosten den durch diese Maßnahmen erzielten Gewinnen gegenüberstellen. Wie im Falle des Beschwerdemanagements ist eine genaue Schätzung des geldwerten Vorteils vieler ausschließlich qualitativ messbarer Nutzenkategorien wie des Informationsnutzens sehr schwierig. Zudem müssten Vertriebskosten, die zur proaktiven Abwendung weiterer Kundenverluste einzuplanen sind, berücksichtigt werden.

5.2.3.3 Ergebnisebene: Kundenwert

Mit zunehmendem Wettbewerbs- und Kostendruck überdenken viele Versicherungsunternehmen das Management ihrer Kundenbeziehungen. Nur wenn ein Unternehmen gezielt den Wert seiner Kunden analysiert, kann es seine Absatzpotenziale voll ausschöpfen und zugleich Vertriebaktivitäten effizient planen (SAP 2004, S. 153). Dennoch erkannte der Außendienst der meisten Versicherungsunternehmen einer Studie des Instituts für Demoskopie Allensbach zufolge noch bis Ende der 1980er Jahre die hohe Erfolgswirksamkeit der Kundenbindung nicht (Lange 1995, S. 20). Die Situation änderte sich im Zuge der Deregulierung des europäischen Versicherungsmarktes. Nach einer empirischen Untersuchung von Reich war im Oktober 2000 für knapp 60 % der Vertriebsentscheider eine Kundenwertermittlung über IT-Systeme wünschenswert gewesen (Reich 2003, S. 214). Fünf Jahre später setzten viele Unternehmen bereits spartenübergreifende Kundenwertmodelle ein (Peill/Raabe 2006, S. 1311).

Kunden lassen sich als Investitionsfelder verstehen, die über einen Lebenszyklus hinweg mit Einnahmen und Ausgaben einhergehen. Jedoch ist die Berechnung des Kundenwertes in der Versicherungsbranche eine große Herausforderung. Mehrere Probleme ergeben sich dabei:

(1) Betrachtung des Kunden. Eine entscheidende Frage ist zunächst, ob Werte für Kundengruppen *(aggregierter Kundenwert)* oder einzelne Kunden *(disaggregierter Kundenwert)* berechnet werden sollen (Diller/Haas 2005, S. 116). Im zweiten Fall ergeben sich zwar feinere Ergebnisse, jedoch ist der Berechnungsaufwand erheblich größer.

(2) Prognoseprobleme. Wenn sämtliche künftigen Erfolgsbeiträge des Kunden in die Berechnung einfließen, entspricht der Kundenwert dem Konzept des Kundenwertes über die gesamte Kundenbeziehungsdauer. Dieser *Customer-Lifetime-Value* ließe sich vereinfacht aus Prämieneinnahmen und Kapitalanlagegewinnen abzüglich Schäden, Betriebskosten einschließlich Provisionen und Kapitalkosten berechnen (Wagner/Deppe 2004, S. 571f.). Der zukunftsorientierte Kundenwert ist aus der Sicht eines wertorientierten Managements interessant. Andererseits ist seine Ermittlung mit Prognoseproblemen verbunden. In der Versicherungsbranche ist die Prognosemöglichkeit vor allem durch vertragliche Vereinbarungen gestützt. Im Lebensversicherungsgeschäft ist eine solche Prognose noch recht stabil, da die Verträge grundsätzlich längere Laufzeiten aufweisen, der Kunde bei einer vorzeitigen Kündigung des Vertrages mit ungünstigen Rückkaufswerten rechnen muss und ein Wechsel zu einem anderen Anbieter sich während der Laufzeit des Vertrages für den Kunden häufig nicht rechnet. Bei den meisten Schaden- und Unfallversicherungen sowie in der Kfz-Versicherung ergeben sich jedoch für den Kunden kaum nachteilige wirtschaftliche Konsequenzen, wenn er den Vertrag nach relativ kurzer Zeit kündigt, weil er zum Beispiel einen wesentlich günstigeren Anbieter gefunden hat. Die Stornowahrscheinlichkeit ist in den betreffenden Versicherungssparten daher in der Regel hoch. Es liegt in diesem Fall nahe, die Dauer der Kundenbeziehung gestützt auf der Basis von Durchschnittswerten in der Vergangenheit zu schätzen.

(3) Berücksichtigung monetärer und nicht monetärer Größen. Eine Kundenwertberechnung, die sich ausschließlich auf monetäre Größen beschränkt, ist leichter durchführbar und nachvollziehbar. Allerdings bleibt die Ermittlung des Kundenwertes dann unvollständig. So tragen nicht-monetäre Größen wie das Weiterempfehlungsverhalten maßgeblich zum Wert einer Kundenverbindung bei (Diller/Haas 2005, S. 116ff.).

Die Berechnung einzelner Komponenten des Kundenwertes in der Versicherungswirtschaft ist in den letzten Jahren Gegenstand einiger Veröffentlichungen in Fachzeitschriften und wissenschaftlichen Publikationen gewesen. Zu beachtende Kundenwertkomponenten sind vor allem:

(1) Prämieneinnahmen
Basis im Rahmen der Kundenwertberechnung sind die Prämieneinnahmen. Sie sind in der Regel durch vertragliche Vereinbarungen gut prognostizierbar. Problematisch dürfte eine solche Prognose allerdings im Industrieversicherungsgeschäft sein, da – häufig unter starkem Einfluss von Versicherungsmaklern – Prämien jährlich verhandelt werden und erfahrungsgemäß starken Schwankungen unterliegen.

(2) Schadenzahlungen
Künftige Schadenzahlungen sind für eine Versicherungsgesellschaft in allen Geschäftssparten nur mit hohem Aufwand zu prognostizieren. Ein typisches Beispiel sind die Auswirkungen der Kundenangaben zu seiner Person und der Qualität seines Risikos (Friederichs-Schmidt/Wagner 2006, S. 216). Auch bei wahrheitsgemäßen Angaben ist eine zutreffende Prognose der zu erwartenden Schadenzahlungen nur durch eine systematische Analyse von Risikoinformationen möglich. Die Beurteilung des Wertes von Neukunden ist wegen einer fehlenden Schadenerfahrung stets schwierig (Wagner/Deppe 2004, S. 572).

(3) Informationswert
Eine wichtige nicht-monetäre Größe ist der Informationswert. Informationen erhalten zum Beispiel die Versicherungsvermittler im Dialog mit dem Kunden. Sie gewinnen einen Eindruck von der Bedürfnislage, positiven Erlebnissen und auch Unzufriedenheitsquellen in Folge der Kundenbeschwerden. Das Feedback könnte wertvolle Informationen für künftige Produkt- und Serviceverbesserungen liefern. Allerdings ist der Wert dieser Informationen schwer in Geldeinheiten zu messen. Eine weitere Herausforderung ist die effiziente Nutzung dieser Informationen (Eurich 2001, S. 241).

(4) Referenzwert

Obwohl Referenzen im Zusammenhang mit Versicherungen selten auftreten, nehmen sie in der Branche eine wichtige Stellung ein (Friederichs-Schmidt/Helten 2006, S. 513). Da viele Versicherungskunden zum Zeitpunkt der Kaufentscheidung noch keine konkrete Erfahrung z.B. mit der Schadenregulierungspraxis und der Beratungsqualität der Gesellschaft in der laufenden Vertragsbeziehung haben, kommt Empfehlungen in der Branche eine besondere Bedeutung zu. Auch hier ist die Berechnung eines monetären Wertes nur in grober Schätzung z.B. auf Basis von Durchschnittswerten aus der Vergangenheit möglich.

(5) Cross-Selling-Wert

Cross-Selling-Erfolge tragen für Versicherungsunternehmen ausgesprochen positiv zum Kundenwert bei, da sich Akquisitionskosten deutlich einsparen lassen. Die Kosten für einen Vertragsabschluss liegen bei Mehrvertragskunden etwa 80 % unter denen des Abschlusses mit Neukunden. Die starke Kostenreduzierung geht vor allem auf die deutlich verringerten Kosten für Werbeaufwendungen, Besuchsvorbereitungen und Beratungsgespräche zurück. Ein zweiter positiver Effekt des Cross-Selling-Erfolges besteht in einer rückläufigen Schadenhöhe mit einer Zunahme von Mehrvertragskundenbeziehungen (Lange 1995, S. 19). Die Schätzung des Cross-Selling-Wertes ist nur ungenau möglich, da zum Zeitpunkt der Kalkulation z.B. die künftigen Aktivitäten der Wettbewerber und ihre Auswirkungen auf die eigenen Prämien sowie der Einfluss möglicher Gesetzesänderungen auf den Absatz bestimmter Produkte in der Regel nicht bekannt sind. Eine sinnvolle Alternative könnte darin bestehen, die Berechnung des Cross-Selling-Wertes auf gut abschätzbare Zusatzgeschäfte und typische Komplementärgeschäfte zu beschränken. Im Durchschnitt liegt die Cross-Selling-Quote deutscher Versicherer unter zwei Produkten pro Kunde (Ritter/Schlangen 2006, S. 16).

(6) Penetrationswert

Im Hinblick auf den Penetrationswert, d.h. die Ausschöpfung des Umsatzpotenzials bei einem Kunden in der bisher angebotenen Produktkategorie, bestehen je nach Versicherungssparte mehr oder weniger gute Möglichkeiten. So wird ein Lebensversicherungskunde keinen Wiederholungskauf tätigen, sondern nur dann eine weitere Lebensversicherung abschließen, wenn sich seine Lebenssituation oder bestimmte gesetzliche Rahmenbedingungen (z.B. steuerliche Überlegungen) stark verändern. Häufiger sind Wiederholungskäufe in der Kfz-Versicherung, da gelegentlich ein zweites oder ein neues Fahrzeug bei dem bisherigen Anbieter versichert wird. Denkbar wäre die Ausschöpfung des Penetrationspotenzials vor allem für bankähnliche Dienstleistungen, die mit einem Ansparvorgang verbunden sind (z.B. Rentenversicherung).

(7) Erzielung eines Preispremiums

Die Erzielung eines Preispremiums, d.h. eines Zusatzgewinns durch die Möglichkeit, höhere Prämien zu vereinnahmen, ist sowohl schwer abzuschätzen als auch aller bisherigen Erfahrung nach schwer umzusetzen. Häufig verkaufen sogar Vermittler zusätzliche Versicherungsprodukte an einen bestehenden Kunden nur mit Rabatten, die ja den Kundenwert wieder schmälern.

Die Nutzung sämtlicher Möglichkeiten der Kundenwertsteigerung führt in letzter Konsequenz zu einer Bestandssicherung, einem Bestandswachstum und der Erhöhung der Bestandsprofitabilität (s. Abb. 5-13).

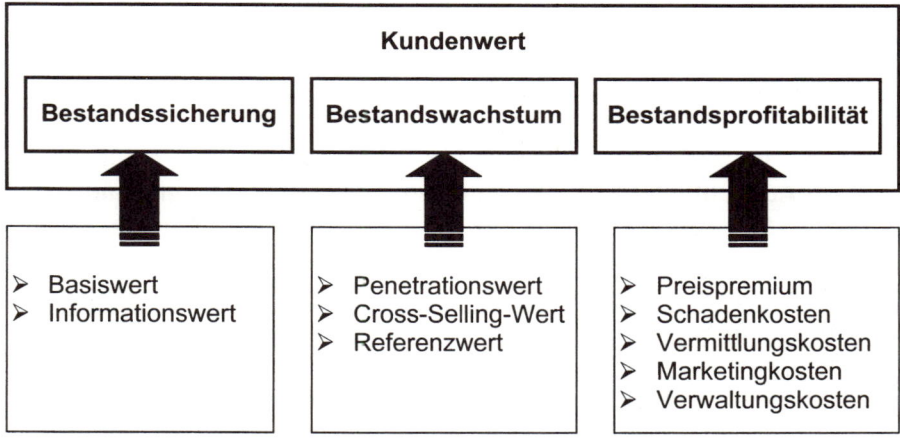

Abb. 5-13: Komponenten des Kundenwertes

Trotz der erwähnten Schwierigkeiten bei der Berechnung der einzelnen Kundenwertkomponenten zeigte sich in einer empirischen Studie des Beratungsunternehmens Mummert Consulting AG die hohe Bedeutung, die Top-Manager in der Versicherungswirtschaft der Kundenwertentwicklung beimessen. Versicherungsgesellschaften verbinden das Kundenwertkonzept hauptsächlich mit der Profitabilität eines einzelnen Kunden. Obgleich mehr als 80 % der befragten Unternehmen weiche bzw. nicht-monetäre

Größen wie die Loyalität der Kunden als ebenso wichtig einschätzen wie klassische Kosten- und Erlösgrößen, erfolgt die Berechnung des Kundenwertes in der Praxis vorrangig auf der Basis direkt quantifizierbarer Größen. Als wichtigste qualitative Einflussgröße auf den Kundenwert sehen Versicherungsgesellschaften nach dieser Studie das Cross-Selling-Potenzial. Die relativ geringe Bedeutung, die dem Referenzpotenzial in der Unternehmenspraxis beigemessen wird, überrascht, da der Vertrauensgutcharakter von Versicherungen eine sehr hohe Bedeutung des Referenzpotenzials im Rahmen von Kundenwertberechnungen vermuten lässt (Forthmann 2004, S. 42f.).

Bei der Berechnung des Kundenwertes sind einige Zusammenhänge zwischen den einzelnen Kundenwertkomponenten in Abhängigkeit vom Kundentyp recht auffällig. Traditionelle Kunden verursachen in der Regel eine höhere Betriebskostenquote und höhere Verwaltungskosten als „moderne" Kunden, da sie wesentlich betreuungsintensiver sind. Auf der anderen Seite waren bisher die Schadenquoten bei der traditionellen Kundengruppe geringer (s. Tab. 5-3).

Jahr	Versicherer mit traditioneller Ausrichtung der Kundenstämme		Versicherer mit moderner Ausrichtung der Kunden-	
	Schaden-quote	Betriebskosten-Satz	Schaden-quote	Betriebskosten-satz
1997	64 %	30 %	75 %	22 %
1998	62 %	31 %	76 %	23 %
1999	65 %	32 %	77 %	23 %
2000	66 %	32 %	77 %	23 %
2001	65 %	32 %	75 %	23 %
2002	72 %	33 %	78 %	23 %

Tab. 5-3: Zeitreihenvergleich der Schaden- und Betriebsaufwendungen in Prozent der verdienten Bruttoprämie für Versicherungskunden (Quelle: Waber/Gaedeke 2004, S. 478)

Allerdings ändert sich dieses Bild in einer Phase starker Preisorientierung und niedriger Prämiensätze (sog. „soft market"). In einer solchen Situation sind die Schaden- und Betriebskosten von Unternehmen mit traditioneller Kundschaft höher (Waber/Gaedeke 2004, S. 478).

Sollte die Berechnung des Kundenwertes trotz der großen Unschärfen eine klare Tendenzaussage ermöglichen, können entsprechende Handlungsempfehlungen aus wertorientierter Sicht eingeleitet werden. Beispielsweise sollte die Versicherungsgesellschaft bei Bestandskunden mit eindeutig negativem Kundenwert über eine Erhöhung der Prämie bei der nächsten Gelegenheit nachdenken. Für nachhaltig wertvernichtende Kundenbeziehungen liegt die Kündigung des Vertrags nahe, während werthaltige Kunden dagegen von Rabatten und einer intensiveren Betreuung profitieren könnten (Wagner/Deppe 2004, S. 572). Allerdings sollten solche grundsätzlichen Entscheidungsregeln stets unter Berücksichtigung weiterer möglicher Wirkungen gesehen werden, die bei der üblichen Berechnung des Kundenwertes keine Beachtung finden aber dennoch zumindest mittelbaren Einfluss auf den Kundenwert haben. Hierzu gehören beispielsweise mögliche Imageschäden oder eine Verärgerung von Vermittlern mit finanziellen Folgen für die Versicherungsgesellschaft infolge des harten Sanierungskurses.

Nicht zuletzt sind Kundenbewertungsansätze stets unter dem Vorbehalt datenschutzrechtlicher Bedenken zu sehen. Die systematische Analyse, Verarbeitung und Speicherung von Kundendaten ist lediglich für den Zweck der Vermeidung des Versicherungsbetrugs aus Sicht der Verbraucherschützer akzeptabel. Selbst in diesem Fall hat der Verbraucher ein Recht zu erfahren, welche Daten über ihn erfasst, weiterverarbeitet und gespeichert werden. Die Verwertung von Kundendaten im Sinne einer Kundenbewertung für marketing- und vertriebspolitische Entscheidungen ist weit kritischer zu sehen. In der Praxis erstellen die Versicherungsunternehmen so genannte Kundenscores auf der Basis von Kriterien, die risikoarme von riskanten Kundenverbindungen zu unterscheiden helfen. Häufig werden diese Scores ohne Einwilligung des Kunden aus einer automatisierten Datenanalyse gewonnen. Auch sind die Versicherungsunternehmen oder die von ihnen beauftragten externen Dienstleister zu einer genauen Dokumentation des Scoring-Verfahrens verpflichtet (Ehler 2006, S. 1759). Eine sehr sensible Vorgehensweise erscheint wegen des Vertrauensgutcharakters, des schlechten Branchenimages und des Verbraucherschutzes unbedingt geboten.

5.2.4   Vermittlerbezogenes Controlling

5.2.4.1   Vermittlerpotenzial

5.2.4.1.1 Einflussfaktoren

Die Beurteilung der Vertriebseffizienz ist kein neues Thema in der Versicherungswirtschaft.
Wichtig ist vor allem, Faktoren zu steuern, die zu einer möglichst guten Ausschöpfung des Vertriebspotenzials der Vermittler führen. Bei genauerer Betrachtung sind die Einflussfaktoren auf die Vertriebsleistung äußerst vielfältig und komplex. Effizienzkritisch sind für Ausschließlichkeitsorganisationen vor allem (s. z.B. die Studie der Unternehmensberatung Tillinghast-Tower Perrin aus dem Jahre 2001, zitiert nach Weigelt/Engler 2003, S. 282ff.):

➢ das Vergütungsmodell für die Agenten,
➢ die Verfahren zur Selektion der Vermittler,
➢ die Fluktuation der Vermittler,
➢ die Qualität der Aus- und Weiterbildung,
➢ sowie die Konkurrenzfähigkeit des Produktangebots.

Bei Betrachtung der genannten Faktoren zeigt sich einerseits die hohe Bedeutung des Personalcontrollings und andererseits die gegenseitige Abhängigkeit zwischen Vermittlerleistung und Gesamtunternehmensleistung. Die Qualität des Produktangebotes liegt ebenso wie das Image und die Markenstärke im Verantwortungsbereich des Gesamtunternehmens. Versicherungsunternehmen, die über ein wenig konkurrenzfähiges Produktangebot, schlechtes Preis-/Leistungsverhältnis oder ein schlechtes Image verfügen, müssen mit einer geringen Vertriebseffizienz rechnen. Das Potenzial von Vermittlern, die über eine hervorragende persönliche Eignung und exzellente verkäuferische Fähigkeiten verfügen, kann in diesem Fall nicht voll ausgeschöpft werden. Wenn ein Versicherungsunternehmen die genannten Steuerungsgrößen kontinuierlich verbessert, sind Steigerungen der Vertriebsleistung zu erwarten. Die positiven Auswirkungen dieser Steuerungsgrößen auf die Motivation, Eignung und Fähigkeiten der Vermittler führen zu einer Leistungssteigerung. Die Einführung von Vergütungsmodellen im Sinne einer leistungsgerechten und fairen Belohnung geht neben weiteren betrieblichen Faktoren mit einer hohen Zufriedenheit der Vermittler einher. Gleichzeitig sinkt die Fluktuationsneigung, d.h. die vom Versicherungsunternehmen nicht gewollte Kündigung des Agenturvertrages bzw. des Arbeitsvertrages durch die selbstständigen oder angestellten Vermittler. Abb. 5-14 verdeutlicht die Zusammenhänge.

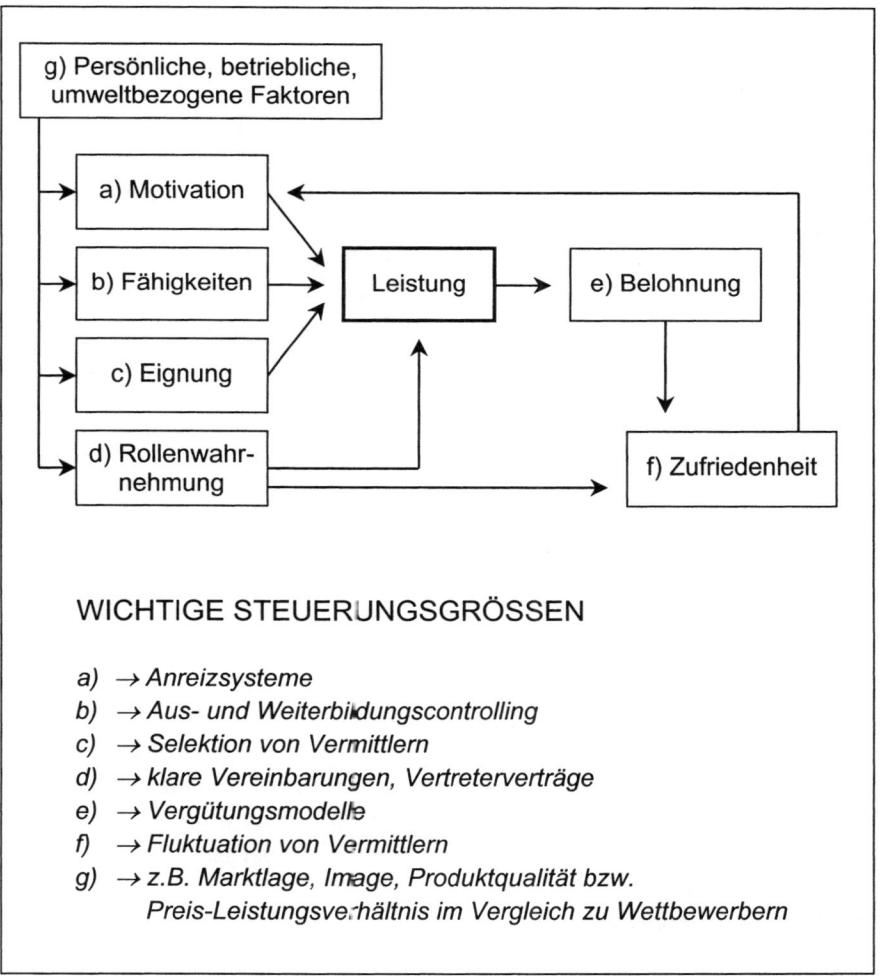

Abb. 5-14: Determinanten der Verkäuferleistung
(Quelle: in Anlehnung an Churchill/Ford/Walker 1990, S. 335)

5.2.4.1.2 Vermittlerportfolios

Bei der Beurteilung der Vertriebsstrategie ist die Frage interessant, welchen Einfluss einzelne Vermittlertypen auf den Erfolg des Versicherungsunternehmens haben. Werden auf einer Dimension die Erfolgsziele des Unternehmens und auf der anderen Dimension die Form der Kundenorientierung gewählt, lässt sich ein Portfolio entwickeln, das die in der Praxis gebräuchlichsten Verkaufsstrategien andeutet:

(1) Produktorientierte Vermittler
Die klassische Verkaufsstrategie in der Versicherungsbranche ist der reine Produktverkauf. Viele Vermittler konzentrierten sich in der Vergangenheit bei ihren Absatzbemühungen auf das Produkt, von dem sie sich in der jeweiligen Verkaufssituation die größte Abschlusswahrscheinlichkeit versprachen. Andere Bedarfsfelder des Versicherungsnehmers blendeten sie dabei aus. Das vorhandene Produktangebot ist Dreh- und Angelpunkt der Gewinnung von Kunden. Aus der Sicht des Unternehmens ist es möglich, sich auf einzelne, gewinnträchtige Transaktionen zu konzentrieren. Der Anspruch an die fachliche und verkäuferische Qualifikation ist relativ gering. Auch heute noch sind Versicherungsgesellschaften teilweise als „Produktgeber" an der starken Favorisierung des Produktverkaufs beteiligt, da sie für vorgegebene Produkte einen besonderen Vertriebs- und Abschlussdruck aufbauen. Unter dem hohen Erfolgsdruck versuchen die Vermittler sogar, den bestehenden Versicherungsschutz bei einem Wettbewerber durch gleichartige eigene Produkte zu ersetzen. Die produktorientierten Vermittler sind in wettbewerbsintensiven Versicherungsmärkten weniger erfolgreich (Kreutz/Osterloff 2004, S. 501), da der Kunde zunehmend anspruchsvoller wird, besser informiert ist und von sich aus oder über die Einschaltung eines Maklers Angebote preislich und qualitativ vergleicht. Produktorientiertes Verkaufen ist jedoch auch in der Zukunft relativ problemlos möglich, wenn die betreffenden Produkte stark standardisiert und ausgereift sind sowie die Bedarfssituation des Kunden bereits vor dem Kundenkontakt eindeutig identifizierbar ist.

(2) Beratungsorientierte Vermittler
Die gestiegenen Kundenansprüche der Versicherungsnehmer, die geringere Transparenz des Marktangebotes sowie die hohe Dynamik des politisch-rechtlichen Umfeldes in versicherungsrelevanten Bereichen legen einen beratungsorientierten Verkaufsansatz nahe. Beratungsorientierte Vermittler verkaufen systematisch, in dem sie gemeinsam mit dem Kunden die Bedarfssituation gewissenhaft erfassen und die gefundenen Versorgungslücken nach den Prioritäten des Kunden schließen. Sie kennen

zudem ihre Kunden und deren Lebenssituation gut. Ihr Erfolg beruht auf einem bedarfsgerechten Produktverkauf und einem Vertrauensbonus, den sie sich durch gute Beratung aufgebaut haben. Die Erfolgsposition stellt sich jedoch nicht in kurzfristiger Perspektive ein, da erhebliche Investitionen in den Beziehungsaufbau und in die Beziehungspflege den Erträgen aus der Kundenbeziehung in der Regel vorausgegangen sind. Allerdings sind die durch beratungsorientierte Vermittler gewonnenen Kundenverbindungen häufig wertvoller, da die Beziehung des Kunden zum Berater stabiler ist, der Kunde die Cross-Selling-Angebote des Beraters häufig positiv aufgreift und die Gesellschaft irgendwann mit hoher Wahrscheinlichkeit weiterempfiehlt (Kreutz/Osterloff 2004, S. 502). Die erfolgreiche Umsetzung des beratungsorientierten Ansatzes, der ja durch die EU-Vermittlerrichtlinie gefördert wird, stellt hohe Anforderungen an die fachliche und verkäuferische Qualifikation der Vermittler.

(3) Beziehungsorientierte Vermittler
Versucht der Vermittler gleichzeitig gute Geschäftsbeziehungen auf der Basis eines persönlichen Vertrauensverhältnisses und Gewinnziele zu realisieren, richtet er die Kundengewinnung am Kundenwert aus. Bevor der Vermittler das Gespräch mit dem Kunden sucht schätzt er kurz- und langfristige Bedürfnisse sowie das Cross- und Up-Selling-Potenzial ab. Der beziehungsorientierte Vermittler konzentriert sich auf Kundenverbindungen, die ein hohes Potential haben (Diller/Haas/Ivens 2005, S. 226). Für einmalige Gelegenheiten bzw. die Gewinnung von Laufkunden ist er weniger geeignet. Der Verkaufsansatz erfordert sehr viel Einfühlungsvermögen in die Situation des Kunden, eine systematische Kundenanalyse und kommunikative Fähigkeiten. Fundierte produktbezogene Fachkenntnisse und Expertenwissen sind hilfreich, jedoch nicht ganz so wichtig wie bei beratungsorientierten Vermittlern.

(4) Projektorientierte Vermittler
Die Zielsetzung des projektorientierten Verkäufers besteht darin, durch das gemeinsame Entwickeln einer Kundenlösung zu lernen und langfristig nutzbares Wissen zu erwerben bzw. auszubauen. Die Möglichkeiten einer solchen Zusammenarbeit sind für unabhängige Versicherungsvermittler, d.h. die mittelständischen Finanzmakler sowie die großen Industrieversicherungsmakler und die mit ihnen zusammenarbeitenden Versicherungsunternehmen interessant. Häufig liefert der Firmenkunde durch seine sehr spezielle Risikosituation Impulse, neue Wege im Versicherungsschutz zu gehen, die von bisherigen Lösungen abweichen. Um eine überlegene Marktposition aufzubauen und Erfahrungen mit überschaubarem Risiko zu sammeln, liegt es nahe, das innovative Konzept zunächst auf einzelne

Transaktionen zu beschränken. Vermittler, die projektorientiert verkaufen, müssen über gut funktionierende Teamstrukturen verfügen. Idealerweise ist eine interdisziplinäre Zusammenarbeit bereits eingespielt, um der Einmaligkeit und der hohen Komplexität der Kundenverbindung angemessen zu begegnen.

		Projektorientierter Vermittler	Beratungsorientierter Vermittler
Ziel-orientierung	Erfolgs-Position		
	Gewinn	Produktorientierter Vermittler	Beziehungsorientierter Vermittler

Fokus auf einzelnen Transaktionen   Fokus auf Kontinuität der Geschäftsverbindung

Kundenorientierung

Abb. 5-15: Akquisitionsportfolio
(Quelle: in Anlehnung an Diller/Hass/Ivens 2005, S. 226)

Einzelne Vermittler bevorzugen einerseits aus Gründen der persönlichen Veranlagung und andererseits aus kundenbezogenen und situativen Überlegungen wie dem Marktumfeld eine bestimmte Orientierung in ihrer Verkaufsstrategie. Gelegentlich lassen sich Versicherungspraktiker aufgrund der Veränderungen im Marktumfeld dazu verleiten, eine dieser Verkaufsstrategien generell als die beste oder sogar einzig wahre Orientierung intern zu vermarkten. Um das Erfolgspotenzial auf dem Versicherungsmarkt möglichst voll auszuschöpfen ist es aber stattdessen meist naheliegend, einen Ausgleich in der Anwendung der verschiedenen Verkaufsansätze im Unternehmen zu fördern. Diese Empfehlung entspricht dem Grundgedanken der Portfolioanalyse. So hatte die ursprüngliche Favorisierung des produktorientierten Vermittlers den Nachteil, überwiegend das Neugeschäft zu forcieren. Als der Wettbewerb sich verschärfte, entstand ein starker Druck auf die Prämien und die Optimierung von Vertriebs- und Verwaltungskosten. Eine ausschließliche Konzentration auf die beratungsorientierte Vermittlung ist ebenfalls aus der Gesamtunternehmensperspektive problematisch. Nicht alle Produkte und Serviceleistungen eines Versicherungsunternehmens sind hochkomplex und von starken Veränderungen des juristischen und ökonomischen Umfeldes betroffen. Würden alle Vermittler beratungsorientiert verkaufen, wäre mit einer Explosion von Weiterbildungskosten und für Teilbereiche mit einer deutlichen Überqualifizierung zu rechnen. Dennoch dürfte zumindest aus aktueller Sicht der Anteil beratungsorientierter Vermittler in den nächsten Jahren deutlich zunehmen. Der vom Gesamtverband der deutschen Versicherungswirtschaft und berufsständigen Organisationen regelmäßig veröffentlichte Stand über die Berufs-, Schul- und Hochschulausbildung der in der Branche im Innendienst Beschäftigten sowie der hauptberuflichen Vermittler bestätigt diesen Trend.

Eine ausschließliche Konzentration auf den beziehungsorientierten Verkauf wäre aus Gesamtunternehmenssicht ebenfalls äußerst problematisch. Eine Fokussierung auf wertvolle Kundenbeziehungen wirkt sich zwar günstig auf die Gewinnsituation und die Stabilität des Kundenportfolios aus, ist jedoch wegen der geschilderten Probleme der Kundenwertbestimmung eine große methodische Herausforderung. Zudem werden auch die Wettbewerber das Cross-Selling-Potenzial der entsprechenden Kundensegmente zumindest mittel- bis langfristig erkennen und durch ihre Marketing- und Vertriebsaktivitäten versuchen, Kunden abzuwerben. Es werden höhere Investitionen in diese Geschäftsverbindungen nötig sein, um die Stornoquote auf geringem Niveau zu halten.

Im Sinne eines Bildungscontrollings könnte das Versicherungsunternehmen zumindest die Verkaufsorientierungen der Vermittler im angestellten Außendienst oder im Ausschließlichkeitsvertrieb von Zeit zu Zeit in einer repräsentativen Stichprobe in Erfahrung bringen. Sicher ließen sich grobe verkaufspolitische Fehlsteuerungen erkennen und durch geeignete Maßnahmen wie Seminarangebote gegensteuern.

5.2.4.2 Prozessebene

5.2.4.2.1 Personalcontrolling

Versicherungsunternehmen, die sich zu dem geschilderten wertorientierten Management im Vertriebsbereich bekennen, stellen wichtige Weichen bereits mit der Auswahl ihrer Vermittler. Im Grunde kann ein Versicherungsunternehmen wie alle Unternehmen der Dienstleistungsbranche nur so gut sein wie seine Mitarbeiter (Berry/Parasuraman 1999, S. 89).

In vielen Versicherungsgesellschaften herrscht eine große Unsicherheit über das *Anforderungsprofil für erfolgreiche Versicherungsverkäufer.*

Häufig sind in entsprechenden Stellenanzeigen Merkmale wie Kommunikationsstärke, verkäuferisches Talent, kaufmännische Vorbildung, Bereitschaft auch abends zu arbeiten und technisches Geschick erwähnt. Als Anreize stellen viele Gesellschaften lediglich hohe Prämien und finanziellen Reichtum in Aussicht. Der allgemeine Charakter der Beschreibung des Anforderungsprofils sowie das „Locken durch Geld ohne eine klare Aussage, ohne eine positive Formulierung des Berufs- und Arbeitgeberimages wirkt (jedoch auf die Bewerber) eher wie das Versprechen eines Schmerzensgeldes für das Ergreifen einer unangenehmen Tätigkeit" formulieren Lieske & Söhlemann prägnant. Ist das Anforderungsprofil unklar und mehrdeutig, gestaltet sich das anschließende Interview mit den Bewerbern, die teilweise unwissend und unmotiviert in das Gespräch gehen, schwierig. Qualifizierte und motivierte Bewerber bleiben unter Umständen wegen des hilflos und ungeschickt wirkenden Auftretens der Gesellschaft aus (Lieske/Söhlemann 2004, S. 1125f.).

Aus einer Controlling-Perspektive ist die Auswahl von Versicherungsvermittlern schon deshalb ein entscheidender Erfolgsfaktor, weil häufig Jahre vergehen, bis ein neues Mitglied der Vertriebsorganisation für eine umfassende Beratung hinreichend qualifiziert ist. Künftig werden zudem die Ansprüche an die Ausbildung – bedingt durch das Wettbewerbsumfeld und die erwähnte Umsetzung der EU-Vermittlerrichtlinie – deutlich höher anzusetzen sein. Kreutz & Osterloff erwähnen in diesem Zusammenhang treffend den Vergleich mit dem klassischen Lehrberuf des Friseurs, der zwei Jahre ausgebildet wird, um Kunden Haare schneiden zu dürfen. Es ist daher nicht nachvollziehbar, warum Versicherungsvermittler nach wenigen Wochen Kunden in Rentenfragen beraten sollen (Kreutz/Osterloff 2004, S. 546).

Im Rahmen der Potenzialbewertung bereits engagierter Vermittler beklagen nach einer von Accenture und den Marktforschungsunternehmen GfK/contest gemeinsam durchgeführten Studie mit rund 60 Sach-, Lebens- und Krankenversicherungsvorständen die Versicherer vor allem die Qualitäten der Führungskräfte im Vertrieb. So wird insbesondere die Praxis der Sanktionierung schlechter Leistungen, der Entwicklung und Umsetzung von Ideen zur Generierung von Neugeschäft, der Motivierung von Mitarbeitern sowie der Zielformulierung und Kontrolle der Zielerreichung moniert (Dewor/Richter 2004, S. 66ff.).

Aus der Erfahrung ließe sich zumindest auf der Basis einer Checkliste wie Abb. 5-16 eine Tendenzaussage für die Eignung von Vermittlern treffen. Große Ausschließlichkeitsorganisationen können dieses Profil auf der Basis ihres umfangreichen Datenmaterials unter Berücksichtigung der unternehmensspezifischen Ziele erheblich verfeinern.

Solange die Versicherungsgesellschaft noch keinen Agenturvertrag vereinbart hat und lediglich die Eignung potenzieller Agenten festzustellen ist, liegt die Befragung der Bewerber mit Hilfe von Interviewleitfäden nahe. Solche Leitfäden kommen in der Versicherungspraxis regelmäßig zum Einsatz. In etwa 60 einzelnen Fragen werden z.B. die Kontaktfähigkeit, Belastbarkeit, Ausdauer, Begeisterungsfähigkeit, die Intelligenz und die äußere Erscheinung der Bewerberinnen und Bewerber beurteilt. Problematisch an der Durchführung derartiger Befragungen ist die dennoch hohe Fluktuationsrate der im Versicherungsaußendienst engagierten Personen in den ersten zwei Jahren. Sie kann bei bis zu 50 % liegen. Dieses Ergebnis deutet auf ein höheres Maß an Unzufriedenheit bei einigen Vermittlern hin. Ursache hierfür sind in vielen Fällen stark gegenläufige Erwartungen von Agent und Gesellschaft (Eickenberg 2006, S. 33).

Viele aus dem Angestelltenverhältnis bekannte Beurteilungsmethoden sind bei einem Ausschließlichkeitsvertreter nach der Vereinbarung eines Agenturvertrages nicht umsetzbar. Dennoch bietet die Marktforschung ein völlig ausreichendes Repertoire an Methoden, um Zusammenhänge zwischen bestimmten Vermittlereigenschaften und Größen des wertorientierten Managements zu ergründen. So lassen sich Korrelationen zwischen soziodemograhischen Daten und Persönlichkeitseigenschaften der Vermittler zu Erfolgen in der Gewinnung und Bindung von Kunden ermitteln. Auch das Bildungscontrolling ist eine interessante Möglichkeit, das Qualifikationsprofil des Vertriebs zu stärken. Die in Vertreterverträgen erwähnten Schulungsmaßnahmen fordern die Versicherungsgesellschaft geradezu heraus, kontinuierlich an attraktiven Schulungsangeboten zu arbeiten und deren Erfolg gewissenhaft zu messen. Nur dann sind die Vermittler bereit, diese Angebote selbst dann zu nutzen, wenn die kostbare Zeit für die eigentliche Vermittlertätigkeit geopfert werden muss.

Checkliste zur Beurteilung der Eignung von Versicherungsvermittlern

A. Motivationale Eignung

1. Valenz der Motivation (Antrieb durch inhaltliche Bewertung der Tätigkeit)
  ➤ Reizt vor allem die Bewältigung der Aufgabe selbst oder nur Anerkennung?
  ➤ Ist die Lust, Meinungen anderer Menschen zu steuern, ausgeprägt?
  ➤ Besteht die Bereitschaft zu starkem persönlichen Einsatz und Fleiß?
  ➤ Wie werden verkäuferische Niederlagen verarbeitet (Frustrationstoleranz)?

2. Instrumentalität der Motivation (Überzeugung, Ziele erreichen zu können)
- ➢ Überwiegt der Optimismus?
- ➢ Werden Handlungsergebnisse auf eigene Initiative, Fähigkeit zurückgeführt?
- ➢ Ist eine ausgeprägte Unterstützung durch die Familie vorhanden?

B. Fähigkeitsbezogene Eignung

1. Bewältigung unternehmerischer Risiken
- ➢ Beruht die Risikoneigung auf realistischen Zahlen, Fakten, Einschätzungen?
- ➢ Werden Unsicherheiten (auch über einen längeren Zeitraum) gut ertragen?

2. Professionalität der Marktforschung
- ➢ Wird das Entwicklungspotenzial des Kundenbestandes analysiert?
- ➢ Werden Marktchancen in der Region/bei bestimmten Zielgruppen betrachtet?

3. Professionalität der Marktbearbeitung
- ➢ Wird der Kundenbestand sinnvoll qualifiziert?
- ➢ Wird das Potenzial der Bestandskunden gezielt genutzt?
- ➢ Werden Neukunden systematisch gewonnen?

4. Beratungskompetenz- und Problemlösungsfähigkeit
- ➢ Besteht die Fähigkeit des aktiven Zuhörens, des geschickten Fragens?
- ➢ Werden Problembereiche rasch erkannt?
- ➢ Ist der sprachliche Ausdruck leicht verständlich?
- ➢ Sind versicherungsfachliche/allgemeinwirtschaftliche Kenntnisse vorhanden?

5. Erscheinung und Auftreten
- ➢ Besteht die Fähigkeit, Verhaltensweisen je nach der Zielgruppe zu steuern?
- ➢ Wie gut sind die Repräsentations- und Präsentationsfähigkeiten?

6. Kompetenz in der Mitarbeiterführung
- ➢ Können Menschen richtig eingeschätzt werden?
- ➢ Werden „Motivationslöcher" der Mitarbeiter erkannt?
- ➢ Ist die eigene Verhaltensweise für andere berechenbar, gerecht und fair?
- ➢ Wird ein enger Kontakt mit der Belegschaft gesucht und gepflegt?
- ➢ Geht die Führungspersönlichkeit mit positivem Beispiel und tatkräftig voran?

7. Betriebsorganisation/Agenturverwaltung
- ➢ Besteht die Fähigkeit zu sehen, was, wo, wann getan werden muss?
- ➢ Sind Zuständigkeiten/Aufgaben in der Agentur klar abgegrenzt, abgestimmt?
- ➢ Wurden einfache, wiederkehrende Abläufe automatisiert?

Abb. 5-16: Checkliste für die Auswahl von Generalvertretern
(Quelle: in Anlehnung an Ritter 2006, S. 57; Lieske/Söhlemann 2004, S. 1125; Hornthal 2005, S. 607; Hornthal 2004, S. 1671f.)

Für die Auswahl von Vermittlern stehen nach den Erfahrungen von Hornthal eine Vielzahl von eignungsdiagnostischen Methoden zur Verfügung (Hornthal 2004b, S. 549):

➢ *Strukturiertes Interview.* Bei dieser in der Praxis stark verbreiteten Methode sollte der Fragende auf eine höfliche, insistierende, in die Tiefe gehende Art der Befragung achten, um Klarheit über die Erfüllung der relevanten Kriterien zu erhalten.

➢ *Gruppen- und Einzel-Assessment-Center.* Typische Übungen im Rahmen solcher AC's beziehen sich auf die verkäuferische Potenzialermittlung, betriebswirtschaftliche Fähigkeiten, Präsentationsfähigkeiten, die Kontaktfähigkeit und das Verhandlungsgeschick.

➢ *Hausbesuch.* Hausbesuche sollen Aufschluss über die Selbstorganisation, die Unterstützung durch die Familie sowie die Ernsthaftigkeit der beruflichen Veränderung geben.

5.2.4.2.2 Vergütungsmodelle

Traditionell wurde das Vermittlerpotenzial sehr stark umsatzbezogen gesehen. Die Gründe hierfür liegen vor allem in historisch gewachsenen Vergütungssystemen. Mit zunehmendem Wettbewerb stellte sich diese volumenorientierte Vergütung von Versicherungsvermittlern als kontraproduktiv heraus. Angestoßen durch die Forderung nach einer stärkeren Wertorientierung lebte die Diskussion um eine Neugestaltung der Vergütungsmodelle in der Versicherungsvermittlung auf. Die Versicherungsgesellschaften haben zwar die Notwendigkeit erkannt, ihre Absatzpolitik neu auszurichten, jedoch haben alternative Vergütungssysteme bisher meist nur Diskussionsstatus erreicht (Neeb/Riedel 2004, S. 434).

Versuche in der Vergangenheit, eine wertorientierte Vergütung praktisch umzusetzen, stellten sich als schwieriger heraus wie ursprünglich angenommen. Die Einführung wertorientierter Vergütungssysteme erfolgte in mehreren Schritten:

➢ *Annahmerichtlinien* sowie *Integration von Schaden- und Stornoquoten* in die direkte Vergütung. Die Idee, die Höhe der Vergütung von wertsteigernden Bedingungen abhängig zu machen, ist nicht neu. Bisher vermochten diese Anreize kaum oder gar nicht, das über viele Jahrzehnte etablierte Akquisitionsverhalten der Vermittler zu verändern. Die Mehrheit der Versicherungsvertreter setzt nach wie vor auf die schnell und mit geringem Aufwand erzielbare Einnahme. Zudem bergen qualitative Kriterien die Gefahr eines hochkomplexen Systems. Die Vertreter verstehen häufig nicht mehr, wie ihr Einkommen entsteht und sind unzufrieden. Andererseits will die Versicherungsgesellschaft kontraproduktive Entwicklungen wie das Eingehen extrem hoher Risiken durch den Vertreter vermeiden.

➢ *Förderung der Kundenbindung.* Eine hohe Kundenbindung führt in der Regel wegen der eingesparten Vertriebskosten sowie einer günstigeren Schadenquote für die Versicherungsgesellschaft zu Wertsteigerungen. So haben einige Versicherer eine spezielle Provision eingeführt, die bei einer Verlängerung des Versicherungsvertrages gezahlt wird. Üblich ist auch eine besondere Vergütung für die Bestandspflege oder die Restlaufzeit der Verträge. Außerdem zahlten Versicherungsunternehmen Zusatzprämien für geringe Stornoquoten, wenn der Agent diese beeinflussen konnte. Auch diese Modelle warfen in der Vertriebspraxis erhebliche Probleme auf. Sie führten zu komplizierteren Diskussionen mit den Vermittlern und unterstellten eine unterschiedliche finanzielle Gewichtung von Neugeschäft und Bestand.

➢ *Systemwechsel in Richtung Courtage.* Bei diesem im Maklergeschäft üblichen Vergütungsmodell erfolgt eine laufende Provisionszahlung (Görsdorf-Kegel 2003, S. 352). Experten schlagen für das Schaden- und Unfallversicherungsgeschäft vor, eine laufende Provisionszahlung anstelle der üblichen Zahlung einer hohen Abschluss- und niedriger Folgeprovisionen einzuführen. Dieses naheliegende Vergütungssystem scheiterte allerdings bisher ebenfalls häufig am Widerstand der Vermittler (Hanus 2006, S. 25).

➢ *Indirekte Vergütungskomponenten.* In der Praxis haben sich Vergütungen auf Basis von Business Plänen und Wettbewerben bewährt. Sofern die Inhalte des Business Plans transparent formuliert wurden, erkennen die Vertreter auch den Mehrwert der zusätzlichen Vergütung. Da die Ziele des Business Plans nicht vertraglich festgelegt und kurzfristig veränderbar sind, ist das Vergütungssystem vergleichsweise flexibel (Reindl/Blum 2003, S. 1490). Vor allem im Hinblick auf die hohe Dynamik vieler Versicherungsmärkte ist Flexibilität in der Zielformulierung wichtig, da sich die Erreichbarkeit eines Zielniveaus sowie die Qualität von Zielbeziehungen schnell ändern können. Ob dieses Anreizsystem die Zustimmung der Vermittler findet, ist keinesfalls selbstverständlich. Die erwähnten Business Pläne fordern von Gesellschaft und Vermittler ein hohes Maß an Verhandlungsdisziplin und Kompromissbereitschaft sowie Sensitivität für Marktentwicklungen, um gleichzeitig ambitionierte und realistische Zielerreichungsgrade zu planen.

5.2.4.2.3 In- versus Outsourcing

Zu den schwierigsten und folgenreichsten Entscheidungen im Marketing-controlling gehört die Prüfung der Alternative, den Vertriebsbereich teilweise oder sogar vollständig an andere Unternehmen zu übertragen. Eine andere Alternative wäre, die Produktion ganz oder in Teilen auszulagern und den Marketing- und Vertriebsbereich im eigenen Unternehmen zu belassen. In anderen Branchen gehören solche Überlegungen schon längere Zeit zum Controlling-Alltag. So haben einige Unternehmen in der Elektronikbranche und zum Teil auch in der Automobilwirtschaft sich auf einen dieser Funktionsbereiche spezialisiert, um im harten Qualitäts- und Preiswettbewerb besser bestehen zu können. In der Versicherungsbranche sind solche Überlegungen noch im Anfangsstadium.

Erste Ideen in dieser Richtung entstanden in Ausschließlichkeitsorganisationen, die wegen zunehmender Kundenansprüche und des wachsenden Marktanteils der Maklerunternehmen am gesamten Versicherungsvermittlungsvolumen unter Druck gerieten. Auch wenn die Produktpalette großer Allfinanzkonzerne dem Ausschließlichkeitsvertreter hinreichende Beratungs- und Verkaufsoptionen für fast alle Lebenssituationen seines Kunden bot, bestanden in einer Gesamtmarktbetrachtung dennoch Lücken im Produktportfolio. Aus diesem Grund vermitteln heute nahezu alle Versicherungsunternehmen – allerdings unter sehr eng gefassten Bedingungen – Versicherungsschutz anderer Versicherungsunternehmen. Diese Praxis, Lücken im eigenen Produktportfolio zu schließen, wird als *Ventillösung* bezeichnet.

Denkbar sind auch *Make- or Buy-Entscheidungen* im größeren als bisher praktizierten Stil. Solche Lösungen wurden seit längerer Zeit vom Assekuranz Marketing Circle (AMC) in die Diskussion gebracht. Der Erfolg einer solchen Vertriebsstrategie hängt wesentlich davon ab, ob die technische Integration der eingekauften Produkte mit vertretbarem Aufwand gelingt und die Volumina versicherungsökonomisch effizient sind. Auch muss das Provisionssystem des zukaufenden Unternehmens mit dieser Form der Zusammenarbeit vereinbar sein. Nicht zuletzt müssen sämtliche Vertragsdaten, Schadeninformationen, Buchungsdaten und Verkaufsförderungsmaterialien vom System der liefernden Gesellschaft über die Systeme der einkaufenden Gesellschaft und zurück reibungslos abrufbar sein. In letzter Konsequenz sollte sich der Informationsaustausch nicht nur auf das Neugeschäft, sondern auch auf die Bestände erstrecken. Diese Form der Kooperation bringt sowohl für den Einkäufer als auch den Lieferanten eine ganze Reihe von Effizienzvorteilen:

Für den Einkäufer sind dies

➢ Cross-Selling-Potenziale,
➢ die Erhöhung der Änderungsfrequenz des Sortiments,
➢ qualitativ hochwertige Produkte infolge der Spezialisierung des Lieferanten, die zudem noch kontinuierlich verbessert werden.

Der Lieferant

➢ realisiert Verbundseffekte (economies of scope),
➢ stärkt sein eigenes Branding,
➢ nutzt Größenvorteile in Produktentwicklung und Bestandsverwaltung,
➢ könnte das Neugeschäft besser planen,
➢ und könnte seine versicherungstechnischen Ergebnisse verbessern.

Allerdings werden die genannten Vorteile durch einige Nachteile erkauft. So muss der Einkäufer sich mit einer großen Standardisierung der zugekauften Produkte abfinden, da sonst der oben beschriebene reibungslose Austausch diverser Informationen nicht möglich wäre. Er verzichtet für Teile seines Leistungsprogramms auf eine produktorientierte Differenzierung von seinen Wettbewerbern und begibt sich in eine gewisse Abhängigkeit von der Produktqualität und Schadenregulierungspraxis seines Lieferanten. Erstreckt sich der Einkauf auf zentrale Bereiche des eigenen Leistungsprogramms, geht unternehmensintern auf längere Sicht versicherungstechnisches Wissen verloren. Der Lieferant verliert dagegen den direkten Zugang zum Kunden und muss sich unter Umständen auf ein komplexes Schnittstellenmanagement mit seinen Kooperationspartnern einlassen. Er muss zudem zusätzliche Kosten für Schulungs- und Verkaufsförderungsmaßnahmen einkalkulieren (Schneider 2003, S. 1480f.).

Einige große Versicherungsunternehmen entschieden sich dafür, den traditionsreichen Vertrieb über die Handelsvertreter als unternehmensgebundene Absatzorgane von der Versicherungsgesellschaft abzukoppeln und als eigenständige *Vertriebsgesellschaft* auszugliedern. Zu diesem rigorosen und bisher wenig ernsthaft diskutierten Schritt sahen sich die Gesellschaften aufgrund des verschärften Kostendrucks und der stagnierenden Wachstumsraten gezwungen. Anders als in früheren Jahren, gelang es nicht mehr, durch eine Außendienstorganisation mit möglichst vielen Kontaktpunkten auch möglichst viele Kunden zu erreichen. Die Ausschließlichkeitsorganisation ist teuer geworden. Für viele erfolgsverwöhnte Versicherungsgesellschaften war ein schleppender Absatz oder ein rückläufiger Marktanteil eine neue Erfahrung. Es drängt sich die Frage auf, ob die Produkte oder der Vertrieb im Wettbewerbervergleich schlechter zu bewerten sind. Da in vielen Fällen der Nachweis gelang, dass die Produkte sich bestenfalls unwesentlich von Wettbewerberangeboten unterschieden, geriet der Vertrieb in Erklärungsnot (Nickel-Waninger 2005, S. 644ff.). So stellte der AXA Konzern die neue vertriebspolitische Option zur Diskussion. Der Marktführer Allianz zog kurz darauf nach. Viele Vertreter versuchten zunächst in einer konzertierten Aktion diese Entwicklung aufzuhalten. Die Medien griffen deren emotionale Befindlichkeit auf. So widmete der „Spiegel" unter dem Titel „Die Rache der Vertreter" den Frustrationserlebnissen der geprellten Vertreterschaft einen breiten Raum (Surminski, M. 2005c, S. 643f.).

Grundsätzlich ist die Ausgliederung in der Form einer eigenständigen Vertriebsgesellschaft aus der Sicht der (ehemaligen) Ausschließlichkeitsvertreter mit einigen Vorteilen verbunden:

➢ der Vermittler käme in den Genuss, sein Sortiment freier gestalten zu können, um seinen Kunden besser als die Wettbewerber zu bedienen,

➢ der Vermittler könnte sich eher als bisher der starken Abhängigkeit von der Geschäftspolitik einer einzigen Gesellschaft durch die Vorgabe einer hohen und nicht marktfähigen Prämie entziehen.

Allerdings lassen sich diese Vorteile nur nutzen, wenn der Vertrieb einige zusätzliche Funktionen übernimmt, die er zu Zeiten der Ausschließlichkeit nicht abdecken musste. So braucht der Vermittler nun einen eigenen Einkaufsbereich. Marketingaktivitäten, Schulungsmaßnahmen und Vergütungsabrechnungen müssen von der Vertriebsgesellschaft dann selbst wahrgenommen werden. Die eigene Übernahme dieser Aktivitäten durch die Vertriebsgesellschaft ist deshalb erforderlich, weil sich die Aktivitäten ja auf mehrere potenzielle „Produktionspartner" beziehen, die sich durch völlig verschiedene Ansätze in diesen Bereichen auszeichnen können. Es müssen verbindliche Vereinbarungen zwischen den einzelnen Partnern, d.h. sog. Service-Level-Agreements, getroffen werden (Nickel-Waninger 2005, S. 644).

Für den „Lieferanten", die Versicherungsgesellschaft, ergeben sich eben-falls eine Reihe von Vorteilen (Nickel-Waninger 2005, S. 645; Surminski, A. 2005b, S. 755):

➢ Kosteneinsparungen können realisiert werden oder zumindest Ver-triebskosten sichtbar gemacht werden.

➢ Die Versicherungsgesellschaft entwickelt sich zu einer „Produktions-firma", die sich auf Geschäftsbereiche konzentrieren kann, in denen sie die beste versicherungstechnische Erfahrung und Reputation hat.

➢ Die Produktvielfalt sinkt bei gleichzeitiger Erhöhung der Produktion für den Bereich der Produkte in den fokussierten Geschäftsfeldern. Die potenziellen Größendegressionseffekte erhöhen sich.

➢ Die Tendenz, dass sich Vertreter auf großen Beständen „ausruhen" und das Neugeschäft vernachlässigen, spielt keine Rolle mehr.

➢ Möglicherweise reduziert sich das Haftungsrisiko im Zuge der Umset-zung der EU-Vermittlerrichtlinie.

Seit der intensiven Beschäftigung der deutschen Versicherungswirtschaft mit dem Thema Vertriebsausgliederung mehren sich zunehmend skepti-sche Stimmen – auch auf der Seite der Versicherungsgesellschaften selbst. Szenarien und Modelle von Unternehmensberatungsgesellschaften werden zwar beachtet, andererseits aber auch kritisch beäugt, solange gerade sol-che Versicherungsgesellschaften am stärksten wachsen, die nach wie vor auf die klassische Ausschließlichkeitsorganisation oder gar einen ange-stellten Außendienst setzen bzw. diesen sogar noch verstärken (Sur-minski, M. 2005c, S. 644). Wichtig ist hierbei die Erkenntnis, dass vor allem solche Ausschließlichkeitsorganisationen Wettbewerbsvorteile ver-buchen können, die hoch zufriedene Vertreter haben. Versicherungsge-sellschaften, die diesen „weichen" Faktor wegen der betrieblichen Selbstständigkeit ihrer gebundenen Vermittler glauben vernachlässigen zu können, sind Studien der Kölner Psychonomics AG im Irrtum. So sind nicht nur die erfolglosen, sondern auch die sehr erfolgreichen Vermittler geneigt, bei Unzufriedenheit schnell die Zusammenarbeit mit der Gesell-schaft zu kündigen. Wichtigste Dimension im Rahmen der Vermittlerzu-friedenheit ist die Qualität des Leistungsangebotes gegenüber den Kunden. Hierzu gehören nicht nur konkurrenzfähige Produkte und Serviceleistungen, sondern auch das Gesellschaftsimage. Alle diese Argumente sind bei einem Übergang einer Ausschließlichkeitsorganisation zu einer Vertriebsgesellschaft gewichtig. Marktkenner empfehlen, mögliche Modelle einer Optimierung der Ausschließlichkeitsorganisation sehr differenziert zu diskutieren. Die Frustration der Ausschließlichkeitsvertreter ist auf jeden Fall sehr riskant (Surminski, M. 2005c, S. 644; Gaedeke/Müller-Peters 2004, S. 389ff.). Im Zweifel werden sich auch die hochmotivierten und besonders leistungsstarken Vermittler nicht für eine Vertriebsgesellschaft entscheiden, wenn die Ausschließlichkeitsorganisation es nicht schafft, in der gebotenen Sensibilität an die Neuorganisation des Vertriebs heranzugehen. Lukrative Offerten von den verbleibenden Ausschließlichkeitsorganisationen im Lager der Konkurrenten sowie von der Maklerseite werden diese „High Potentials" aufgrund des ausgesprochenen Mangels an ausgezeichnet qualifizierten Vermittlern auf jeden Fall bekommen. Langfristige und wertvolle Kundenverbindungen könnten der ehemaligen Ausschließlichkeitsorganisation verloren gehen. Dabei ist zu bedenken, dass das Verhältnis so mancher Ausschließlichkeitsorganisation schon vor der Diskussion um eine Vertriebsausgliederung stark belastet war. Agenturberater weisen in diesem Zusammenhang auf harte Produktionsvorgaben, Druck und „Gängelei" hin, die irgendwann zur Kündigung seitens der Agenten führte, die dann ihr Glück als Existenzgründer im Maklerwesen suchten. Die psychologische Belastung war offenbar bei einigen „Wechslern" so groß, dass sie den Verlust einer Reihe von attraktiven Vorteilen des Agentursystems in Kauf nahmen: die gewohnte Infrastruktur, regelmäßige Schulungsangebote und professionelle Verkaufsunterstützung sowie nicht zuletzt den Verlust des Kundenbestandes und eines hohen Ausgleichsanspruchs (Beenken 2005, S. 12).

Auch wenn die Ausschließlichkeitsorganisation und der Vermittler sich ohne Streit und Frustration voneinander trennen, bleibt ein weiteres hohes Vertriebsrisiko bestehen. Sobald der ursprüngliche Ausschließlichkeitsvermittler Kontakte zu mehr als nur einer Gesellschaft aufbauen und pflegen kann, könnte die Zusammenarbeit nicht lange anhalten. Anders als Makler sind Vertriebsgesellschaften jedoch nicht an das Best-Advice-Prinzip gebunden. Sie können solche Vertragsabschlüsse favorisieren, die mit den höchsten Provisionszahlungen verbunden sind. Möglicherweise unterschätzen einige Versicherungsgesellschaften die Vorteile der Ausschließlichkeitsvereinbarung im Hinblick auf die Möglichkeiten der Vertriebssteuerung (Surminski, A. 2005b, S. 755).

Nicht zuletzt bleibt bei einer Ausgliederung des Vertriebs als eigene Vertriebsgesellschaft die Frage offen, wem die Unternehmensmarke gehört.

Sicher würde es bei Versicherungsnehmern einige Verwirrung stiften, wenn Mitarbeiter der Vertriebsgesellschaft von AXA ihnen Produkte der Allianz-Versicherung angeboten würden und umgekehrt. Versicherungsgesellschaften werden nicht umhin kommen, analog der Handelsunternehmen in der Industrie eigene Marken für das Handelsunternehmen und deren Produkte zu entwickeln. Dies läuft auf eine saubere Trennung von Produkt- und Vertriebsmarke hinaus (Nickel-Waninger 2005, S. 646).

5.2.4.3 Ergebnisebene

5.2.4.3.1 Vertriebsergebnisrechnung

Eine realistische und möglichst exakte Umsatz- und Kostenplanung ist eine zentrale Voraussetzung für den Vertriebserfolg. Hierbei sind einige branchentypische Besonderheiten zu beachten. Die Prämissen, unter denen Versicherungsgesellschaften Umsatz und Erfolg planen, sind in mancher Hinsicht grundsätzlich anders geartet als in der Konsum- und Investitionsbranche:

➢ *Eine äußerst problematische Annahme ist die Unterstellung einer komplementären Beziehung zwischen dem Umsatz- und Gewinnziel.* Lange Zeit gingen Versicherungsgesellschaften davon aus, dass eine Gewinnsteigerung nur durch wachsende Prämieneinnahmen zu realisieren ist. Wegen zum Teil katastrophalen versicherungstechnischen Ergebnissen haben viele Unternehmen heute ihre Prämissen hinsichtlich der Zielbeziehung von Prämieneinnahmen und Gewinn stark relativiert. Häufig geht bis zu einem gewissen Niveau tatsächlich jede Steigerung der Prämieneinnahmen mit einer Verbesserung des Gewinns einher. Wenn die Versicherungsgesellschaft dieses Niveau allerdings überschreitet, muss sie meist höhere Marktbearbeitungskosten einkalkulieren. Am Ende kann sie die bisherige Gewinnsituation lediglich halten. Die Zielbeziehung ist dann nicht mehr komplementär, sondern neutral. Bei einem noch stärkeren Anstieg der Prämieneinnahmen ist von einer konfliktären Zielbeziehung auszugehen, da die Kosten überproportional ansteigen und sich insgesamt ein sinkender Gewinn einstellt. Ein weiterer Grund für die negative Trendwende ist die meist risikoreiche Zeichnungsphilosophie stark wachstumsorientierter Versicherungsunternehmen (Lange 1995, S. 14f.).

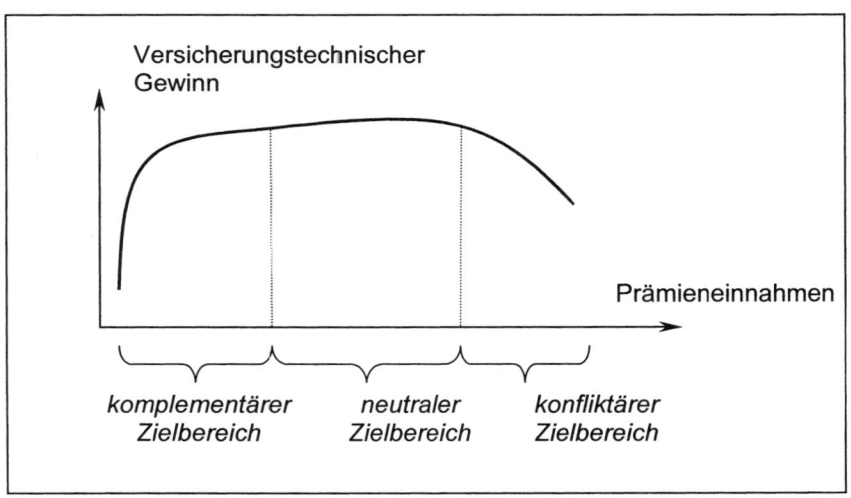

Abb. 5-17: Zielbeziehungen zwischen Umsatz und Gewinnstreben
(Quelle: Lange 1995, S. 15)

➢ *Die flexible Anpassung des Personalbestandes an die Entwicklung des Umsatzes ist äußerst problematisch*, da viele Versicherungsgeschäfte auf der Basis eines Vertrauensverhältnisses entstehen und ausgebaut werden. Kunden haben eine verhältnismäßig starke Bindung an einzelne Kontaktpersonen. Eine hohe Fluktuation der Mitarbeiter geht somit häufig mit negativen Auswirkungen für die Kundenbindung einher. Eine nachlassende Kundenbindung wirkt sich ihrerseits wiederum ungünstig auf die Gewinnsituation aus.

➢ Ein Problembereich ist die *hohe Bedeutung der unternehmensgebundenen Versicherungsvermittler*. Ambitionierte Zielvorgaben für das zu vermittelnde Geschäft würden in Konflikt mit der rechtlichen Stellung der Handelsvertreter als selbstständige Unternehmer geraten. Diese können ja Art und Umfang ihrer Tätigkeit im Wesentlichen frei bestimmen. Die Vorgabe eines hohen Umsatzziels könnte dem Gesetzgeber Anlass zu der Vermutung geben, dass ein abhängiges Beschäftigungsverhältnis in Form einer Scheinselbstständigkeit vorliegt.

Traditionell planen Versicherungsunternehmen ihre Umsätze durch einfache Trendberechnungen auf der Basis von Vorjahreswerten bzw. eines gleitenden Durchschnitts von Werten der letzten drei Jahre. In der Regel erfolgt die Berechnung differenziert nach Versicherungssparten und dem Neu- bzw. Bestandsgeschäft. Die auf diese Weise gewonnenen Umsatzzahlen werden dann mit einem von der Unternehmensleitung vorgegebenen prozentualen Faktor für jede Sparte fortgeschrieben. Seit einiger Zeit wird dieser Faktor nicht mehr willkürlich vorgegeben, sondern unter Berücksichtigung branchen- und produktmarktbezogener Indikatoren geschätzt (Lange 1995, S. 71).

Wird neben der Umsatzseite die Kostenseite des Vertriebs betrachtet, lässt sich eine Vertriebsergebnisrechnung entwickeln. Hierbei werden dem erwirtschafteten Ertrag der einzelnen Vertriebswege alle Kosten, die von diesen verursacht wurden, gegenübergestellt. Problematisch ist dabei die angemessene Verteilung der Vertriebsgemeinkosten, die zum Teil sehr große Budgets enthalten. Viele Versicherungsunternehmen kennen den Ergebnisbeitrag der einzelnen Vertriebswege nicht und setzen folglich mit großer Wahrscheinlichkeit die knappen Ressourcen wenig vorteilhaft ein (Osterloff/Urban 2005, S. 598ff.). Bis Mitte der 1990er Jahre implementierten einer Befragung von Lange zufolge nur wenige Versicherungsunternehmen eine *Deckungsbeitragsrechnung* (Lange 1995, S. 60).

Um eine Grundrechnung im Vertrieb von Versicherungsunternehmen durchzuführen, sind sämtliche im Zusammenhang mit Vertriebsaktivitäten anfallenden Leistungs- und Kostenarten zu erfassen (s. Tab. 5-4).

Ausgangspunkt der Rechnung sind zunächst die Beitragszahlungen der Versicherungsnehmer. Von diesen Beitragseinnahmen sind zeitpunktbezogene und zeitraumbezogene absatzabhängige Kosten zu subtrahieren. Zeitpunktbezogene Kosten sind die Abschluss-, Folge- und Führungsprovisionen. Zeitraumbezogene Kosten sind die Schadenkosten. Nach Abzug dieser Kosten von den Beitragseinnahmen ergibt sich der absatzabhängige Deckungsbeitrag (Position 1 bis 2 in Tab. 5-4).

Um das Vertriebsergebnis (Position 1 bis 7 in Tab. 5-4) zu errechnen, müssen vom absatzabhängigen Deckungsbeitrag allerdings noch einige so genannte Bereitschaftskosten (Position 3 bis 7 in Tab. 5-4) abgezogen werden. Auf diesen Kostenblock entfallen Personalkosten in der Form von monatlichen Gehaltszahlungen für den angestellten Außen- und Innendienst, Überstunden, Kosten der Personalbeschaffung/-weiterbildung, Reisekosten, Werbekosten, Sachkosten die üblichen Kosten für Räume, Büromaterial und Kommunikationsdienste (Lange 1995, S. 60ff.).

Kostenkategorie	Kostenstelle		Kostenträger				
	Vertriebsabteilung						
			Bezirksdirektion n				
		Bezirksdirektion II					
		Bezirksdirektion I					
			Vermittler II				
		Vermittler I					
		Sparte A			Sparte B		
		V1	V2	V3..	Vn	V1.	Vn
1) Beiträge 2) Absatzabhängige Kosten a) *Zeitpunktbezogen* • Abschlussprovisionen • Folgeprovisionen • Führungsprovisionen b) *Zeitraumbezogen* • Schadenkosten							
(Pos. 1 bis 2) **Absatzabhängiger** **Deckungsbeitrag**							
3) Personalkosten 4) Reisekosten 5) Raumkosten/Miete 6) Sachkosten 7) Sonstige Kosten							
(Pos. 3 bis 7) **Bereitschafts-** **kosten**							
(Pos. 1 bis 7) **Vertriebs-** **Ergebnis**							

Tab. 5-4: Beispiel für den Aufbau einer Grundrechnung im Vertrieb
(Quelle: Lange 1995, S. 64)

Die Grundrechnung sollte in mehrerer Hinsicht verfeinert werden:

➤ *Differenzierte Umsatzplanung.* In Abhängigkeit vom jeweiligen Absatzgebiet und den persönlichen Vermittlerleistungen sollten „Korrekturfaktoren" in die Berechnung einfließen. Die Transformation in konkrete Kennzahlen erfolgt durch Punktebewertungsverfahren (Lange 1995, S. 71f.).

➤ *Berücksichtigung von stornierten Verträgen.* Eine sehr wichtige Größe sind die durch stornierte Verträge entstandenen Kosten. Ist die Stornoquote hoch, können die in der Vergangenheit angefallenen Kosten der Risikoprüfung und Policierung in der Gesamtkalkulation der Kundenverbindung ungünstig zu Buche schlagen. Um realitätsnah zu planen, sollte eine kundenspezifische Stornowahrscheinlichkeit geschätzt werden (Janitz-Seemann 2005, S. 55ff.).

➤ *Dezidierte Kostengliederung.* Obwohl eine genaue Zuordnung der Kostenarten auf einzelne Bereiche der Kostenentstehung kaum möglich ist (z.B. bei typischen Gemeinkosten wie Imagekampagnen), kann die Transparenz marketing- und vertriebspolitischer Entscheidungen deutlich erhöht werden (Disch/Führer 2006, S. 39). Die in der Tab. 5-4 aufgeführte Position „sonstige Kosten" sollte nach Möglichkeit soweit wie möglich aufgegliedert werden.

➤ *Berücksichtigung auch schwer quantifizierbarer Marketingaktivitäten.* Auch nach einer starken Verfeinerung der Grundrechnung verbleiben einige wichtige Marketingaktivitäten, die kaum quantifizierbar sind. Hierzu gehört beispielsweise die Öffentlichkeitsarbeit. Krisen wie der Terroranschlag auf das World Trade Center am 11. September 2001 sind nicht vorhersehbare Herausforderungen für die PR-Experten. Ein direkter Zusammenhang zwischen einer guten Öffentlichkeitsarbeit und ökonomischen Größen wie Umsatzveränderungen lässt sich nicht beobachten. Jedoch erreicht die Öffentlichkeitsarbeit über Meinungsbildner letztendlich viele Versicherungsnehmer. Wie gute Werbekampagnen wirken sich professionelle PR-Aktivitäten positiv auf das Unternehmensimage aus und tragen so mittelbar zu messbaren Absatzerfolgen bei (Surminski, M. 2004d). Nicht oder schwer quantifizierbare Erfolge von Marketingaktivitäten sollten daher in der Umsatz- und Kostenplanung in Form von Punktbewertungen oder Schätzungen Berücksichtigung finden.

Auch wenn Versicherungsunternehmen ihre Grundrechnung in der beschriebenen Weise verfeinern, ist die Deckungsbeitragsrechnung in mehrfacher Hinsicht mit *Problemen* verbunden (Eurich 2001, S. 31f.):

➢ *Stochastizität von Kosten.* Bei der Berechnung der absatzabhängigen Kosten bereitet die Berücksichtigung der Schadenkosten erhebliche Probleme. Eine eindeutige Zurechnung dieser Kosten ist nicht möglich. Daher existieren in der Praxis verschiedene pragmatische Verfahren. Eine sehr einfache Möglichkeit besteht darin, Schäden nicht zu berücksichtigen, da sie vom Außendienst nicht direkt beeinflussbar sind. Eine Alternative wäre, Schäden als Durchschnittswert der vergangenen drei oder fünf Jahre anzusetzen, um somit starke Schwankungen in der Entwicklung etwas zu glätten. Da Großschäden als „Ausreißer" das Gesamtbild stark verzerren können und in der Regel nicht auf vertriebspolitische Entscheidungen zurückzuführen sind, findet meist eine Großschadenkappung statt. Schäden ab einer gewissen Höhe werden nicht in die Vertriebsergebnisrechnung einbezogen. Auch Rückversicherungsbeiträge sollten keine Beachtung finden, da sie von der Vertriebsorganisation nicht gesteuert werden. Die Vertriebsergebnisrechnung ist eine so genannte „Brutto-Rechnung".

➢ *Spartenspezifische Besonderheiten.* Die zufallsbedingten Schwankungen der Schadenzahlungen in einer Periode und die Spätschadenproblematik spielen bei Schadenversicherungen eine wichtige Rolle, während im Lebensversicherungsgeschäft das Kapitalanlageergebnis zu berücksichtigen ist, an dem die Versicherungsnehmer teilhaben.

➢ *Berücksichtigung von Abschlusskosten.* Da zum Zeitpunkt der Entstehung von Abschlusskosten noch keine Erlöse in ausreichendem Maße zur Verfügung stehen, erfolgt über das so genannte Zillmerungsverfahren eine Vorfinanzierung der nicht getilgten Abschlusskosten durch die in der Versicherungsprämie enthaltenen Sparanteile. In der Schadenversicherung findet das Zillmerungsverfahren dagegen keine Anwendung. Die Deckungsbeiträge in der Schadenversicherung sind deshalb nicht direkt mit denen der Personenversicherung vergleichbar.

➢ *Berücksichtigung der vorzeitigen Vertragskündigung.* Die vorzeitige Vertragskündigung durch den Kunden beeinflusst die Höhe der Deckungsbeiträge.

5.2.4.3.2 Kennzahlen im Vertrieb

Kennzahlen gehören zu den wichtigsten Werkzeugen im Controlling. Klassische Kennzahlen zeigen in konzentrierter Form einen zahlenmäßig erfassbaren betriebswirtschaftlichen Tatbestand auf. Ihre besondere Bedeutung beruht auf der Möglichkeit, schnell Soll-/Ist-Vergleiche oder perioden- bzw. zeitbezogene und betriebs- bzw. betriebsbereichsbezogene Vergleiche durchführen zu können. Der Kennzahleneinsatz im Marketing- und Vertriebsbereich ist auf den ersten Blick nicht selbstverständlich, da viele Sachverhalte nicht ohne weiteres zahlenmäßig zu erfassen sind. Dennoch werden in der betrieblichen Praxis etwa 20 Kennzahlen im Marketing- und Vertriebsbereich mit unterschiedlicher Häufigkeit ausgewertet (Reinecke/Reibstein 2001, S. 154f.).

Trotz der starken Tradition des Vertriebes und seines außerordentlich hohen Gewichtes innerhalb der Organisation eines typischen Versicherungsunternehmens überrascht die in der Studie von Accenture und GfK/contest gefundene Erkenntnis, dass der Verkaufsprozess offenbar immer noch als Blackbox gesehen wird. Die Hälfte der Studienteilnehmer schätzt den Nutzen der bestehenden Kennzahlensysteme zur Kontrolle der Vertriebsleistung als gering ein. So messen Versicherer in der Regel lediglich das Endergebnis des Verkaufsprozesses wie die Zahl der abgeschlossenen Verträge, die Cross-Selling-Quote sowie die Stornoquote, nicht aber die Terminvereinbarungs- und Kontaktquoten. Gerade diese Kennzahlen wären jedoch für eine systematische Ursachenforschung für die erbrachte Verkaufsleistung interessant (Dewor/Richter 2004, S. 68).

Für die Messung der Vertriebsleistung stehen Kennzahlen zur Verfügung, die bisher allerdings bei vielen Versicherungsunternehmen kaum Beachtung finden. Vor allem direkte ertragsbezogene Kennzahlen sind im Vertriebscontrolling von Versicherungsunternehmen noch wenig verbreitet (Brozy/Mangold 2004, S. 476). Die Zurückhaltung der Versicherungsunternehmen liegt sicher in den Schwierigkeiten begründet, die mit dem korrekten Einsatz von Kennzahlen gerade im Vertriebscontrolling verbunden sind. Häufig bereitet die Interpretation von Kennzahlen in der Praxis Probleme. Schnell werden Sachverhalte auf gefährliche Art und Weise verengt. Einflussfaktoren, die zu einem bestimmten Vertriebsergebnis führen, sind meist in einer hochkomplexen Beziehung miteinander verbunden. Die nachstehende Tabelle zeigt für typische Kennzahlen im Vertriebscontrolling die Problematik des Aussagewertes.

Kennzahl	Aussagewert
1. Akquisition von Neukunden	
Anzahl Neuverträge	Neuverträge bedeuten Zukunftssicherung. Alleine sagt die Kennzahl wenig über die Vertriebsleistung aus. Bestehende Kunden könnten vernachlässigt worden sein, so dass ein gleichzeitiger Blick auf die Stornoquote sinnvoll ist. Häufig geht ein starker Anstieg des Neugeschäfts auf Prämienreduzierungen oder externe Faktoren wie bevorstehende Gesetzesänderungen im Folgejahr zurück, die z.B. für Kunden aufgrund einer Steuerschädlichkeit zu „Mitnahmeeffekten" vor dem relevanten Termin führen.
Anzahl der Kundenkontakte in Relation zu den Vertragsabschlüssen	Maß für die Effizienz der Vertriebsarbeit. Eventuell wurde stark bestandsorientiert gearbeitet und das Neugeschäft vernachlässigt. Denkbar wäre, dass sich der Wettbewerb intensiviert hat, Kunden unsicher waren, eine stärkere Überzeugungsarbeit durch den Vermittler nötig war.
Anzahl der Abschlüsse in Relation zu der Anzahl von Angeboten	Die Ursache sollte weiter analysiert werden. Eine geringe Zahl von Abschlüssen trotz einer hohen Zahl von Angeboten kann – muss aber nicht auf Mängeln in der Verkaufsleistung beruhen. Vor allem bei Standardversicherungen könnte auch die Prämie im Wettbewerbervergleich zu hoch sein. Im Branchendurchschnitt ist das Verhältnis von Abschlüssen zu Angeboten etwa 1:5
2. Entwicklung von Bestandskunden	
Zahl der Stornos in Relation zu Neukundenzahl (Wechselrate des Kundenstamms)	
Zeitdauer, nach der die Hälfte der akquirierten Kunden verloren geht (Kundenhalbwertszeit)	Indikator für steigende Marktbearbeitungskosten. Allerdings sind die Wettbewerbssituation, spartenspezifische Besonderheiten (z.B. Vertragslaufzeiten) zu berücksichtigen.

Kundenbezogene Cross-Selling-Quote	Gute Voraussetzung für rentable Kundenbeziehung, geringe Stornowahrscheinlichkeit.
Produktbezogene Cross-Selling-Quote	Entscheidungsgrundlage bei der Entwicklung neuer Produkte und Produktkombinationen.
Kundenzufriedenheit	Indikator für eine psychische Wechselbarriere. Allderdings ist der Zusammenhang zwischen Kundenzufriedenheit und Kundenbindung auch in der Versicherungspraxis schwach.
Anzahl der Beschwerden bei der Versicherungsaufsicht	Nur die Spitze des Eisbergs. Meist gehen etliche erfolglose Kommunikations- und Regulierungsversuche voraus.
Stornoquote	Eine geringe Stornoquote deutet auf eine hohe Kundenzufriedenheit, erfolgreiche Kundenbindungsmaßnahmen, gute Kundenbetreuung, Produkte, Prämien im Vergleich zu den Wettbewerbern hin. Die Stornoquote muss in Zusammenhang mit der Versicherungssparte, Zielgruppe gesehen werden. Stornogründe liegen oft im Wegfall des Bedarfs begründet.
Anteil der Deckung des Versicherungsbedarfs eines Kunden beim Anbieter in Relation zum geschätzten Gesamtbedarf (share of wallet)	Wichtige Kennzahl, die den Gesamtbedarf bzw. den relevanten Wettbewerb einbezieht. Die für die strategische Marketing- und Vertriebsarbeit interessante Kennzahl erfordert allerdings schwer zu beschaffende Informationen vom Kunden.
Deckungsbeitrag	Indikator für die Qualität des vermittelten Geschäftes. Meist sind aber nur wenige Einflussfaktoren vom Vermittler selbst steuerbar.
Produkt-/ Produktgruppenumsatz	Alleine auf der Basis der Kennzahl kann nicht auf die Vertriebsleistung geschlossen werden. Kennzahl kann auch auf Aktualität des Produktangebotes im Markt oder gute Konditionen im Wettbewerbervergleich hindeuten.
Kundenwert	Wichtige Kennzahl für das Customer-Relationship-Management, d.h. die Entscheidung, welche Investitionshöhe in eine Kundenbeziehung sinnvoll ist.

Tab. 5-5: Kennzahlen zur Steuerung des Versicherungsvertriebs

Literaturverzeichnis

Aaker (1998), D.A., Strategic Market Management, 5th Ed., New York

Aaker, D.A./Batra, R./Myers, J.G. (1992), Advertising Management, 4th Ed., Englewood Cliffs-New Jersey

Abell, D. (1980), Defining the Business., Englewood Cliffs/N.J.

Achter, B. (2005), EU-Vermittlerrichtlinie. Die Karten werden neu gemischt, in: Versicherungsmagazin, H. 7, S. 50-51

AIG (2007), www.aigeurope.com/aigweb/aiginfo/1,2270,1:1,00.html (abgerufen 12.3.07)

Allianz (2007), www.allianz.com/de/allianz-gruppe/ueber_uns/ziele_und_werte/index.html (abgerufen 12.3.07)

Anders, W.H. (1995), Kunden- und Zielgruppendaten erfolgreich gewinnen, Mikrogeographische Raster, Daten und Systeme für das Marketing, die Steuerung von Vertriebsaktivitäten und für das Risikomanagement im Finanzdienstleistungsbereich, in: Versicherungswirtschaft, 50. Jg., H. 4, S. 230-237

Attiger, P. (1994), Internationale Wettbewerbsfähigkeit in der Versicherungsbranche: Eine weltweite empirische Analyse, Karlsruhe

Aviva (2007), www.aviva.com/index.asp?pageid=561 (abgerufen 12.3.07)

AXA (2007), www.axa.com/en/group/ (abgerufen 14.3.07)

Bahlinger, T./Fischer, M. (2006), Den Vertrieb im Netz intensiviert, in: Versicherungsmagazin, H. 5, S. 42-43

Baas, P.-J./Görgen, F. (2003), Das US-amerikanische Haftungsrecht uns seine Auswirkungen auf das weltweite Versicherungswesen, in: Zeitschrift für Versicherungswesen, Jg. 54, H. 19, S. 564-571

Bastian, C. (2000), Mitarbeiterführung im Vertrieb. Anreizsysteme auf dem Prüfstand, in: Reichwald, R./Bullinger, H.-J. (Hrsg.), Vertriebsmanagement. Organisation, Technologieeinsatz, Personal, Stuttgart, S. 291-323

Beenken, M. (2000), Handbuch Agenturberatung, Karlsruhe

Beenken, M. (2005), Der harte Weg in die „Freiheit", in: Versicherungsmagazin, H. 2, S. 12-15

Beenken, M. (2006), EU-Vermittlerrichtlinie. Vorteile für alle Beteiligten., in: Versicherungsmagazin, H. 2, S. 50-51

Beenken, M. (2006b), Vermittlergesetz kann offenbar am 1.6.2007 in Kraft treten, in: Versicherungswirtschaft, H. 22, S. 1867-1868

Belz, M./Beenken, M. (2006), Wie soll man eine Beratung dokumentieren?, in: Versicherungswirtschaft, H. 9, S. 747-750

Benkenstein, M. (2002), Strategisches Marketing, 2. Aufl., Stuttgart

Benölken, H. (1995), Erfolgsfaktoren des Fusions-Managements in Versicherungsunternehmen, in: Versicherungswirtschaft, 50. Jg., H. 22, S. 1555-1559

Benölken, H. (1995b), „Microsegmentierung" – Wem nützt es? Potentialorientierte Microsegmentierung: Ein Marketinginstrument?, in: Versicherungswirtschaft, 50. Jg., H. 4, S. 228-229

Benölken, H. (1997), Diversifikationsstrategien der Assekuranz, in: Versicherungswirtschaft, 52. Jg., H. 3, S. 144-149

Benölken, H. (1997b), Die „Orga": Voreilig zum Verlierer gestempelt? Diversifikationsschiene „Ausschließlichkeitsvertrieb, in: Versicherungswirtschaft, 52. Jg., H. 12, S. 820-824

Benölken, H./Heß, M. (1997), Diversifikationsschiene Maklervertrieb, in: Versicherungswirtschaft, 52. Jg., H. 21, S. 1516-1518

Benölken, H./Heß, M. (1997b), „Diversifikationsschiene und/versus Konzentration", in: Versicherungswirtschaft, 52. Jg., H. 22, S. 1581ff.

Berry, L.L./Parasuraman, A. (1999), Dienstleistungsmarketing fängt beim Mitarbeiter an., in: Bruhn, M. (Hrsg.), Internes Marketing: Integration von Kunden- und Mitarbeiterorientierung, 2. Aufl., Wiesbaden 1999, S. 69-92

Bethke, T. (1998), Kundenzeitungen für Versicherungsmakler, in: Versicherungskaufmann, 53. Jg., H. 6, S. 52-53

Birgikt, K./Stadler, M. (1986), Corporate Identity. 3. Aufl., Landsberg am Lech

Birkelbach, R. (1988), Strategische Geschäftsfeldplanung im Versicherungssektor, in: Marketing ZFP, 10. Jg., August, S. 231-239

Bittl, A. (1993), Public Relations in der Versicherungswirtschaft, Beiträge zu versicherungswissenschaftlichen Problemen der Versicherung, Bd. 28, Hrsg. von Müller-Lutz, H. L./Helten, E., Karlsruhe

Bittl, A. (1998), Image und Vertrauen als zukünftige Erfolgsfaktoren in der Assekuranz, in: Versicherungswirtschaft, 53. Jg., H. 10, S. 662-667

Bittl, A./Vielreicher, P. (1994), Individuelle Wahrnehmung und Versicherungsnachfrage. Konsequenzen für Produktgestaltung und Unternehmenskommunikation von Versicherungsunternehmen, in: Zeitschrift für die gesamte Versicherungswissenschaft, Bd. 83, S. 193-217

Bittl, A./Vielreicher, P. (1995), Produktinnovationsmanagement in Schadenversicherungsunternehmen. Ergebnisse einer empirischen Untersuchung, in: Versicherungswirtschaft, 50. Jg., H. 16, S. 1085-1089

Bittl, A./Vielreicher, P. (1996), Produktinnovationsmanagement in Versicherungsunternehmen. Allgemeiner Orientierungsrahmen und empirische Bestandsaufnahme, in: Zeitschrift für die gesamte Versicherungswissenschaft, Bd. 85, S. 131-153

BKA (2005), Bundeskriminalamt, Polizeiliche Kriminalstatistik, Grundtabelle für Deutschland, www.bka.de/pks/zeitreihen/pdf/ t01.pdf

Bleicher, K. (1992), Unternehmenskultur und strategische Unternehmensplanung, in: Hahn, D./Taylor, B. (Hrsg.), Strategische Unternehmensplanung, 6. Aufl., Heidelberg, S. 852-902

Bocquel, E./Rudolf, B. (2006), Vertrieb steht vor Zerreißprobe, in: versicherungsmagazin, H. 4, S. 44-45

Böhm, F./König, S. (2001), Marketing und Internet. Viel Wind um nichts? Erfolgsfaktoren einer E-commerce-Strategie von Versicherungsunternehmen, in: Versicherungswirtschaft, 56. Jg., H. 4

Bölscher, J (2002)., E-Commerce in der Versicherungswirtschaft, Bd. 16 der Hannoveraner Reihe, hrsg. von Graf von der Schulenberg, J.-M., Diss., 2001, zugel. Univ. Hannover, Karlsruhe

Böttcher, G. (2004), Der Bedarf des Verbrauchers zählt, in: Versicherungsmagazin, H. 2, S. 44

Bokranz, R./Kasten, L. (2000), Organisations-Management in Dienstleistung und Verwaltung. Gestaltungsfelder, Instrumente und Konzepte, 2. Aufl., Wiesbaden

Bosselmann, E. H. (1994), Versicherungsmakler und deregulierte Versicherungsmärkte, Veröffentlichungen des Seminars für Versicherungslehre der Universität Frankfurt am Main, Bd. 6, zugel. Diss, 1993, Univ. Frankfurt, Karlsruhe

Braas, G. (2003), Data-Mining-Verfahren zur Analyse von Kundenpotentialen., in: Versicherungswirtschaft, 58. Jg., H. 8, S. 592-593

Breiting, F./Hoffman, W. (2005), Vertrieb bei Übernahmen kaum geprüft, in: Versicherungswirtschaft, 59. Jg., H. 4, S. 308-310

Breiting, F./Sattler, M. (2003), 50+: Das unbekannte Wesen, in: Versicherungswirtschaft, 58. Jg., H. 7, S. 458-462

Brozy, L./Mangold, C. (2004), Effizienter Vertrieb in der Assekuranz, in: Zeitschrift für Versicherungswesen, Nr. 16, S. 476-479

Bruhn, M. (1999), Messung der Dienstleistungsqualität für Versicherungsunternehmen. Modell und empirische Ergebnisse, in: Zeitschrift für die gesamte Versicherungswissenschaft, Bd. 88, S. 111-147

Bruhn, M./Georgi, D. (2006), Dienstleistungsmanagement in Banken, Frankfurt

Bruhn, M./Homburg, C. (2001), Handbuch Kundenbindungsmanagement, 3. Aufl., Wiesbaden

Buchbender, C./Grunhold, B./Jöriksen, D. (1995), Marketing-Organisation – kundenorientierte Zuständigkeiten im Versicherungsunternehmen, in: Schmidt, D./Steinmann, A.E./Metternich, Ferdinand Graf Wolff, (Hrsg.), Handbuch Management Versicherungsbetrieb, Wiesbaden, S. 55-70

Büchner, G. (1993), Die deutsche Assekuranz 1993: Umbruch und Aufbruch, in: Versicherungskaufmann, H. 1, S. 16

Büchner, G. (1994), Fragen des aufsichtsrechtlichen Verbraucherschutzes (unter Berücksichtigung EU-ausländischer Anbieter) in: Zeitschrift für die gesamte Versicherungswissenschaft, Bd. 83, S. 349-367

Bunselmeyer, R. (1993), Wissens- und Erfahrungstransfer in einem multinationalen Unternehmen, in: Beiträge zur Internationalisierung der Versicherung, Beiträge zu versicherungswissenschaftlichen Problemen der Versicherung, Bd. 25, Hrsg. von Müller-Lutz, H. L./Helten, E., Karlsruhe, S. 21-27

Churchill, G.A./Ford, N.M./Walker, O.C. (1990), Sales Force Management, Irwin

Conrad, P./Manke, G. (2001), Zielvereinbarung, Leistungsbeurteilung und flexible Vergütung. Versicherungsspezifische und branchenübergreifende Ergebnisse einer Studie von 33 Großunternehmen, in: Versicherungswirtschaft, 56. Jg., H. 12

Deinhammer, T. (1999), Allianz Global Risk Report, Nr. 1, S. 37, www.allianz.com/migration/images/saobj_214562_p37___1_99_allianz_logo_in_new_design_pdf_65_kb_.pdf (abgerufen 10.5.07)

Dewor, E./Richter, C. (2004), Fremdvertrieb. Schlechte Noten für den Vertrieb, in: Versicherungsmagazin, H. 10, S. 66-69

Diller, H./Haas,A./Ivens, B. (2005), Verkauf und Kundenmanagement, Stuttgart

Disch, B./Führer, C. (2006), Marketing-Controlling. Ein langfristiges Projekt, in: Versicherungsmagazin, H. 3, S. 38-39

Domizlaff, H. (1992), Markentechnik. Die Gewinnung des öffentlichen Vertrauens, Hamburg

Ehler, H. (2006), Kundenscoring der Versicherer stößt zunehmend auf Kritik, in: Versicherungswirtschaft, 61. Jg., H. 21, S. 1759-1761

Eichhorn, M./Keynes, M./Eichhorn-Schurig, M. (2005), Einen Schritt voraus. Zur Umsetzung der EU-Versicherungsvermittler-Richtlinie in Großbritannien, in: Versicherungswirtschaft, 60. Jg., H.1, S. 16-21

Eickenberg, V. (2002), Marketing für Versicherungsvermittler. Verkaufspotenziale entdecken, Neukunden finden, Bestandskunden binden, Karlsruhe

Eickenberg, V. (2006), Marketing selbstständiger Versicherungsmakler. Eine empirische Analyse., Diss., zugel. Univ. Bratislava, Reihe Versicherungswirtschaft, hrsg. von Farny, D./Schradin, H.R., Bd. 46, Köln

Eisen, R. (1997), Neue Produkte auf dem EU-Versicherungsmarkt, in: Zeitschrift für die gesamte Versicherungswissenschaft, Bd. 86, S. 553-567

Engelke, J./Lauszus, D. (2004), Power Pricing für Versicherungen, in: Versicherungswirtschaft, 59. Jg., H. 9, S. 652-655

Esch, F.R. (2005), Strategie und Technik der Markenführung, 3. Aufl., München

Esch, F.R./Andresen, T. (1999), Messung der Markenstärke durch den Markeneisberg, in: Moderne Markenführung, Wiesbaden, S. 1012-1033

Esser, M./Bäte, O. (2001), Keine Geheimwissenschaft – Branding in der Versicherungswirtschaft, in: Frankfurter Allgemeine Zeitung vom 14.11.2001, S. B3

Etzel, T. (1995), Benchmarking in Versicherungsunternehmen: Chance oder Risiko?, in: Versicherungswirtschaft, 50. Jg., H. 12, S. 772-776

Eurich, A. (2001), Bestandskundenmarketing von Versicherungsunternehmen, Köln

Eurich, A./Häusele, S. (1996), Umsetzung einer Strategie der Marktsegmentierung im Privatkundengeschäft, in: Versicherungswirtschaft, 51. Jg., H. 15, S. 1018-1023

Farny, D. (1994), Über mögliche Unternehmensstrategien deutscher Erstversicherer im deregulierten Versicherungsmarkt, in: Risiko, Versicherung, Markt – Festschrift für W. Karten zur Vollendung des 60. Lebensjahres, hrsg. von D. Hersberg/M. Nell/W. Schott, Karlsruhe, S. 245-261

Farny, D. (1995), Die Gestaltung von Versicherungsprodukten im Marketing von Versicherungsunternehmen, in: Zeitschrift für die gesamte Versicherungswissenschaft, Bd. 84, S. 79-102

Farny, D. (2006), Versicherungsbetriebslehre, 4. Aufl., Karlsruhe

Finsinger, J./Deutsch, G./Ruß, P. (1999), Organisations-Veränderungen in Versicherungen, H. 13, S. 924-926

Fischer, K. (1995), Gestaltung von Vergütungssystemen für den Außendienst, in: Versicherungswirtschaft, 50. Jg., H. 7, S. 436-439

Fischer, K./Schmidt, D.W. (1995), Produktmanagement in Versicherungsunternehmen?, in: Versicherungswirtschaft, 50. Jg., H. 3, S. 156-163

Fishbein, M./Ajzen, I. (1975), Belief, Attitude, Intention, and Behavior, Reading

Forthmann, J. (2004), Dicke Fische an den Haken, in: Versicherungsmagazin, H. 10, S. 42-43

Frese, E. (2001), Grundlagen der Organisation, 8. Aufl., Wiesbaden

Freymann, B./Hermann, A./Huber, F. (1999), Warum sind zufriedene Kunden nicht treu? Ergebnisse einer empirischen Untersuchung zur Kundenloyalität in der Versicherungsbranche, in: Versicherungswirtschaft, 54. Jg., H. 23, S. 1744-1747

Friederichs-Schmidt, S./Helten, E. (2006), Determinanten des Kundenwertes von Versicherungsunternehmen, in: Zeitschrift für die gesamte Versicherungswissenschaft, S. 495-531

Friederichs-Schmidt, S./Wagner, S. (2006), Kundenwert und Vertriebssteuerung in Versicherungsunternehmen: Inwiefern sind Kundenwerte als Bestandteil eines finanziellen Vertriebssteuerungsinstrumentes einsetzbar?, in: Zeitschrift für Versicherungswesen, H. 6/7, S. 185-189, 216-220

Friese, S./Heuerding, H./v.d. Schulenberg, J.-M. (2005), Optimierung des M&A-Prozesses bei Finanzdienstleistern durch Vendor Due Diligence, Zeitschrift für Versicherungswesen, Nr. 11, S. 352-357

Fuchs, A. (2001), Zielgruppenmarketing für Finanzdienstleister, Wiesbaden

Fuchs, A. (2003), Strategie 2010 für Versicherungsagenturen., in: Versicherungswirtschaft, 58. Jg., H. 21, S. 1744-1745

Führer, C./Köhler, I.-I. (2006), Empirische Analyse von Fusionen in der deutschen Versicherungswirtschaft, in: Zeitschrift für die gesamte Versicherungswissenschaft, S. 371-390

Führer, C./Schäfer, E.-M. (2006), Erfolgspotenziale des Internetvertriebs von Versicherungsprodukten unter angehenden Akademikern. Eine empirische Analyse, in: Zeitschrift für Versicherungswesen, H. 15/16, S. 498-502

Gabriel, A. (2004), Ausgestaltung einer Balanced Scorecard für Versicherungsunternehmen, Bd. 49 der Beiträge zu wirtschaftswissenschaftlichen Problemen der Versicherung (Münchener Reihe), hrsg. von Helten, E., Karlsruhe

Gaedecke, O./Müller-Peters, H. (2004), Zufriedene Vertreter verkaufen besser, in: Versicherungswirtschaft, 59. Jg., H. 6, S. 389-392

GDV Gesamtverband der Deutschen Versicherungswirtschaft (2006), Statistisches Taschenbuch, Bonn

Geiger, H. (1989), Yuppies, Taps und Young Dinks als Versicherungskunden, in: Versicherungswirtschaft, 44. Jg., H. 3, S. 162-164

Geil, L./Twelsiek, S./Willmes, O.M. (2003), Hochschulmarketing – ausgerechnet jetzt?, in: Versicherungswirtschaft, 58. Jg., H. 22, S. 1782-1786

Generali (2007), www.generali.com/generalicom/sezione.do?idltem=12877&idsezione=12876 (abgerufen 12.3.07)

Goersdorf-Kegel, S. (2003), Langfristige Kundenbindung statt schnell verdientem Geld., in: Versicherungswirtschaft, 58. Jg., H. 5, S. 351-353

Goersdorf-Kegel, S. (2003b), Sponsoring muss zum Unternehmen passen, in: Versicherungswirtschaft, 58. Jg., H. 11, S. 872-874

Göppner, R. (2003), Das Lebenszeitmodell in die Beratung integrieren, in: Versicherungsmagazin, H. 4, S. 26-27

Göppner, R. (2006), Der Vertrieb wird zum Spielball, in: Versicherungsmagazin, H. 4, S. 22-24

Görgen, F. (2005), Kommunikationspsychologie, München

Görgen, F./Kamenz, U. (2005), Digitale Kundennähe, in: Versicherungsmagazin, H. 7, S. 40-41

Görgen, F./Müller-Reichart, M./Lünzer, M./Neumann, M. (2003), Marketing- und Vertriebsstrategien im internationalen Versicherungsgeschäft, in: Zeitschrift für Versicherungswesen, Jg. 54, H. 3, S. 42-47

Görgen, F./Wiebe, C. (2003), Neuere Entwicklungen auf dem russischen Versicherungsmarkt aus der Sicht internationaler Versicherer, in: Zeitschrift für Versicherungswesen, 54. Jg., H. 24, S. 750-754

Graf, T./Zerfowski, U. (2001), Anreiz- und Vergütungssysteme könnten den Vertrieb noch mehr zum Customer Management motivieren, in: Versicherungswirtschaft, 56. Jg., H. 3

Grimm, M. (2005), Der Versicherungsmarkt in der VR China, in: Zeitschrift für Versicherungswesen, Nr. 24, S. 818-822

Gronert, H. (2003), E-Mails mehr Beachtung schenken., in: Versicherungswirtschaft, 58. Jg., S. 1626-1628

Grothe, T./Lohse, U. (2003), Kundenbindungsmanagement für Versicherungsunternehmen, Göttingen

Gruhn, V./Koch, G. (2005), Mit Prozess-Benchmarking zu besseren Ideen, in: Versicherungswirtschaft, 60. Jg., H. 4, S. 231-234

Gruner+Jahr (2005), Markenprofile 11, www.media.stern.de

Habersetzer, A./Hilpisch, Y. (2004), Wertorientierung in der Assekuranz, in: Versicherungswirtschaft, 59. Jg., H. 19, S. 1469-1472

Haller, M. (1986), Sicherheit durch Versicherung, Bern

Hanus, P. (2006), Zusammenschlüsse sind notwendig, in: Versicherungsmagazin, H. 6, S. 24-25

Harbrücker, U. (1992), Wertewandel und Corporate Identity – Perspektiven eines gesellschaftsorientierten Marketing von Versicherungsunternehmen, Schriftenreihe Versicherung und Risikoforschung, Bd. 7, Wiesbaden

Hartwig, S. (2004), Genauer auf die Mitarbeiter hören. Competitive Intelligence in der deutschen Versicherungswirtschaft, in: Versicherungswirtschaft, 59. Jg., H. 9, S. 660-661

Hattemer, K. (2003), Wie die Vermittler im „Papierkrieg" abschließen, in: Versicherungswirtschaft, 58. Jg., H. 24, S. 2004

Hattemer, K. (2004), Missverständnisse und Irrtümer im Seniorenmarketing, in: Zeitschrift für Versicherungswesen, Nr. 17, S. 497-499

Hattemer, K. (2005), Corporate Identity: Können Versicherer von Nestlé lernen?, in: Zeitschrift für Versicherungswesen, Nr. 6, S. 169-170

Hattemer, K. (2005b), Finanz-Werbung am Ende der Spaßgesellschaft. Texte vor Bildern und Print vor Fernsehen, in: Zeitschrift für Versicherungswesen, Nr. 8, S. 243-245

Häusele, S. (1999), „Standort Deutschland" für Versicherungen: eine vergleichende Analyse ausgewählter europäischer Länder, Hrsg.: Hamburger Gesellschaft zur Förderung des Versicherungswesens mbH, H. 22, Diss., zugel. Universität Köln, Karlsruhe

Heckelmann, S. (1997), Beschwerdemanagement in Versicherungsunternehmen, Bd. 38 der Beiträge zu wirtschaftswissenschaftlichen Problemen der Versicherung, hrsg. von Müller-Lutz, H.L./Helten, E., Diss, 1997, zugel. Univ. München, Karlsruhe

Helten, E. (1998), Restrukturierungen im Assekuranz-Vertrieb. Theoretische Bemerkungen zur Verlagerung von betrieblichen Teilfunktionen und empirische Ergebnisse aus Sicht der Vermittlerbetriebe, in: Versicherungswirtschaft, 53. Jg., H. 2, S. 90-93

Helten, E. (1994), Wertewandel und fortschreitende Individualisierung der Prämien – Ende der Versichertensolidarität und des Ausgleichs im Kollektiv?, in: Schwebler, R. u.a. (Hrsg.), Dieter Farny und die Versicherungswirtschaft, Karlsruhe, S. 195-201

Hertel, A./Sartorius, B. (1994), Innovatives Zielgruppenmarketing für Versicherungen ab Juli 1994, Karlsruhe

Hessel, T. (2003), Am Rechner die Vertreter schulen, in: Versicherungswirtschaft, 58. Jg., H. 17, S. 1360-1361

Hiscox (2007), www.hiscox.com (abgerufen 12.3.07)

Holland, H. (1993), Direktmarketing, München 1993

Homburg, C./Schneider, J./Schäfer. H. (2001), Sales Excellence. Vertriebsmanagement mit System, Wiesbaden

Hornthal, S. (2004), Wie man den erfolgreichen Unternehmer-Generalagenten erkennt, in: Versicherungswirtschaft, 59. Jg., H. 21, S. 1671-1676

Hornthal, S. (2004b), Erfolgsfaktoren in der Auswahl von Außendienstmitarbeitern bei Versicherungen, in: Zeitschrift für Versicherungswesen, Nr. 17/18, S. 507-512, 547-581

Hornthal, S. (2005), Was Sie alles bei der Auswahl eines Agenturtrainers/Agenturcoaches beachten müssen, in: Zeitschrift für Versicherungswesen, Nr. 19, S. 606-611

Horvath, C. (2006), Controlling, 6. Aufl., München

Janitz-Seemann, U. (2005), Eine strategische Entscheidung: Kundenqualität – Vermittlersteuerung – Ertrag, in: Zeitschrift für Versicherungswesen, Nr. 2, S. 55-57

Jänsch, N. (1995), Mikrogeographische Marktsegmentierung als Analyse- und Steuerungsinstrument. Eine Auswertung erster empirischer Ergebnisse, in: Versicherungswirtschaft, 50. Jg., H. 16, S. 1089-1093

Jahn, H.C. (2005), Wachstum ja – aber wie?, in: Zeitschrift für Versicherungswesen, Nr. 13/14, S. 417-420

Joho, C. (1996), Ein Ansatz zum Kundenbindungsmanagement für Versicherer, Diss., zugel. Universität Zürich, Bern

Jülichs, U./Pfeuffer, I. (1998), Hochleistungsorganisation Versicherung (3): Erfolg durch kundenorientierte Leistungsprozesse und nachhaltiges Lernen, in: Versicherungswirtschaft, 53. Jg., H. 2, S. 103-105

Kakies, P. (1993), Internationale Aspekte der Rationalisierung in Versicherungsunternehmen, in: Beiträge zur Internationalisierung der Versicherung, Beiträge zu versicherungswissenschaftlichen Problemen der Versicherung, Bd. 25, Hrsg. von Müller-Lutz, H. L./Helten, E., Karlsruhe, S. 5-12

Karten, W. (1994), Über die Wettbewerbsfähigkeit des Versicherungsvertreters, in: Schwebler, R. (Hrsg.), Dieter Farny und die Versicherungswirtschaft, Karlsruhe, S. 259-269

Karten, W. (1995), Versicherungsproduktgestaltung – ökonomische Grundlagen, in: Zeitschrift für die gesamte Versicherungswissenschaft, Bd. 84, S. 57-77

Keller, B./Lerch, S. (2004), Versicherer auf dem Prüfstand, in: Versicherungsmagazin, H. 9, S. 34-35

Kendl, E. (1997), Reengineering im Versicherungsmarketing: Funktionsverlagerung auf Vermittlerbetriebe, Wiesbaden

Kern, H. (1999), Kundenbindungsmanagement in der Versicherungswirtschaft, in: Versicherungswirtschaft, 54. Jg., H. 14, S. 999-1030

Kern, K.-H./Bohn, C. (1999), Bessere Kundenbetreuung durch Call Center. Erfahrungen bei Gerling., in: Versicherungswirtschaft, 54. Jg., H. 14, S. 1030-1033

Kiel, R. (2003), Erklärung der privaten Krankenversicherungsnachfrage anhand ökonomischer und psychologischer Einflussfaktoren, in: Zeitschrift für die gesamte Versicherungswissenschaft, Bd. 92, S. 823-839

Kilian, W. (1995), Vergleichende Werbung in Deutschland, Aachen

Kimmeskamp, G. (2003), Von mobiler Außendienstanbindung profitieren alle, in: Versicherungswirtschaft, 58. Jg., H. 20, S. 1634-1635

Klein, A. W. (1997), Integration der Vertriebswege im Strukturwandel, in: Versicherungswirtschaft, 52. Jg., H. 6, S. 358-363

Kluge, H., (2003), Synergien durch Fusionen?, in: Versicherungswirtschaft, 58. Jg., H. 4, S. 236-238

Knospe, J. (2003), Die Einstellung zum Versicherungsbetrug hat sich gewandelt, in: Versicherungswirtschaft, 58. Jg., H. 24, S. 1958

Knospe, J. (2006), Vertriebswege-Revolution, in: Zeitschrift für Versicherungswesen, H. 19, S. 590-593

Koch, G. (2006), Wertorientierte Steuerung von Versicherungsunternehmen, in: Zeitschrift für Versicherungswesen, Nr. 6, S. 182-185

Koch, Pa./Seifert, M. (2004), Wertorientierung in der Assekuranz, in: Versicherungswirtschaft, 59. Jg., H. 6, S. 386-388

Koch, P./Weiss, W. (1994) (Hrsg.), Fronting, in: Gabler-Versicherungslexikon, Wiesbaden, S. 316

Kock, A./Wiora, G. (2004), Vertriebserfolg durch anwendungsgerechte EDV- und Agentursysteme, in: Versicherungswirtschaft, 59. Jg., H. 8, S. 568-569

Köcher, R. (1989), Zielgruppen und Strategien in einem schwieriger werdenden Markt, in: Versicherungswirtschaft, 44. Jg., H. 19, S. 1267-1275

Köcher, R. (1993), Was unsere Kunden wollen, in: Herausforderungen für die Versicherungswirtschaft, in: Versicherungskaufmann, H. 6, S. 22-25

Köhne, T./Ruf, S. (1995), Das kundenorientierte Versicherungsprodukt. Was die Assekuranz von anderen Branchen lernen kann., in: Versicherungswirtschaft, 50. Jg., H. 14, S. 946-951

Kölmel, T. C. (2000), Das Auslandsgeschäft deutscher Versicherungsunternehmen in den USA: unter besonderer Berücksichtigung von Allianz und Münchener Rück; Europäische Hochschulschriften, Reihe 5, Bd. 2552, Diss. Zugel. Universität Erlangen-Nürnberg, Frankfurt am Main, Berlin u.a.

Koenemann, J. (2003), Nutzen aus Kundendaten generieren, in: Versicherungswirtschaft, 58. Jg., S. 277-279

Kotler, Ph./Bliemel, F. (1999), Marketing-Management, 9. Aufl., Stuttgart

Kozak, A. (2005), Cross- und Up-Selling im Versicherungswesen, in: Zeitschrift für Versicherungswesen, Nr. 6, S. 179-180

Krämer, T. (2004), Mindestqualifikation Versicherungsfachmann, in: Versicherungsmagazin, H. 2, S. 42-43

Krause, J. (1996), Kultur und Assekuranz, in: Zeitschrift für die gesamte Versicherungswissenschaft, Bd. 85, S. 583-618

Kreutz, K.-D./Osterloff, M. (2004), Mehr Produktivität im Versicherungsvertrieb, in: Zeitschrift für Versicherungswesen, Nr. 17/18, S. 500-504, 544-547

Kroeber-Riel, W. (1992), Konsumentenverhalten, 5. Aufl., München

Kroeber-Riel, W. (1993b), Bildkommunikation: Imagery-Strategien für die Werbung, München

Kroeber-Riel, W./Esch, F.R. (2004), Strategie und Technik der Werbung, 6. Aufl., Stuttgart

Kroeber-Riel, W./Weinberg, P. (1999), Konsumentenverhalten, 7. Aufl., München

Kromschröder, B. (1997), Die Versicherungsmakler-Dienstleistung als Bestandteil des Produktes Versicherungsschutz: in: Zeitschrift für die gesamte Versicherungswissenschaft, Bd. 86, S. 59-80

Kühlmann, K./Käßer-Pawelka, G./Wengert, H./Kurtenbach, W. (2002), Marketing für Finanzdienstleistungen: Mit Besonderheiten für Banken, Versicherungen, Bausparkassen und Investmentfonds, Frankfurt

Kurtenbach, W./Kühlmann, K./Käßer-Pawelka, G. (1990), Versicherungsmarketing, Frankfurt

Kuzmany, K. (2004), Werbemitteldesign und Markenpolitik in Versicherungsunternehmen – eine explorative Studie, in: Zeitschrift für die gesamte Versicherungswissenschaft, Bd. 93, S. 737-751

Lach, H. (1995), Vertikales Marketing von Versicherungsunternehmen, Marketingkonzepte für Versicherungsunternehmen mit Ausschließlichkeits-, Makler- und Strukturvertrieb, H. 50 der Schriftenreihe des Instituts für Versicherungswissenschaft an der Universität zu Köln, Diss., Berlin

Lammenett, E./Lebek, K. (2003), Wer stört? – Eigentlich wollten wir nur Kunde werden!, in: Versicherungswirtschaft, 58. Jg., H. 24, S. 2003-2005

Lang, A. (2003), Das Arbeitgeberimage der Versicherungsbranche bei Studienanfängern der Wirtschaftswissenschaften, in: Zeitschrift für die gesamte Versicherungswissenschaft, 92. Jg., S. 201-230

Lange, W. (1995), Verteiltes Vertriebscontrolling in Versicherungsunternehmen, Bd. 31 der Münsteraner Reihe, Diss. zugel. Univ. Münster 1995, Karlsruhe

Lehmann, A./Nyfeler, S. (1994), Erfolgsfaktor Produktentwicklung – aus internationalen Erfahrungen lernen, in: Versicherungswirtschaft, 49. Jg., H. 1, S. 4-11

Leyers, P. (2002), Der Vermittler und die neuen Gegebenheiten, in: Versicherungswirtschaft, H. 23, S. 1887-1889

Leverenz, K. (2001), Rechtliche Aspekte zum Versicherungsgeschäft im Internet, H. 13 der Schriftenreihe der Zeitschrift Versicherungsrecht, hrsg. von Lorenz, E., Univ. Mannheim, Karlsruhe

Lier, M. (2003), Bis auf weiteres in der Warteschleife, in: Versicherungswirtschaft, 58. Jg., H. 13, S. 2022-2023

Lieske, D./Söhlemann, J. (2004), ...dann macht er in Versicherungen. in: Versicherungswirtschaft, 59. Jg., H. 15, S. 1125-1128

Lohse, U. (2001), Business excellence in Versicherungsunternehmen, Reihe Versicherungswissenschaft in Hannover, Bd. 13, Diss., zugel. Univ. Hannover, Karlsruhe

Ludwig, R. (1994), Vergütungssysteme in der Versicherungswirtschaft im Spannungsfeld zwischen Anbieter, Vermittler und Verbraucher, Karlsruhe

Mattenklott, A. (2002), Werbung mit Gefühl. Emotional Bonding., in: Mattenklott, A./Schimansky, A. (Hrsg.), Werbung – Konzepte und Strategien für die Zukunft, München, S. 526ff.

Mayer, H./Beither-Rother, A. (1980), Konsequenzen furcht- und angstinduzierender Kommunikation, in: Jahrbuch der Absatz- und Verbrauchsforschung, 26. Jg., H. 4, S. 315-352

Mayerhofer, W. (1995), Imagetransfer. Die Nutzung von Erlebniswelten für die Positionierung von Ländern, Produktgruppen und Marken, 13. Band der Reihe Empirische Marktforschung der WU Wien, hrsg. von Schweiger, G., Wien

Medendorp, P.K. (2002), Beratungsfallen in der Finanzdienstleistung, in: Versicherungsmagazin, H. 10, S. 26-27

Meffert, H. (1994), Marketing-Management, Wiesbaden

Meffert, H. (1994b), Erfolgreiches Marketing in der Rezession. Strategien und Maßnahmen in engeren Märkten., Wien

Meffert, H.(1998), Marketing, 8. Aufl., Wiesbaden

Meffert, H./Bolz, J. (1998), Internationales Marketing-Management, 3. Aufl., Stuttgart-Berlin-Köln

Meffert, H./Bruhn, M. (1995), Dienstleistungsmarketing, Grundlagen, Konzepte, Methoden, Wiesbaden

Meffert, H./Koers, M. (2001), Integratives Markencontrolling auf Basis des Balanced-Scorecard-Ansatzes, in: Reinecke, S./Tomczak, T./Geis, G., Handbuch Marketing-Controlling, Frankfurt, S. 292-320

Meidan, A. (1996), Marketing Financial Services, Palgrave

Meyer, A. (1994), Kommunikationspolitik von Dienstleistungsunternehmen, in: Corsten, Hans, Integratives Dienstleistungsmanagement. Grundlagen-Beschaffung-Produktion-Marketing-Qualität. Ein Reader., Wiesbaden, S. 257-286

Meyer, A./Davidson, J. H. (2001), Offensives Marketing, Haufe

Meyer, C.-P. (2005), Was schief gehen kann, geht oft schief, in: Versicherungsmagazin, H. 5, S. 14-18

Meyer, R. (1999), Erfolgsfaktoren des Managements von Fusionsprozessen in der Versicherungspraxis, in: Versicherungswirtschaft, 54. Jg., H. 16, S. 1170-1175

Meyer-Stiens, H. (2004), Wettbewerbsfähigkeit deutscher Versicherungsstandorte, Diss. zugel. Universität Hannover, Bd. 41 der Reihe Versicherungswirtschaft, Hrsg. von Farny, D./Schradin, H.R., Lohmar

Miersch, G. (1996), Versicherungsaufsicht nach den Dritten Richtlinien: Aufsichtsbefugnisse und Inländerbenachteiligungen, H. 87, Reihe A der Veröffentlichungen des Seminars für Versicherungswissenschaft und des Vereins zur Förderung der Versicherungswissenschaft, Diss., zugel. Universität Hamburg, Karlsruhe

Monien, E. (1998), Die Zukunft liegt in der Kundensegmentierung, in: Versicherungskaufmann, 53. Jg., H. 6, S. 30-32

Müller, H. (1994), Marktsegmentierung im Privatkundengeschäft von Versicherungsunternehmen, Karlsruhe

Müller, Hel. (2003), Die neue EU-Vermittlerrichtlinie – Überlegungen zur Umsetzung in deutsches Recht., in: Zeitschrift für Versicherungswesen, Nr. 4, S. 98-105

Müller-Lutz, H. L. (1995), Auswirkungen der EU-Richtlinien auf die deutsche Versicherungswirtschaft, in: versicherungsbetrieb, H. 2, S. 38

Müller-Reichart, M. (1994), Empirische und theoretische Fundierung eines innovativen Risiko-Beratungskonzeptes der Versicherungswirtschaft, Passauer Reihe, Bd. 2, zugel. Diss., Passau, Univ., Karlsruhe

Müller-Reichart, M. (2001): Possibilities and restrictions for product-innovations of globalized insurers, In: Insurance Economics, Geneva Association Information Newsletter, July, S. 12 ff.

Müller-Reichart, M. (2002), International orientierte Produktinnovationspolitik globalisierter Versicherungsunternehmen, Bd. 46 der Beiträge zu wirtschaftswissenschaftlichen Problemen der Versicherung, hrsg. von Müller-Lutz, H.L./Helten, E., Karlsruhe

Münch, M.v. (2004), Die geplante Umsetzung der Richtlinie zum Fernabsatz von Finanzdienstleistungen – Konsequenzen für die Einbeziehung von AVB, in: Zeitschrift für die gesamte Versicherungswissenschaft, Bd. 93., S. 775-787

Muth, M. (1994), Versicherungswirtschaft im Umbruch – Eine Analyse des europäischen Wettbewerbs, in: Versicherungswirtschaft, 49. Jg., H. 5, S. 288-298

Neeb, M./Riedel, O. (2004), Zur Anwendung des Bühlmann/Straub-Verfahrens in der Außendienststeuerung, in: Zeitschrift für die gesamte Versicherungswissenschaft, Bd. 93., S. 405-439

Neininger, M. (2003), Betrüger wechseln häufiger die Versicherung, in: Versicherungswirtschaft, H. 7, S. 37

Neuberger, O. (1990), Führen und geführt werden, 3. Aufl., Stuttgart

Nickel-Waninger, H. (1987), Versicherungsmarketing: auf der Grundlage des Marketing von Informationsprodukten, Karlsruhe

Nickel-Waninger, H. (2005), Vertriebsausgliederung: Wem gehört die Marke und wem der Vertrieb?, in: Zeitschrift für Versicherungswesen, Nr. 20, S. 644-647

Nieraad, C. (1994), Marketingstrategien für den Finanzdienstleistungsmarkt., Bd. 13 der Schriftenreihe „Versicherung und Risikoforschung" des Instituts für Betriebswirtschaftliche Risikoforschung und Versicherungswirtschaft der Ludwig-Maximilians-Universität, München, Wiesbaden

Nieschlag, R./Dichtl, E./Hörschgen, H. (1997), Marketing, 18. Aufl., Berlin

Nitsche, M. (1996), Aspekte der Kundenzufriedenheit in der Versicherungswirtschaft, in: Versicherung, Risiko und Internationalisierung: Herausforderungen für Unternehmensführung und Politik; Festschrift für Heinrich Stremitzer zum 60. Geburtstag, hrsg. von Mugler, J., Nitsche, M., Wien, S. 131-145

Nordemann, W. (1995), Innovationsschutz für Versicherungsprodukte, in: Zeitschrift für die gesamte Versicherungswissenschaft, Bd. 84, Jg. 1995, S. 129-137

o.V. (1997), Richtlinie 97/55/EG des Europäischen Parlaments und des Rates vom 6.10.97 zur Änderung der Richtlinie 84/450/EWG über irreführende Werbung zwecks Einbeziehung der vergleichenden Werbung, http://www.europa.eu.int

o.V. (1998),Unzulässigkeit einer Krankenversicherungs-Computeranalyse nach § 1 UWG, in: VersR vom 20.5.98, H. 15, S. 651

o.V. (1999), Unlauterer Wettbewerb, in: VersR 99 (H. 24)

o.V. (2001), Erfahrungen mit Zielvereinbarungs- und Bonussystemen. Gerling Gruppe – R+V Gruppe – Zürich Gruppe Deutschland, in: Versicherungswirtschaft, 56. Jg., H. 12

o.V. (2003), Controlling steckt noch in den Kinderschuhen, in: Versicherungswirtschaft, 58. Jg., H. 11, S. 874-875

o.V. (2003b), Versicherer kürzen Werbeausgaben, in: Zeitschrift für Versicherungswesen, Nr. 15, 1. August, S. 412-414

o.V. (2004), Assekuranz spart an der Werbung, in: Versicherungswirtschaft, 59. Jg., H. 5, S. 317-318

Oelkers, T. (2005), Optimierte Produktentwicklungsprozesse bei Lebensversicherern. Schneller auf dem Markt mit aktuellen Produkten, in: Zeitschrift für Versicherungswesen, Nr. 10, S. 317-319

Omsels, H.-J. (1998), Wettbewerbsrechtliche Einordnung von Preis-Leistungs-Vergleichen privater Krankenversicherungsangebote - Eine Erwiderung auf den Aufsatz von Knickenberg, in: VersR 98, 681 (H.16/98)

Osterloff, M./Urban, D. (2005), Wie erfolgreich ist Ihr Vertrieb tatsächlich? Deckungsbeitragsrechnung – Ein neues Verfahren macht den Vertriebserfolg messbar., in: Zeitschrift für Versicherungswesen, Nr. 19, S. 598-600

Paul, S./Horsch, A./Stein, S. (2005), Wertorientierte Banksteuerung I: Renditemanagement, hrsg. von der Bankakademie e.V., Frankfurt

Peill, E./Raabe, J. (2006), Stornoquoten bleiben hoch, in: Versicherungswirtschaft, H. 16, S. 1311-1312

Perlitz, M. (2004), Internationales Management, 5. Aufl., Stuttgart

Petersen, A. (2005), Dialogmarketing International: Übergreifende Trends aus Konsumentensicht, in: Krafft, M./Hesse, J./Knappik, K.M./Peters, K./Rinas, D. (Hrsg.), Internationales Direktmarketing, Wiesbaden, S. 167-191

Pohl, D. (2005), Maklerversicherer. Viele graue Mäuse mit wenig Marktmacht, in: Versicherungsmagazin, H. 5, S. 24-28

Popp, H. (1997), Individualisierung und Versicherung. Konsequenzen für ein gesellschaftsorientiertes Versicherungsmarketing, Bd. 27 der Schriftenreihe „Versicherung und Risikoforschung" des Instituts für betriebswirtschaftliche Risikoforschung und Versicherungswirtschaft der Ludwig-Maximilians-Universität, München, Hrsg. von Helten, E., Zugl.: München, Univ., Diss. 1996, Wiesbaden

Popp, H. (1997b), Versicherungsschutz – ein unsichtbares Produkt? Überlegungen zu Schwierigkeiten im Verhältnis zwischen Versicherungsnehmern und Versicherungsunternehmen, in: Versicherungswirtschaft, 52. Jg., H. 14, S. 982-985

Porter, M.E. (1993), Nationale Wettbewerbsvorteile, Erfolgreich konkurrieren auf dem Weltmarkt, Wien

Porter, M.E. (2000), Wettbewerbsvorteile, 6. Aufl., Frankfurt

Präve, P. (1999), Globalisierung und Versicherung, in: Versicherungswirtschaft, 54. Jg., H. 1, S. 7-14

Präve, P. (2005), Mit dem Europäischen Pass in die Fremde: Niederlassung oder Dienstleistung, in: Versicherungswirtschaft, 60. Jg., H. 6, S. 416-418

Prigge, E./Böbel, B./Ernst, J.O./Kleine, A. (2001), Erfolgsfaktoren bei der Internationalisierung, in: Versicherungswirtschaft, 56. Jg., H. 1

Protz, M. (1996), Wertschöpfung durch Service im Vertrieb: Welchen Service nimmt der Kunde wahr, welchen honoriert er?, in: Versicherungswirtschaft, 51. Jg., H. 2, S. 92-97

Psychonomics (2003), Wenig Lust auf Vergleiche, in: Versicherungswirtschaft, 58. Jg., H. 20, S. 1609

Pulcher, O./Thiele, J. (2003), Automobilhersteller drängen in den Kfz-Versicherungs-markt, 58. Jg., H. 21, S. 1692-1697

Puschmann, K.-H. (2003), Praxis des Versicherungsmarketing., 2. Aufl., Karlsruhe

R+V (2004), Geschäftsbericht 2004

Redanz, U./Lange, K. (2005), Neue Vertriebsgrundsätze: Zielgruppen und Kundenbe-dürftnisse, in: Versicherungswirtschaft, 60. Jg., H. 11, S. 829-832

Reich, A./Radtke, M./Niggemeyer, B. (1995), Mit Database-Marketing zur erfolgrei-chen Portefuille-Steuerung, in: Versicherungswirtschaft, 50. Jg., H. 4, S. 237-243

Reich, M. (2003), Innovatives Kundenbindungs-Controlling., in: Zerres, M. (Hrsg.), Hamburger Schriften zur Marketingforschung, Bd. 21, München 2003

Reindl, E./Blum, R. (2003), Bei der Vergütung das Controlling nicht vergessen!, in: Versicherungswirtschaft, 58. Jg., H. 19, S. 1490-1492

Reinecke, S. (2001), Marketingkennzahlensysteme: Notwendigkeit, Gütekriterien und Konstruktionsprinzipien, in: Reineke, S./Tomczak, T./Geis, G., Handbuch Mar-keting-Controlling, Frankfurt, S. 690-719

Reisner, F. (1996), Strategische Planung und Zielanalyse im Business-to-Business-Marketing von Versicherungsunternehmen, in: Versicherung, Risiko und Inter-nationalisierung: Herausforderungen für Unternehmensführung und Politik; Festschrift für Heinrich Stremitzer zum 60. Geburtstag, hrsg. von Mugler, J., Nitsche, M., Wien, S. 31-52

Reitzler, R. (2001), Versicherungen für Senioren: Perspektiven für Zielgruppen-Mar-keting, Diss. zugel. Univ. München, Wiesbaden

Riege, J. (1993), Anmerkungen zu „Wahrnehmungen der Risikowahrnehmung", in: Zeitschrift für die gesamte Versicherungswissenschaft, Bd. 82, S. 583-591

Rieger, M. (2003), Der Kampf um den Kfz-Versicherungsmarkt hat schon begonnen. Interessenkonflikt zwischen Assekuranz und Automobilindustrie in der Kraft-fahrtversicherung., Nr. 3, S. 71-73

Rinas, D. (2005), Segmentspezifisches Ethnomarketing. Internationales Direktmarke-ting in Inlandsmärkten, in: Krafft, M./Hesse, J./Knappik, K.M./Peters, K./Rinas, D. (Hrsg.), Internationales Direktmarketing, Grundlagen Best Practise, Marke-tingfakten, S. 105-122

Ritter, S. (2003), Agenturarbeit. Die Vision als Schlüssel zum Erfolg, in: Versiche-rungsmagazin, H. 1, S. 44-45

Ritter, S. (2003), Zielgruppenanalyse in der Agentur. Das eigene Unternehmen positi-onieren, in: Versicherungsmagazin, H. 8, S. 46

Ritter, S. (2004), Agenturentwicklung. Veränderungen bieten Chancen, in: Versiche-rungsmagazin, H. 8, S. 54-55

Ritter, S. (2006), Unternehmen Agentur. Erkennen sie Ihre Stärken!, in: Versiche-rungsmagazin, H. 6, S. 57

Ritter, S./Schlangen, C. (2006), Zum Erfolg führen., in: Versicherungsmagazin, H. 7, S. 14-18

Röhr, W. (1995), Perspektiven der Produktgestaltung in der Versicherungswirtschaft, in: Schmidt, D./Steinmann, A.E./Metternich, Ferdinand Graf Wolff (1995), (Hrsg.) St. Gallen Consulting Group, Handbuch Management Versicherungsbe-trieb, Wiesbaden, S. 89-122

Romeike, F. (2003), Balanced Scorecard. Ein Steuerungssystem, das in die Zukunft blickt, in: Versicherungsmagazin, H. 8, S. 44

Romeike, F. (2003b), Balanced Scorecard in Versicherungen. Strategien erfolgreich in die Praxis umsetzen, Wiesbaden

Rosner, L. (1997), Psychologie im Außen- und Innendienst der Versicherungsunternehmen, Karlsruhe

Rudolf, B. (1999), Beschwerden als Chancen nutzen, in: Versicherungsmagazin, H. 7, S. 20-22

Sack, R. (1994), Wettbewerbsrechtliche Folgen von Richtlinien in der Europäischen Union, in: VersR 94, H. 34, S. 1383

Sander, M. (2004), Marketing-Management. Märkte, Marktinformationen und Marktbearbeitung, Stuttgart

SAP (2004), Was ist der Kunde wert?, in: Zeitschrift für Versicherungswesen, Nr. 6, S. 153-154

Sattler, M. (2003), PKV: Der Wettbewerb zwingt zu innovativer Produktentwicklung., in: Versicherungswirtschaft, 58. Jg., H. 17, S. 1358-1360

Sauer, J./Thiele, J. (2006), Pay-as-you-drive – Top oder Flop?, in: Versicherungswirtschaft, 61. Jg., H. 14, S. 1153-1155

Sauerbrey, C./Henning, R. (2000), Kunden-Rückgewinnung – Erfolgreiches Management für Dienstleister, München 2000

Schäfer, H. (2000), Kundenbindung in der Versicherungswirtschaft – neo-institutionen-ökonomische Analyse und marketingpolitische Ansatzpunkte, in: Zeitschrift für die gesamte Versicherungswissenschaft, Bd. 89, S. 89-120

Schäfer, S./Feilbach, W. (1993), Serviceleistungen als Differenzierungsmöglichkeit deutscher Versicherungsunternehmen, in: Versicherungswirtschaft, 48. Jg., H. 13, S. 820-822

Schenk, M./Donnerstag, J./Höflich, J. R. (1990), Wirkungen der Werbekommunikation, Köln-Wien

Schimikowski, P. (2005), Die künftigen Informations- und Beratungspflichten der Versicherungsvermittler, in: Versicherungswirtschaft, 60. Jg., H. 24, S. 1912-1916

Schimikowski, P. (2005b), Die Neuregelungen zum Vertrieb von Versicherungsprodukten im Fernabsatz, in: Zeitschrift für Versicherungswesen, Nr. 9, S. 279-283

Schließer, W. (1996), Aktuelle Aspekte der Internationalisierung des Versicherungsgeschäfts. Ursachen, Aspekte, Trends, in: Versicherung, Risiko und Internationalisierung: Herausforderungen für Unternehmensführung und Politik; Festschrift für Heinrich Stremitzer zum 60. Geburtstag, hrsg. von Mugler, J., Nitsche, M., Wien, S. 277-300

Schlösser, R./Schreyögg, J. (2005), Die Balanced Scorecard als Kennzahlensystem für Krankenkassen, in: Zeitschrift für die gesamte Versicherungswissenschaft, Bd. 94, S. 323-345

Schmidt-Gallas, D./Lauszus, D. (2005), Professionelles Pricing: Die Branche muss besser werden, in: Zeitschrift für Versicherungswesen, Nr. 24, S. 813-815

Schmidt-Gallas, D./Lauszus, D. (2006), Multikanalstrategien im Online-Zeitalter, in: Versicherungswirtschaft, H. 19, S. 1552-1557

Schmidt-Kasparek, U. (2006), Schöne neue Versicherungswelt, in: Versicherungsmagazin, H. 3, S. 21-23

Schmitz, G. (2000), Die Zufriedenheit von Versicherungsvertretern als unternehmerische Zielgröße, in: Zeitschrift für die gesamte Versicherungswissenschaft, Bd. 89, Jg. 2000, S. 526-559

Schneider, C. (2004), Der Vertrieb von Versicherungen über das Internet nach Inkrafttreten der EG-Richtlinie über den Fernabsatz von Finanzdienstleistungen, in: Schriften zum Bürgerlichen Recht, Band 32, Berlin

Schnorbus, Y. (1999), Die Zulässigkeit der vergleichenden Werbung in der Versicherungswirtschaft – Zugleich ein Beitrag zur Auslegung der neuen Richtlinie 97/55/EG -, in: Zeitschrift für die gesamte Versicherungswissenschaft, Bd. 88, Jg. 1999, S. 375-426

Scholz, C. (1994), Personalmanagement. Informationsorientierte und verhaltenstheoretische Grundlagen, 4. Aufl., München

Schöler, A. (2004), Rückgewinnungsmanagement, in: Hippner, H./Wilde, K. (Hrsg.), Grundlagen des CRM, Wiesbaden

Schönacher, M./Schneider, D. (1999), Globalisierung von Versicherungsunternehmen durch Akquisitionen. Wertkulturelle Aspekte und Erfolgsfaktoren, in: Versicherungswirtschaft, 54. Jg., H. 6 S. 344-346

Schradin, H. R. (1994), Erfolgsorientiertes Versicherungsmanagement, Karlsruhe, S. 82-172

Schradin, H. R. (1994b), Kritische Erfolgsfaktoren in der Versicherung – Untersuchungsansätze und Methodische Grundlagen für die Analyse organisatorischer Teileinheiten – in: Zeitschrift für die gesamte Versicherungswissenschaft, Bd. 83, S. 531-561

Schumacher, N./Steingröver, D./Baldeweg, R./Tischendorf, A. (2003), PKV: Kosten sparen und Qualität verbessern, in: Versicherungswirtschaft, 58. Jg., H. 5, S. 345-347

Schwake, E. (1987), Überlegungen zu einem risikoadäquaten Marketing als Steuerungskonzeption von Versicherungsunternehmen, Karlsruhe

Schwanz, K.-U. (2003), Der Drache erwacht., in: Versicherungswirtschaft, 58. Jg., H. 3, S. 209-210

Schweiger, G./Schrattenecker, G. (1986), Werbung, Stuttgart-New York

Simon, H./Dolan, R.J. (1997), Profit durch Power Pricing. Strategien aktiver Preispolitik, Frankfurt

Stauss, B./Schöler, A. (2004), Beschwerden managen – Kunden halten, in: Versicherungsmagazin, H. 5, S. 14-19

Stauss, B./Seidel, W. (1998), Beschwerdemanagement, 2. Aufl., München

Surminski, A. (1987), Das Image in der Versicherung, in: Zeitschrift für Versicherungswesen, H. 1, S. 2-16

Surminski, A. (2003), Die Zukunft des Einfirmenvertreters oder Zurück zum Bewährten, in: Zeitschrift für Versicherungswesen, Nr. 13, S. 388-392

Surminski, A. (2004), Höhen und Tiefen der Assekuranzgeschichte – 100 Jahre Gerling, in: Zeitschrift für Versicherungswesen, Nr. 9, S. 251-254

Surminski, A. (2005), Versicherungsinnovationen, in: Zeitschrift für Versicherungswesen, Nr. 8, S. 235

Surminski, A. (2005b), Ende des klassischen Außendienstes?, in: Zeitschrift für Versicherungswesen, Nr. 22, S. 755-756

Surminski, M. (2003) Ende eines Vertriebswegs, in: Zeitschrift für Versicherungswesen, Nr. 4, S. 107

Surminski, M. (2004), Hoffen auf die Alten. Die deutschen Versicherer entdecken den Seniorenmarkt., in: Zeitschrift für Versicherungswesen, Nr. 13, S. 371-374

Surminski, M. (2004b), Imageschäden – größte Gefahr für den Marktwert von Finanzdienstleistern?, in: Zeitschrift für Versicherungswesen, Nr. 17, S. 492-493

Surminski, M. (2004c), Beispielloses Debakel. Die EU-Vermittlerrichtlinie wird erst später in 2005 umgesetzt – Haftungsprobleme und Pläne für Musterberatungsformulare der Makler, in: Zeitschrift für Versicherungswesen, Nr. 20, S. 611

Surminski, M. (2004d), Was ist Öffentlichkeitsarbeit wert? Pressestellen der Versicherungswirtschaft im Fokus der Controller., in: Zeitschrift für Versicherungswesen, Nr. 23, S. 714-715

Surminski, M. (2004e), Unzufriedener Außendienst, in: Zeitschrift für Versicherungswesen, Nr. 24, S. 750-751

Surminski, M. (2005), Zu viel oder zu wenig Regulierung? Der Referentenentwurf zur Vermittlerrichtlinie in der Diskussion, in: Zeitschrift für Versicherungswesen, Nr. 3, S. 93-94

Surminski, M. (2005b), Allfinanz verblasst., in: Zeitschrift für Versicherungswesen, Nr. 4, S. 105

Surminski, M. (2005c), Bröckelt die Ausschließlichkeit?, in: Zeitschrift für Versicherungswesen, Nr. 20, S. 643-644

Surminski, M. (2006), Was wird aus der Ausschließlichkeit?, in: Zeitschrift für Versicherungswesen, Nr. 13/14, S. 420-424, S. 464-468

Surminski, M. (2006b), Viele offene Fragen. Wie gut sind die IHK's auf die EU-Vermittlerrichtlinie vorbereitet?, in: Zeitschrift für Versicherungswesen, Nr. 20, S. 642

Swiss Re (2000) (Hrsg.), Sigma-Studie Nr. 5/2000, E-Business in der Versicherungswirtschaft: Zwang zur Anpassung – Chance zur Erneuerung

Taupitz, J. (1995), Macht und Ohnmacht der Verbraucher auf dem dekontrollierten europäischen Versicherungsmarkt, in: VersR, H. 28, S. 1125

Telschow (1997), Integrierte Markt- und Risikosegmentierung zur erfolgsorientierten Steuerung von Versicherungsunternehmen, Bd. 55, Veröffentlichungen für Versicherungswissenschaft der Universität Mannheim, Hrsg. Albrecht, P./Lorenz, E., Diss., Karlsruhe

Töpfer, A. (1997), Kernfragen des Benchmarking, in: Töpfer, A. (Hrsg.), Benchmarking: Der Weg zu Best Practice, Berlin, Heidelberg u.a., S. 3-14

Töpfer, A./Opitz, F. (2005), Hohe Versichertenzufriedenheit und –bindung erschweren Differenzierung, in: Zeitschrift für Versicherungswesen, Nr. 12, S. 389-391

Trapp, J. (2003), Die risikoorientierte Veränderung strategischer Geschäftsmodelle., in: Versicherungswirtschaft, 58. Jg., H. 19, S. 1484-1488

Trumpfheller, J. (2003), Einsatz kausalanalytischer Verfahren in der Assekuranz: Ergebnisse einer empirischen Analyse zur Kundenbindung, in: Zeitschrift für die gesamte Versicherungswissenschaft, Bd. 92, S. 840-863

Trumpfheller, J. (2005), Kundenbindung in der Versicherungswirtschaft: Ergebnisse einer theoretischen und empirischen Analyse, in: Zeitschrift für die gesamte Versicherungswissenschaft, Bd. 94, S. 517-547

Ullmann, T./Bokelmann, U./Kullmann, M. (2003), Kundenzufriedenheit trotz Kostensenkung?, in: Versicherungswirtschaft, 58. Jg., Nr. 17, S. 1356-1358

Ullmann, T./Peill, E. (1994), Servicequalität und Kundenzufriedenheit als Schlüssel zum Markterfolg (I) Empirische Ergebnisse aus der Versicherungsbranche, in: Versicherungswirtschaft, 49. Jg., Nr. 19, S. 1266-1271

Ullmann, T./Peill, E. (1995), Beschwerdemanagement als Mittel der Kundenbindung, in: Versicherungswirtschaft, 50. Jg., Nr. 21, S. 1516-1519

Ullmann, T./Tietz, T. (2003), Hilfsangebote im Schadenfall kommen beim Kunden gut an., in: Versicherungswirtschaft, 58. Jg., H. 24, S. 2005

Umhau, G. (2003), Vergütungssysteme für die Versicherung im Wandel, Karlsruhe

Van de Veer, F. (2003), Makler drängen auf Produktinnovationen, in: Versicherungswirtschaft, 58. Jg., H. 10, S. 777-780

Venohr, B. (1996), Kundenbindungsmanagement als strategisches Unternehmensziel. Leitmotiv für Versicherungsunternehmen, in: Versicherungswirtschaft, 51. Jg., H. 6, S. 365-368

Venohr, B./Naujoks, H./Zinke, C. (1998), Größe als Chance? Konzentrationstendenzen in der Versicherungswirtschaft, in: Versicherungswirtschaft, 53. Jg., H. 16, S. 1120-1123

Vielreicher, P. (1995), Produktinnovationsmanagement in Versicherungsunternehmen, Diss. zugel. Univ. München, Bd. 22 der Schriftenreihe „Versicherung und Risikoforschung" des Instituts für Betriebswirtschaftliche Risikoforschung und Versicherungswirtschaft der Ludwig-Maximilians-Universität, Wiesbaden

Völlmecke, I. (2003), Qualitätsmanagement ist bei den meisten Chefsache., in: Versicherungswirtschaft, 58. Jg., H. 24, S. 2002-2003

Vogel, M. (2000), Effizient verkaufen durch Telefonmarketing speziell für Agenturen, in: Versicherungsmagazin, H. 6, S. 46

Waber, T./Gaedeke, O. (2004), Attraktive Produkte gut für niedrige Betriebskostensätze, in: Versicherungswirtschaft, 59. Jg., H. 7, S. 476-479

Wackerbeck, P. (2006), Islamische Versicherungsprodukte: Ein Wachstumsmarkt?, in: Versicherungswirtschaft, 61. Jg., H. 6, S. 452-455

Wagner, F. (1994a), Internationalisierung und Internationalisierungsstrategien in der deutschen Versicherungswirtschaft (I), in: Versicherungswirtschaft, 49. Jg., H. 6, S. 348-355

Wagner, F. (1994b), Internationalisierung und Internationalisierungsstrategien in der deutschen Versicherungswirtschaft (II), in: Versicherungswirtschaft, 49. Jg., H. 7, S. 414-420

Wagner, F. (1998a), Internationalisierung und Globalisierung – Strategien für deutsche Erstversicherer? (I), in: Versicherungswirtschaft, 53. Jg., H. 11, S. 732-740

Wagner, F. (1998b), Internationalisierung und Globalisierung – Strategien für deutsche Erstversicherer? (II), in: Versicherungswirtschaft, 53. Jg., H. 12, S. 811-819

Wagner, F. (2001a), Gestaltung von Versicherungsprodukten nach dem Bausteinprinzip (I), in: Versicherungswirtschaft, 56. Jg., H. 11

Wagner, F. (2001b), Gestaltung von Versicherungsprodukten nach dem Bausteinprinzip (II), in: Versicherungswirtschaft, 56. Jg., H. 12

Wagner, F./Deppe, S. (2004), Wertorientierte Steuerung von Versicherungsunternehmen in Theorie und Praxis, in: Versicherungswirtschaft, 59. Jg., H. 8, S. 570-574

Wagner, F./Koch, G. (1999), Electronic Commerce in der Versicherungswirtschaft., in: Versicherungswirtschaft, 54. Jg., H. 20, S. 1492

Wagner, Ph. J. (1991), Die Bildung von Allfinanzkonzernen. Grundlagen und Ansatzpunkte der Integration von Bank und Versicherung in einem Allfinanzkonzern, Europäische Hochschulschriften: Reihe 5, Volks- und Betriebswirtschaft, Bd. 1170, Bern-Berlin-Frankfurt-New York-Paris 1991

Warth, W.P. (2002), Neue Strategien im Finanzvertrieb. Ist das Internet Konkurrent oder Partner herkömmlicher Vertriebswege?, in: Versicherungswirtschaft, 57. Jg., H. 20, S. 1574

Warth, W.P. (1999), Die weitere Entwicklung der Allfinanz und ihre Konsequenzen für Banken und Versicherungsunternehmen, in: Corsten, H./Hilke, W. (Hrsg.), Integration von Finanzdienstleistungen: Bank- Assurance – AssuranceBanking – Allfinanz, Wiesbaden, S. 119-153

Weigelt, O./Engler, K. (2003), Effiziente Vertriebssteuerung nur mit aussagekräftigen Kennzahlen, in: Versicherungswirtschaft, 58. Jg., H. 4, S. 282-284

Werber, M. (2004), Status und Pflichten der Versicherungsvermittler, insbesondere des Versicherungsmaklers, vor dem Hintergrund der Reformarbeiten, in: Zeitschrift für Versicherungswesen, Nr. 15, S. 419-425

Wiedmann, K.-P. (2005), Ansatzpunkte zur Messung der Reputation von Versicherungsunternehmen, in: Zeitschrift für die gesamte Versicherungswissenschaft, Bd. 94, S. 549-576

Wiedmann, K.-P./Jugel, S. (1987), Corporate-Identity-Strategie, in: Die Unternehmung, Jg. 3

Winkelmann, P. (1999), Marketing und Vertrieb, München

Wirtz, B./Vogt, P./Denger, K. (2001), Electronic Business in der Versicherungswirtschaft, in: Zeitschrift für die gesamte Versicherungswissenschaft, Bd. 90, S. 161-189

Wulf, J. (2006), Auf allen Kanälen näher am Kunden, in: Versicherungsmagazin, H. 3, S. 24-25

Wulf, J. (2005), Wachsende Investitionen in die Bestandskunden, in: Versicherungswirtschaft, 60. Jg., H. 13, S. 1005-1006

Yip, G. S. (1995), Global Strategy ... In a World of Nations?, in: Buzzell, R.D./Quelch, J.A./Bartlett, C.A., Global Marketing Management: Cases and Readings, 3rd Ed., Reading/Mass., S. 30-52

ZAW (2005), (2004), (2003), (2001), (2000), Zentralverband der deutschen Werbewirtschaft, Berlin

Zermin, H. (2000), So können Sie sich gut vermarkten, in: Versicherungsmagazin, H. 11, S. 50-52

Zermin, H. (2004), Fernabsatz von Versicherungsverträgen. Mehr Rechte für Verbraucher, in: Versicherungsmagazin, H. 8, S. 51

Zielke, C. (1997), Vor- und Nachteile der Bankassekuranz, in: Versicherungswirtschaft, 52. Jg., H. 11, S. 750-756

Zimbardo, P.G. (1992), Psychologie, 5. Aufl., Heidelberg

Zürich (2007), www.zurich.com/main/aboutus/corporateresponsibility/ (abgerufen 12.3.07)

Zürich (2007b), www.zurich.com/main/aboutus/ourcampaign/ (abgerufen 12.3.07)

Zweifel, P./Eisen, R. (2000), Versicherungsökonomie, Berlin

Stichwortverzeichnis

A

Absatzorgane 187ff.
Added Value
- s. Zusatznutzen
Äquivalenzprinzip 158, 163
Affinität
- kulturelle 174
- Mailing- 177
- online 198, 200, 220
- Sponsoring 180
Agentur
- Agent 40, 123f., 203, 208, 234f., 245, 270, 270, 277, 288, 303
- Begriff 211ff., 289, 295ff.
- Informationssysteme 232, 251
Aggregatoren 196f.
Akquisitionen
- Neukunden 188, 200, 251, 255, 284, 292, 297, 311
- Unternehmens- 235
Alleinvertriebsrechte 213
Allfinanz 81, 86, 153ff., 259, 299
All-Risks-Deckungen 152
Angst 28f., 51, 167
Anreize
- Arten 203f.
- Extrinsische 204
- Immaterielle 280
- Intrinsische 203
Anreizsysteme 194, 203ff., 208f., 267, 289, 298
Ansoff-Matrix 127
Ansprüche
- Kunden- 17, 145, 220, 290, 299
- Rechtliche 32, 125
Arbeitgeberattraktivität 22, 41, 294
Assistance 29f., 51
Aus- und Weiterbildung 119, 123, 192, 214, 220, 249, 288f., 293f.

Ausgleichsanspruch
- des Versicherungsvertreters 203, 303
Auslandsgeschäft 31, 66, 82, 93, 111ff., 193, 231
Auslandsrisiko 111ff.
Ausschließlichkeitsorganisation 110, 188, 194, 196, 217ff., 227, 288, 294, 299, 301ff.
Ausschließlichkeitsvertreter 13f., 95f., 110, 145, 159f., 164, 171, 183, 187ff., 196, 198, 205ff., 211ff., 222, 233, 242, 251, 254, 268, 272, 295ff., 299ff.

B

Bausteinprinzip 105, 150f.
Bedürfnis 14, 16, 19f., 26f., 44, 49f., 59, 68, 80, 89f., 94, 107f., 124, 126f., 131, 133, 137, 140, 150, 154f., 161, 172, 191, 215, 221, 263, 283, 291
Bedürfnishierarchie 29ff.
Benchmarking 62f., 240, 250
Beobachtung 35, 137f., 146, 247, 250
Befragung 73, 135ff., 238, 247, 295
Beratung
- Dokumentationspflicht 216
- Kunden- 15, 30ff., 42ff., 50f., 66, 75f., 86f., 98, 101f., 123f., 140ff., 152ff., 165, 171, 182, 188ff., 214f., 219ff., 229ff., 247ff., 258ff., 284f., 290ff.
- squalität 86, 155, 195, 221, 237f., 248, 270, 284
Beschwerde
- Annahme 272f.
- Aufsichtsamt- 87
- Auswertung 174ff., 312

- Bearbeitung 249, 273
- Kunden- 220, 239, 269ff.
- Wertermittlung 283
Beschwerdeführer 269, 271, 274ff.
Beschwerdemanagement 257ff.,
   269ff.
Beschwerdewege 271f.
Beschwerdezufriedenheit 220, 239
Best-Advice-Prinzip 250, 303
Bestandsgeschäft 47, 64, 66f., 79f.,
   88, 95f., 160, 163, 176, 187, 195f.,
   204, 207, 219, 232f., 234, 267,
   274, 276, 279, 285, 287, 296, 300,
   303, 305, 311
Bildung
- des Versicherungsnehmers 17, 49,
   53, 198, 267, 276
Bildungscontrolling 283, 295, 305f.
Bonussystem 210
Botschaft
- s. Werbebotschaft
Bumerangeffekt 172
Bundesaufsichtsamt für das Versiche-
   rungswesen (BAV) 19
Business Mission 38, 40

C

Call-Center 64, 137, 177, 187
Captive-Broker 55, 192ff.
Chancen-Risiken-Analyse 58, 69
Competitive Intelligence 64
Content 197, 202
Controlling 46, 225f., 235ff.
Corporate Behavior 42f.
Corporate Design 42
Corporate Identity 41ff., 56, 186
Courtage (s. Provision)
Cross-Selling 50, 80, 84, 87, 151,
   154ff., 192, 205f., 234, 249, 260ff.,
   284, 286, 291, 293, 300, 310, 312

D

Database Marketing 137, 148, 155
Data-Mining 54, 63
Data Warehouse 234

Datenanalyse 139
Datenerhebung 136ff.
Datenschutz 147f., 155f., 201, 287
Datenverarbeitung 86, 147, 233ff.
Demographische Entwicklung 50,
   257, 263
Deregulierung 19f., 46, 83, 90, 93,
   98f., 102, 105, 107, 111, 119, 121,
   131, 133, 135, 139f., 147, 152,
   157, 161, 165, 173, 200, 210,
   213ff., 222, 225f., 231, 237, 282
Diamantentheorie 118ff.
Dienstleistungen
- Merkmale 135, 148, 176, 257
Dienstleistungsfreiheit 20f., 111f.,
   123, 126, 171
Dienstleistungsqualität 90, 219, 224,
   246ff., 264ff.
Differenzierung
- Prämien 147, 159, 163ff.
- Produkt 142, 149ff.
Differenzierungsstrategie 42, 46,
   56ff., 90f., 99ff., 142, 165, 231,
   300
Direktmarketing 21, 84, 137, 155,
   178, 239
Direktvertrieb 97f., 108, 126, 134,
   200f., 218, 222
Direktwerbung 175ff.
Diskontinuitäten 59f.
Dissonanz, kognitive 34f.
Distributionspolitik (s. Vertrieb)
Diversifikation 76, 78f., 81ff.
Due Diligence 86f.

E

E-Commerce 195ff., 220
E-Mail 176ff., 200, 202, 272
Einfirmenvertreter
- s. Ausschließlichkeitsvertreter
Einstellung 26f., 32ff., 46, 49, 52, 66,
   127, 138, 148, 167, 224, 249f.,
   267f.
Emotionen 13, 28ff., 41f., 166ff.,
   271, 280f., 301
Erfahrungskurve 69, 72

Erfolgsfaktoren 58, 61, 72f., 87, 232
Ersatzprodukte 99
Ethno-Marketing 25, 133
EU-Richtlinien
– Fernabsatzrichtlinie 199ff.
– Signaturrichtlinie 201
– Vergleichende Werbung 170
– Vermittlerrichtlinie 195, 213ff., 291, 294, 302
Experiment 138

F

Fachkundeprüfung 214
Familienwirtschaft 24
Fernabsatzrichtlinie 200f.
Financial Services 96, 153
Finanzdienstleistungsbegriff 153
Franchisesysteme 212f.
Fronting 126
Furchtappelle 167
Fusion 21, 78, 83ff., 127, 231

G

Gap-Analyse 77f.
Generationenvertrag 18
Geschäftsfeld, strategisches 44ff., 58, 67ff., 77, 85

H

Haftung
– Beruf 49
– Makler 190f., 220
– Nebenberufliche Vermittler 218
– srecht 59, 117, 132
– Versicherungsvertreter 215, 302
Handelsvertreter 187, 211, 251, 300, 305
Homepage 197, 201
Honorar 209f.
Humor 168f., 172, 175, 245

I

Ideengewinnung 143f.
Image

– Branchen- 172, 185, 241ff., 259, 265, 294
– Länder- 174
– Marken- 66, 107, 185
– Probleme 22, 237, 245, 269, 287f.
– Produkt- 89f., 168
– Sponsoring 179
– Unternehmens- 41, 44, 56, 94, 116, 123, 134, 228, 252, 259, 279, 281, 302
Imagekampagnen 43, 308
Imagemessung 136, 238f., 241ff.
Imagetransfer 107, 109, 132
Imageziele 179, 240f., 257
Incentives 182
Individualisierung 140, 159
Industrieversicherungsmakler 95, 97, 110, 192f., 231, 283, 291
Informationstechnologie 63, 192, 212, 220, 224, 226, 232ff., 272f.
Innovation (s. Produktinnovation)
Internationalisierung 110ff., 193, 232
Intransparenz
– der Märkte 19, 140, 210

J

Joint-Venture 126

K

Kapitalanlage 45, 61, 74, 137, 153, 195, 236, 282, 308f.
Kaufverhalten 35, 47, 52, 54
Key-Issue-Analyse 58ff.
Key-Account-Management 228
Kommunikation
– Integrierte 185ff.
– Marketing- 165ff.
– Unternehmens- 43, 184
Konzentrationsprozesse 21, 195, 221
Konzernvertreter 187, 193
Kooperation (s. Strategie)
Kostenführerschaft 100f., 105
Kreativität 149, 219, 225, 228, 258
Kreativitätstechniken 143f., 146
Kultur

- nationale 113, 118, 120ff.
- Versicherungs- 20f., 23ff.
Kundenattraktivität 260ff., 281
Kundenbindung 41, 96, 164, 181,
  188, 192, 199, 204, 206, 211, 237,
  252f., 256f., 260, 298, 305, 312
Kundenbindungsinstrumente 267ff.
Kundendienst 75
Kundengruppenlebenszyklus 68
Kundenloyalität 73f., 107, 116, 255,
  261ff., 278
Kundenorientierung 83, 153ff., 207,
  213, 224, 227, 249ff., 268, 290,
  292, 240, 255
Kundenrückgewinnung 278ff.
Kundenzufriedenheit 235, 252, 254,
  259, 264ff., 312

L

Lebensstile 35f., 46, 50, 53
Lebenszyklusanalyse 64ff., 282
Lückenplanung, strategische 77f.

M

Makler 14f., 95ff., 110, 118, 120,
126, 131, 134, 145, 151, 160, 181,
189ff.
- firmenverbundene (s. Captive
  Broker)
- Internationaler Versicherungs-
  126, 131
- Mittelständischer 182f., 203, 220,
  291
- Industrieversicherungs- 192f.,
  231, 291
Maklerbetreuer 190
Maklerpool 221
Marke
- Dach- 107ff., 180, 242
- Eigen- 110, 304
- Einzel- 107ff.
- Gattungs- 110
- Handels- 110
- Mehr- 107ff.
Markenbekanntheit 243ff.

Markenbewertung 86
Markenbild 186
Markendimensionen 242ff.
Markenführung 57f., 106ff., 202
Markenimage 66, 166, 174, 185
Markennamen 87f., 107ff., 131, 148
Markenstärke 13, 288
Markenstrategien
- s. Markenführung
Markenvierklang 244ff.
Markenwechsel
- s. Kundenloyalität
Markenzeichen 212
Marketing
- Begriff 16
- Implementierung 223ff.
- Internationales 24, 59, 61, 85, 93,
  96, 110, 193, 230
- Vertikales 94, 110f.
- Ziele 97, 204
Marketingcontrolling 235ff.
Marketingforschung 135ff., 192f.
Marketinginstrumente 21, 25, 46ff.,
  90, 131, 135ff., 237, 280
Marketingkommunikation 165ff.
Marketingorganisation 224ff.
Marktanteil
- relativer 69ff.
Marktattraktivität 16, 46f., 72ff., 102,
  263
Marktdurchdringung 78f.
Markteinführung 145ff.
Marktsegmentierung
- geographische 49
- mikrogeographische 49
- psychographische 49ff.
- sozio-demographische 49ff., 176,
  219, 295
- sozio-ökonomische 49ff.
Marktunifizierung 89f.
Moral Hazard 31, 91, 116, 209
Multifaktorenmethode 72, 74

N

Nachahmung 66, 148, 150
Nische 39, 90ff., 102, 104f., 129

P

Portale
- vertikale 196
Portfolioanalyse 69ff., 260ff., 290ff.
Positionierung 55ff., 108, 166, 17:, 175, 219
Prämienanpassung 158ff.
Prämiendifferenzierung 147, 159, 163ff.
Prämiengestaltung 102, 157ff.
Prämienpolitik 157ff.
Preis
- s. Prämie
Prinzipal-Agenten-Problem 15
Produkt
- Merkmale des Versicherungs- 42, 44, 52, 139ff., 241
- Kulturabhängigkeit 20, 24ff., 85, 130f., 132ff.
Produktbeschreibung 202
Produktdifferenzierung 90, 149ff., 166, 300f.
Produktentwicklung 78, 143ff., 300
Produktgestaltung 47, 56, 82, 139ff., 258
Produktinnovation 143ff.
- smanagement 146, 148
Produktkontrolle
- aufsichtsrechtliche 19, 23
Produktlebenszyklus 64ff.
Produktmanagement 107, 226ff.
Produktneueinführung 109, 185
Produkt-/Marktbearbeitung 78ff., 127
Produktprogramm 83, 104f., 129, 153ff., 189f., 299
Produktqualität 100, 102, 105, 115, 118, 120, 130, 289
Produktvariation 149ff.
Produktverkäufer 290ff.
Provision
- Abschluss-/Einmal- 22, 207ff., 306f.
- Erst-/Folge- 207ff., 298, 306
- Führungs- 306f.
- Laufende 207ff., 298
- Produktbezogene 155

Provisionsformen 204ff.
Provisionssystem 97, 145, 204f., 206ff., 230, 234, 240, 298f.

Q

Qualitätsbeurteilung 57, 259, 271
Qualitätsführerschaft 100ff., 231
Qualitätsstandards 273
Qualitätswettbewerb 46, 103ff., 109f., 120, 135, 299

R

Rabatt
- Bündel- 164
- Familien- 147
- Rechtliche Problematik 280
- Schadenfreiheits- 164, 280
- Selbstbehalts- 55
- Wenigfahrer- 147
- Wirkung 182, 211f.
Rationalisierung 61, 69, 73f., 229, 232
Reaktanz
- s. Bumerangeffekt
Registrierungspflicht
- Versicherungsvermittler in der EU 217
Repräsentanz 123f.
Risiko 59, 69, 80, 93, 99, 101f., 115, 144, 162, 304
Risikoanalyse 75, 102, 144, 200, 216
Risikoeinstellung 66
Risikokosten 64f., 67., 103, 113
Risikopolitik
Risikoprämie
- Brutto- 158
- Netto- 158
Risikowahrnehmung 26ff.
Rückversicherung 45, 47, 65, 67, 81, 85, 99, 111, 119f., 144, 152, 193, 309
Rückwärtsauktion 196f.

S

Sanierung 160, 162, 236, 287
Seniorenmarkt 26, 50ff., 144, 219
Service 16, 51, 53, 61, 68, 80, 90f.,
   98, 101f., 109, 113, 119f., 130,
   142, 148, 172, 196, 199, 205, 219,
   233, 237f., 245f., 267, 272, 283,
   292, 302
Service Blueprint 248
Servicelevel-Agreement 301
Servicestandards 273
Shareholder value 41, 137, 235
Sharia 24
Sicherheitskapital 47
Sozialversicherung 18, 23, 117, 122f.
Sponsoring 91, 178ff., 245
Standardisierung 89, 91, 130ff.,
   150f., 195, 233, 290, 300
Stärken-Schwächen-Analyse 61f., 69,
   240
Stornoquote 87, 191, 205, 207, 212,
   249, 255, 278, 293, 297f., 308,
   310ff.
Stornoprophylaxe 234
Stornowahrscheinlichkeit 263, 282,
   308, 312
Strategieimplementierung 223ff.
Strategie
– Anpassungs- 92f., 97
– Begriff 37
– Differenzierungs- 100f., 231
– Generische 77ff.
– Internationalisierungs- 111ff.
– Konkurrenzgerichtete 92ff.
– Konfliktstrategie 93
– Kooperations- 93ff.
– Kostenführerschafts- 100ff.
– Kundengerichtete 88f.
– Machtstrategie 95
– Marktbearbeitungs- 89f., 103
– Marktdurchdringungs- 78f.
– Marktteilnehmer- 8, 13, 88ff.,
   118, 236
– Produktentwicklungs- 78, 80
– Umgehungs- 93, 97f.
– Vermittlergerichtete 94ff., 241

Strukturvertrieb 95, 194f., 214, 218,
   221
SWOT-Analyse 58ff.
Symbol 43, 106, 186, 229f.
Synergien 83ff., 128, 131, 134, 186
Szenario-Analyse 59f., 120

T

Tarifierung 36, 84, 133, 147, 159f.,
   232
– Erfahrungs- 158
Tarifkontrolle 19, 98
Telefonmarketing 177f., 222
Tochtergesellschaft 20, 123, 125,
   128ff.

U

Unternehmensidentität
– s. Corporate Identity
Unternehmenskommunikation 43ff.,
   184
Unternehmenskultur 62, 190, 229ff.
Unternehmensverhalten
– s. Corporate Behavior
Unternehmenszweck
– s. Business Mission

V

Ventillösung 299
Verhandlungsmacht 98f.
Verkauf 28, 75f., 97, 154, 196, 199,
   211ff., 259, 279, 285, 310
Verkaufsförderung 66, 145f., 180f.,
   239, 262, 300, 303
Verkaufstechnik 31, 79, 154, 168,
   219ff., 237, 258, 290ff.
Versicherungsaufsicht 19f., 56, 60,
   140, 161, 184, 201, 274, 312
Versicherungsbetrug 32f., 52, 287
Versicherungsdichte 23, 76, 122
Versicherungsdurchdringung 23, 119
Versicherungsmakler
– s. Makler
Versicherungsmarkt 12ff.

Versicherungsnehmer 12ff.
Versicherungsprodukt
– s. Produkt
Versicherungsunternehmen 12ff.
Versicherungsvermittler 12ff., 137ff.
Vertikale Macht 94
Vertikales Marketing 94, 187ff.
Vertrieb 187ff.
Vertriebsbindungen 211ff.
Vertriebscontrolling 237, 288ff.
Vertriebssteuerung, Instrumente
   288ff.
Vertriebssysteme, Vertragliche
Vertriebswege 83, 88, 100, 113, 117,
   123, 187ff., 207, 213ff., 239, 306
Vision 38ff.

W

Wachstum 60, 64, 66f., 68ff., 77ff.,
   113, 127ff., 153ff., 194, 222, 235,
   251, 285, 301, 304
– externes 78, 82ff.
– intensives 78
– integratives 82ff.
Wahrnehmung 26f.
– der Marke 25, 182
– der Produktqualität 241, 247, 259,
   268f.
– des Risikos 25ff.
– Rollen- 289
Werbung
– Begriff 172f.
– Direkt- 175ff.
– Gemeinschafts- 110
– Image der 179
– klassische 172ff.
– Test- 169ff.
– Vergleichende 169ff.
– Wirkung der 172ff., 242ff.
Werte
– gesellschaftlich-kulturelle 53, 59
– unternehmenskulturelle 39, 229ff.
Wertkettenanalyse 75ff.
Wertorientiertes Management 235ff.,
   282, 293, 295, 297
Wettbewerb

– Analyse (s. Benchmarking)
– Triebkräfte des 98ff.
Wettbewerbsposition 73, 83, 121,
   220, 236, 261, 263, 281
Wettbewerbssituation 20f., 56, 99,
   205, 222, 258, 311
Wettbewerbsstrategien 93, 98ff., 105
Wettbewerbsvorteile 73ff., 93, 100,
   116, 118ff., 140, 152, 199, 212,
   302
Widerrufsrecht
– beim Fernabsatz von Finanzdienst-
   leistungen 201
Wissensmanagement 254

Z

Ziele
– Erhaltungs-/Sicherheits- 40
– Gewinn-/Finanz- 41, 113, 120,
   154, 157, 210, 252, 290f.
– Meilenstein- 40
– Marketing- 40, 97, 161, 178, 192,
   204
– Psychographische 41, 179
– Strategische 38ff., 77, 109, 119,
   204, 210, 219, 229, 251, 298
– Wachstums- 78, 97, 113, 120,
   153, 156
Zielgruppen 46, 48ff., 90f., 94, 100,
   107ff., 133, 163, 173, 175, 183f.,
   194, 202, 219ff., 228ff., 296
Zielgruppenprodukte 140f., 169
Zielmarktbestimmung 52f., 127
Zielvereinbarung 210
Zusatznutzen 57, 154, 196, 198

Firmenverzeichnis

Aachener & Münchener 21, 83, 127,
    156
ACE 85
AGF 21, 82, 127
AIG 66, 106, 115, 130f., 230, 236
Allianz 21, 39f., 43, 53, 81f., 96,
    106ff., 115, 121, 127, 132, 153,
    168, 174, 230, 236, 243f., 301,
    304
Allstate Direct 83
AON 193
A.T.U. 97
autoscout24.de 197
Aviva 38f., 127, 132, 236
AWD 194
AXA 21, 38f., 106, 111, 121, 127,
    132, 222, 236, 243f., 253, 301,
    303
BfG Bank 156
Bosch 97
Boston Consulting Group 69, 72
BWV 214
CGNU 132
Chubb 66, 106
Citigroup 156
Colonia 83, 127, 222
Cosmos Direkt 170, 174
DBV Winterthur 102
Debeka 81, 174
Deutsche Bank 156
Direct Line 83
DVA 214
einsurance.de 196
Fiat Bank 96
Finanztest 99
Gartenbauversicherung 90
General American Life 198
Generali 106, 121, 127, 236, 243f.
Genossenschaftsbanken 186, 156,
    259

Gerling 91, 102, 106, 117
GMAC Bank 96
Hamburg Mannheimer 243
Hiscox 38f., 90f.
HUK Coburg 106, 108, 174, 243
Ideal 94
insurancecity.net 196
insweb.com 196
Mannheimer 107
Marsh McLennan 193
McKinsey 72
Metlife 196
MLP 194, 221
Münchener Rück 120
Nissan Renault Bank 96
Pit Stop 97
PSA Finance 96
RBOS 83
R+V Versicherung 106, 186, 230,
    243, 259
Sears Roebuck 153
Sparkassen 156
Swiss Re 120
Travelers Group 156
UAP 21
Volkswagen Financial Services 96
Willis 193
Winterthur 106
Wüstenrot & Württembergische 83,
    106, 166
Zürich 17f., 38f., 106, 108, 174f.,
    236, 243